MEAN 全栈开发

(第 2 版)

使用 Mongo、Express、Angular 和 Node

[美] 西蒙·霍姆斯(Simon Holmes)
克莱夫·哈伯(Clive Harber) 著

颜宇　王威　谷守闯　译

U0307093

清华大学出版社

北　京

北京市版权局著作权合同登记号 图字：01-2019-3035

Simon Holmes, Clive Harber
Getting MEAN with Mongo, Express, Angular, and Node, Second Edition
EISBN: 978-1617294754
Original English language edition published by Manning Publications, USA © 2019 by Manning
Publications. Simplified Chinese-language edition copyright © 2020 by Tsinghua University Press
Limited. All rights reserved.

图书在版编目(CIP)数据

MEAN 全栈开发：第 2 版：使用 Mongo、Express、Angular 和 Node / (美)西蒙·霍姆斯(Simon Holmes)，
(美)克莱夫·哈伯(Clive Harber) 著；颜宇，王威，谷守闯 译. 一北京：清华大学出版社，2020.5
书名原文：Getting MEAN with Mongo, Express, Angular, and Node, Second Edition
ISBN 978-7-302-55185-0

Ⅰ. ①M… Ⅱ. ①西… ②克… ③颜… ④王… ⑤谷… Ⅲ. ①网页制作工具－程序设计
Ⅳ. ①TP393.092.2

中国版本图书馆 CIP 数据核字(2020)第 049059 号

责任编辑：王　军
装帧设计：孔祥峰
责任校对：牛艳敏
责任印制：宋　林

出版发行：清华大学出版社
　　　　网　　　址：http://www.tup.com.cn，http://www.wqbook.com
　　　　地　　　址：北京清华大学学研大厦 A 座　　　邮　　编：100084
　　　　社 总 机：010-62770175　　　　　　　　邮　　购：010-62786544
　　　　投稿与读者服务：010-62776969，c-service@tup.tsinghua.edu.cn
　　　　质 量 反 馈：010-62772015，zhiliang@tup.tsinghua.edu.cn
印 装 者：三河市宏图印务有限公司
经　　销：全国新华书店
开　　本：170mm×240mm　　　印　　张：33.5　　　字　　数：675 千字
版　　次：2020 年 6 月第 1 版　　　印　　次：2020 年 6 月第 1 次印刷
定　　价：128.00 元

产品编号：084812-01

对本书第1版的赞誉

想要学习全栈技术？MEAN 是正确的选择。

——Matt Merkes, My Neighbor

精彩绝伦的讲解，列举最新、最生动的示例。

——Rambabu Posa, GL Assessment

从"菜鸟"到"大牛"，本书能够为所有程序员提供有效的帮助。

——Davide Molin, Coding Shack

深入剖析 MEAN 技术栈的底层原理。

——Andrea Tarocchi, Red Hat

本书是我读过的最优秀的软件开发书籍。

——来自 Amazon 的评论

学习 MEAN 技术栈的第一选择。

——来自 Amazon 的评论

译 者 序

回顾 Web 开发历史，随着框架和现代化工具简化日常开发，前端和后端开发人员的发展方向正在合并，两端的知识已经能够被同时熟练掌握。笔者日常工作中接触到的大部分高级开发人员，都具有全栈开发的能力。当前，全栈开发已经成为一种趋势。

MEAN 技术栈汇集了一些"同类别中最佳"的现代技术，包括 MongoDB、Express、Angular、Node.js，形成了一种灵活强大的技术栈。

Node.js 是整个 MEAN 技术栈的基础，提供了创建 Web 服务器和应用程序的软件平台。Express 是 Node.js 的 Web 应用程序框架，抽象出了复杂和重复的服务器端任务。MongoDB 以速度快和扩展性好著称，对 JSON 格式的支持，使它非常适合以 JavaScript 为中心的 MEAN 技术栈。Angular 是用于为网站或应用程序创建界面的 JavaScript 框架，虽然版本发布较为频繁，但变更点通常只是增量内容，从 1.x 升级 2.x 的不兼容现象不会再出现。MEAN 技术栈中的每个技术部分都有自身的挑战和问题解决方案。

MEAN 技术栈由单一语言构成，这意味着可以在前端和后端均使用 JavaScript 编码。MongoDB 将数据存储在二进制 JSON 中。Express 框架位于 Node.js 之上，这部分代码是用 JavaScript 完成的。前端是 Angular，可以使用 TypeScript。通常，学习新技术时最困难的部分是学习语言，单一语言的特性意味着 MEAN 可能比想象中更容易掌握。

本书系统地讲述 MEAN 技术栈。全书深入浅出地介绍 MEAN 技术栈的各个技术部分的功能特性，而且以一个罗列附近免费 Wi-Fi 信息的应用程序贯穿始终。在每一章中讲解相关的技术后，通过示例加以应用并逐步完善。对照实际项目开发，本书最后两章介绍身份认证的相关内容，包括会话管理、API 安全以及在 Angular 应用程序中使用身份认证 API 等技术。作为背景知识，本书附录讲述 MEAN 技术栈中各部分的安装、相关配套技术的安装、应用中的数据处理以及 JavaScript 基础知识。读者可以根据自身需求，优先阅读附录部分或将其作为参考资料。

本书由颜宇、王威、谷守闯共同翻译，三位译者从事专业前端开发工作均已超过 6 年，也都供职于国内一流的互联网公司，有着丰富的前端开发经验以及扎实的技术功底。其中，第 8~10 章以及附录 A、B、C 由颜宇翻译，第 3~7 章由王威翻译，第

1、2、11、12 章以及附录 D 由谷守闯翻译。在前端开发领域日新月异、蓬勃发展的今天，各种新技术层出不穷，由于译者水平有限，纰漏在所难免，希望各位读者不吝指正，我们也会及时答复并修改。

最后，由衷地感谢清华大学出版社的各位编辑老师，正是他们辛勤的付出和高质量的工作才保证本书的顺利出版。

颜宇　王威　谷守闯

2019 年 8 月于北京

序

回首 1995 年，大学课堂上的开发任务让我第一次接触了 Web 开发，开发任务就是把一些简单的 HTML(Hypertext Markup Language，超文本标记语言)页面组装在一起。我所学的课程跟普通的课程不同，其中包含软件工程和通信原理两方面的知识，而 Web 开发只是其中的一小部分。我学习了软件开发基础、数据库设计以及编程，同时也了解到用户的重要性以及如何与用户沟通。

1998 年，为了获得通信专业学位，我需要选择一家机构，并为其发表一篇文章。最终，我决定为母亲供职的学校写一篇介绍文章，并且搭建一个网站来发布这篇文章。这些都是前端工作。我使用 frame 元素、表格布局、内联样式以及 JavaScript 来构建 HTML。以今天的标准看，这非常糟糕，但是当时已经很前卫了。我是自己就读的大学里第一个创建网站的人，以至于不得不告诉我的导师如何使用浏览器打开软盘中的网站。网站完成后，我把它卖给了学校。这让我搞清楚一件事，Web 开发或许会有发展。

在接下来的几年里，我在伦敦的一家设计机构成为"码农"。由于是一家设计机构，因此用户体验和前端都是至关重要的。公司没有聘请后端工程师，作为唯一的"码农"，我既是前端工程师又是后端工程师，成为典型的全栈开发者。在那个时代，这两个角色之间没有太清晰的分界线。数据库与后端紧密耦合。后端的逻辑、页面以及前端逻辑又紧密交叉在一起。当时，整个项目都被视为一个整体：网站。

本书中的很多最佳实践都是对那段时间里所解决问题的总结。一些看起来正确的、容易的、明智的决定，可能是潜在的危险。不要让这些表面现象阻挡你深入研究并亲自尝试的脚步。错误并不可怕，至少在开发领域，犯错是一种很好的学习方式。如果你能从别人的错误中学到些什么，这会让你先人一步。

多年来，Web 开发格局发生了很大变化，但是我仍然从事着与创建网站相关的开发及管理工作。我开始意识到，把不同的技术整合在一起是一门真正的艺术。了解技术及其所能发挥的作用仅仅是其中的一部分挑战。

刚开始接触到 Node.js，我立刻被吸引并全情投入其中。我曾有过在不同的编程语言之间切换的经历，而能够持续关注并深入掌握一门编程语言对于我来说是相当有吸引力的。我很清楚如果使用得当，JavaScript 能够极大地简化开发工作，因为开发者不再需要切换不同的编程语言。刚开始使用 Node.js 时，我并不知道 Express，因此自己开发了一个 MVC 框架。Express 帮我解决了很多在我学习 Node.js 以及创建网站或 Web 应用程序时遇到的问题和挑战。大多数情况下，Express 是明智的选择。

当然，几乎任何 Web 应用程序都需要数据库。我最初的选择是微软的 SQL Server，这不是很好的决定。因为对于小型的个人项目来说，SQL Server 的价格令人望而却步。在经过一番调研后，我选择了开源的 NoSQL 数据库：MongoDB。MongoDB 是原生支持 JavaScript 的！这令我感到异常兴奋。但是，MongoDB 与我之前用过的所有数据库都不相同。我之前使用的数据库都是关系数据库，而 MongoDB 是文档数据库。这两种数据库之间有很大差异，会导致设计数据库的方法全然不同。我不得不重新学习使用新的方式思考，然而最终这一切都是值得的。

抱歉，我遗漏了一点。JavaScript 对于浏览器来说不再仅仅是功能上的增强，而能够创建功能并管理应用程序逻辑。经过一番调研之后，我选择了 AngularJS。当 MongoDB 的 Valeri Karpov 提出"MEAN 技术栈"时，我意识到这将是下一代的技术栈。

我认为 MEAN 是一种强大的、弹性的、能够激发开发者想象力的技术栈。其中每一项独立的技术都很杰出，当把这些技术集成在一起时，产生的结果会超出想象。这就是 MEAN 存在的意义。学好 MEAN 不仅仅需要了解这些技术，还需要掌握如何让这些技术协同工作。

本书第 2 版在技术方面做了提升。Angular 开发语言从 JavaScript 转为 TypeScript，TypeScript 是 JavaScript 的超集，并且是类型安全的。在本书第 2 版中，我们将会使用最新版本的 Angular 及其组件，并使用 JavaScript 中的一些高级特性，从而让创建应用程序变得更容易且代码便于理解。

作 者 简 介

Simon Holmes 从 2000 年开始从事全栈开发工作，同时也是一名解决方案架构师、讲师、团队领导和项目经理。他还经营着一家培训公司，名为 Full Stack Training Ltd。Simon 的开发经验非常丰富，通过实际工作中的指导和训练，他非常了解人们的痛点。

Clive Harber 从 13 岁开始编写计算机程序。他从威尔士斯望西大学取得化学工程硕士学位，多年来为体育和博彩业、电信、医疗保健和零售业编写过使用多种编程语言和不同范例的代码。现阶段，他希望能够为编程社区贡献自己的力量。Clive 曾担任 Manning 出版社其他书籍的审校者和技术审校者，包括《Vue.js 实战》、*Testing Vue.js Applications*、《React 实战》、*Elixir in Action*、*Mesos in Action*、*Usability Matters*、《Mountebank 微服务测试》、*Cross-Platform Desktop Applications* 和 *Web Components in Action*。

致　谢

首先要感谢的就是我的两个女儿：Eri 和 Bel。对于我来说，她们意味着整个世界，她们给予我灵感，令所有的辛苦都是值得的。我所做的一切都是为了她们。

当然，还要感谢 Manning 团队。我知道我可能无法列出所有人的名字，如果你参与其中，那么请接受我的感谢。以下是曾经与我有过接触的人：从一开始 Robin de Jongh 就参与本书的启动，并为本书指明了方向。非常感谢 Bert Bates，他在早期阶段提供了很好的意见，并不停地推动我去证实自己的观点和见解。我们之间发生过很多有意思的讨论。

策划编辑 Toni Arritola 和 Kristen Watterson、技术策划编辑 Luis Atencio 以及技术校对 Tony Mullen，对于本书的方向和思路起到至关重要的作用。同样要感谢 Clive Harber 对本书所做的巨大贡献。感谢你们所有人敏锐的眼光、伟大的想法以及积极的反馈。

我无法忘记 Kathy Simpson 和 Katie Tennant 对细节的关注和把握，感谢你们在短时间内能够杰出地完成本书的修编和校对工作。

最后要感谢的是 Candace Gillhoolley，他负责本书的营销工作，总是及时把销售数据反馈给我，这让我充满了动力。

Manning 早期试读计划(Manning Early Access Program，MEAP)和网络论坛给予了我很大帮助。事实证明，早期读者的评论、勘误、想法和反馈对于提升本书质量有很大帮助。我无法列出所有对本书有贡献的人，但无论如何，感谢你们！

特别感谢以下同行评审，感谢你们在本书编写的每一个阶段提出的宝贵见解和意见：Al Krinker、Alex Saez、Avinash Kumar、Barnaby Norman、Chris Coppenbarger、Deniz Vehbi、Douglas Duncan、Foster Haines、Frank Krul、Giuseppe Caruso、Holger Steinhauer、James Bishop、James McGinn、Jay Ordway、Jon Machtynger、Joseph Tingsanchali、Ken W. Alger、Lorenzo DeLeon、Olivier Ducatteeuw、Richard Michaels、Rick Oller、Rob Green、Rob Ruetsch 和 Stefan Trost。

感谢 Tamas Piros 和 Marek Karwowski 能够忍受我在深夜与他们进行技术讨论，由衷地感谢他们。

—Simon Holmes

　　当 Manning 团队最开始找到我讨论本书时，这样的机会并不常见，我怎么可能会拒绝！非常感谢 Manning 团队给我这个机会并信任我的能力。特别是 Kristen，她的反馈给予我很大帮助。

　　我还要感谢 Tony Mullen，他临时被邀请来做技术校对工作，而他却没有任何怨言。特别感谢我的家庭对我的无条件支持，从而能够让本书尽快出版。

　　最后，感谢那些信任我能够完成本书的人。这仅仅是开始，谢谢！

——Clive Harber

前　　言

　　JavaScript 已经很完善了。开发网站时，从前端到后端都可以使用 JavaScript(即使采用 TypeScript 开发)。MEAN 技术栈由 Web 领域中最佳的那些技术组合而成。数据库采用 MongoDB，服务器端 Web 服务框架选择 Express，客户端框架则是 Angular，而 Node.js 则是服务器端运行平台。

　　本书将分别介绍这些技术，还将介绍如何将它们集成在一起。通过本书，你将会创建一个可运行的应用程序，逐一学习构建这个应用程序的每项技术，并学习如何将这些技术集成到应用程序的整体架构中。因此，这是一本实用的书，旨在让你实践所有这些技术，并将它们结合起来使用。

　　贯穿本书的主题思想就是"最佳实践"。希望借此能够帮助读者使用 MEAN 技术栈创造优秀的应用程序。因此，本书将会关注如何建立良好的开发习惯、正确的开发方式，以及如何制订开发计划。

　　我们假设读者已经具备 HTML、CSS(Cascading Style Sheets，层叠样式表)和 JavaScript 方面的基础知识，因此不会对它们进行过多解释。本书会简单介绍 Twitter 的 BootStrap CSS 框架和 TypeScript。附录 D 将全面讨论 JavaScript 理论知识、最佳实践、开发技巧，以及开发过程中经常遇到的陷阱。推荐尽可能提前阅读附录 D。

本书组织结构

　　本书分为四大部分，共 12 章。

　　第 I 部分包括第 1 和 2 章，其中第 1 章将会介绍学习全栈开发的好处，并探讨 MEAN 技术栈的组件。第 2 章则会根据第 1 章介绍如何使用这些组件，并将它们集成在一起。

　　第 II 部分包括第 3~7 章，其中第 3 章将通过创建一个 MEAN 项目，让你了解 Express。第 4 章将会创建一个静态的应用程序，以便你更加深入地学习 Express。第 5 章则会将之前介绍的知识与 MongoDB 以及 Mongoose 整合在一起，根据需求设计并实现一个数据模型。第 6 章将会介绍如何建立数据 API(Application Programming Interface，应用程序编程接口)以及数据 API 的优点，之后将会使用 Express、MongoDB

以及 Mongoose 创建一个 REST(Representational State Transfer，表述性状态转移)API。第 7 章会将这个 REST API 集成到 Express 应用程序中。

　　第III部分包括第 8～10 章，第 8 章介绍 Angular 和 TypeScript，主要内容包括如何使用这两种技术为已有的网页创建组件，并调用 REST API 以获取数据。第 9 章涵盖使用 Angular 创建单页面应用(Single Page Application，SPA)的基础知识。第 10 章则以第 9 章为基础，更深入地介绍一些关键技术，并进一步开发这个 SPA 应用程序，添加实用的功能。

　　第IV部分包括第 11 和 12 章，在第 11 章中将为应用程序增加一个身份认证 API，以实现用户注册和登录功能。在第 11 章中，你将全面了解 MEAN 技术栈。第 12 章则会开发这个身份认证 API，完成后将在 Angular 应用程序中调用它，创建仅注册用户才能使用的功能，并介绍 SPA 中的其他最佳实践。

关于代码

　　书中的代码可通过扫描封底的二维码来下载。

　　应用程序的每一个里程碑都有单独的文件夹(GitHub 中有对应的分支)，通常在每章的结尾处可以找到。为了遵循最佳实践，这些文件夹(或分支)中不会包含 node_modules 文件夹。需要在命令行中使用 npm install 命令安装依赖，才能运行应用程序。书中将会具体讲解以及演示这么做的必要性。

目 录

第 I 部分

设 置 基 线

当使用方式正确时，全栈开发是有益的。应用程序一般由多个可移动的组件构成，我们要做的就是确保它们能友好地协同工作。首先，我们需要了解所涉及的构建模块，寻找构建它们的不同方法，以实现不同的结果。

这些正是本书第 I 部分涉及的内容。在第 1 章中，通过学习和探索 MEAN 的详细组件构成，你将看到学习全栈开发的益处。第 2 章将以这些组件知识作为基础，讨论如何一起使用它们完成项目的构建。

等到第 I 部分结束时，你将对 MEAN 技术栈应用程序的软件架构、硬件架构以及构建应用程序的规划有很好的了解。

第 *1* 章

全栈开发介绍

本章概览:

- 评价全栈开发
- 了解 MEAN 技术栈的组件
- 分析是什么让 MEAN 技术栈如此引人注目
- 预览本书中将构建的应用程序

像我们一样,你可能迫不及待地想去钻研代码和构建应用程序。但为了保证你能理解所有的内容,我们需要先花费一些时间讲解 MEAN 是什么,看一看 MEAN 技术栈中的组件部分。

在谈论全栈开发时,真正讨论的是关于站点或应用程序的所有部分。全栈是指从后端数据库和 Web 服务器开始,中间包含应用程序的逻辑和控制,再通过一路传输,抵达前端用户界面。

MEAN 技术栈由单一语言构成,包括以下四项主要技术:

- MongoDB(数据库)
- Express(Web 框架)
- Angular(前端框架)
- Node.js(Web 服务器)

MongoDB 以前的名字叫 10gen,发布于 2007 年,由 MongoDB 公司积极维护。

Express 由 T.J.Holowaychuk 在 2009 年发布了第一个版本,它已经成为 Node.js 中最受欢迎的框架。作为一个开源框架,Express 有 100 多名贡献者在积极开发和维护它。

Angular 是由谷歌支持的开源框架。2010 年发布的第一个版本被称作 AngularJS 或 Angular 1。如今，Angular 2 被简称为 Angular，在 2016 年发布后一直处于持续开发和扩展中，当前的版本是 Angular 7.1；Angular 2 不向上兼容 AngularJS。

Angular 版本和发布周期

对于开发者社区来说，从 Angular 1.x 升级到 Angular 2 是件重大的事情，是个长时间的变化，并且不向后兼容。当前，Angular 版本的发布更加频繁，大约每六个月发布一次。当前版本是 Angular 7.1，而且下个版本正处于开发中。

不用担心，因为后面的版本升级都只是一些增量变化，都是前后兼容的，不需要重写所有代码。

Node.js 创建于 2009 年，由 Node Foundation 的核心成员 Joyent 负责开发和维护，Node.js 使用谷歌开源的 V8 引擎作为核心部分。

1.1 为何学习全栈

为何学习全栈？这听起来会涉及很多令人厌烦的工作。这确实会带来很多工作，但是，如果能够自己搭建完整的数据驱动型应用程序，这些工作将是值得的。关于 MEAN 技术栈，可能比你想象得要简单。

1.1.1 Web 开发简史

回溯到使用 Web 的早期阶段，人们对于网站的期望值比较低。Web 的展现形式并不被重视，构建网站时更关心展现在屏幕上的内容。比较典型的是，如果知道 Perl 并且能将它和 HTML 串联起来使用，那么你已经是一名 Web 开发人员。

随着互联网的普及，线上的展示形式给企业带来的收益开始变多。结合浏览器对 CSS 和 JavaScript 的支持，直接导致前端实现变得复杂，不再是简单地对 HTML 字符串进行串联。你需要在 CSS 和 JavaScript 上花费时间，以确保它们看起来是正常的，以预期的方式工作。前端工作需要兼容不同的浏览器，当初，浏览器的一致性比今天要差很多。

这导致前端和后端开发人员之间出现了差异，图 1.1 说明了随着时间的推移，前后端开始分离。

当后端开发人员关注页面的背后逻辑时，前端开发人员在专注于构建更好的用户体验。随着时间的推移，人们对这两个阵营的期望值变得更高，这鼓励着前后端分离的趋势继续下去。开发人员不得不选择某个专业领域，集中精力专注于上面。

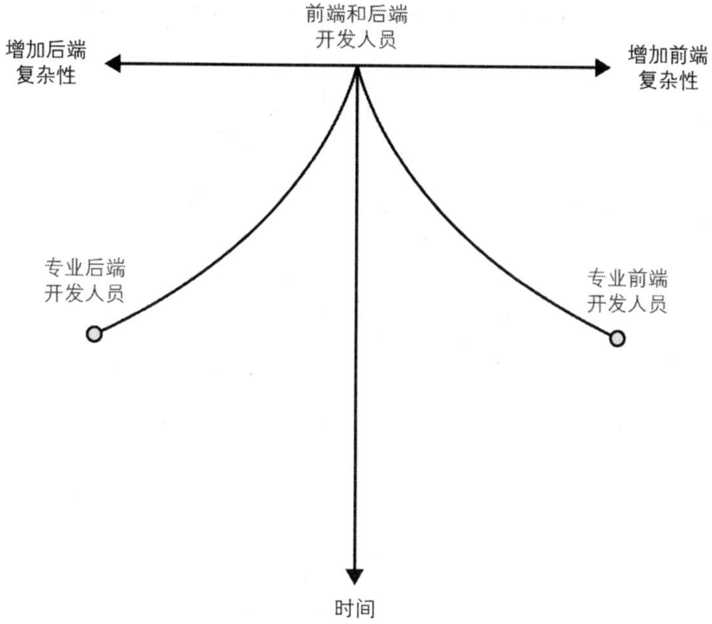

图 1.1　随着时间的推进，前端和后端开发人员之间出现了差异

使用库和框架协助开发人员

在 2000 年左右，在前端和后端，大多数常见语言的库和框架开始流行开来。想想前端语言 JavaScript 的 Dojo 和 jQuery，想想 PHP 和 Ruby on Rails 的 Symfony。设计这些框架的初衷是为了使开发人员的工作内容变得更简单，降低上手开发的门槛。好的库和框架能抽象封装出复杂的开发场景，在提高开发效率的同时，降低对深度专业知识的依赖。如图 1.2 所示，知识深度上的简化使得能同时构建前端和后端的全栈开发人员再次变得吃香。

图 1.2 只是说明了趋势，我们并没有下结论说"所有 Web 开发人员都必须成为全栈开发人员"。纵观 Web 开发历史，全栈开发人员这个角色之前就已经存在，再往前看，开发人员更可能会选择成为前端或后端开发人员中的某一关。前面那些仅仅告诉大家，使用框架和现代化工具可以简化日常开发，即便不在前端或后端开发人员之间做角色选择，也能成为一名优秀的 Web 开发人员。

使用框架的一个巨大好处在于能明显提升效率，前提是了解应用程序的全面技术架构以及它们之间是如何联系在一起的。

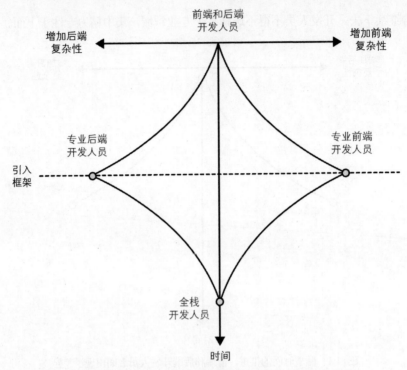

图 1.2　框架对分离后前后端 Web 开发人员的影响

使用技术栈完成应用程序代码

随着过去几年框架的持续发展，越来越多的工作内容从后端迁移至前端完成，可以想象成在前端完成后端的部分工作。能完成此类工作的 JavaScript 流行框架有 Angular、React 和 Vue.js。

以这种方式将应用程序代码在前端紧密结合，会使前端和后端之间传统意义上的界限变得模糊。人们喜欢使用这种方式的一个原因在于能降低服务器端的负载，从而也会减少开销。实际上需要做的只是将应用程序需要的计算能力外包，并推送到用户的浏览器中进行加载。

我们将在 1.5 节讨论这种方式的优缺点，并且说明在什么时候适合(或不适合)使用这些技术中的某一个。

1.1.2　全栈开发的趋势

如前所述，前端和后端开发人员的发展方向正在趋于一致；前后两端的知识是能够同时被熟练掌握的。如果是自由职业者、顾问，或者身处小团队中，多掌握一些技能是极为有用的，这使你能向客户提供更多的服务价值。不再由不同的团队独立构建组件，你能覆盖应用程序开发的全方面，这有益于你对项目的整体把控，也能够使团队间的合作更加紧密。

如果你是大团队中的一员，那么你很可能需要专注(或者至少需要聚焦)在某个领域。但是一般来说，了解你的组件如何适配其他组件是比较明智的，这有助于更好地了解其他团队和项目的总体需求和目标。

最后，自己构建全栈应用程序是值得的。每一个技术部分都有各自的挑战和问题解决方案，你会觉得十分有趣。当今的技术和工具能够提升这种体验，并能够更简单快捷地构建大型 Web 应用程序。

1.1.3 学习全栈开发的益处

学习全栈开发有很多益处。首先，当然是能够学习和使用新的事物和技术。其次，你会对自己能够构建和启动完全由数据驱动的应用程序、掌握不同的技术而感到满足。

在团队中工作的益处包括：

- 通过理解不同的领域以及掌握它们之间如何协同工作，可以更好地理解全局。
- 你将知道团队里其他人在做什么，以及他们想取得成功又需要做些什么。
- 像团队的其他成员一样，可以更从容地考虑跳槽、换工作。

自己做全栈开发的额外益处包括：

- 可以自己实现应用程序端到端的连接，而不再依赖他人。
- 可以掌握更多的技能，为客户提供服务。

总之，关于全栈开发有很多益处。我们见到大部分最终成为全栈开发人员的人士，他们在对项目整体情况的全面理解和掌控能力方面，有着巨大的收获。

1.1.4 为何专门介绍 MEAN

MEAN 汇集了一些"同类别中最佳"的现代技术，形成了灵活强大的技术栈。MEAN 的一个优点在于不仅在浏览器中使用 JavaScript，而是自始至终都在使用 JavaScript。使用 MEAN 技术栈，可以在前端和后端使用同一语言进行编码。也就是说，使用 TypeScript 完成 Angular 部分将变得更常见。我们将在第 8 章讨论这个观点。

图 1.3 展示了 MEAN 技术栈的主要技术，并显示了每种技术的常见位置。

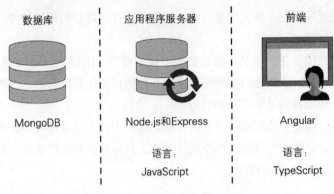

图1.3　MEAN 技术栈的主要技术

实现全栈使用 JavaScript 的主要技术是 Node.js，它将 JavaScript 带到了后端领域。

1.2　Node.js 介绍

MEAN 里的 N 指的是 Node.js。位置处于最后并不代表不重要，Node.js 是整个 MEAN 技术栈的基础！

简而言之，Node.js 是一个允许你在它上面创建自己的 Web 服务器和 Web 应用程序的软件平台。Node.js 本身不是 Web 服务器，也不是独立的编程语言。Node.js 内置了一个 HTTP 服务器框架，这意味着不需要再单独运行服务器，比如 Nginx、Apache 或 IIS(Internet Information Services)。这使得 Web 服务器工作变得更可控，当然也会增加服务在启动和运行时的复杂性，特别是在线上环境中。

例如，通过使用 PHP，你能够很容易找到一个共享服务器来运行 Apache，可以使用 FTP 协议传输文件，在你的站点上一切都能运转良好。之所以能正常工作，是因为 Web 服务器已经帮助你配置好 Apache。对于 Node.js 来说，则会是另一种情况，因为在创建应用程序时，需要设置 Node.js 服务器。很多传统的网络服务对 Node.js 的支持都比较落后，但还是有些新的 PaaS(Platform as a Service)服务在积极推进和解决这个需求点，包括 Heroku、Nodejitsu 和 DigitalOcean。这些 PaaS 主机部署线上网站的方式和以前的 FTP 方式有些不同，但如果你掌握了窍门，这些做起来也会比较简单。接下来，本书将会在 Heroku 上部署一个线上网站。

创建 Node.js 应用程序的另一种方式是自己搭建一个专门的服务器，使用 AWS 或 Azure 云服务商提供的虚拟服务器，在那里你能够安装需要的一切。但是，管理生产服务器不是本书要讨论的话题！尽管可以将其他任意的独立技术组件替换掉，可一旦替换 Node.js，那么它上面的所有部分都需要改变。

1.2.1　JavaScript：MEAN 技术栈中唯一的语言

Node.js 能够广泛流行的一个主要原因是它只需要一种编码语言，很多 Web 开发人员都非常熟悉：JavaScript。在 Node.js 发布之前，如果想成为一名全栈开发人员，将不得不精通至少两门语言：前端语言 JavaScript 以及 PHP 或 Ruby 这样的后端语言。

> **微软进军服务器端 JavaScript**
>
> 20 世纪 90 年代，微软发布了 Active Server Pages (现在被称为 Classic ASP)。ASP 可以用 VBScript 或 JavaScript 编写，但 JavaScript 版的 ASP 没有流行开来，因为在当时，很多人都非常熟悉 Visual Basic，而 VBScript 看起来很像 Visual Basic。很多图书和线上资源都是关于 VBScript 的，所以 VBScript 慢慢成了 Classic ASP 的标准语言。

随着 Node.js 的发布，在服务器端可以使用已经掌握的知识。学习一种新技术时最困难的部分是学习语言，如果现在掌握了部分 JavaScript 知识，那么你已经领先他人一步！

在使用 Node.js 时，即使是一名经验丰富的前端 JavaScript 开发人员，也会有一定的学习难度。后端的挑战和阻碍与前端不同，但不管选择什么技术，都需要面对这些挑战。在前端，你可能会担心在不同浏览器中是否所有内容都正常工作。在后端，更多可能是了解代码流程，以确保流程不被阻塞以及系统资源不出现浪费。

1.2.2　快速、高效和可扩展

当编码方式正确时，Node.js 的速度会很快，因为它能高效利用系统资源，这是 Node.js 能流行起来的另一个原因。Node.js 的这些特性，使它相比其他大部分主流的服务器技术，虽然花费更少的资源，却能负载更多的用户。业务负责人也很喜欢 Node.js，因为它能减少运行成本，即使在规模比较大的时候。

Node.js 如何做到这一点？Node.js 对系统资源很敏感，因为它是单线程的，而传统的 Web 服务器是多线程的。在接下来的部分，你将了解这些专业术语的含义，让我们从多线程开始。

传统的多线程 Web 服务器

当前大多数主流 Web 服务器都是多线程的，包括 Apache 和 IIS。这意味着每个新的访问者(或会话)会拥有单独的线程和对应的 RAM，通常在 8MB 左右。

以现实世界做类比，设想两个人一起进入一家银行并做互相独立的事。在多线程模式下，他们将分别去找对应的银行柜员处理自己的需求，就像图1.4显示的一样。

从图 1.4 中可以看到，Simon 找了银行柜员 1，Sally 找了银行柜员 2。双方都不知道对方，也不会受到对方的影响。银行柜员 1 处理 Simon 的需求，在整个事件中没有其他人；银行柜员 2 和 Sally 也是如此。

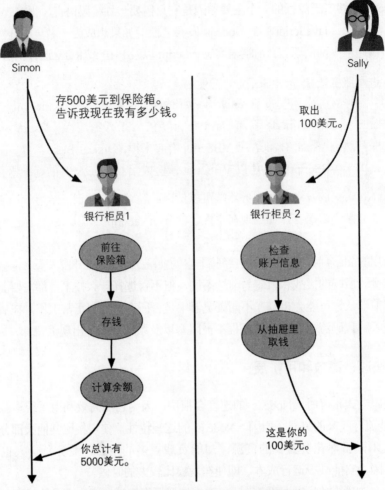

图 1.4 多线程示例：访问者使用单独的资源

一名访问者和他的专用资源不会与其他访问者以及他们的专用资源发生接触

　　如果有足够多的银行柜员服务客户，这种方式会运行得非常完美。当银行变得忙碌，客户人数超过银行柜员人数时，服务会开始变慢，客户必须等待。银行永远不会担心这种情况，并乐于让客户排队，但网站和银行不一样。如果网站响应非常慢，用户很可能会选择离开，并且永远不再回来。

　　这就是Web服务器通常准备如此多RAM的原因之一，尽管它们在90%的时间里不会被用到。硬件配置就是这样，需要为很高的突点峰值做好准备。这种配置类似于银行额外雇用50名全职柜员，因为通常银行在午饭时间会非常忙。

当然，这里有一种扩展性更好的解决方法，这就是单线程方式的由来。

单线程 Web 服务器

Node.js 服务器是单线程的，并且工作方式不同于多线程服务器。Node.js 服务器会将所有访问者加入同一个线程中，而不是为每位访问者分配独立线程和单独的资源空间。访问者和线程之间只在必要时才发生交互，比如访问者请求某些内容，或者线程响应某个请求。

回到刚才的例子，假设只有一名银行柜员服务所有顾客。但是与端到端的处理和管理所有请求不同的是，银行柜员会将所有耗时的任务委托给后台员工，然后直接处理下一个请求。图1.5对这个工作流程做了说明。

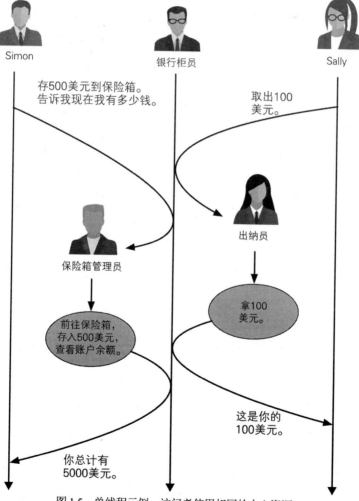

图1.5　单线程示例：访问者使用相同的中心资源

中心资源必须得到良好管理，以防止某个访问者影响其他访问者

在图 1.5 所示的单线程方式中，Sally 和 Simon 向同一个银行柜员发出请求。银行柜员不是在下一个请求之前只处理它们中的某一个，而是在接受下个请求前，先接受第一个请求并将它委托给最适合的人去处理，之后对下个请求执行同样的处理。当银行柜员被告知请求任务已经完成时，就将处理结果传递给最初发送请求的访问者。

阻塞和非阻塞代码

在单线程方式下，记住所有用户会使用同一个中心进程是非常重要的事情。为了保持流程顺畅，需要确保代码中不会有任何部分导致延迟，从而阻塞其他人的操作。例如，如果银行柜员必须去保险箱为 Simon 存钱，那么在这种情况下，Sally 的请求将不得不处于等待状态。

相似地，如果中心进程负责读取每个静态文件(如 CSS、JavaScript 或图片)，它将无法处理其他请求，从而阻塞流程。另一个可能导致阻塞的常见任务是与数据库的交互。如果进程每次都去连接数据库，搜索或存储数据，进程将无法执行其他操作。

对于采用单线程方式完成的工作，必须确认代码里没有触发阻塞的内容。实现方法是将任何会导致阻塞的操作，都处理成异步，以防止它们阻塞主要流程。

尽管这里只有一名银行柜员，但所有访问者都不会意识到其他人的存在，不会影响到其他人的请求。这意味着银行并不需要多个柜员随时待命。当然，这种模式不能无限扩展，但明显效率更高。银行使用更少的资源做了更多的事情。当然，也不是说永远不需要再添加资源。

正如你将在本书后面看到的，由于 JavaScript 的异步特性，使得这种特定方式在 Node.js 中可行。但如果你对这个特性不太熟悉，请查看附录 D。

1.2.3 通过 npm 使用预构建的包

npm 是一个包管理器，当安装 Node.js 时，需要先安装 npm。npm 提供了下载 Node.js 模块和包的能力，使用它们可以扩展应用程序的功能。当前有 35 万多个可用包，这能为应用程序带来深层次的知识和经验。

npm 提供的包非常广泛。本书将使用其中的一部分，比如应用程序框架和数据库驱动程序。其他示例包括辅助库(如 Underscore)、测试框架(如 Mocha)以及能给 Node.js 控制台日志添加颜色的工具库(如 Colors)。在第 3 章开始构建应用程序时，将更详细地探讨 npm 是如何工作的。

如你所见，Node.js 非常强大和灵活，但是当你尝试创建网站或应用程序时，Node.js 并不能提供太多帮助。Express 能够为你提供一些帮助。需要使用 npm 安装 Express。

1.3　Express 介绍

MEAN 中的 E 就是指 Express。Node.js 是一个平台，它没有规定要如何设置和使用，这是它的一大优势。但是每次创建网站和 Web 应用程序时，都需要执行很多相似的任务。Express 是 Node.js 的一个 Web 应用程序框架，旨在以经过良好测试、可重复的方式执行这些任务。

1.3.1　简化服务器配置

如前所述，Node.js 是平台而不是服务器，Node.js 允许在服务器设置上执行创造性的变更，执行无法在其他 Web 服务器上执行的操作。这使得运行基本的网站变得更困难。

Express 通过配置 Web 服务器来监听发送过来的请求，并返回相关的响应来解决这一困难。此外，Express 定义了一个目录结构。可通过配置一个文件夹，以非阻塞的方式提供静态文件；你最不希望看到的是应用程序在有人请求 CSS 文件时必须等待！可以选择在 Node.js 中直接进行配置，但 Express 已经为你配置好了。

1.3.2　路由响应 URL

Express 的一大特点是提供了一个简单的接口来引导传入的 URL 到达一段对应的代码。无论这个接口是提供静态 HTML 页面、读取数据库还是写入数据库，这都不重要。这个接口是简洁且明确的。

Express 在原生 Node.js 中抽象出了一些关于创建 Web 服务器时比较复杂的事情，这使得代码能编写得更快、更易于维护。

1.3.3　视图：HTML 响应

你可能希望发送一些HTML到浏览器，用于响应从应用程序发送过来的很多请求。到目前为止，不需要有多惊讶，相对于原生的Node.js，使用Express处理这些任务会更简单。

Express 提供对很多模板化引擎的支持，通过使用可复用的组件和应用程序数据，构建 HTML 会非常简单，这是个聪明的方法。Express 会将这些代码编译在一起，并以 HTML 形式发送给浏览器。

1.3.4 通过会话记录访问者的信息

由于 Node.js 是单线程的，因此在一次请求和下一次请求之间，无法记录访问者的信息。Node.js 没有预留内存空间来做这件事，它看到的只是一系列的 HTTP 请求。HTTP 本身是一个无状态协议，因此没有存储会话状态的概念。现在，很难在 Node.js 中创建个性化的体验，或者要求用户必须登录的安全区域；如果网站无法在每个页面中记住用户的身份信息，网站将变得没有多大意义。当然，这些都可以实现，但必须自己编码。

你永远猜不到：Express 也拥有解决方案！Express 可以使用会话，能在多个请求和页面中识别不同的访问者。

Express 不仅为你提供了很好的帮助，而且为你构建 Web 应用程序提供了良好的起点。不需要担心，Express 帮我们抽象出了复杂和重复的任务。我们只需要关注如何构建 Web 应用程序。

1.4 MongoDB 介绍

对于大多数应用程序，存储和使用数据的能力至关重要。MEAN 技术栈选择了 MongoDB 作为数据库，MEAN 中的 M 就是 MongoDB。MongoDB 非常适合 MEAN 技术栈。和 Node.js 一样，MongoDB 以速度快和扩展性好著称。

1.4.1 关系数据库与文档数据库

如果以前使用过关系数据库，即使只是电子表格，也肯定习惯了列和行的概念。通常，列用来定义名字和数据类型，每行是不同的数据条目，如表 1.1 所示。

表 1.1　关系数据库中行和列的示例

firstName	middleName	lastName	maidenName	nickName
Simon	David	Holmes		Si
Sally	June	Panayiotou		
Rebecca		Norman	Holmes	Bec

MongoDB 不是这样的！它是文档数据库。行的概念仍然存在，但列已被移除。每一行都是文档，而不是在列中定义每行应该包含什么，文档会自己定义并保存数

据。表 1.2 展示了文档集合的样子(进行缩进式布局是为了提高可读性,不表示列的可视化)。

表 1.2　文档数据库中的每个文档都定义和保存数据,不必按照特定的顺序

firstName: "Simon"	middleName: "David"	lastName: "Holmes"	nickName: "Si"
lastName: "Panayiotou"	middleName: "June"	firstName: "Sally"	
maidenName: "Holmes"	firstName: "Rebecca"	lastName: "Norman"	nickName: "Bec"

这种非结构化的方式意味着文档集合内部可能有各种各样的数据。

1.4.2　MongoDB 文档:JavaScript 数据存储

MongoDB 将文档存储为 BSON,BSON 是二进制 JSON(JavaScript Serialized Object Notation)。不熟悉 JSON 也无须担心,请查看附录 D 中的相关部分。简而言之,JSON 是 JavaScript 存储数据的一种方式,这也是为何 MongoDB 非常适合以 JavaScript 为中心的 MEAN 技术栈的原因。

下列代码片段展示了一个简单的 MongoDB 文档示例:

```
{
  "firstName" : "Simon",
  "lastName" : "Holmes",
  _id : ObjectId("52279effc62ca8b0c1000007")
}
```

即使对 JSON 不太了解,也应该明白这个文档存储了 Simon Holmes 的名字和姓氏。不像普通文档那样设置每列对应的信息,而是包含名称/数值的对应结构,这使得这个文档本身就很有用,因为它同时描述和定义了数据。

关于_id 的简短解释:你很可能注意到前面 MongoDB 示例文档中名字旁边的_id,_id 是 MongoDB 在创建新文档时为文档分配的唯一标识符。

当在第 5 章中开始向应用程序添加数据时,将会看到 MongoDB 文档的更详细信息。

1.4.3 不止是文档数据库

MongoDB 通过支持辅助索引和丰富的查询，使自身不同于许多其他的文档数据库。可以创建多个索引，不必局限于唯一标识字段，查询索引字段的速度要快得多。也可以给 MongoDB 创建一些复杂的查询，这种级别的 SQL 查询命令并不支持所有场景，但对于大部分场景来说已经足够。

在本书接下来的部分，在构建应用程序时，你将获得使用 MongoDB 带来的乐趣，并开始确切了解 MongoDB 到底能做些什么。

1.4.4 MongoDB 的不足之处

从版本 4 开始，除了已经讨论过的明显差异外，传统的 RDBMS 能做而 MongoDB 做不到的事情非常少。MongoDB 早期版本的最大问题之一是缺少对事务的支持。本书使用的版本是 MongoDB 4，该版本已经具有执行多文档 ACID(原子性、一致性、隔离性、持久性)事务的能力。

1.4.5 Mongoose：关于数据建模更多的事

MongoDB 在文档中存储的灵活性，对于数据库来说是件好事。但大多数应用程序需要一些数据结构。注意：是应用程序(而不是数据库)需要数据结构。那么，在哪里定义应用程序的数据结构最合适？于应用程序自身！

为此，创建 MongoDB 的公司又创建了 Mongoose。用这家公司的话说，Mongoose 提供了"对于 Node.js 最优雅的 MongoDB 对象结构"(https:// mongoosejs.com)。

数据建模是什么

在 Mongoose 和 MongoDB 中，数据建模定义了文档中可以包含哪些数据，以及必须包含哪些数据。在存储用户信息时，可能希望能够保存名字、姓氏、邮件地址和电话号码。但其实只需要名字和邮件地址，而且邮件地址必须是唯一的。这些信息是在模式中定义的，模式是数据建模的基础。

Mongoose 还能提供什么

除了建模数据之外，Mongoose 还在 MongoDB 上添加了一层功能，这些功能对于构建 Web 应用程序很有用。Mongoose 使 MongoDB 数据库的连接和数据读写操作管理起来更容易。稍后你将用到所有这些功能。在本书的后续部分，我们将讨论 Mongoose 如何能够在模式层级添加数据验证功能，确保只允许验证后的数据保存到数据库中。

对于大多数 Web 应用程序来说，MongoDB 是很好的数据库选择，因为它在纯文档数据库的速度和关系数据库的控制力之间提供了平衡。数据被有效地存储在 JSON 中，这使得 MongoDB 成为 MEAN 技术栈的完美数据库选择。

图 1.6 显示了 Mongoose 的一些亮点及其如何适配数据库和应用程序。

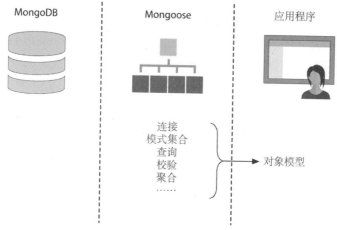

图 1.6　Mongoose 在数据库和应用程序之间是合适的，
它提供了易用的接口(对象模型)和对其他功能的访问，比如验证功能

1.5　Angular 介绍

Angular 是 MEAN 中的 A。简而言之，Angular 是一个用于创建网站或应用程序页面的 JavaScript 框架。在本书中，你将使用 Angular 7，这是最新的 Angular 可用版本。所有以前的版本都已经被弃用，线上的文档不再适用。

可以使用 Node.js、Express 和 MongoDB 构建功能完整、数据驱动的 Web 应用程序，稍后你会在本书中这样做。将 Angular 也加入 MEAN 技术栈中，就好比在蛋糕上加糖衣。

传统的做法是首先在服务器上完成所有的数据处理和应用程序逻辑，然后将 HTML 输出给浏览器。Angular 允许将这些数据处理和逻辑的一部分(甚至全部)转移到浏览器中完成，通常只是让服务器传输数据库中的数据。等到讨论数据绑定时，我们将了解这个过程，但首先需要解决的问题是，Angular 是否像 jQuery 一样，是前端 JavaScript 库中的领先者。

1.5.1　jQuery 和 Angular

如果熟悉 jQuery，你可能想知道 Angular 的工作方式是否与 jQuery 相同。简而言之，是不同的。通常，在 HTML 被发送到浏览器并加载完文档对象模型(Document Object Model，DOM)后，jQuery 被添加到页面，从而提升页面的交互性。Angular 通常用在更早的步骤中，可以基于提供的数据和模板构建 HTML。

另外，jQuery 是一个库，因此拥有一组特性，可以根据需求使用它们。Angular 被认为是一个固定的框架，这意味着必须按照规定的方式使用它。Angular 抽象了一些底层比较复杂的内容，简化了开发体验。

如前所述，Angular 可以将 HTML 和提供的数据结合在一起，但 Angular 能做更多的事：如果数据发生更改，可以立即更新 HTML；如果 HTML 发生更改，可以立即更新数据。这个特性被称为双向数据绑定。

1.5.2　双向数据绑定：处理页面中的数据

要想了解双向数据绑定，请先考虑一个简单的示例，并与传统的单向数据绑定进行比较。假设有一个 Web 页面和一些数据，并且希望执行以下步骤：

(1) 将数据作为清单显示给用户。

(2) 允许用户在表单字段中通过输入文本对清单进行筛选。

单向和双向数据绑定在步骤(1)中是相似的。使用这些数据生成一些 HTML 在终端供用户查看。在步骤(2)中，事情变得有些不同。

在步骤(2)中，希望用户在表单字段中输入一些文本，展示筛选后的数据清单。通过单向绑定，不得不给表单字段添加事件监听器，捕获具体数据以便更新数据模型(更改最终显示给用户的内容)。

通过双向数据绑定，表单里的任何变更都会被自动捕获，直接更新数据模型以及展示给用户的内容。这项功能听起来可能不算什么，但了解它有助于更好地了解 Angular，可以在步骤(1)和(2)中实现所有功能，而不需要编写任何 JavaScript 代码！没错，这都是使用 Angular 的双向数据绑定完成的。当然，还要依赖 Angular 一些其他特性的协助。

1.5.3　使用 Angular 加载新页面

Angular 是专门为单页面应用(SPA)设计的。实际上，单页面应用会运行浏览器中的所有内容，整个页面不需要重新加载。应用程序的所有逻辑、数据处理、用户流和模板传递都可以在浏览器中进行管理。

想想 Gmail，它是一个单页面应用。页面会显示不同的视图和各种数据集合，但页面本身永远不会完整地重新加载。

这种方式可以减少服务器上的资源，因为基本上已将计算相关的内容外包出去了。每个人的浏览器都在辛苦地工作，而服务器只是根据需要提供静态文件和数据。

在这种方式下，用户体验也会更好。应用程序加载完毕后，对服务器的调用相对来说会更少，从而降低了出现延迟的可能性。

所有这些听起来都不错，但肯定要付出一些代价。不然，为什么不是所有应用程序都使用 Angular 构建？

1.5.4　Angular 的缺陷

尽管有很多好处，但 Angular 并不适合每个网站。像 jQuery 这样的前端库适用于渐进增强模式。背后的理念是，如果没有 JavaScript，站点会运行得很好，但如果使用了 JavaScript，体验会变得更好。对于 Angular 或者其他任何单页面应用框架，情况并非如此。Angular 使用 JavaScript 完成从数据和模板到 HTML 的构建渲染，因此，如果浏览器不支持 JavaScript 或代码中存在错误，站点将无法运行。

这种对使用 JavaScript 构建页面的依赖也会导致搜索引擎出现问题。当一个搜索引擎抓取站点数据时，它不会执行所有 JavaScript。使用 Angular，在 JavaScript 执行之前唯一能做的事情是从服务器获取基本模板。如果百分百确信，想让搜索引擎抓取数据和内容，而不仅是模板，那么需要好好考虑一下 Angular 是否适合你的项目。

当然有能够解决这个问题的办法：简而言之，需要服务器输出的内容与 Angular 编译后的一致。但是，如果不需要打这场仗，我们建议不要这样做。

可以做的一件事情是有选择地使用 Angular。在项目中有选择地使用 Angular 没有什么错。例如，含有丰富数据的交互式应用程序或者站点的某个部分，非常适合使用 Angular 构建。应用程序也可能涉及博客或一些营销页面。这部分不需要用 Angular 构建，或者说通过服务器实现传统的服务会更适合。因此，站点的一部分由 Node.js、Express 和 MongoDB 提供服务，另一部分由 Angular 完成。

在 MEAN 技术栈中，这种灵活的方式正是最强大的地方之一。使用 MEAN 技术栈可以做很多事情，但一定要记得在思想上保持灵活，不要将 MEAN 当成单一的架构栈。

不过，情况正在好转。Web 爬虫技术，特别是谷歌采用的技术，正变得越来越强大，这个问题正在迅速成为过去。

1.5.5 使用 TypeScript 进行开发

Angular 应用程序可以使用多种风格的 JavaScript 进行编写，包括 ES5、ES2015+ 和 Dart。到目前为止，最流行的是 TypeScript。

TypeScript 是 JavaScript 的超集，这意味着它是 JavaScript，但具有附加功能。在本书中，将使用 TypeScript 构建应用程序中的 Angular 部分。不必担心：我们将在第 III 部分从头开始介绍需要了解的 TypeScript 内容。

1.6 相关配套支持

MEAN 技术栈提供了创建包含丰富数据的交互式 Web 应用程序所需的一切，但是你可能还希望使用一些额外的技术来辅助实现这个目标。例如，可以使用 Twitter 的 Bootstrap 创建良好的用户界面，使用 Git 协助管理代码版本，使用 Heroku 托管应用程序到线上 URL。在后续章节中，我们将研究如何将这些技术和 MEAN 结合在一起使用。在本节中，将会简要介绍每部分技术可以帮你做些什么。

1.6.1 使用 Twitter Bootstrap 创建用户界面

在本书中，将使用 Twitter Bootstrap 创建一种响应式设计，需要的工作量极小。对于 MEAN 技术栈来说它不是必需的，如果计划使用已存在的 HTML 或特定的设计构建应用程序，那你可能不会使用它。但是，本书将以一种快速成型的样式构建应用程序，从构思到应用程序，不受外部影响。

Twitter Bootstrap 是个前端框架，它为创建优秀的用户界面提供了大量帮助。其中，Twitter Bootstrap 提供了响应式网格系统、许多接口组件的默认样式以及通过主题更改视觉外观的能力。

响应式网格布局
在响应式网格布局中，会通过检测屏幕分辨率而不是试图识别出真实设备，在不同设备上为独立的 HTML 页面提供不同的样式布局。Twitter Bootstrap 针对 4 个不同像素宽度的断点进行布局，主要针对手机、平板电脑、笔记本电脑和显示器。如果对设置 HTML 和 CSS 类有想法，可以使用 HTML 文件，以适合屏幕大小的不同样式进行布局，但仍展示相同的内容。

CSS 类和 HTML 组件

Twitter Bootstrap 附带了一组预定义的 CSS 类，这些类对于创建可视组件很有用，如页面标题、警报消息的容器、标签和标记以及样式化的清单。Twitter Bootstrap 的创建者在框架中做了大量思考。Twitter Bootstrap 可以协助快速构建应用程序，而不必在 HTML 布局和 CSS 样式上花费太多的时间。

Twitter Bootstrap 教学不是本书的目标，但我们会在你使用它们时指出相关特性。

添加主题以获得不同的感受

Twitter Bootstrap 有默认的外观和风格，提供了整洁的基线，由于 Bootstrap 被广泛使用，你的网站最终可能会看起来和他人的网站有些相似。幸运的是，可以下载 Twitter Bootstrap 的其他主题，为应用程序提供不同的变化。下载主题通常和替换 Twitter Bootstrap CSS 文件一样简单。本书将使用免费主题构建应用程序，但可以从多个网站购买高级主题，给应用程序一种独特的感觉。

1.6.2　使用 Git 管理源代码的版本

将代码保存在计算机中或网络驱动程序上是可行的，但计算机或网络驱动程序只会保存当前版本，并且只有你(或使用你网络的其他用户)能够访问它。

Git 是分布式源代码管理控制系统，允许许多人即使使用不同的计算机和网络，也仍可以在相同的代码库中同时工作。他们可以一起推送代码，所有的变化都被记录在案。如有必要，也可以回滚到代码的早期版本。

如何使用 Git

Git 是典型的命令行工具，在 Windows、Linux 和 Mac 下都可使用。在本书中，将使用命令行语句解决所有需要的命令。Git 很强大，在本书中你将透过表面去学习它，我们所做的一切都将被提供为示例的一部分。

在典型的 Git 配置中，你的计算机有一个本地存储库，在类似 GitHub 或 BitBucket 的地方还有一个远程存储库。可以从远程存储库拉取代码到本地存储库，也可以从本地存储库推送代码到远程存储库。在命令行中执行这些任务都很容易，GitHub 和 BitBucket 都有 Web 页面，这样可以直观地跟踪提交的所有内容。

在本书中使用 Git 做什么

在本书中，使用 Git 有如下两个原因：

- 在本书中，示例应用程序的源代码存储在 GitHub 上，并针对不同阶段使用不同的分支。可以克隆和使用主干或单独的分支代码。

- 使用 Git 将应用程序部署到线上的 Web 服务器，这样全世界的人都可以看到它。你将使用 Heroku 作为主机。

1.6.3　使用 Heroku 作为主机

托管 Node.js 应用程序可能会很复杂，但不是必须这样做。许多传统的共享主机供应商没有跟上 Node.js 的节奏。一些供应商为你安装服务器以便可以运行应用程序，但是服务器的配置通常并不能满足 Node.js 的特有需求。为了成功运行 Node.js 应用程序，需要配置应用程序的服务器，也可以使用专门设计用于托管 Node.js 的 PaaS。

在本书中将使用后一种方式。你将使用 Heroku(https://www.heroku.com)作为服务器托管供应商。Heroku 是 Node.js 应用程序主要的主机供应商之一，拥有可使用的优秀且免费的套餐。

Heroku 上的应用程序本质上是 Git 存储库，这使得发布过程非常简单。配置完所有内容后，可以使用单条命令将应用程序发布到线上环境：

```
$ git push heroku master
```

1.7　结合实际示例将它们结合到一起

正如我们已多次提到的，贯穿本书将使用 MEAN 技术栈构建一个应用程序。在这个过程中将为你提供每项技术的基础知识，并展示它们是如何被结合使用的。

1.7.1　介绍应用程序示例

那么，本书后续部分会构建什么？你将构建一个名为 Loc8r 的应用程序。Loc8r 会列出附近有 Wi-Fi 的地点，人们可以去那里完成一些工作。它还会显示这些地点的设施、开放时间、评级和地图。用户能够登录并提交评级和评论信息。

现实世界中有一些功能相似的应用程序。基于地点的应用程序本身并不算特别创新，并且可以通过多种方式呈现。Swarm 和 Facebook 在登记清单中罗列了附近它们能找到的所有信息。Urbanspoon 能帮助人们在附近寻找吃饭的地点，允许用户按照价格和烹饪类型进行搜索。甚至连星巴克和麦当劳这样的公司也有自己的应用程序，用于帮助人们找到它们的店铺。

真实数据或伪造数据

好吧，我们要在本书中为 Loc8r 伪造数据，但你可以处理、封装它们。如果需要，也可以使用外部数据源。对于快速成型的方式，通常会发现应用程序的第一个私有版本的伪造数据能够加速应用程序的开发过程。

最终产品

你将使用 MEAN 技术栈的所有技术部分创建 Loc8r，包括使用 Twitter Bootstrap 协助创建响应式布局页面。图 1.7 展示了在本书中将要构建的应用程序的一些屏幕截图。

图 1.7　Loc8r 是你将在本书中构建的应用程序。它会在不同的设备上显示不同的样式，显示出所有地点的清单和详细信息，允许访问者登录并留下评论

1.7.2 MEAN 技术栈组件如何协同工作

当读完本书时，你将拥有一个通过 MEAN 技术栈完成的应用程序，该应用程序从头到尾一直在用 JavaScript 进行编码。MongoDB 将数据存储在二进制 JSON 中，通过 Mongoose 以 JSON 格式输出。Express 框架位于 Node.js 之上，这部分代码也是由 JavaScript 完成的。前端是 Angular，会使用 TypeScript 完成。图 1.8 对流程之间的连接进行了说明。

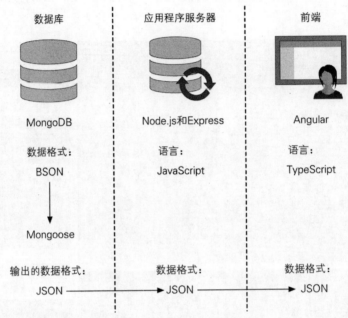

图 1.8　JavaScript(部分是 TypeScript)是 MEAN 技术栈中的通用语言，JSON 是通用的数据格式

在第 2 章中，我们将探讨使用 MEAN 的各种方法以及如何构建 Loc8r。

因为 JavaScript 在 MEAN 技术栈中扮演着十分重要的角色，所以建议查看附录 D，里面对 JavaScript 的隐患和最佳实践做了相关说明。

1.8　本章小结

在本章中，你掌握了：

- MEAN 技术栈的技术构成，它们是如何协同工作的。
- MongoDB 适合作为数据层。

- Node.js 和 Express 如何协同提供应用程序的服务层。
- Angular 如何提供惊人的前端数据绑定层。
- 使用附加技术扩展 MEAN 技术栈的一些方法。

第 2 章

设计 MEAN 技术栈架构

本章概览：

- 介绍通用的 MEAN 技术栈架构
- 单页面应用
- 发掘 MEAN 技术栈架构中的可替代部分
- 为实际应用程序设计架构
- 基于架构设计规划构建

在第 1 章中，我们介绍了 MEAN 技术栈的组件部分以及它们是如何协同工作的。在本章中，将更详细地介绍如何使它们协同工作。

下面首先介绍一下人们对 MEAN 技术栈架构的看法，特别是当他们第一次遇到 MEAN 时。接下来通过一些示例，探讨为何你可能会用到不同的架构，然后对架构做一些调整。MEAN 是一种强大的技术栈，如果你的解决方案比较有创造性，那么 MEAN 可以解决各种各样的问题。

2.1 通用的 MEAN 技术栈架构

构建 MEAN 技术栈应用程序的一种常见方法，是为单页面应用提供 REST API 支持。API 通常是由 MongoDB、Express 和 Node.js 构建的，单页面应用由 Angular 构建。那些有 Angular 背景的开发人员，如果又恰巧在寻找能快速响应的 API，将会非常喜欢这种方式。图 2.1 对架构的基本配置和数据流做了说明。

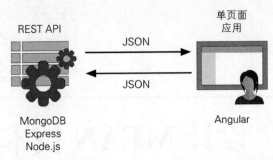

图 2.1   使用 MongoDB、Express 和 Node.js 构建 REST API，将 JSON 数据提供给浏览器中运行的
Angular 单页面应用，这是一种通用的 MEAN 技术栈架构方式

> **REST API 是什么**
>
> REST 是一种架构风格，而不是严格的协议。REST 是无状态的，它不知道当前用户的状态和历史记录。
>
> API 使得应用程序之间能够相互通信。对于 Web 来说，API 通常是一组 URL，当以正确的方式调用时，URL 会响应正确的数据信息。
>
> REST API 是应用程序的无状态接口。对于 MEAN 技术栈来说，通过使用 REST API 创建数据库的无状态接口，可以为其他应用程序(如 Angular 单页面应用)提供一种使用数据的途径。换言之，创建 URL 集合，当调用 URL 时，返回对应的数据。

图 2.1 中的配置很棒，如果打算为用户构建单页面应用，这很合适。Angular 的设计初衷是专注于构建单页面应用，既可以从 REST API 获取数据，也可以将数据推送回去。MongoDB、Express 和 Node.js 在构建 API 时非常有用，你将会在整个技术栈(包括数据库)中使用 JSON。

"我已经使用 Angular 构建了一个应用程序，现在从哪里获取数据？"这个问题的答案，正是许多人从 MEAN 技术栈开始的地方。

如果要创建一个单页面应用，那么这样的架构是非常棒的。但是，如果有不同的需求呢？MEAN 比当前设计的架构灵活得多，它的 4 个组件部分都非常强大，并且都提供了很多功能。

2.2   进一步了解单页面应用

使用 Angular 构建单页面应用就像在沿海公路的下坡路上驾驶一辆跑车，感觉非常棒。它们很有趣、速度快、时尚、敏捷，而且非常出众。从历史上看，以前没有做过这些事情，它们是巨大的进步。

但有时，这并不适合。如果周末想带家人去冲浪，那你需要和跑车说再见。尽管跑车很神奇，但这种情况下，你会想驾驶不同的汽车。单页面应用也是这样。是的，使用 Angular 构建它们是非常棒的，但有时单页面应用不是解决问题的最佳方案。在设计解决方案和决定完整的单页面应用是否适合项目之前，让我们简单看一下构建单页面应用时需要考虑的事情。

单页面应用的用户体验一般都很好，能减少服务器上的负载，从而降低服务器托管费用。在 2.3.1 和 2.3.2 节中，你将会看到一个出色的单页面应用和一个糟糕的单页面应用，并且在本书的最后会构建一个完整的单页面应用。

2.2.1 对搜索引擎不友好

对于搜索引擎来说，JavaScript 应用程序的内容很难被抓取和收录到。大多数搜索引擎会查看页面的 HTML 内容，但不会执行或下载大量的 JavaScript。正因为如此，JavaScript 创建的内容被抓取的实际效果，远不如服务器直接输出 HTML 好。如果所有内容都是通过 JavaScript 应用程序提供的，将无法确定其中有多少内容能被搜索引擎收录到。

另一个相似的缺点是 Facebook、LinkedIn 和 Pinterest 等社交共享网站的预览效果不太理想，这同样是因为在预览查看链接到的网页 HTML 时，只会尝试提取一些相关文本和图片。和搜索引擎一样，它们不在页面上执行 JavaScript，因此看不到 JavaScript 提供的内容。

所有这些缺点都在慢慢被改善。

创建易于被搜索引擎抓取到的单页面应用

可以使用一些方法，使网站内容更容易被搜索引擎抓取到。这会涉及创建独立的 HTML 页面来呈现单页面应用的内容。可以让服务器为网站创建基础版本的 HTML，方便搜索引擎抓取，也可以选择使用无头浏览器(比如使用 PhantomJS 运行 JavaScript 应用程序)输出 HTML 结果。

每种方法都需要付出相当大的努力，对于大型、复杂的网站，最终维护可能会让你感到头疼。另外，还有潜在的搜索引擎优化(SEO)隐患。如果搜索引擎认为服务器生成的 HTML 与单页面应用的内容差别很大，网站可能会受到惩罚。运行 PhantomJS 以输出 HTML 会降低页面的响应速度，这是搜索引擎(特别是谷歌)对于网站降级的表现。

重要程度

是否重要取决于构建的是什么。对于正在构建的应用程序，如果流量的主要增长计划是通过搜索引擎或社交共享，那么需要考虑这些问题。如果正在创建一些小的网站，并且会保持小的规模，那么解决方案是可以实现的；如果规模比较大，将很难做到。

另一方面，当正在构建不需要太多 SEO 的应用程序时(甚至希望网站更难被搜索引擎抓取到)，就不必再担心这个问题。这甚至可以算作优势。

2.2.2   Google Analytics 和浏览器历史记录

Google Analytics 这样的分析工具，在很大程度上依赖于浏览器 URL 变化导致的新页面的整体加载。单页面应用不是这样，这也是它们被称作单页面应用的原因。

当页面第一次加载完时，应用程序将在内部处理所有后续的页面和内容更改。浏览器永远不会加载新的页面；浏览器历史记录中也不会添加任何内容；分析工具不知道网站上的用户是谁，又做了什么。

向单页面应用添加页面加载事件

可以使用 HTML 历史 API 给单页面应用添加页面加载事件，这有助于做数据分析集合。管理这些的主要困难在于需要确保所有信息都能被准确跟踪到，包括检查丢失的日志和重复的数据条目。

好消息是不必从头开始构建全部工作。在大多数主要的分析工具供应商中，有些关于 Angular 的工具在线开放了源码。需要将它们集成到应用程序中，并确保一切能正常工作，但不必从头去做全部的工作。

问题的严重程度

问题的严重程度取决于是否需要精确的数据分析服务。如果希望能够监控访问者流量和用户行为的数据趋势，你会发现分析服务很容易整合这些数据。需要的数据越详细、越精确，要做的开发和测试工作就越多。可以确认在服务器生成网站的每个页面，都比较容易加入分析代码，但数据分析集成不太可能是选择非单页面应用的唯一原因。

2.2.3   初始化速度

单页面应用相比基于服务器的应用程序，首次加载速度会更慢，浏览器在渲染必要的 HTML 视图之前，必须先加载框架和应用程序代码。而基于服务器的应用程序只需要将必要的 HTML 输出到浏览器就足够了，从而减少了延迟和下载时间。

提高页面加载速度

有些方法可以提高单页面应用的加载速度，例如配置重度代码缓存和懒加载，懒加载是指在模块需要的时候再做加载。但是你永远无法摆脱这样的事实：单页面应用需要下载框架(至少是应用程序的部分代码)，并且在浏览器呈现页面之前几乎都需要通过 API 来获取数据。

应该关心加载速度吗

对于是否应该关心初始页面加载的速度，答案再一次是"这取决于你"。取决于正在构建的是什么以及人们将如何与之产生交互。

想想 Gmail。Gmail 是单页面应用，完成加载需要很长的时间。当然，加载时间通常只有几秒，但是目前线上的每个人都不太有耐心，都希望能够迅速加载完成。人们并不介意等待 Gmail 加载，因为一旦进入 Gmail，响应就会非常迅速。当 Gmail 完成加载后，人们通常会在里面停留一段时间。

但是，如果博客是从搜索引擎和其他外部链接吸引流量，那你肯定不希望首次加载需要花费几秒的时间。人们会认为网站可能已经关闭或运行缓慢，在你有机会向他们展示内容之前，他们已经单击了 Back 按钮。

2.2.4　选择单页面应用还是非单页面应用

前面部分并不是关于单页面应用的练习，而只是提醒：我们只是花点时间来思考一些经常被忽略的事情，等意识到的时候已经太迟。关于爬虫能力、数据分析集成和页面加载速度三点，并不是在定义何时创建单页面应用以及何时做某些事情，它们只是关于框架的一些思考。

如果这些都不是需要考虑的问题，那么单页面应用可能是正确的选择。如果发现对于这三点中的每一点都要停下来思考，并且看起来需要为这三点添加解决方法，那么单页面应用可能不是正确的选择。

如果处于两者之间，那么这个判断事关什么是最重要的、最关键的以及什么是项目的最佳解决方案。根据经验，如果方案一开始就包含大量的解决方法，那么可能需要重新考虑一下。

即使认为单页面应用不适合，也不意味着不能使用 MEAN 技术栈。在 2.3 节中，我们将介绍如何设计不同的 MEAN 架构。

2.3 设计一种灵活的 MEAN 架构

如果说 Angular 像一辆保时捷，那么 MEAN 的其余部分就像在车库里拥有一辆奥迪 RS6。很多人可能会把注意力放在前面的跑车上，而不会对车库里的房车看上一眼。但是，如果真的走进车库，四处看看，就会发现引擎盖下有兰博基尼 V10 引擎。

如果使用 MongoDB、Express 和 Node.js 只是构建 REST API，就像使用奥迪 RS6只负责接送孩子上下学一样。它们都非常出色，能很好地完成任务，但它们能提供更多功能。

我们在第 1 章中讨论了一些技术以及这些技术的作用，这里要注意以下几点：

- MongoDB 可以存储和传输二进制信息。
- Node.js 特别适合使用 Web 套接字进行实时连接。
- Express 是内置模板、路由和会话管理的 Web 应用程序框架。

还有很多值得注意的内容，我们肯定无法解读本书中所有技术的全部功能。在这里可以通过一些简单示例，展示如何使 MEAN 技术栈的各个部分协同工作，从而设计出最佳的解决方案。

2.3.1 博客引擎需求

在本节中，你将了解熟悉的博客引擎概念，并了解如何设计最好的 MEAN 技术栈架构，用于构建博客引擎需求。

博客引擎通常有两个方面：面向公众为读者提供文章的博客日志，并且(我们希望)能通过互联网进行发布和分享；以及管理员页面，博客博主能登录并撰写新文章和管理博客。图 2.2 显示了这两个方面的一些关键点。

图 2.2 博客引擎的两个方面的不同特征：面向公众的博客日志和私有的管理员页面

查看图 2.2 中的清单，可以很容易看到双方之间的特征差异很大。博客文章往往内容丰富、交互性低，但管理员页面功能丰富、交互性强。博客文章应该快速完成加载以免用户流失，而管理员页面应该快速响应应用户的输入和操作。最后，用户通常会在博客上停留较短的时间，但可以分享文章给他人；管理员页面是私有的，个人用户登录后通常会停留较长时间。

根据我们讨论过的单页面应用的潜在问题，查看博客引擎的特点，就能看到很多相似部分。考虑到这一点，你可能不会选择使用单页面应用向读者发布博客文章。但另一方面，管理员页面非常适合选择单页面应用。

那该怎么做？可以说，最重要的事情是保持博客读者常来。如果他们感觉体验不好，可能不会再回来，更不会去分享文章。如果博客没有读者，作者将停止写作或转移到另一个平台。同时，缓慢或没有响应的管理员页面也会导致博客所有者放弃使用。那该怎么做？如何让每个人都开心，让博客的运转保持良好？答案在 2.3.2 节。

2.3.2　博客引擎架构

答案在于不要试图使用完全通用的解决方案。实际上有两个应用程序：面向公众的页面内容应该选择从服务器输出，私有的管理员页面可以用单页面应用构建。需要将这两个应用程序分开看，先从管理员页面开始。

管理员页面：Angular 单页面应用

我们已经说过，管理员页面非常适合构建成 Angular 单页面应用。这部分架构看起来很熟悉：一个由 MongoDB、Express 和 Node.js 构建的 REST API，前端是由 Angular 构建的单页面应用。图 2.3 展示了整体架构。

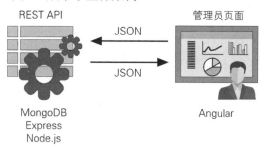

图 2.3　一种熟悉的场景：管理员页面是 Angular 单页面应用——
使用 MongoDB、Express 和 Node.js 构建的 REST API

图 2.3 中没有特别新的内容。整个应用程序由 Angular 完成构建，并运行在浏览器中，在 Angular 应用程序和 REST API 之间使用 JSON 完成数据的传递。

博客日志：如何去做

查看这些博客日志，你会发现事情变得有些困难。

如果认为 MEAN 技术栈只是 Angular 单页面应用和 REST API，那么可能陷入困境。可将面向公众的网站构建为单页面应用，因为我们希望使用 JavaScript 和 MEAN 技术栈。但这不是最好的解决方案。在这种情况下，可以确认 MEAN 技术栈不合适，并选择使用其他的技术栈。但我们不想这样做！我们仍想端到端地使用 JavaScript。

再看一看 MEAN 技术栈，然后想一想所有组件。Express 是一个 Web 应用程序框架。Express 可以在服务器上使用模板构建 HTML，还可以使用 URL 路由和 MVC 模式。你应该开始意识到，或许 Express 有相关答案！

博客日志：充分利用 Express

在博客引擎需求中，确切地说，希望从服务器直接输出 HTML 内容。Express 特别擅长做这些，甚至可以从一开始就支持选择模板引擎。HTML 内容需要数据库提供的数据，所以将再次使用 REST API(至于为什么这是最好的方案，详见 2.3.3 节)。图 2.4 列出了这种架构的基础。

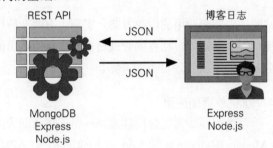

图 2.4　直接从服务器输出 HTML 的架构：前端的 Express 和 Node.js 应用程序，
与使用 MongoDB、Express 和 Node.js 构建的 REST API 交互

这种方式允许使用 MEAN 技术栈(至少是其中的一部分)将数据库驱动的内容直接从服务器传递到浏览器。但不要停下来。MEAN 技术栈可以更加灵活。

博客日志：使用更多的技术

你看到的是一个向访问者提供博客内容的 Express 应用程序。如果希望访问者能够登录或者在文章中添加评论，那么需要跟踪用户会话。可以在 Express 应用程序中使用 MongoDB 完成这项工作。

文章的侧边栏可能也有一些动态数据，例如相关的文章或带有自动完成功能的搜索框。可以用 Angular 实现这些。记住，Angular 不仅适用于单页面应用，也可用于创建单独的组件，这些组件可以为其他静态页面增加丰富的数据交互。图 2.5 显示了添加到 MEAN 技术栈博客架构的可选部分。

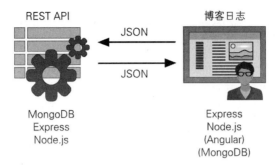

图 2.5　添加 Angular 和 MongoDB 作为博客引擎的面向公众页面的可选项，为访问者提供博客日志

现在，你有了一个完整意义上的 MEAN 应用程序，从而向与 REST API 交互的访问者提供内容。

博客日志：混合架构

此时，有两个独立的应用程序，每个应用程序使用一个 REST API。通过一些规划，可以让应用程序的两端使用一个公共的 REST API。图 2.6 显示了单一架构的外观，单个 REST API 与两个前端应用程序交互。

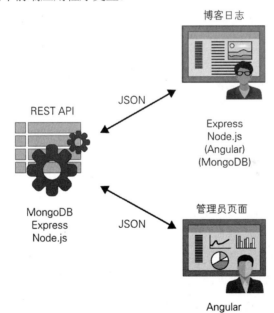

图 2.6　一种混合的 MEAN 技术栈架构：单一的 REST API 为两个独立的面向用户的应用程序
提供支持，在构建中使用 MEAN 技术栈的不同部分，提供最合适的方案

图 2.6 展示了如何将 MEAN 技术栈的各个部分组装到不同架构中，架构的选择仅受限于你对组件的理解和组装它们时的创造性。MEAN 没有唯一正确的架构。

2.3.3　最佳实践：为数据层构建内部 API

你可能已经注意到：架构的每个版本都包含一个 API，用于显示数据并完成主应用程序和数据库之间的交互。这是有原因的。

如果在 Node.js 和 Express 中构建应用程序，直接从服务器输出 HTML，从 Node.js 应用程序直接与数据库进行通信将非常容易。从短期看，这是一种简单方式；但从长远看，这将成为一种困难方式，因为数据与应用程序代码会紧密地耦合在一起，其他任何应用程序将无法使用这些数据。

另一种选择是构建自己的 API，可以直接与数据库通信并输出所需的数据。然后，Node.js 应用程序可以与此 API 通信，而不是直接与数据库通信。图 2.7 对比显示了这两种设置。在图 2.7 中，你可能想知道为什么要在应用程序和数据库之间创建一个 API。这样做岂不产生更多的工作量？在这个阶段，的确产生了更多的工作量，但是你需要看得更长远。如果稍后希望在原生移动应用程序或前端 Angular 中使用数据，该怎么办？

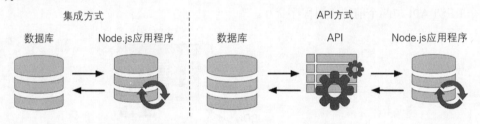

图 2.7　将数据集成到 Node.js 应用程序的短期视图。可以设置 Node.js 应用程序直接与数据库通信，也可以创建与数据库交互的 API，并使 Node.js 应用程序仅与 API 通信

你当然不想相似的接口不得不实现成单独的多个。如果已经预先构建了自己的 API 以输出所需的数据，那么可以避免这个问题。如果已经有了一个 API，想要将数据层集成到应用程序中，那么可以简单地让应用程序引用这个 API。不管是 Node.js、Angular、iOS 还是 Android 应用程序这个 API 不必是任何人都可以使用的公共 API，只要能访问即可。有了 Node.js、Angular 和 iOS/Android 应用程序后，就可以通过图 2.8 比较它们使用相同数据源的两种方式。

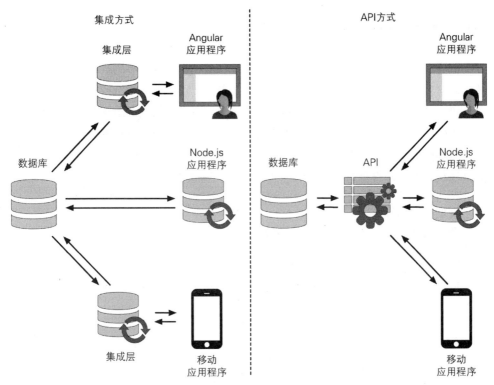

图 2.8   将数据集成到 Node.js 应用程序以及其他 Angular 和 iOS 应用程序中的长期视图。
集成方式变得支离破碎，API 方式简单且可维护

如图 2.8 所示，以前简单的集成方式正变得支离破碎和复杂化。需要管理和维护三个数据部分，所以为了保持数据的一致性，任何更改都必须同步到多个部分。如果只有一个 API，就不需要担心这些问题。在开始的时候做点额外工作，可以让未来的工作更容易。我们将在第 6 章介绍如何创建内部 API。

2.4   规划真实的应用程序

正如我们在第 1 章中所讨论的，贯穿本书，我们将使用 MEAN 技术栈构建一个应用程序，名为 Loc8r。Loc8r 会列出附近有 Wi-Fi 的地点，人们可以去那里完成一些工作。Loc8r 还显示每个地点的设施、开放时间、评级和地图。访问者可以评级和提交评论。

为了演示应用程序，需要伪造一些数据，以便快速轻松地测试。在 2.4.1 节中，我们将引导完成对应用程序的规划。

2.4.1 整体规划应用程序

首先考虑应用程序中需要哪些页面。关注独立的页面视图和用户流程。可以在整体上做这些，而不是真正细化到页面上的每个节点。可以在一张纸或白板上画一下这个阶段，这有助于将应用程序作为整体去规划，还有助于将页面组织成集合和流，在准备构建的时候，可以作为参照。由于页面和后台的应用程序没有耦合任何数据，因此很容易添加、移除、更改显示的内容，甚至更改想要的页面数量。关键是启动，然后是迭代和改进，直至对独立的页面和整体用户流满意为止。

规划视图组件

考虑一下 Loc8r。如前所述，目标如下：

Loc8r 会列出附近有 Wi-Fi 的地点，人们可以去那里完成一些工作。Loc8r 还显示每个地点的设施、开放时间、评级和地图。访问者可以评级和提交评论。

从上诉描述中，可以了解到需要的一些视图组件：

- 列出附近地点的视图组件。
- 显示某个地点详细信息的视图组件。
- 为某个地点添加评论信息的视图组件。

你可能还想告诉访问者 Loc8r 的用途和存在的原因，因此应该在上述清单中添加另一个视图组件：

- "关于我们"的视图组件。

将视图组件封装成集合

接下来，获取视图组件清单，并比较它们在逻辑上相似的地方。例如，上述清单中的前三个是处理地点的视图组件。About 页面不属于任何集合，因此可以将它放入混杂的 Others 集合中。这种处理的草图类似于图 2.9。

制作如图 2.9 所示的草图是计划的第一个阶段，在开始考虑架构之前，需要经历这个阶段。这个阶段让你有机会查看基础页面，并思考流程。例如，图 2.9 还显示了 Locations 集合中的基本用户流程，从 List 页面跳转到 Details 页面，然后跳转到添加评论的表单。

图 2.9 将应用程序的单独视图组件整合成逻辑性集合

2.4.2 设计应用程序的架构

从表面上看，Loc8r 只是较简单的应用程序，仅由几个视图组件构成。但是，仍然需要考虑如何构建它，因为需要将数据从数据库传递到浏览器，使用数据和用户交互，并允许发送数据回数据库。

从 API 开始

因为应用程序将使用数据库，并进行数据通信，所以首先从肯定需要的部分开始构建架构。图 2.10 显示了一个起点：一个使用 Express 和 Node.js 构建的 REST API，用于和 MongoDB 数据库进行交互。

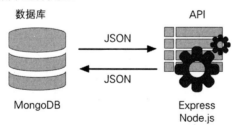

图 2.10 从标准的 MEAN REST API 开始，使用 MongoDB、Express 和 Node.js

构建用于数据交互的 API 是必要的，也是架构的基础。更有趣的问题是：应如何设计应用程序的架构？

应用程序的架构选项

此时，需要了解应用程序中比较特殊的需求，以及如何使 MEAN 技术栈的各个部分协同工作，以构建出最佳解决方案。是否需要 MongoDB、Express、Angular 或 Node.js 中的特殊功能，这些是否会改变我们设定的计划？希望服务器直接提供 HTML，还是单页面应用更适合？

对于 Loc8r，没有什么另类和特殊的需求，搜索引擎是否能轻松抓取到内容，取决于对业务流量增长的规划。如果规划是从搜索引擎引入流量，那么内容需要易于被抓取到。如果规划是将应用程序升级为 App，并以此方式驱动用户使用，那么不需要关心内容是否易于被搜索引擎抓取到。

回想博客示例，可以立即设想出三种可能的应用程序架构，如图 2.11 所示。

- Node.js 和 Express 构成的应用程序。
- 由 Node.js 和 Express 构成并使用 Angular 增加交互部分的应用程序。
- Angular 单页面应用。

考虑以上三种架构，哪一种最适合 Loc8r？

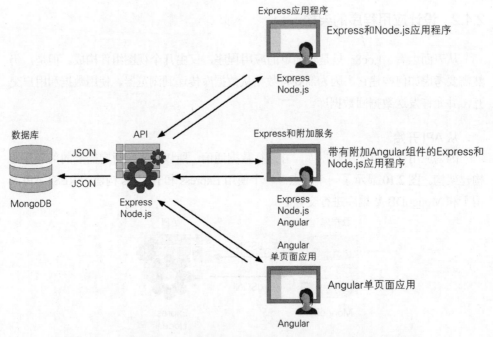

图 2.11　构建 Loc8r 应用程序的三种架构，从服务器端的 Express 和
Node.js 应用程序到完整的 Angular 单页面应用客户端

选择应用程序架构

没有任何特殊的业务需求会促使你从上述三种架构中找出最喜欢的那种架构。没关系，因为我们将在本书中完成全部三种架构。构建这三种架构使你能够探索每种方式的工作原理，并能够依次观察每项技术，逐层构建出应用程序。

按照图 2.11 所示的顺序构建架构，从 Node.js 和 Express 应用程序开始，在可能导致重构成 Angular 单页面应用之前，直接加入 Angular。尽管这可能并不是创建网站时必须做的事，但却给了你学习 MEAN 技术栈所有技术方面的机会。在 2.5 节中，我们将讨论这种方式，并介绍详细的计划。

2.4.3　将所有内容封装到 Express 项目中

到目前为止，一直在查看的体系结构图表明，API 和应用程序逻辑将拥有分开的 Express 应用程序。对于大型项目，这是一种非常完美的方式。如果预期流量非常大，可以将主应用程序和 API 部署在不同的服务器上。这种方式的另一个好处是能够对每台服务器和应用程序做特殊的配置，这些配置最适合特殊的需求。

另一种方式是将所有内容都放到 Express 项目中，这有助于保持架构简单和可控。使用这种方式，只需要关心应用程序的托管和部署，以及一组需要管理的源代码。这是 Loc8r 使用的方式：创建包含多个子应用程序的 Express 项目。图 2.12 对这种方式做了说明。

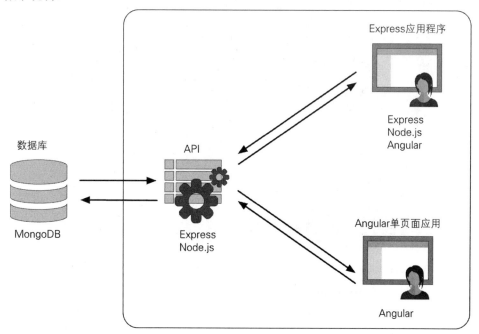

图 2.12　将 API 和应用程序逻辑封装在同一个 Express 项目中的应用程序架构

以这种方式组装应用程序时，很重要的一点是组织好代码，以便应用程序的不同部分能保持独立。除了使代码更容易维护外，如果将来决定将代码分解成独立的项目，

采用图 2.12 所示的方式会很容易完成拆分。在本书后面我们将再次回到这个关键的
主题。

2.4.4　最终产品

如你所见，你会使用 MEAN 技术栈的所有部分创建 Loc8r，包括使用 Twitter
Bootstrap 创建响应式布局。图 2.13 显示了你在本书中构建内容时的一些屏幕截图。

图 2.13　Loc8r 是你将在本书中构建的应用程序。Loc8r 在不同的设备上显示不同的样式，
显示每个 Wi-Fi 的地点清单和详细信息，并允许访问者登录和留下评论

2.5　将开发按阶段规划

在本书中，有如下两个目标：
- 使用 MEAN 技术栈构建应用程序。

- 边开发边学习 MEAN 技术栈中不同层的技术。

你将以快速成型的方式构建 Loc8r 项目，再做一些调整，便可获得整个技术栈上的最佳覆盖率。从快速成型开发的五个阶段开始，看看如何使用这种方式逐层构建 Loc8r，重点关注开发中的不同技术部分。

2.5.1　快速成型的开发阶段

后续会将开发过程分为多个阶段，一次只关注一件事情，从而增加成功的机会。我们发现这种方式对于将想法变为现实会很有效。

第 1 阶段：创建静态网站

第 1 阶段是创建应用程序的静态版本，一般来说只是几个 HTML 页面组件。这一阶段的目标是：

- 快速确定布局。
- 确保用户流程合理。

此时，不用关心数据库或用户页面上的炫酷效果；要做的只是创建主页面的工作原型，以及应用程序中完整的用户流程。

第 2 阶段：设计数据模型并创建数据库

有了满意的静态原型后，接下来要做的是看一看静态应用程序中的硬编码数据，并将它们放入数据库。这一阶段的目标是：

- 根据应用程序的需求定义数据模型。
- 创建服务于这些数据模型的数据库。

首先定义数据模型。回到宏观层面，数据需要的对象是什么，这些对象是如何连接的，它们包含什么数据？

在构建静态原型之前尝试完成这个阶段时，处理抽象的概念和想法。有了静态原型后，就能够看到在不同的页面上发生了什么，以及在哪里需要什么样的数据。突然间，这个阶段变得容易多了。几乎没察觉到，在构建静态原型时，已经做了一些复杂的思考。

第 3 阶段：建立数据 API

在第 1 和第 2 阶段之后，已经有了静态网站和数据库。这个阶段和下一个阶段会按照正确的步骤将它们联系起来。这一阶段的目标是：

- 创建 REST API，允许应用程序与数据库交互。

第 4 阶段：将数据库连接到应用程序

当进入这个阶段时，表明有了静态的应用程序以及向数据库公开接口的 API。这一阶段的目标是：

- 让应用程序与 API 通信。

这个阶段完成时，应用程序看起来和以前差不多，但数据来自数据库。完成后，你将拥有数据驱动的应用程序！

第 5 阶段：优化应用程序

这个阶段主要使用其他功能来修饰应用程序。可以添加身份认证、数据验证或者向用户展示出错时的信息。这个阶段可以向前端添加更多的交互特性，或者加强应用程序中的业务逻辑。

这一阶段的目标是：

- 为应用程序做好收尾工作。
- 做好提供应用程序给用户使用的准备。

这 5 个开发阶段为构建新项目提供了一种很好的方式。在 2.5.2 节中，你将了解如何按照这些步骤构建 Loc8r。

2.5.2　构建 Loc8r 的步骤

在构建 Loc8r 时，有两个目标。首先是希望使用 MEAN 技术栈构建一个应用程序。其次是学习不同的技术，并了解如何使用它们，以及如何以不同的方法进行组装，使它们协同工作。

在本书中，将遵循开发的 5 个阶段，但是会有一些曲折，这有助于看到 MEAN 技术栈的全部。在查看详细步骤之前，如图 2.14 所示，提醒一下自己在前面制定的系统架构。

第 1 步：构建静态网站

下面将从第 1 阶段开始，构建静态网站。我们建议对任何应用程序或网站都这样做，因为可以通过相对较少的努力学到很多东西。在构建静态网站时，最好关注一下后续的发展，记住最终的架构是什么。图 2.14 展示了已经为 Loc8r 设定好的架构。

基于这种架构，会在 Node.js 和 Express 中构建静态应用程序，并作为 MEAN 技术栈的起点。图 2.15 强调了开发过程中的这一步，作为开发所提议架构的第一部分。在第 3 和 4 章中将详细介绍这一步。

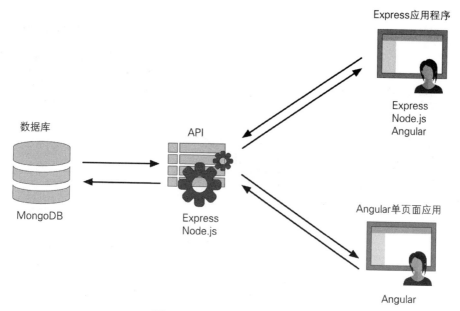

图 2.14　构建 Loc8r 的建议架构

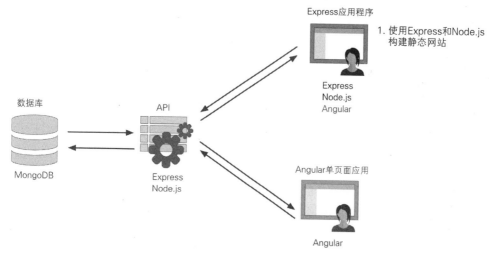

图 2.15　应用程序的起点是在 Express 和 Node.js 中构建用户页面

第 2 步：设计数据模型并创建数据库

在开发阶段，将继续第 2 步，创建数据库并设计数据模型。同样，任何应用程序可能都需要这一步，如果完成了第 1 步，你将从中受益更多。

图 2.16 说明了如何将这一步添加到应用程序的总体架构中。

在 MEAN 技术栈中，你将在这一步使用 MongoDB，主要通过 Mongoose 完成数据建模。实际上，数据模型是在 Express 应用程序中定义的。这一步将在第 5 章介绍。

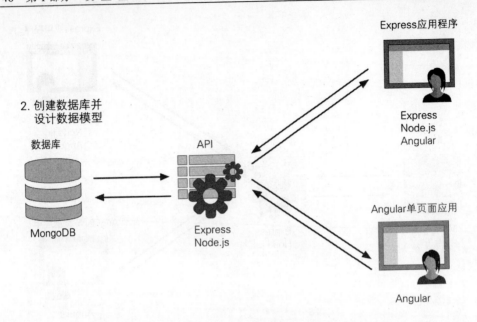

图 2.16 在构建静态网站之后，通过使用收集到的信息设计数据模型并创建 MongoDB 数据库

第 3 步：构建 REST API

构建完数据库并定义数据模型后，我们希望创建一个 REST API，可以通过 Web 请求实现数据交互。几乎所有数据驱动的应用程序都受益于 API 接口，所以这一步是大多数项目在构建过程中都希望有的步骤。

可以在图 2.17 中看到这一步在整个项目构建过程中的位置。在 MEAN 技术栈中，这一步主要在 Node.js 和 Express 中完成，Mongoose 也提供了很多的帮助。你将通过 Mongoose 与 MongoDB 交互，而不是直接与 MongoDB 交互。这一步将在第 6 章介绍。

第 4 步：使用应用程序中的 API

这一步对应开发过程的第 4 阶段，并且是开始实现 Loc8r 的地方。第 1 步的静态应用程序将被更新为第 3 步所说的样子，使用 REST API 与第 2 步创建的数据库进行交互。

为了学习 MEAN 技术栈的所有技术部分以及使用它们的不同方式，可通过 Express 和 Node.js 调用 API。在现实场景中，如果计划用 Angular 构建大量的应用程序，可以将 API 挂到 Angular 中。我们将在第 8～10 章介绍这种方式。

最后，使用 2.4.2 节中介绍的三种架构中的第一种运行应用程序：一个 Express 应用程序和一个 Node.js 应用程序。图 2.18 显示了在这一步中，如何将架构的两部分组装在一起。

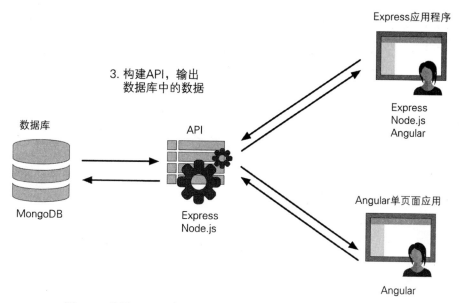

图 2.17　使用 Express 和 Node.js 构建 API，公开与数据库交互的方法

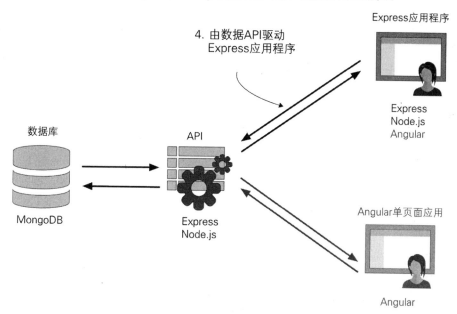

图 2.18　使用数据 API 更新静态的 Express 应用程序，由数据驱动应用程序

对于构建工作，将在 Node.js 和 Express 中完成其中的大部分。这一步将在第 7 章介绍。

第 5 步：修饰应用程序

第 5 步与开发过程中的第 5 阶段对应，可以在该阶段向应用程序添加额外的修饰。

你将会在这一步中使用和观察 Angular，去了解如何将 Angular 组件集成到 Express 应用程序中。图 2.19 着重显示了对项目架构的这一补充。

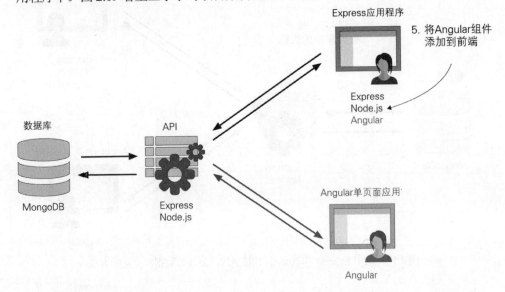

图 2.19 在 MEAN 应用程序中使用 Angular 的一种方法是将组件添加到前端 Express 应用程序中

这一步主要介绍和使用 Angular。为了支持这一步，很可能会更改 Node.js 和 Express 的一些设置。第 8 章将会详细介绍这一步。

第 6 步：将代码重构为 Angular 单页面应用

在第 6 步中，将替换 Express 应用程序，使用 Angular 将所有逻辑重构成单页面应用，从根本上改变架构。与前面的步骤不同，这一步只是重构之前的一些内容，而不是在之前步骤的基础上继续构建新内容。

对于正常的构建过程(在 Express 中开发应用程序，并在 Angular 中重构)来说，这一步不常见，但它特别适合本书的学习方式。你将能够专注于 Angular，因为已经知道应用程序要做什么，并且数据 API 也已经准备就绪。

图 2.20 显示了这种变化对整体架构的影响。这一步将再次聚焦在 Angular 上，我们将会在第 9 和 10 章中进行详细介绍。

第 7 步：添加身份认证

在第 7 步中，将允许用户完成注册和登录，为应用程序添加身份认证功能。你还将看到在用户使用应用程序时，如何使用用户的数据。基于迄今为止所做的一切，向 Angular 单页面应用添加身份认证功能。作为这一步的一部分，将会在数据库中保存用户信息，以确保某些 API 终端只能被完成认证的用户使用。

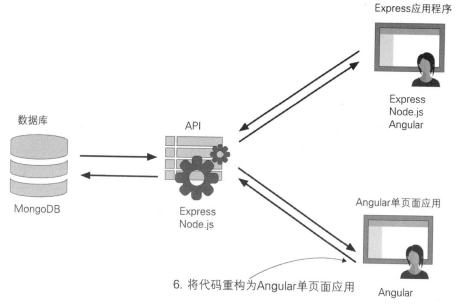

图 2.20　将应用程序重构为 Angular 单页面应用

图 2.21 显示了将要在技术架构中处理的内容。在这一步中，会使用 MEAN 涉及的所有技术部分。我们将会在第 11 和 12 章进行详细介绍。

这就是规划出来的软件架构。在 2.6 节中，我们将快速讨论一下硬件。

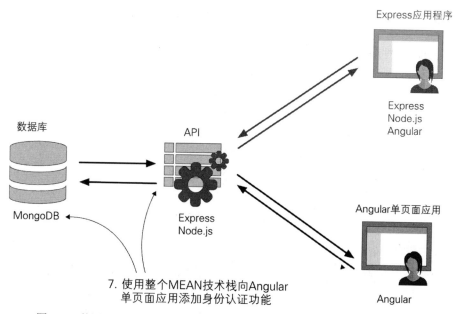

图 2.21　使用 MEAN 技术栈的所有技术向 Angular 单页面应用添加身份认证功能

2.6 硬件架构

如果没有关于硬件的内容，架构相关的讨论就不算完整。你已经看到了如何将软件和代码组件组装到一起，但是需要哪种类型的硬件运行它们？

2.6.1 开发环境需要的硬件

好消息是，不需要任何特别的东西就能使用开发阶段的这些技术。一台笔记本电脑，甚至一台虚拟机(VM)就足以开发出普通的应用程序。MEAN 技术栈的所有相关技术都可以安装在 Windows、macOS 和大多数版本的 Linux 上。

我们已经成功地在 Windows 和 macOS 笔记本电脑以及 Ubuntu 虚拟机上开发了应用程序。我们青睐在 macOS 上进行本地开发，但也知道有些人会更青睐 Linux VM。

如果有本地网络和多台服务器，可以将应用程序运行在不同的地方。例如，一台计算机可以作为数据库服务器，另一台用于 REST API，第三台用于部署主应用程序代码。只要能够做到服务器之间互相通信，这种设置就没有问题。

2.6.2 生产环境需要的硬件

生产环境需要的硬件架构方式和开发环境几乎一样。主要区别在于，通常生产环境对规格要求更高，并对互联网开放，以便接受公共请求。

最初的硬件规格
可以在同一台服务器上负载和运行应用程序的所有部分。图 2.22 展示了基本的示意图。

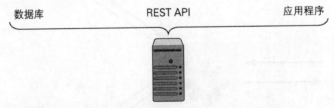

图 2.22 最简单的硬件架构，所有内容都在一台服务器上

对于流量较低的应用程序，这种架构是可以接受的，但考虑到应用程序的用户量在不断增长，不建议这样做，因为你肯定不希望应用程序和数据库因为同一资源发生冲突。

成长：独立的数据库服务器

通常最先被分离成单独服务器的都是数据库。现在有两台服务器：一台用于部署
应用程序代码，另一台用于部署数据库。图 2.23 对这种方式进行了说明。

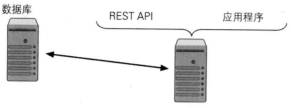

图 2.23　一种常见的硬件架构方式：一台服务器运行应用程序代码和 API，
另一台服务器运行独立的数据库

这种方式很常见，特别是当选择使用 PaaS(Platform as a Service)托管服务时。本书
将会使用这种方式。

扩展规模

正如我们在讨论开发环境相关硬件时所说，可以让应用程序的不同部分运行在不
同的服务器上：数据库服务器、API 服务器和应用程序服务器。这种设置能够支撑更
多的流量，因为负载分布在三台服务器上，如图 2.24 所示。

图 2.24　使用三台服务器的分离架构：一台用于数据库，另一台用于 API，第三台用于应用程序代码

但是，到这里还不能停下来。如果流量超过三台服务器的负载，可以配置更多这
样的服务器实例(或集群)，如图 2.25 所示。

与以前相比，这种方式会稍微复杂一些，因为需要确保数据库中数据的一致性，
并且在服务器之间需要保持负载均衡。再一次，PaaS 提供了一种便捷途径来实现这种
架构。

我们将在第 3 章中开始这段旅程，创建一个将所有部分关联到一起的 Express
项目。

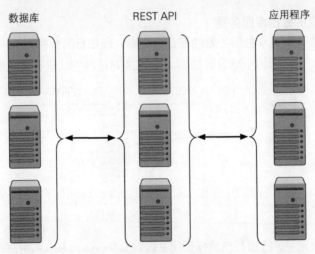

图 2.25 可以通过为整个应用程序的每部分设置服务器集群来扩展 MEAN 应用程序

2.7 本章小结

在本章中，你掌握了：

- 如何设计通用的 MEAN 技术栈架构，使用 Angular 构建单页面应用，以及使用 Node.js、Express 和 MongoDB 构建 REST API。
- 如何评估项目是否适合使用单页面应用。
- 如何设计更灵活的 MEAN 架构。
- 构建 API 以暴露数据层的最佳实践。
- 开发环境和生产环境的硬件架构。

第 II 部分

构建 Node Web 应用程序

MEAN 应用程序需要 Node.js 作为支撑，所以我们从 Node.js 开始学习。通过学习第 II 部分，你将使用 Node.js、Express 和 MongoDB 构建数据驱动的 Web 应用程序。在学习各项技术的同时，你将逐步构建出功能完备的 Node Web 应用程序。

在第 3 章中，你将学习如何创建并设置 MEAN 项目。在第 4 章中，在深入学习 Express 之前，将通过构建静态版本的应用程序来了解 Express。在第 5 章中，将根据之前学到的有关应用程序的知识，使用 MongoDB 和 Mongoose 设计并构建项目所需的数据库模型。

优秀的应用程序架构应该提供良好的数据交互 API，而不是将数据库交互与应用程序逻辑紧密耦合。在第 6 章中，将使用 Express、MongoDB 和 Mongoose 创建 REST API。在第 7 章中，我们会将创建的 REST API 绑定到应用程序，进而应用到静态的应用程序中。学习完第 II 部分后，你将能创建使用 Node.js、MongoDB 和 Express 构建的网站，该网站由数据驱动且具有功能完备的 REST API。

第3章

创建并设置 MEAN 项目

本章概览：

- 使用 npm 和 package.json 管理依赖
- 创建并配置 Express 项目
- 设置 MVC 环境
- 使用 Twitter Bootstrap 进行布局
- 使用 Git 和 Heroku 发布项目到实时 URL

在本章，你将开始构建属于自己的应用程序。第 1 和 2 章提到过，本书将构建名为 Loc8r 的应用程序——一个展示当前用户附近门店位置列表、邀请用户登录并留下评论内容的基于位置服务的 Web 应用程序。

获取源代码

Loc8r 应用程序的源代码在 GitHub 上，网址为 https://github.com/cliveharber/gettingmean-2。每一章内容在有重大更新时都会有独立的分支。我们建议在学习本书的过程中跟随每一章的内容来逐步构建应用程序。如有需要，也可以从 GitHub 上的 chapter-03 分支直接获取本章将要构建的代码。如果已经安装好 Git，就在终端打开一个新的文件夹，然后使用以下命令获取项目代码：

```
$ git clone -b chapter-03 https://github.com/cliveharber/
gettingMean-2.git
```

上述命令会从 GitHub 上复制一份代码到本地。为了能够让应用程序正常运行，需要使用以下两个命令安装依赖：

```
$ cd gettingMean-2
$ npm install
```

如果对上述命令还不理解，或者这些命令没有生效，不要担心，在本章中，将会
逐步学习如何安装这些工具。

在 MEAN 技术栈中，Express 是一个 Node.js 应用程序框架。同时，Express 和 Node.js
是整个 MEAN 技术栈的基础，所以我们将会从 Express 开始学习。在构建应用程序架
构方面，图 3.1 说明了本章的重点，将会做两件事：

● 创建项目以及封装除数据库外所有内容的 Express 应用程序。

● 设置主 Express 应用程序。

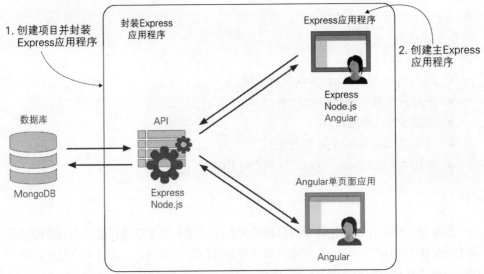

图 3.1　创建封装的 Express 应用程序并开始设置主 Express 应用程序

查看 Express 项目并通过使用 npm 和 package.json 文件来学习如何管理依赖和模
块。这些都是学习和设置 Express 项目的基础知识。

在开始其他工作之前，确保已将所有需要的工具安装到计算机中。完成安装后，
从命令行工具中查看新创建的 Express 项目以及项目的各个可配置选项。

Express 本身功能就很强大，但如果我们对它做一些微小的改进并配合一些
Express 周边配置，就能让 Express 功能更强大，也有助于更好地理解 Express。这就需
要快速了解模型-视图-控制器(MVC)架构。这里，通过控制 Express 的一些配置并观察
修改配置后的变化，将能更清晰地理解 MVC 在 Express 中的作用。

在开发 Express 项目时，可以引入 Twitter Bootstrap 框架，并通过修改 Pug 模板将
网站设置成响应式的。在本章末尾，我们将使用 Heroku 和 Git 把改进过的并且可响应

用户操作的 MVC Express 应用程序发布到实时 URL。

3.1　Express、Node 和 npm 简介

如前所述，Express 是基于 Node 的应用程序框架。从本质上说，Express 应用程序实际上是使用 Express 作为框架的 Node 应用程序。在第 1 章中，我们提到过 npm 是在安装 Node 时自动安装好的包管理工具，npm 可以下载 Node 模块和 Node 包来丰富应用程序的功能。

但是，如何才能把这些模块和包组合起来，如何使用这些模块和包呢？问题的关键就在于 package.json 文件。

3.1.1　使用 package.json 定义包

在每一个 Node 应用程序中，在根目录下需要一个名为 package.json 的文件。这个文件不仅包含项目的各种元数据，还包括项目运行时依赖的包。代码清单 3.1 演示了一个 package.json 样例文件，可以在 Express 项目的根目录下找到它。

代码清单 3.1　Express 项目中的 package.json 样例文件

```
{
  "name": "application-name",
  "version": "0.0.0",              应用程序中定义
  "private": true,                 的各种元数据
  "scripts": {
  "start": "node ./bin/www"
},
  "dependencies":
   "body-parser": "~1.18.3",
   "cookie-parser": "~1.4.3",
   "debug": "~4.1.0",              运行应用程序
   "express": "^4.16.4",           所需的依赖包
   "morgan": "^1.9.1",
   "pug": "^2.0.3",
   "serve-favicon": "~2.5.0"
  }
}
```

这就是 package.json 文件的全部内容，但并不复杂。文件的前半部分内容是各种

元数据定义，后半部分是项目的依赖部分。Express 项目在默认安装时，必需的依赖其实很少，也无须关心每一个依赖具体的作用。Express 本身是模块化的，所以可以单独添加或升级某个模块。

3.1.2　package.json 文件中的依赖版本号

每个依赖名称后面的数字就是应用程序将使用的该依赖的版本号。注意，版本号都使用~或^作为前缀。

查看 Express 4.16.3 版本中的依赖定义，这些定义具体可分为三个级别：
- 主版本(4)
- 次版本(16)
- 补丁版本(3)

如果版本号以~为前缀，那么相当于用通配符代替补丁版本号，含义是应用程序将会使用最新可用的补丁版本作为依赖。与此类似，如果版本号以^为前缀，那么相当于用通配符代替次版本号。用这种方式定义版本号已经成为最佳实践，因为补丁版本和次版本本身只会包含一些修复功能，而这些修复功能并不会对应用程序带来副作用。当依赖有重大改动时，会对依赖的主版本进行升级，这时需要避免自动更新到最新的主版本，以防重大改动影响到正在运行的应用程序。如果发现某个模块违反这些规则，可以删除该模块的所有前缀以指定将要使用的依赖的精确版本。请注意，最好的方式是为依赖指定精确的版本号，而不要使用通配符：这种方式能让应用程序中的依赖始终保持为可稳定运行的版本。

3.1.3　使用 npm 安装 Node 依赖

Node 应用程序或 Node 模块都可在 package.json 文件定义依赖。安装依赖很容易，无论是应用程序还是模块，都使用同样的方法。

在 package.json 文件的同级目录下，在命令行工具中执行以下命令：

```
$ npm install
```

这个命令使用 npm 安装 package.json 中的所有依赖。执行此命令时，npm 会下载所有的依赖包并将它们放入应用程序目录下名为 node_modules 的文件夹中。图 3.2 呈现了这三个关键的步骤。

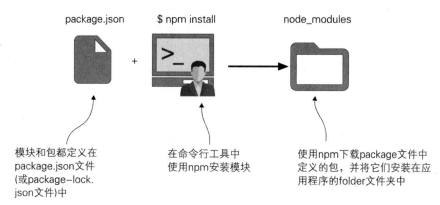

图 3.2　运行 npm install 终端命令时，会将 package.json 文件内定义的模块

下载并安装到应用程序的 node_modules 文件夹中

npm 会将每个包安装到自身的子文件夹中，因为每个包本身就是 Node 包。正因为这样，每个包都有自己的 package.json 文件，其中定义了这个包的元数据和所需依赖，因此每个包也都有自己的 node_modules 文件夹。无须手动安装这些嵌套的依赖，因为原生的 npm install 命令会自动完成这些工作。

为已安装依赖的项目安装额外的包

通常不太可能在最开始知道项目所需的所有依赖。更可能的情形是，项目会在初始化时安装一些比较重要的和常用的依赖。

在开发过程中，可随时使用 npm 向项目中添加包。找出需要安装的包名，在 package.json 文件的同级目录下打开命令行工具，执行以下命令：

```
$ npm install --save package-name
```

使用这个命令，npm 将在 node_modules 文件夹中下载并安装新的包。命令中的 --save 标识会告知 npm 在 package.json 文件的依赖列表中增加这个包。在 npm 第 5 版中，--save 标识不再是必需的，因为 npm 会自动将每次安装改变的内容更新到 package.json 文件中。为了项目的完整性，我们在这里仍使用这个标识。当上述命令执行时，npm 会生成 package-lock.json 文件，这个文件能确保在不同环境中使用的依赖版本是一致的，这对于把项目从开发环境部署到线上环境非常有意义。

更新依赖包到最新版本

npm 下载并重新安装已有包的唯一时机是升级包到新版本时。执行 npm install 命令时，npm 会遍历所有依赖，并对每个依赖进行以下检查：

- package-lock.json 文件(如果存在的话)或 package.json 文件(如果 package-lock.json 文件不存在的话)中定义的依赖版本。

- npm 匹配到的最新版本(可能会随着设置的~或^前缀的不同而不同)。
- node_modules 文件夹(如果存在的话)中模块的版本。

如果已安装的版本与 package.json 文件(或 package-lock.json 文件)中定义的版本不一致，npm 将下载并安装 package.json 文件中定义的版本。同样，如果使用了通配符，并且有最新的版本可用，npm 将下载并安装新版本以替代旧版本。

掌握了以上知识后，就可以开始创建第一个 Express 项目了。

3.2   创建 Express 项目

万事开头难，对于构建 MEAN 应用程序而言，创建新的 Express 项目正是起点。创建 Express 项目时，需要在开发机器上安装五个重要的技术工具:

- Node 和 npm
- 全局安装 Express 生成器
- Git
- Heroku
- 合适的命令行工具(CLI)或终端

3.2.1   安装工具

如果尚未安装 Node、npm 和 Express 生成器，请查看附录 A 以获取在线资源。所有资源都可以在 Windows、macOS 和主流 Linux 发行版上进行安装。

在本章的末尾，将使用 Git 来管理 Loc8r 应用程序代码，并把它们发布到 Heroku 托管的线上 URL 地址。请查看附录 B，它将指导你安装 Git 和 Heroku。

根据操作系统的不同，可能需要安装不同的 CLI 或终端。请查看附录 B，查看操作系统所需 CLI。

注意:
在本书中，经常将 CLI 称为终端。当提到"在终端运行命令"时，意思是需要在 CLI 中运行命令。本书提及需要在终端执行的代码时，通常以$开头，但无须在终端输入$符号，$符号只是用来标识命令行语句。例如，当需要输入 echo 命令$ echo 'welcometogetingmean'时，直接输入 echo 'welcometogetingmean'即可。

3.2.2　查看安装状态

需要安装 Node 和 npm，并全局安装 Express 生成器，才能创建新的 Express 项目。可通过以下命令，在终端查看各工具的版本号以验证工具是否安装成功：

```
$ node --version
$ npm --version
$ express -version
```

上述每个命令都会在终端输出一个版本号。如果其中一个命令失败了，请查看附录 A 以获取有关如何重新安装的详细信息。

3.2.3　创建项目文件夹

如果以上工作就绪，那么可以先在计算机上创建一个名为 loc8r 的新文件夹。该文件夹可以位于桌面、文档或 Dropbox 文件夹中。只要能获取 loc8r 文件夹的完全读写访问权限即可，位置并不重要。

假如，Simon 在 Dropbox 文件夹中进行了很多关于 MEAN 项目的开发工作，因此可立即备份他的工作内容，并在其他机器上进行访问。但是在多人合作的项目中，这种方式并不合适，所以只需要在最合适的地方创建项目文件夹即可。

3.2.4　配置 Express

可以通过命令行工具安装 Express 项目，并使用命令传入参数以配置 Express 项目。即便对命令行并不熟悉，也没关系，本书使用的命令不复杂且容易记住。一旦学会使用这些命令，就会因为简单方便而喜欢上它们。

可通过如下简单的命令在文件夹中安装 Express(现在先不要执行)：

```
$ express
```

这个命令将会使用默认配置在当前文件夹下安装 Express，这一步是良好的开端，下面先介绍 Express 的可配置选项。

Express 的可配置选项

使用这种方式创建 Express 项目时可以进行哪些配置？具体如下：

- 使用哪种 HTML 模板引擎
- 使用哪种 CSS 预处理器

- 是否创建.gitignore 文件

默认使用 Jade 模板引擎，不用 CSS 预处理器，也不支持会话。可指定的选项如表 3.1 所示。

表 3.1　创建新的 Express 项目时的命令行配置选项

配置命令	效果
--css=less|stylus	根据输入参数，在项目中增加 Less 或 Stylus CSS 预处理器
--view=ejs|hbs|pug	根据输入参数，将 HTML 模板引擎由 Jade 改为 EJS、Handlebars 或 Pug
--git	在目录下添加.gitignore 文件

如果不想改变项目的默认配置，可不必使用这些命令参数。如果要创建以 Less 作为 CSS 预处理器，以 Handlebars 作为模板引擎，并且包含.gitignore 文件的 Express 项目，可以在终端使用以下命令：

```
$ express --css=less --view=hbs -git
```

为了让项目保持简单，也可以不使用 CSS 预处理器，只使用默认的纯 CSS。但模板引擎必须使用，下面将学习关于模板引擎的相关配置选项。

不同的模板引擎

使用命令行方式创建 Express 项目时，可在命令中指定模板选项，这些选项可将模板引擎设置为 Jade、EJS、Handlebars 或 Pug。模板引擎的基本工作原理是：创建包含数据占位符的 HTML 模板，然后将数据传递到 HTML 模板。模板引擎最终将 HTML 模板和数据编译在一起，生成浏览器能够解析的 HTML 标记。

每种模板引擎都有各自的优缺点，如果已经选择好模板引擎，直接使用即可。本书用到的模板引擎是 Pug。Pug 功能强大，提供了很多有用的函数。Pug 是 Jade 的升级版，由于商标问题，Jade 的作者不得不将 Jade 改名为 Pug。为了使正在使用 Jade 的项目免遭破坏，Jade 还将继续存在，但所有新版本内容都将更新到 Pug。Jade 过去是(现在仍然是)Express 默认使用的模板引擎，因此不难理解网上大多数 Express 示例和项目还在使用 Jade。由此可以看出，掌握 Jade 语法将很有用。除此之外，简约的语法风格让 Jade 和 Pug 成为书中代码示例的理想选择。

快速学习 Pug

由于 Pug 模板引擎中不包含 HTML 标签，因此 Pug 通常不被拿来与其他模板引擎做比较。相反，Pug 使用更简单的语法：使用标签名、缩进和 CSS 风格声明方式以定义 HTML 结构。但<div>标签是例外，因为它太常用了，如果在模板中省略标签名，

Pug 将认为是<div>标签。

提示：
Pug 模板必须使用空格而不是制表符进行缩进。

以下代码片段是 Pug 模板的一个简单示例：

```
#banner.page-header
  h1 My page
  p.lead Welcome to my page
```

Pug 模板不包含 HTML
标签

以下代码片段是编译后的输出内容：

```
<div id="banner" class="page-header">
  <h1>My page</h1>
  <p class="lead">Welcome to my page</p>
</div>
```

编译后的输出内容是
可识别的 HTML 标记

在以上示例中，从输入的第一行和输出的第一行可以看出：

- 当不定义任何标签时，会自动创建一个<div>标签。
- Pug 中的#banner 被编译成 HTML 中的 id="banner"。
- Pug 中的.page-header 被编译成 HTML 中的 class=".page-banner"。

请注意，Pug 中的缩进很重要，因为缩进定义了 HTML 的嵌套关系。务必牢记：缩进必须使用空格而不是制表符！

简单地说，可以不需要 CSS 预处理器，但不能不使用 Pug 模板引擎。那么，.gitignore 文件呢？

.gitignore 文件简介

.gitignore 文件是放置在项目根目录下的简单配置文件，指定了 Git 命令应忽略哪些文件和文件夹，所以这些文件最终都不会出现在源代码管理中。

最常见的需要写进.gitignore 文件的例子就是日志文件和 node_modules 文件夹。日志文件没必要放在 GitHub 中让所有人查看，而 Node 依赖文件是在项目下载后重新安装的。我们将在 3.5 节中学习如何使用 Git，现在先让 Express 生成器生成.gitignore 文件。

3.2.5 创建并运行 Express 项目

前面已经介绍了创建 Express 项目的基本命令，并决定使用 Pug 模板引擎，还需要自动生成.gitignore 文件，现在可开始创建新项目。在 3.2.3 节中，已经创建了一个名为 loc8r 的文件夹。打开终端，在 loc8r 文件夹内执行以下命令：

```
$ express --view=pug -git
```

这个命令将在 loc8r 文件夹中创建一组文件夹和文件，这些文件夹和文件构成 Loc8r 应用程序的基础，下一步需要安装项目依赖。你应该还记得，安装项目依赖需要在 package.json 文件的同级目录下打开终端，执行以下命令：

```
$ npm install
```

一旦执行此命令，就将看到终端闪动下载的内容。命令执行完毕后，可以尝试运行应用程序。

运行 Express 项目

确认以上各项工作完成后，在 3.2.6 节，将会以更好的方式运行项目。

打开终端，进入 loc8r 文件夹，执行以下命令(如果应用程序放在了名称不是 loc8r 的其他文件夹中，将命令中的 loc8r 替换为对应的文件夹名即可)：

```
$ DEBUG=loc8r:* npm start
```

将看到如下类似信息：

```
loc8r:server Listening on port 3000 +0ms
```

上述信息表示 Express 应用程序已经成功运行。打开浏览器并访问 localhost:3000，查看应用程序的实际运行效果，如图 3.3 所示。

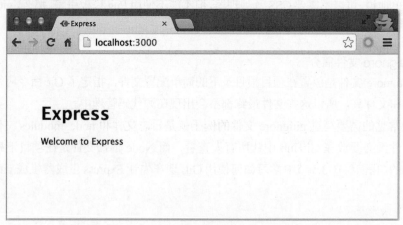

图 3.3 Express 基础项目的落地页

显然，完成这些功能这并不是有多大突破性意义的事，让 Express 应用程序在浏览器中运行起来十分容易，不是吗？

此时再回到终端界面，发现一些页面及样式文件的请求日志。为了更深入地了解 Express，查看这里究竟发生了什么。

Express 如何处理请求

默认的 Express 落地页非常简单：页面仅包含少量 HTML，这些 HTML 中的部分内容是由 Express 路由推送的数据构成的；还包含一个 CSS 文件。由此可以确认，终端中的日志显示的是 Express 请求资源及其向浏览器返回的内容，究竟是如何做到这些的？

向 Express 服务器发送的所有请求，都会被 app.js 文件中定义的中间件依次处理(可在"关于 Express 中间件"中查看更多内容)。默认的中间件除了能做逻辑操作外，还能查找静态文件的路径。中间件一旦找到与请求路径匹配的文件，就将异步返回这些文件，以确保 Node.js 的主线程不被阻塞，后续操作不被中断。所有的中间件处理完毕后，Express 将根据定义好的路由匹配请求路径，3.3.3 节将详细介绍相关内容。

> **关于中间件**
>
> 在 app.js 文件的中间部分，有一些以 app.use 语句开头的代码，这些使用 app.use 的代码被称为中间件。当一个请求到达 Express 应用程序时，中间件会按顺序处理它。每个中间件都可以对请求进行加工，当然，也可以不做任何处理。每个中间件处理完请求后，会将结果传递到下个中间件，直到请求到达主应用程序的逻辑处理层，在逻辑处理层会对请求做出响应。
>
> 以 app.use(express.cookieParser())为例，这个中间件在接收到请求时，既能够解析出请求的 cookie 内容，也能够在应用程序的控制器内向 cookie 中添加内容。
>
> 现在无须知道每个中间件的具体作用，但需要知道中间件的定义位置，因为在开发应用程序的过程中有可能需要添加新的中间件。

以图 3.3 中的 Express 默认主页为例，图 3.4 说明了 Express 处理请求的整个流程。图 3.4 中的流程图演示了两类不同的请求以及 Express 是如何使用不同的方式加以处理的。两类请求都会被 Express 中间件处理，但是得到的结果不同。

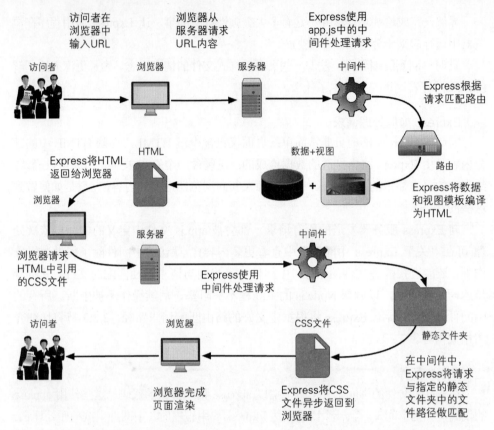

图 3.4 Express 响应落地页发送的请求的主要交互方式及处理流程：HTML 页面由 Node 进行处理，Node 将数据和视图模板编译成 HTML，在静态文件夹中异步提供 CSS 文件

3.2.6 重启应用程序

Node 应用程序在运行之前需要进行编译，如果在应用程序运行过程时修改了代码，那么只有将 Node 进程关闭并重启应用程序后新代码才能生效。注意，只有在 Node 应用程序的代码发生修改了才需要重启应用程序，Jade 模板、CSS 文件或客户端 JavaScript 代码发生修改时都不必重启。

重启 Node 进程分为两步。第一步，在终端按 Ctrl+C 组合键以中断正在运行 Node 的进程。第二步，在终端输入命令以启动进程：DEBUG=loc8r:* npm start。

重启进程看起来并不复杂，但在开发和测试应用程序时，每次改动代码都需要通过这两步操作才能看到改动后的效果，显然这并不友好。幸运的是，有更好的办法可以解决这个问题。

使用 nodemon 自动重启应用程序

市面上已有一些监控应用程序代码并在检测到项目代码发生改变时自动重启的第三方服务。本书使用的正是这样的服务：nodemon。nodemon 是对 Node 应用程序的封装，能检测文件变化且不会对应用程序产生副作用。

在使用 nodemon 之前，需要进行全局安装，正如之前安装 Express 一样，在终端输入以下 npm 命令：

```
$ npm install -g nodemon
```

nodemon 的使用方法很简单，安装完成后，即可开始使用。有了 nodemon，只需要输入 nodemon 命令来启动应用程序，而不再输入 Node。打开终端，在 loc8r 文件夹的根目录下，如果 Node 进程还在运行，就中断 Node 进程，执行以下命令：

```
$ nodemon
```

可以看到终端显示了几行输出信息，这些信息提示 nodemon 正在运行并且已经启动 node ./bin/www。此时回到浏览器刷新页面，将发现之前启动的应用程序还在运行。

注意：

不同于 pm2 和 foreman 用于生产环境中的项目，nodemon 只适用于在开发环境中简化开发过程，并不能应用于生产环境。

使用提供的 Docker 环境

本书的每一章都有一个名为 Dockerfile 的配置文件。可在附录 B 中查看如何安装和使用 Docker 容器。本书并不会学习过多 Docker 相关知识，使用 Docker 只是为了开发方便。

3.3 支持 MVC 的 Express

首先，MVC 架构是什么？MVC 架构分离了数据层(模型)、展示层(视图)和应用程序逻辑层(控制器)。这样做的目的是减少组件间的耦合，提升代码的可维护性和复用性。另一个好处是，这样开发出来的松耦合组件利于进行敏捷开发，同时，这种分离的方式能分开学习 MEAN 各项技术。

本书不会深入讨论 MVC 架构的每个细节，而是从使用 Express 构建的 Loc8r 应用程序中学习 MVC。

3.3.1 MVC 总览

大多数应用程序和网站都是按照接收请求、处理请求、返回响应这样的流程设计的，简单来说，MVC 架构中的请求循环是如下工作的：

(1) 请求到达应用程序。

(2) 请求经路由分配到控制器。

(3) 控制器在必要时请求模型。

(4) 模型响应控制器。

(5) 控制器将视图与数据合并成响应。

(6) 控制器将生成好的响应内容返回给请求者。

实际上，控制器根据设置，在发送响应内容到访问者之前对视图进行编译。对于 Loc8r 应用程序而言，过程是类似的，所以请将上述处理流程铭记于心。请求循环的具体过程如图 3.5 所示。

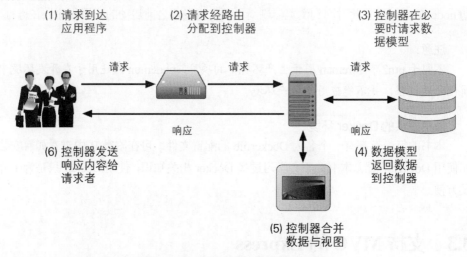

图 3.5　基本 MVC 架构的请求-响应流

图 3.5 着重介绍了 MVC 架构的各个部分以及它们之间的关联关系，还可以看出 MVC 架构中路由机制、模型、视图、控制器组件的重要作用。

现在你应该已经了解 Loc8r 应用程序的基本工作流程，可以修改 Express 设置以查看运行效果。

3.3.2　改变文件夹结构

查看 loc8r 文件夹中新创建的 Express 项目，可以看到文件夹结构中包含 views 和

routes 文件夹，但并未提及 models 和 controllers 文件夹。为了保持目录结构整洁，将
MVC 架构的内容放在一个文件夹中管理，而不是在根目录下创建多个文件夹。执行
以下三个快速步骤：

(1) 创建一个名为 app_server 的文件夹。

(2) 在 app_server 文件夹中创建两个名为 models 和 controllers 的文件夹。

(3) 将 views 和 routes 文件夹从应用程序根目录移入 app_server 文件夹。

图 3.6 显示了修改前后的文件夹结构。

现在应用程序已经有了明确的 MVC 设置，这将很容易实现关注的分离。如果现
在运行应用程序，并不能成功，因为在调整目录结构时破坏了可运行的应用程序。
Express 并不知道已经添加了新的文件夹，也不知道应怎样使用它们，所以还需要告知
Express。

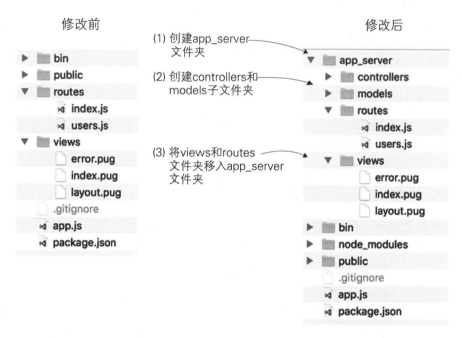

图 3.6　将 Express 项目的文件夹结构改为 MVC 架构的文件夹结构

3.3.3　使用改变位置后的视图和路由

首先，需要告知 Express 已经移动了 views 和 routes 文件夹，否则 Express 会到之
前的文件目录下查找它们。

使用新的 views 文件夹路径

Express 之前会查找/views 这个文件夹路径，现在需要查找/app_server/views。这很简单，在 app.js 文件中找到下面这行代码：

```
app.set('views', path.join(__dirname, 'views'));
```

修改为以下形式(加粗部分为修改的内容)：

```
app.set('views', path.join(__dirname, 'app_server', 'views'));
```

修改完之后，应用程序仍然不能运行，还是因为还改变了 routes 文件夹路径，也需要告知 Express。

使用新的 routes 文件夹路径

Express 之前会查找/routes 这个文件夹路径，现在需要查找/app_server/routes。这也很简单，在 app.js 文件中找到以下代码：

```
const indexRouter = require('./routes/index');
const usersRouter = require('./routes/users');
```

修改为以下形式(加粗部分为修改的内容)：

```
const indexRouter = require('./app_server/routes/index');
const usersRouter = require('./app_server/routes/users');
```

注意，已经将 var 改为 const 以升级到 ES2015 语法。修改代码后，保存代码并再次运行应用程序，应用程序仍可正常工作。

使用 ES2015 定义变量

ES2015 最大的变化是不再推荐使用 var 关键字定义变量，而是使用两个新的关键字 const 和 let 替代 var。使用 const 定义的变量一旦定义就不可修改，而使用 let 定义的变量可以修改。

最好使用 const 定义变量，除非还需要改变变量的值。app.js 中使用 var 定义的实例都可以用 const 替换，我们已经在本书的源代码中完成了用 const 替换 var 的工作，你也可以这样做。

值得注意的是，使用 const 和 let 定义的变量只在块作用域内生效，而使用 var 定义的变量会在整个上下文作用域内生效。如果对此还不是很理解，请查看附录 B，还可以从 manning.com 网站上获取更多相关知识。

3.3.4　从路由中拆分控制器

在 Express 默认设置中，控制器是路由的一部分，需要分离出来，因为控制器负责应用程序的逻辑，而路由负责将请求根据规则映射到对应的控制器。

定义路由

要了解路由的工作原理，可查看Express默认主页中设置好的路由。在 app_server/routes目录下的index.js文件中，将看到如下代码片段：

```
/* GET homepage. */
router.get('/', function(req, res) {
  res.render('index', { title: 'Express' });
});
```

❶ 路由在此处查找 URL

❷ 控制器的内容，现在还很简单

❶中的代码router.get('/'表示路由会在内部查找映射到主页 URL 路径的 GET 请求。运行❶中代码的匿名函数就是控制器，这个示例并未包含应用程序的其他代码，❶和❷就是需要拆分的代码。

先不要直接把控制器相关代码分离放在 controllers 文件夹下，而是在原来的文件中，对匿名函数做一些改动并测试。可以这样做：将路由中的匿名函数定义为命名函数，然后将函数名作为回调传递到路由定义中，如代码清单 3.2 所示。可以将这些代码放入 app_server/routes/index.js 文件。

代码清单 3.2　将控制器代码从路由分离：第一步

```
const homepageController = (req, res) => {
  res.render('index', { title: 'Express' });
};
/* GET homepage. */
router.get('/', homepageController);
```

为箭头函数命名

将函数名作为回调函数传入路由定义

此时刷新主页，应用程序仍然可以正常工作，因为并未改变运行方式，只是对代码进行了简单拆分。

理解 res.render 函数

我们将在第 4 章学习有关 render 函数的更多知识。你在这里只需要知道 render 是 Express 中的函数，用于将视图模板编译成 HTML 并发送给浏览器。render 函数需要

使用模板名称和 JavaScript 数据对象作为参数:

JavaScript 对象包含
模板中使用的数据

```
res.render('index', {title: 'express'});
```

使用的模板名称,
本例中是 index.pug

注意,模板文件并不需要扩展名,所以可以将 index.pug 简写为 index。无须为模板文件补全 view 文件夹路径,因为在 Express 全局设置中已经配置过相关内容。

你现在应该已经清晰了解路由的工作原理,可以将控制器代码移入合适的位置。

将控制器代码从路由文件中分离

在 Node 中,如果要引用外部文件,需要在新文件中创建一个模块,然后在原始文件中引用这个模块。

创建并使用 Node 模块

从 Node 中分离一部分代码以创建新模块是很简单的。从本质上说,可以首先新建一个模块文件,然后将需要从原始文件中分离出来的代码放入这个模块文件,最后在原始文件中使用 require 进行引用。

在新的模块文件中,可使用 module.exports 方法将部分代码暴露给其他文件使用:

```
module.exports = function () {
  console.log("This is exposed to the requester");
};
```

可在主文件中这样使用 require 进行引用:

```
require('./yourModule');
```

如果希望模块有独立的方法名称,可以在新文件中使用以下方法定义:

```
module.exports.logThis = function (message){
  console.log(message);
};
```

更好的处理方式是定义命名函数,并在文件的末尾导出。这能够在统一的地方管理需要导出的函数,并方便你(或其他开发人员)在以后的开发工作中维护这些导出函数。

```
const logThis = function (message) {
  console.log(message);
```

```
};
module.exports = {
logThis };
```

为了能在原始文件中使用这种方式，需要将模块分配给变量。可在主文件中输入以下代码：

```
const yourModule = require('./yourModule');
yourModule.logThis("Hooray, it works!");
```

以上代码把新模块分配给变量 yourModule。logThis 函数现在可以通过 yourModule 对象的属性方法来访问。

注意，在使用 require 函数时，不需要指定文件扩展名。require 函数会查找以下几项内容：npm 模块、同名 JavaScript 文件、传入文件夹的 index.js 文件。

首先要做的是创建文件以保存控制器代码。在 app_server/controllers 目录下创建名为 main.js 的新文件。在这个文件中，创建并导出一个名为 index 的函数，使用 index 函数存放 res.render 代码，如代码清单 3.3 所示。

代码清单 3.3　在 app_server/controllers/main.js 中设置主页控制器

```
/* GET homepage */
const index = (req, res) => {          ◀──── 创建 index
                                              函数
  res.render('index', { title: 'Express' });  ◀──── 为主页包含
                                                     控制器代码
};
module.exports = {
  index
};
```

以上代码是控制器导出的全部内容。下一步是在路由文件中导入此控制器模块，以便在路由定义中使用控制器暴露的方法。代码清单 3.4 展示了 app_server/routes 目录下 index.js 文件的内容。

代码清单 3.4　app_server/routes/index.js 文件的内容

```
const express = require('express');                    ❶
const router = express.Router();                       导入主控
                                                       制器文件
const ctrlMain = require('../controllers/main');  ◀────
/* GET homepage. */
router.get('/', ctrlMain.index);  ◀────
module.exports = router;               在路由定义中引用控
                                       制器的 index 函数
                                       ❷
```

这段代码通过"导入"控制器文件(❶处代码)将路由与新的控制器连接起来，并在 router.get 函数(❷处代码)的第二个参数中引用控制器函数。

现在已经准备好路由和控制器架构，如图 3.7 所示。其中，为 app.js 导入了 routes/index.js，为 routes/index.js 导入了 controllers/main.js。此时在浏览器进行测试，可看到默认的 Express 主页再次显示出来。

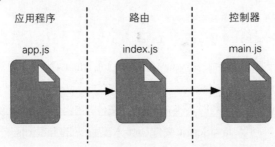

图 3.7   从路由定义中分离控制器逻辑

到现在为止，Express 的设置已经完成，似乎可以开始进入开发流程了。但还有一些工作需要做，首先是在应用程序中加入 Twitter Bootstrap(简称 Bootstrap)。

3.4   导入 Bootstrap 以快速实现响应式布局

如第 1 章所述，Loc8r 应用程序使用 Twitter Bootstrap 框架来提升响应式布局的开发效率。可以通过添加字体图标和自定义样式让应用程序更美观。做这些是为了快速构建应用程序，而不会偏离开发响应式接口的宗旨。

3.4.1   下载并添加 Bootstrap 到应用程序中

请查看附录 B，获取如何下载 Bootstrap 和字体图标(通过 Font Awesome)、创建自定义样式以及向项目中添加文件的相关内容。请注意，这里使用的是 Bootstrap 4.1。另一个关键点是，使用 Bootstrap 下载的文件都是可直接发送到浏览器的静态文件，并不需要使用 Node 引擎进行处理。在 Express 应用程序中，已经存在名为 public 的文件夹用于放置静态文件。一切就绪后，public 文件夹中的内容如图 3.8 所示。

为了能让交互组件可正常工作，Bootstrap 需要导入 jQuery 和 Popper.js。这两个文件并不是应用程序的核心，我们将会在下一步中直接从内容分发网络(CDN)中引用它们。

图 3.8　添加 Bootstrap 后，Express 应用程序中的 public 文件夹结构

3.4.2　在应用程序中使用 Bootstrap

现在 Bootstrap 的所有内容都已经在应用程序中，可将其连接到前端。这意味着我们将开始使用 Pug 模板。

使用 Pug 模板

Pug 模板通常有主布局文件，主布局文件为其他继承主布局文件的 Pug 文件定义了布局。这在构建 Web 应用程序时非常有意义，因为很多页面有同样的基础结构，只是顶部内容不同。

在 Express 默认的安装目录中，Pug 以这种方式展示：在应用程序的 views 文件夹中，有三个文件——layout.pug、index.pug 和 error.pug。index.pug 文件控制应用程序主页内容。打开后，发现其中并没有太多内容，所有内容如代码清单 3.5 所示。

代码清单 3.5　index.pug 文件的内容

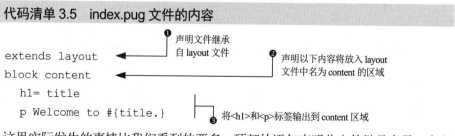

这里实际发生的事情比我们看到的要多。顶部的语句声明此文件继承自另一个文

件——实际上是 layout 文件❶。接下来的语句定义了 layout 文件中特定区域的代码块❷：
名为 content 的区域。最后，Express 应用程序中的内容其实很少，只有一个<h1>标签
和一个<p>标签❸。

这里没有对<head>和<body>标签进行引用，也没有引用样式表。这些是在 layout
文件中处理的，所以需要在 layout 文件中为应用程序添加全局脚本和样式表。打开
layout.pug，内容如代码清单 3.6 所示。

代码清单 3.6 默认的 layout.pug 文件

```
doctype html
html
 head
  title= title
  link(rel='stylesheet', href='/stylesheets/style.css')
body
 block content          ←  空的命名块可供
                           其他模板使用
```

这就是 Express 默认安装中主页使用的布局文件。该布局文件中有 head 部分和
body 部分，在 body 部分有一行 block content，其中没有任何内容。这个命名块可被其
他 Pug 模板引用，比如代码清单 3.5 中的 index.pug 文件。在编译视图时，index.pug
文件中的 block content 区域的内容会被推入布局文件的 block content 区域。

在整个应用程序添加 Bootstrap

如果要向整个应用程序的所有页面添加外部引用文件，在当前配置下的布局文件
中添加即可。在 layout.pug 中，需要完成以下操作：

- 引用 Bootstrap 和 Font Awesome CSS 文件。
- 引用 Bootstrap JavaScript 文件。
- 引用 Bootstrap 需要的 jQuery 和 Popper.js。
- 添加视口元数据，以便页面在移动设备上能够友好缩放。

CSS文件和视口元数据都应该在文档的<head>标签中，两个脚本文件应该在<body>
标签的末尾。代码清单 3.7 展示了layout.pug中的相关内容，添加的内容以粗体显示。

代码清单 3.7 更新后的 layout.pug：添加 Bootstrap 引用

```
doctype html
html                          设置视口元数据以便在
 head                         移动设备上更好地显示
  meta(name='viewport', content='width=device-width,
     initial-scale=1.0')  ←
```

```
title= title
link(rel='stylesheet', href='/stylesheets/bootstrap.min.css')
link(rel='stylesheet', href='/stylesheets/all.min.css')
link(rel='stylesheet', href='/stylesheets/style.css')
body
  block content
script(src='https://code.jquery.com/jquery-3.3.1.slim.min.js',
   integrity='sha384-
   q8i/X+965DzO0rT7abK41JStQIAqVgRVzpbzo5smXKp4YfRvH+8abtTE1Pi6jizo',
   crossorigin='anonymous')
script(src='https://cdnjs.cloudflare.com/ajax/libs/
   popper.js/1.14.3/umd/popper.min.js',integrity='sha384-
   ZMP7rVo3mIykV+2+9J3UJ46jBkOWLaUAdn689aCwoqbBJiSnjAK/l8WvCWPIPm49',
   crossorigin='anonymous')
   script(src='/javascripts/bootstrap.min.js')
```

引入 Bootstrap 和 Font Awesome CSS 文件

引入 Bootstrap 所需的 jQuery 和 Popper.js，确保<script>标签使用相同的缩进

引入 Bootstrap JavaScript 文件

以上操作完成后，创建的新模板都将自动包含 Bootstrap，并且只要新模板继承了布局模板，就可在移动设备上进行缩放。如果出现任何问题或错误，请记住 Pug 对缩进、空格和换行都敏感，所有缩进都必须使用空格才能在输出的 HTML 中得到正确的嵌套关系。

提示：

参阅附录 B，/public/stylesheets 下的 style.css 文件中有一些自定义样式，这些样式是为了防止默认的 Express 样式覆盖 Bootstrap 文件样式，以获取所需样式。

现在可以开始测试了！

确认样式是否有效

如果应用程序尚未使用 nodemon 运行，启动 nodemon 并在浏览器中查看效果。你将发现页面内容并未改变，但页面的外观却变了，如图 3.9 所示。

如果页面效果不是这样的，确认已经添加了附录 B 中的自定义样式。可从 GitHub 上的 chapter-03 分支获取应用程序的源代码。在新文件夹中打开终端，使用以下命令克隆代码：

```
$ git clone -b chapter-03 https://github.com/cliveharber/
➥ gettingMean-2.git
```

图 3.9　Bootstrap 和自定义样式在默认的 Express 主页中生效

现在应用程序已经可以在本地运行。接下来将学习如何在线上服务器上运行应用程序。

3.5　使用 Heroku

Node 应用程序常见的问题是如何将它们部署到线上服务器上。下面将优先解决这个让人头疼的问题，并将 Loc8r 应用程序发布到线上 URL。当迭代更新或重新构建时，会将新内容发布出去。这种发布方式对原型开发很有用，因为可以很容易地向他人同步项目进度。

如第 1 章所述，市面上已有诸如谷歌云平台、Nodejitsu、OpenShift 和 Heroku 等 PaaS 供应商。我们将在项目中使用 Heroku，当然也可以选择其他供应商。接下来，启动并运行 Heroku，通过一些基本的 git 命令将应用程序部署到线上服务器。

3.5.1　设置 Heroku

在使用 Heroku 前，需要在开发机器上注册一个免费的 Heroku 账户并安装 Heroku CLI。附录 B 中有关于如何注册及安装 Heroku 的详细信息。此外，需要一个与 bash 兼容的终端：Mac 系统使用默认终端即可，但 Windows 系统默认 CLI 不行。如果使用的是 Windows 系统，则需要下载类似 GitHub 终端的软件，它是 GitHub 桌面应用程序的一部分。设置完成后，可将应用程序发布到线上服务器。

更新 package.json
Heroku 可以运行不同类型代码库的应用程序，因此需要告知 Heroku 正在运行的代码库类型。应用程序除了告知 Heroku 正在使用 npm 作为包管理工具运行 Node 应用程序外，还需要告知 Node 和 npm 版本，以确保生产环境设置与开发环境设置相同。

如果不确定正在使用的 Node 和 npm 版本，可通过以下终端命令查看：

```
$ node --version
$ npm --version
```

现在，这两个命令分别返回 v11.0.0 和 6.4.1。如前所述，使用~为各个依赖的次版本号添加通配符。此外，还需要将 Node 和 npm 版本添加到 package.json 文件的 engines 字段内。添加后的 package.json 文件的完整内容如代码清单 3.8 所示，新添加的内容用粗体显示。

代码清单 3.8　在 package.json 中添加 engines 字段

```
{
  "name": "Loc8r",
  "version": "0.0.1",
  "private": true,
  "scripts": {
    "start": "node ./bin/www"
  },
  "engines": {
    "node": ">=11.0.0",
    "npm": ">=6.4.0"
  },
  "dependencies": {
    "body-parser": "~1.18.3",
    "cookie-parser": "~1.4.3",
    "debug": "~3.1.0",
    "express": "~4.16.3",
    "morgan": "~1.9.0",
    "pug": "~2.0.0-beta11",
    "serve-favicon": "~2.5.0"
  }
}
```

> 在 package.json 中添加 engines 字段以告知应用程序需要运行在哪个平台上以及使用哪个版本

当推送应用程序到 Heroku 后，这段代码会告知 Heroku 应用程序使用的是 Node 11 中次版本号最新的版本和 npm 6 中次版本号最新的版本。

创建 Procfile 进程文件

package.json 文件告知 Heroku 应用程序是 Node 应用程序，但并未告知 Heroku 如何启动应用程序。为了让 Heroku 能够启动应用程序，需要声明应用程序进程类型和应用程序启动命令的进程文件。对于 Loc8r 项目而言，需要一个进程来运行 Node 应用程序。在应用程序的根目录中创建一个名为 Procfile(文件名大小写敏感且无扩展名)的文件。在 Procfile 文件中输入以下内容：

```
web: npm start
```

推送到 Heroku 后，此文件会告知 Heroku：应用程序需要一个 Web 进程并且这个 Web 进程将执行 npm start 命令。

使用 Heroku Local 进行本地测试

Heroku CLI 附带了名为 Heroku Local 的实用工具。可在应用程序推送到 Heroku 之前使用这个工具验证配置并在本地运行应用程序。如果应用程序正在运行，可在运行应用程序的终端窗口中使用 Ctrl+C 组合键停止运行。接着在终端窗口中，在应用程序目录下执行以下命令：

```
$ heroku local
16:09:02 web.1 | > loc8r@0.0.1 start /path/to/your/application/folder
16:09:02 web.1 | > node ./bin/www
```

你很可能看到这样的警告：未找到 env 文件。现阶段可以先不关心这个警告。此时如果打开浏览器并访问 localhost:5000，注意端口是 5000 而不是 3000，你将看到应用程序仍然可以正常运行。

现在配置都已经生效，可以将应用程序推送到 Heroku。

3.5.2   使用 Git 将网站发布到线上 URL

Heroku 使用 Git 进行部署。如果已经使用 Git，你会爱上这种方式；如果尚未使用 Git，你可能会对此有些担忧，因为 Git 的世界会很复杂。但完全没必要，随着逐步使用 Git，你也会爱上这种方式！

在 Git 中存储应用程序代码

首先要做的是将本地应用程序存储到 Git 上，这个过程包含以下三步：

(1) 将应用程序文件夹初始化为 Git 仓库。

(2) 告知 Git 要添加到仓库的文件。

(3) 将修改后的文件存储到仓库。

这个过程看似复杂，其实不然。每一步只需要一个简短的终端命令即可完成。如果应用程序正在运行，先在终端将其停止(可使用 Ctrl+C 组合键)，再在应用程序的根目录下打开终端，执行以下命令：

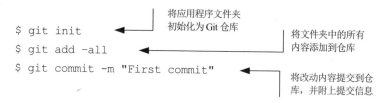

结果将创建一个包含应用程序所有代码的本地 Git 仓库。当修改应用程序并将其推送到线上服务器时，可使用以上命令并附上提交信息，将内容更新到仓库。现在本地仓库已经准备就绪，可以创建 Heroku 应用程序。

创建 Heroku 应用程序

下一步是在 Heroku 上创建应用程序，作为本地代码仓库的远程 Git 仓库。只需要执行以下命令：

```
$ heroku create
```

终端会出现一些提示信息，包括应用程序的 URL、Git 仓库地址和远程仓库名称，如下所示：

```
https://pure-temple-67771.herokuapp.com/ | git@heroku.com:pure-
    temple-67771.git
Git remote heroku added
```

此时在浏览器中登录 Heroku 账户，你将看到应用程序已经存在。现在，你在 Heroku 上已经创建了应用程序，接下来将应用程序代码推送到 Heroku。

将应用程序部署到 Heroku

前面已经将应用程序存储在本地仓库，并且在 Heroku 上创建了远程仓库。远程仓库目前还是空的，所以需要将本地仓库的内容推送到远程仓库。

如果还不了解 Git，以下命令可将本地仓库的内容推送到远程仓库：

这个命令会将本地仓库的内容推送到 heroku 远程仓库。现在本地仓库只有一个分支——master 分支——将要推送到 Heroku 的分支。

执行这个命令后，终端会在运行过程中出现日志信息，最后会出现一条信息，提示应用程序已经发布到 Heroku。这条信息如下所示，它会随着使用的 URL 不同而不同：

```
http://pure-temple-67771.herokuapp.com deployed to Heroku
```

> **Git 分支是什么**
>
> 如果只在同一版本的代码下进行开发，并定期将代码推送到远程仓库，如 Heroku 或 GitHub，那么只需要使用主分支。这对单人的线性开发来说是允许的。但如果有多名开发人员，并且应用程序已经发布，就不能在主分支上进行开发。相反，需要从主分支代码新建一个分支，在此分支上进行开发、修复功能或添加新功能。在此分支完成开发之后，可以合并回主分支。

Heroku 中的 Web Dyno

Heroku 使用 dyno 的概念以运行和优化应用程序。dyno 越多，应用程序可使用的系统资源和进程数就越多。当应用程序规模变得越来越大、访问越来越多时，增加 dyno 很容易满足不断增加的需求。

Heroku 对应用程序的开发和构建提供免费支持。每个应用程序都可以免费获取一个 Web Dyno，这对我们的应用程序已经足够。如果应用程序需要更多的资源，可以登录 Heroku 账户并付费获取。

通过线上 URL 访问应用程序

一切准备就绪，应用程序已经发布到互联网。可在浏览器中输入 Heroku 账户提供的 URL 或在终端使用以下命令查看应用程序：

```
$ heroku open
```

这个命令会使用默认浏览器打开应用程序，你将看到如图 3.10 所示的页面。

图 3.10　MVC Express 应用程序运行在线上 URL 上

当然，你的 URL 与此不同，在 Heroku 中，改为你的域名即可。在 Heroku 网站的应用程序设置中，可将 URL 改为有实际意义的 herokupp.com 的子域名。

把应用程序发布到线上 URL 极大方便了跨浏览器访问、跨设备测试以及向合作者同步应用程序内容。

简单的更新过程

现在 Heroku 应用程序已经设置好，更新也很容易。每当需要更新应用程序时，只需要在终端使用三个命令：

当前，以上命令已经足够。如果有多名开发人员或多个分支，情况会变得复杂。但使用 Git 将代码推送到 Heroku 的处理过程并无二致。

在第 4 章，你将通过学习 Loc8r 应用程序的原型开发过程深入理解 Express。

3.6　本章小结

在本章，你掌握了：

- 如何创建 Express 应用程序
- 如何使用 npm 和 package.json 文件管理应用程序依赖
- 如何将标准 Express 项目修改为 MVC 架构
- 路由和控制器如何协同工作
- 使用 Git 将 Express 应用程序实时发布到 Heroku 的简易方法

第**4**章

使用 Node 和 Express
构建静态站点

本章概览：
- 构建静态应用程序的原型
- 为应用程序 URL 定义路由
- 在 Express 中使用 Pug 和 Bootstrap 创建视图
- 在 Express 中使用控制器连接路由和视图
- 将数据从控制器传递到视图

通过学习第 3 章，你了解到应用程序以 MVC 方式运行，并使用 Bootstrap 进行页面布局。下一步，我们将在此基础上创建一个可单击的静态站点。这一步对聚合站点或应用程序至关重要。即使已经有一份完整的设计图或框架图，也没有直接在浏览器中看到真实的原型。在布局或可用性方面，之前没有注意到的问题总是会出现。在静态原型中，将把数据从视图中分离，并放入控制器。在本章末尾，将会生成能展示传入数据的智能视图，并且控制器能向视图传入硬编码数据。

获取源代码

如果尚未构建第 3 章中的应用程序，可以从本书 GitHub 仓库(https://github.com/cliveharber/gettingMean-2)的 chapter-03 分支获取代码。在一个新的文件夹中，打开终端，使用以下命令克隆代码并安装 npm 模块依赖：

```
$ git clone -b chapter-03 https://github.com/cliveharber/
```

```
      gettingMean-2.git
$ cd gettingMean-2
$ npm install
```

从构建应用程序架构的角度看，本章将重点介绍图 4.1 所示的 Express 应用程序。

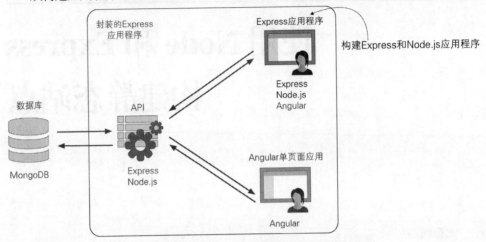

图 4.1　使用 Express 和 Node 构建静态站点以测试视图

本章将完成两个主要步骤，因此有两个版本的源代码可用。其中一个版本包含视图中的所有数据，如 4.4 节的应用程序所示，这部分代码可从本书 GitHub 仓库的 chapter-04-view 分支获取。

另一个版本将数据放在控制器中，这部分代码可从本书 GitHub 仓库的 chapter-04 分支获取。

在一个新的文件夹中打开终端，使用以下命令可以获取上述任一版本的代码，记住还要加上分支名：

```
$ git clone -b chapter-04 https://github.com/cliveharber/
    gettingMean-2.git
$ cd gettingMean2
$ npm install
```

要使用 Docker 环境，请查看附录 B。

4.1　定义 Express 路由

在第 2 章，已经设计好应用程序，并打算构建四个页面。如图 4.2 所示，将构建包含三个页面的 Locations 页面集合和包含一个页面的 Others 页面集合。

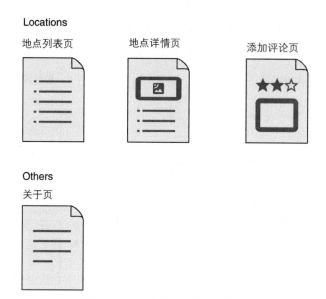

图 4.2　Loc8r 应用程序的页面集合

　　建立页面集合很容易，但需要将页面与传入的 URL 关联起来。在进行编码之前，建立页面与 URL 的映射连接以及良好的映射标准是很有益的。查看表 4.1，其中列出了页面和 URL 的映射关系。这些映射关系是应用程序路由的基础。

表 4.1　定义原型中每个页面的 URL 路径和路由

集合	页面	URL 路径
Locations	地点列表页(主页)	/
Locations	地点详情页	/location
Locations	添加评论页	/location/review/new
Others	关于页	/about

　　例如，当有人访问主页时，会为用户呈现地点列表；而当有人访问 URL 路径/about 时，则向他们呈现有关 Loc8r 的说明信息。

不同页面集合使用不同控制器文件

　　在第 3 章中，已经将控制器逻辑从路由定义分离到外部文件。未来，随着应用程序规模的不断增大，在一个文件中维护所有控制器并不友好。基于这一点，按照页面集合拆分控制器将是很好的选择。

　　根据已经定义的集合，可分为 Locations 和 Others 两个控制器。从文件架构的角度分析工作原理,可以绘制出类似图4.3所示的草图。此处应用程序导入了路由文件,而路由文件又导入多个控制器文件,每个文件根据对应的集合命名。

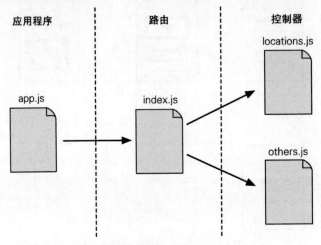

图4.3 应用程序中路由和控制器的文件结构

应用程序有独立的路由文件,正如每个页面逻辑集合有独立的控制器文件一样。这样的设置旨在根据应用程序的组成来组织代码。稍后将进行控制器编码,但首先需要处理好路由。

这些构想设计完成之后,就可以行动起来了!回到开发环境并打开应用程序代码,先从路由文件 index.js 开始编码。

导入控制器文件

如图 4.3 所示,需要在路由文件中引用两个控制器文件。但现在尚未创建这两个控制器文件,需要先快速创建它们。

两个控制器文件的名称分别为 locations.js 和 others.js,并保存在 app_server/controllers.目录下。在路由的 index.js 文件中,需要导入这两个控制器文件,并为它们分配相关的变量,如代码清单4.1所示。

代码清单 4.1 在 app_server/routes/index.js 中导入控制器文件

```
const express = require('express');
const router = express.Router();
const ctrlLocations = require('../controllers/locations');
const ctrlOthers = require('../controllers/others');
```

使用两个新的导入语句替换已存在的 ctrlMain 引用

现在,路由定义中有两个变量可用,这两个变量分别包含不同的路由集合。

设置路由

在 index.js 中，需要为 Locations 集合中的三个页面和 Others 集合中的关于页设置路由。每个路由都需要引用控制器。请记住路由充当的是映射服务，将接收到的请求URL 映射到对应的应用程序函数。

表 4.1 列出了需要映射的路径，将所有内容放入 routes/index.js 文件。完整的代码如代码清单 4.2 所示。

代码清单 4.2　定义路由并映射到控制器

```
const express = require('express');
const router = express.Router();
const ctrlLocations =
    require('../controllers/locations');          导入控制
const ctrlOthers = require('../controllers/others');  器文件

/* Locations pages */                      定义 location 路由并
router.get('/', ctrlLocations.homelist);       映射到控制器函数
router.get('/location', ctrlLocations.locationInfo);
router.get('/location/review/new', ctrlLocations.addReview);

/* Other pages */
router.get('/about', ctrlOthers.about);    ◄──    定义 about
                                                  路由
module.exports = router;
```

此路由文件将定义的 URL 映射到对应的控制器。现在还尚未创建这些控制器，稍后将完成这项工作。

4.2　构建基本控制器

现在，只需要保持控制器能让应用程序运行，并能测试 URL 和路由。

4.2.1　设置控制器

现在，controllers 文件夹(在 app_server 文件夹中)中已有文件 main.js，该文件有一个独立的函数，如下所示，用于控制主页：

```
/* GET 'home' page */
const index = (req, res) => {
```

```
res.render('index', { title: 'Express' });
};
```

此时不再需要名为 main.js 的控制器文件，但可以将其中的内容视为模板，重命名为 other.js。

添加 Others 控制器

回顾代码清单 4.2，在 other.js 文件中调用了名为 about 的控制器。将已有的 index 控制器重命名为 about。保持视图不变，将 title 改为 About。这种方法可以很容易测试路由是否正常工作。代码清单 4.3 是修改后的 others.js 控制器的全部内容。

代码清单 4.3　Others 控制器文件

```
/* GET 'about' page */
const about = (req, res) => {            ┐ 定义路由，使用同一个视图
  res.render('index', { title: 'About' }); ┘ 模板但将 title 改为 About
};
module.exports = {
  about    ◄────── 更新导出的内容以
};                 反映名称的变化
```

这是完成的第一个控制器，但应用程序还不能工作，因为 Locations 路由的控制器尚未创建。

添加 Locations 控制器

为 Locations 路由添加控制器的过程与上述过程大致相同。在路由文件中，指定使用的控制器文件名和三个控制器函数名。

在 controllers 文件夹中，创建一个名为 locations.js 的文件，再创建并导出三个基本控制器函数：homeList、locationInfo 和 addReview。代码清单 4.4 显示了 location.js 文件的全部内容。

代码清单 4.4　Locations 控制器文件

```
/* GET 'home' page */
const homeList = (req, res) => {
  res.render('index', { title: 'Home' });
};

/* GET 'Location info' page */
const locationInfo = (req, res) => {
```

```
    res.render('index', { title: 'Location info' });
};

/* GET 'Add review' page */
const addReview = (req, res) => {
    res.render('index', { title: 'Add review' });
};
module.exports = {
    homelist,
    locationInfo,
addReview
};
```

一切准备就绪，可以开始测试了。

4.2.2　测试控制器和路由

现在路由和基本控制器已经准备就绪，启动并运行应用程序。如果尚未使用 nodemon 来运行应用程序，则在应用程序的根目录中打开终端后启动应用程序。

排除故障

此时，如果重启应用程序时遇到问题，那么检查所有文件、函数、引用的名称是否正确。在终端窗口中查看错误消息，可能会有提示信息，并不是所有的提示信息都有用。查看以下错误信息并找出其中有帮助的相关提示：

```
module.js:340
    throw err;
        ^
Error: Cannot find module '../controllers/other'      ❶ 线索 1：未找
    at Function.Module._resolveFilename (module.js:338:15)    到模块
    at Function.Module._load (module.js:280:25)
  at Module.require (module.js:364:17)
    at require (module.js:380:17)
    at module.exports (/Users/sholmes/Dropbox/
        Manning/GettingMEAN/Code/Loc8r/      ❷ 线索 2：文件
        BookCode/routes/index.js:2:3)           抛出异常
    at Object.<anonymous> (/Users/sholmes/Dropbox/
        Manning/GettingMEAN/Code/Loc8r/
        BookCode/app.js:26:20)
    at Module._compile (module.js:456:26)
```

```
    at Object.Module._extensions..js (module.js:474:10)
    at Module.load (module.js:356:32)
    at Function.Module._load (module.js:312:12)
```

首先，没有找到名为 other 的模块(❶处)。仔细查看堆栈跟踪信息，可以找出错误文件(❷处)。打开 routes/index.js 文件，文件中写的是 require('../controllers/other')，而需要导入的是 others.js。将引用修改为 require('../controllers/others')以修复此问题。

所有问题解决后，现在运行应用程序将不再报错，这意味着路由已经成功指向控制器。此时，回到浏览器查看已创建的四个路由，比如 localhost:3000 指向主页，localhost:3000/location 指向地点信息页。由于修改了每个控制器发送到视图模板的数据，因此能够很方便地看出每个控制器是否运行正常——每个页面的页签标题和页面标题是不同的。图 4.4 展示了一组新创建的路由和控制器的运行效果。每个路由都有不同的内容，路由和控制器设置已经生效。

图 4.4　到目前为止创建的四个路由的页面截图，每个截图的标题都不一样，
标题内容来自各个路由对应的控制器

下一步，是在原型开发过程中使用视图为每个页面添加 HTML、布局及内容。

4.3　创建视图

准备好空页面、路径和路由后，向应用程序添加内容和布局。这一步将实现应用程序，并开始看到想法变成现实。这一步用到的技术是 Pug 和 Bootstrap。Pug 是 Express 中使用的模板引擎(当然也可以选择其他模板)；Bootstrap 是一个前端布局框架，使用它能够很容易构建移动端和桌面端使用不同显示方式的响应式网站。

4.3.1　使用 Bootstrap

在开始使用前，先快速预览 Bootstrap。本书并不会详细介绍 Bootstrap 的每个细节及其所有功能，但在将其放入模板文件之前，先了解一些相关概念是很有用的。

Bootstrap 使用 12 列网格布局。使用任何尺寸的屏幕都会被平均分成 12 份。在手机上，每一列很窄；但在大型外接显示设备上，每一列很宽。Bootstrap 的基本设计理念是使用列数定义元素宽度，但这个数字对应的宽度在不同宽度的屏幕下不同。

Bootstrap 提供多种 CSS 引用类，使用这些类可以将不同像素宽度的屏幕分为 5 个临界点来布局。5 个临界点及对应的示例设备如表 4.2 所示。

表 4.2　Bootstrap 为不同设备设置的临界点

临界点名称	CSS 引用	示例设备	宽度
超小型设备	（无）	小型手机	不足 576px
小型设备	sm	智能手机	576 px 及以上
中型设备	md	平板电脑	768 px 及以上
大型设备	lg	笔记本电脑	992 px 及以上
超大型设备	xl	外接显示设备	1200 px 及以上

要定义元素的宽度，可将表 4.2 中的 CSS 引用与要跨越的列数组合。用列表示宽度的类定义如下：

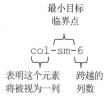

col-sm-6 这个类将元素在小型设备及更小的屏幕上跨 6 列显示。也就是说，在平板电脑、笔记本电脑和外接显示设备上，这个元素会占据屏幕宽度的一半。

为了实现响应式布局，可在一个元素上添加多个类。如果希望一个 div 在手机上占满整个宽度或整个屏幕，而在平板电脑和大型设备上只占屏幕宽度的一半，可以使用以下代码片段：

```
<div class="col-12 col-md-6"></div>
```

col-12 这个类在超小型设备上使用 12 列宽度。col-md-6 这个类在中型设备及更大设备上使用 6 列宽度，图 4.5 呈现了这个类在不同设备上的效果，此处假设在一个页面上有两个相邻 div 使用了这个类，如下所示：

```
<div class="col-12 col-md-6">DIV ONE</div>
<div class="col-12 col-md-6">DIV TWO</div>
```

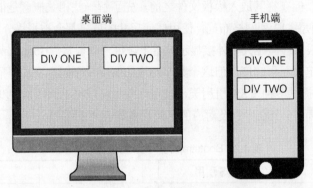

图 4.5　Bootstrap 在桌面和移动设备上的响应式解决方案。CSS 类用于确定每个元素在
不同屏幕分辨率下占据的列数(不超过 12 列)

这种方法使用语义化方式将响应式模板组合在一起，Loc8r 项目中的页面非常依赖这种方式。

4.3.2　使用 Pug 模板和 Bootstrap 设置 HTML 框架

应用程序中的页面总会有一些共同点：在每个页面的顶部，都有导航栏和标志；在每个页面的底部，页脚中都有版权声明；页面中间是内容区域，如图 4.6 所示。这种布局框架很简单，不仅能为不同页面提供统一风格，同时允许在页面中间放置不同的内容。

图 4.6　可复用布局的基本架构

正如第 3 章所述，Pug 模板使用可继承布局的概念，只需要在布局文件中对重复布局定义一次。在布局文件中，可指定继承的部分；设置好布局文件后，可根据需要继承多次。在布局文件中创建框架的意义是，只需要定义一次并且只在一处维护。

查看布局

为了构建统一的布局框架，需要编辑 app_server/views 文件夹下的 layout.pug 文件。这个文件内容并不多，如以下代码片段所示：

```
doctype html
html
  head
    meta(name='viewport', content='width=device-width,
      initial-scale=1.0')
    title= title
    link(rel='stylesheet', href='/stylesheets/bootstrap.min.css')
    link(rel='stylesheet', href='/stylesheets/all.min.css')
    link(rel='stylesheet', href='/stylesheets/style.css')
  body
    block content
    script(src='https://code.jquery.com/jquery-3.3.1.slim.min.js',
        integrity='sha384
        q8i/X+965DzO0rT7abK41JStQIAqVgRVzpbzo5smXKp4YfRvH+8abtTE1Pi6jizo',
        crossorigin=anonymous)
    script(src=https://cdnjs.cloudflare.com/ajax/libs/popper.js/
        1.14.3/umd/popper.min.js,
        integrity='sha384
        ZMP7rVo3mIykV+2+9J3UJ46jBk0WLaUAdn689aCwoqbBJiSnjAK/
        l8WvCWPIPm49',crossorigin='anonymous')
    script(src='/javascripts/bootstrap.min.js')
```

body 区域中没有任何 HTML 内容，只有一个名为 content 的可继承块和两个脚本引用。保留所有内容，并在 content 块的上方添加导航栏，在 content 块的下方添加页脚。

构建导航栏

Bootstrap 提供元素和类的集合，可以使用这些元素和类创建固定在页面顶部的导航栏，并在移动设备上将选项折叠到下拉菜单中。这里不会探讨 Bootstrap 中 CSS 类的细节。你需要做的只是从 Bootstrap 网站获取示例代码，稍做调整，并更新为正确的链接。

导航栏包含如下内容：

● 单击后能够跳转到主页的 Loc8r 标志。

● 单击后跳转到 URL 页面/about 的 About 链接。

以下代码片段实现了上述功能，只需要放到 block content 这行代码的上方即可：

```
nav.navbar.fixed-top.navbar-expand-md.navbar-light          ◀── 设置 Bootstrap
  .container                                                     导航栏并固定
                                                                 在页面顶部
    a.navbar-brand(href='/') Loc8r                          ◀── 添加跳转到
      button.navbar-toggler(type='button', data-toggle='collapse',   主页的品牌
          data-target='#navbarMain')                              风格的链接
        span.navbar-toggler-icon                            ◀── 在小屏幕上将导航
      #navbarMain.navbar-collapse.collapse                       栏设置为可折叠
    ul.navbar-nav.mr-auto
      li.nav-item
        a.nav-link(href='/about/') About                   ◀── 在导航栏中添
                                                                 加 About 链接
```

将上述代码复制到项目后运行，可看到导航栏覆盖了页面标题。本书将在 4.3.3
节和 4.4 节为内容区域构建布局时解决此问题，现在无须担心。

提示：
记住 Pug 中不包含任何 HTML 标签，正确的缩进是保证正常运行的必要条件。

以上就是导航栏的相关代码，现阶段足以满足需求。如果对 Pug 和 Bootstrap 还比
较陌生，可能需要一段时间适应它们的使用方法和语法特性，但是如上所述，Pug 可
用少量代码实现多种功能。

包装内容

自上而下构建页面，下一个区域是 content 块。对于这块区域不需要做太多工作，
因为其中的内容由其他 Pug 文件决定。尽管如此，content 块会从左外边距开始，不受
约束地向右延伸，这意味着它将占据所有设备的整个宽度。

在 Bootstrap 中，实现这样的布局很容易。在 layout.pug 中，用一个 div 容器将 content
块包裹，注意保证正确的缩进：

```
.container
block content
```

这个带有 container 类的 div 会在页面上居中显示，并在大屏设备上占据最大可视
宽度。但是，该 div 容器内的内容仍是左对齐的。

添加页脚

在页面底部添加标准页脚。在页脚中可添加链接、条款说明、使用条件或隐私策略等。为简单起见，当前只添加版权声明。这些代码放在公用的布局文件中，因此以后在需要修改时，可以很容易修改所有页面的内容。

以下是 layout.pug 文件中页脚的所有代码：

```
footer
  .row
    .col-12
      small &copy; Getting Mean - Simon Holmes/Clive Harber 2018
```

这些代码需要放在包含 content 块的 div 容器中，把代码加入文件时，要确保 footer 行和 block content 行使用的是同级缩进。

聚合所有内容

现在导航栏、内容区域、页脚都已经处理完毕，布局文件的内容也全部完成。layout.pug 文件的所有代码如代码清单 4.5 所示。

代码清单 4.5　app_server/views/layout.pug 中布局框架的最终代码

```
doctype html
html
  head
    meta(name='viewport', content='width=device-width,
      initial-scale=1.0')
    title= title
    link(rel='stylesheet', href='/stylesheets/bootstrap.min.css')
    link(rel='stylesheet', href='/stylesheets/all.min.css')
    link(rel='stylesheet', href='/stylesheets/style.css')
  body
    nav.navbar.fixed-top.navbar-expand-md.navbar-light    ◀──  从固定导航栏
      .container                                                开始布局
        a.navbar-brand(href='/') Loc8r
          button.navbar-toggler(type='button', data-toggle='collapse',
            data-target='#navbarMain')
            span.navbar-toggler-icon
          #navbarMain.navbar-collapse.collapse
            ul.navbar-nav.mr-auto
              li.nav-item
                a.nav-link(href='/about/') About
```

```
.container.content          使用 div 容器
                            包裹 content 块
block content

footer                      简单的页脚与 content 块放在同
                            一 div 容器中
.row
  .col-12
    small &copy; Getting MEAN – Simon Holmes/Clive Harber 2018
script(src='https://code.jquery.com/jquery-3.3.1.slim.min.js',
  integrity='sha384-
  q8i/X+965DzO0rT7abK41JStQIAqVgRVzpbzo5smXKp4YfRvH+8abtTE1Pi6jizo',
  crossorigin='anonymous')
script(src='https://cdnjs.cloudflare.com/ajax/libs/
  popper.js/1.14.3/umd/popper.min.js' integrity='sha384- ZMP7rVo
  ]3mIykV+2+9J3UJ46jBk0WLaUAdn689a CwoqbBJiSnjAK/l8WvCWPIPm49',
  crossorigin='anonymous')
script(src='/javascripts/bootstrap.min.js')
```

这就是使用 Bootstrap、Pug 和 Express 创建响应式布局框架的全部内容。一切准备就绪后，运行应用程序会看到如图 4.7 所示的内容，具体效果取决于设备。

图 4.7　设置好布局模板后的主页样式。在小屏幕设备上，Bootstrap 会自动将导航栏折叠。
导航栏遮住了中间内容，可通过创建 content 布局来解决

提示：

如果无法在手机上查看开发环境中的网站，可以尝试将浏览器窗口调整到手机屏幕大小。所有主流 Web 浏览器都可以通过内置的开发工具模拟各种移动设备及各种屏幕尺寸。

现在通用模板已经构建完成，接下来构建应用程序的内容页。

4.3.3　构建模板

构建模板时，可以从最重要的模板开始。这个模板可以是最复杂的或最简单的，也可以是用户访问的初始页。在 Loc8r 项目中，最好从主页开始构建，这也是本书将详细介绍的示例页面。

定义布局

主页的主要作用是展示地点列表。地点列表的每一项包含名称、地址、与用户的距离、用户评级及服务设施列表。还需要添加页面标题及页面说明文案，以便用户在访问时知道正在查看的是地点列表中的哪一项。

此时应当能感觉到，与我们所做一样，在纸或白板上构建布局草图对开发很有帮助。对构建布局而言，这样的草图是很好的起点，能保证对页面布局考虑周全，而不会陷入代码的技术细节。图 4.8 是 Loc8r 项目中主页的草图。

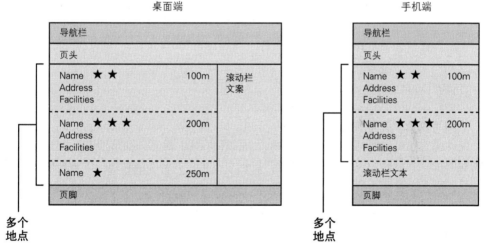

图 4.8　桌面端和手机端主页布局草图。为页面绘制布局草图可以快速了解构建内容，
而不会受复杂的 Adobe Photoshop 或代码技术细节干扰

注意这里使用了两种布局：一种用于桌面，另一种用于手机。前面已经介绍了 Bootstrap 的作用及工作原理，所以有必要对设备进行区分。这也是使用响应式设计的开始。

现阶段的布局并不是最终结果，在编码过程中可能会调整或修改布局。如果已经有了目标及方法，做任何事都会很容易，前面的草图正是为了实现这样的目的！有了草图，可以根据草图布局的具体内容进行编码(可以从上到下布局，也可以从左到右布局)。花几分钟时间创建这样一张草图会为将来省下很多时间，这一点在编码过程中遇到移动代码块，甚至删除代码重新开始时，体现尤为明显，而且使用草图要比修改代码容易得多。

你现在已经了解了整体布局以及布局以各部分的具体内容，是时候将所有内容组合到新模板中了。

设置视图和控制器

第一步是创建新的视图文件并与控制器连接。在 app_server/views 文件夹下，复制 index.pug 视图的内容，另存为 locations-list.pug 并置于同一文件夹下。最好不要使用 homepage 或类似的名称命名该文件，因为在某些情况下，这可能会改变在主页上展示的内容。使用这种不依赖于内容的命名方式，能够清晰地标识视图名称，并且在其他地方使用时不会有歧义。

第二步是通知主页控制器调用新视图。主页控制器位于 app_server/controllers 目录的 locations.js 文件中。修改此文件中 homelist 控制器调用的视图，如以下代码片段所示(粗体表示修改内容)：

```
const homelist = (req, res) => {
  res.render('locations-list', { title: 'Home' });
};
```

现在可以开始构建视图模板。

编写模板：页面布局

在编写布局代码时，更多时候先从大的布局开始，然后向细节推进。由于继承了布局文件，导航栏和页脚已经准备好，只剩下页头、列表区域和边栏需要开发。

此时，需要确定每个元素在不同设备上分别占据的 12 个 Bootstrap 列中的列数。以下 locations-list.pug 文件中的代码片段展示了 Loc8r 项目中地点列表页的三个不同区域的布局：

```
.row.banner
  .col-12
    h1 Loc8r
      small  Find places to work with wifi near you!
.row
  .col-12.col-md-8
    p List area.
  .col-12.col-md-4
    p.lead Loc8r helps you find places to work when out and about.
```

占据整个屏幕宽度的页面标题

地点列表容器，在超小型和小型设备上占据 12 列，在中型或更大设备上占据 8 列

次要内容或边栏容器，在超小型和小型设备上占据 12 列，在中型或更大设备上占据 4 列

在开发过程中可能需要不断修改这些配置并在不同分辨率的设备上进行测试，直至达到理想效果。使用设备模拟器可以简化这个过程，还有一种简单的方法：更改浏览器窗口的宽度以到达 Bootstrap 的各个临界点。一切就绪后，可以将代码推送到 Heroku 并在手机或平板电脑上进行真机测试。

编写模板：地点列表页

主页的容器已经定义好，可以开始编写主区域的内容。可从之前绘制的页面布局草图中获取主区域将要放置的内容。每一项都包含名称、地址、评级、与用户的距离、服务设施。

对于创建的可单击原型，所有数据都将立即被硬编码到模板中。这是将模板数据聚合并获取需要展示的信息的最快方式。你可能会担心数据问题。如果要使用已有数据源，或者对可用数据有限制，那么在创建布局时，需要记住这一点。

再次，得到满意的布局是一个不断测试的过程，但 Pug 和 Bootstrap 结合在一起让这个过程比想象得容易。以下代码片段展示了地点列表中的单项内容，用于替换 locations-list.pug 文件中的 p List area 占位符：

```
.card                                创建新的 Bootstrap
  .card-block                        卡片，用以包裹内容
  h4
    a(href="/location") Starcups     地点列表的名称以及
                                     指向地点的链接
  small  
    i.fas.fa-star
    i.fas.fa-star
    i.fas.fa-star                    使用 Font Awesome 图
                                     标输出星级评级
    i.far.fa-star
    i.far.fa-star                                         使用 Bootstrap
  span.badge.badge-pill.badge-default.float-right 100m    的 badge 辅助类
                                                          显示距离
  p.address 125 High Street, Reading, RG6 1PS
    .facilities
      span.badge.badge-warning Hot drinks
      span.badge.badge-warning Food               地点包含的服务设施，使
      span.badge.badge-warning Premium wifi       用 Bootstrap 的 badge 辅助
                                                  类进行输出
```

地点地址

可以再次看到，并没有花费太多精力或很多代码就完成了很多布局内容，所有这些都得益于 Pug 和 Bootstrap 的结合。请记住，一些有助于优化样式的自定义类位于 public/stylesheets 目录的 styles.css 文件中，可在 GitHub 仓库中找到相关代码。如果没有这些类，页面视觉效果将有所不同。图 4.9 呈现的是上述代码片段的执行效果。

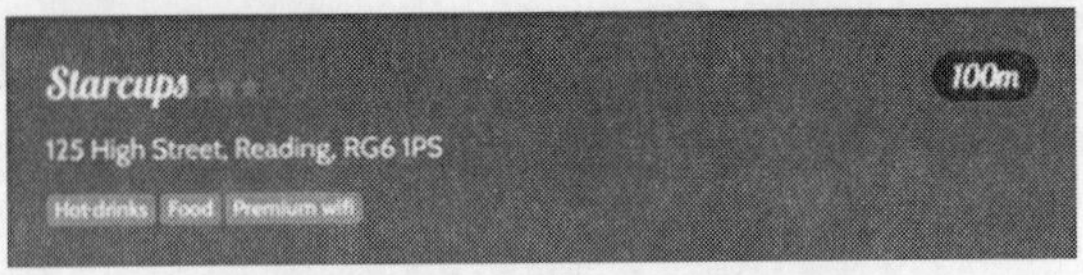

图 4.9   单一列表项的渲染效果

这部分内容占据可视区域的整个宽度：所有设备的 12 列。但请注意，这部分内容嵌套在响应列中，因此这里所说的"整个宽度"只是包含列的整个宽度，不一定是浏览器视口的宽度。将所有内容聚合后，再次查看应用程序的运行效果，上述解释将更有说服力。

编写模板：聚合所有内容

准备好页面元素布局、列表区域结构和硬编码数据后，查看所有内容聚合后的效果。为了更好地查看浏览器中的布局效果，最好这样修改地点列表页：多复制几项列表内容，以显示多个地点。单个地点的代码如代码清单 4.6 所示。

代码清单 4.6   app_server/views/locations-list.pug 的完整模板

```
extends layout

block content
  .row.banner        ◀──────────  标题区域开始处
    .col-12
      h1 Loc8r
        small  Find places to work with wifi near you!
  .row
    .col-12.col-md-8  ◀──────────  响应式主列表块开始处
      .card
      .card-block
        h4
          a(href="/location") Starcups
          small  
          i.fas.fa-star                              单个列表：复制这
          i.fas.fa-star                              些代码以创建有
          i.fas.fa-star                              多个条目的列表
          i.far.fa-star
          i.far.fa-star
        span.badge.badge-pill.badge-default.float-right 100m
      p.address 125 High Street, Reading, RG6 1PS
      p.facilities
        span.badge.badge-warning Hot drinks
        span.badge.badge-warning Food
```

```
            span.badge.badge-warning Premium wifi
      .col-12.col-md-4
        p.lead Looking for wifi and a seat? Loc8r helps you find places to
            work when out and about. Perhaps with coffee, cake or a pint?
            Let Loc8r help you find the place you're looking for.
```

设置边栏区域并
用内容填充

完成以上代码后就完成了主页列表模板的开发。此时运行应用程序并使用浏览器打开地址 localhost:3000，可以看到如图 4.10 所示的效果。

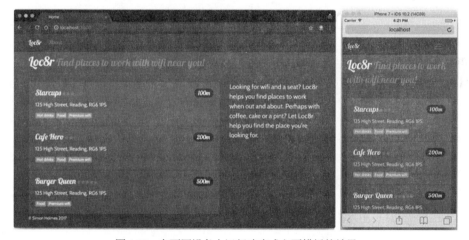

图 4.10　在不同设备上运行响应式主页模板的效果

桌面端视图和移动端视图之间的布局如何切换？这得益于 Bootstrap 的响应式框架和使用的 CSS 类。在移动端视图中向下滚动屏幕时，可看到主列表和页脚之间的边栏内容。在小屏幕上，在可视区域中展示列表内容比展示边栏内容更重要。

好了，在 Express 和 Node 环境下，已经用 Pug 和 Bootstrap 创建了主页的响应式布局，接下来将会添加其他视图。

4.4　添加其他视图

构建好地点列表页后，需要创建其他可单击页面。本节中，将陆续创建下面这些页面：

- 地点详情页
- 添加评论页
- 关于页

本节并不会详述整个开发过程的所有细节，而是提供一些说明、代码和输出结果。如有需要，可以从 GitHub 上获取相关代码。

4.4.1　地点详情页

按照逻辑往下走，下一个要构建的重要页面是地点详情页。这个页面需要展示单个地点的所有信息，包括：

- 名称
- 地址
- 评级
- 开门时间
- 服务设施
- 地点地图
- 评论内容
  - 评级
  - 留言者姓名
  - 留言时间
  - 留言文案
  - 留言添加按钮
  - 页面上下文设置文案

这个模板包含很多信息，它也是整个应用程序中最复杂的模板。

准备工作

第一步是修改页面对应的控制器，让其使用不同的视图。查看 app_server/controllers 目录下 locations.js 文件中的 locationInfo 控制器，将视图名称修改为 location-info，如下所示：

```
const locationInfo = (req, res) => {
  res.render('location-info', { title: 'Location info' });
};
```

下一步是获取谷歌地图的 API 密钥。如果还没有谷歌账号，需要先在以下地址注册账户才能获取密钥：

```
https://developers.google.com/maps/documentation/javascript/
    get-api-key?utm_source=geoblog&utm_medium=social&utm_campaign=
    2016-geo-na-website-gmedia-blogs-us-blogPost&utm_content=TBC
```

确认 API 密钥是安全的，后面的代码清单将会用到 API 密钥。

注意，此时运行应用程序，如果还无法正常工作，那是因为 Express 并没有找到对应的视图模板——这并不奇怪，因为尚未创建视图模板。

创建视图

在 app_server/views 目录下创建一个新文件并命名为 location-info.pug，文件内容如代码清单 4.7 所示，这是本书中内容最多的代码片段。记住，在这个阶段，原型开发的目标是生成可单击的页面，并将数据直接硬编码在页面中。

代码清单 4.7 地点详情页视图 app_server/views/location-info.pug

```
extends layout

block content
  .row.banner
    .col-12                          页面标题
      h1 Starcups                    开始处
  .row
    .col-12.col-lg-9        ◀────┐   设置模板中嵌套
      .row                        │   的响应式布局列
        .col-12.col-md-6  ◀──────┘
          p.rating
            i.fas.fa-star
            i.fas.fa-star
            i.fas.fa-star
            i.far.fa-star
            i.far.fa-star
          p 125 High Street, Reading, RG6 1PS
          .card.card-primary
            .card-block
              h2.card-title Opening hours              用于定义信息区
              p.card-text Monday - Friday : 7:00am - 7:00pm   域的Bootstrap卡
              p.card-text Saturday : 8:00am - 5:00pm    片组件之一，此
              p.card-text Sunday : closed               处定义开门时间
          .card.card-primary
            .card-block
              h2.card-title Facilities
              span.badge.badge-warning                这里使用实体 ，因为
                i.fa.fa-check                           Pug并非总能识别空白符，
                |  Hot drinks                      而且还有可能忽略它们
```

```
          |  
          span.badge.badge-warning
              i.fa.fa-check
              |  Food
          |  
          span.badge.badge-warning
              i.fa.fa-check
              |  Premium wifi
          |  
    .col-12.col-md-6.location-map
      .card.card-primary
        .card-block
          h2.card-title Location map
          img.img-fluid.rounded(src=
'http://maps.googleapis.com/maps/api/...
staticmap?center=51.455041,-0.9690884&zoom=17&size=400x350
&sensor=false&markers=51.455041,-0.9690884&scale=2&key=<API Key>')
.row
    .col-12
      .card.card-primary.review-card
        .card-block
          a.btn.btn-primary.float-right(href='/location/review/new')
            Add review
          h2.card-title Customer reviews
          .row.review
            .col-12.no-gutters.review-header
              span.rating
                i.fas.fa-star
                i.fas.fa-star
                i.fas.fa-star
                i.far.fa-star
                i.far.fa-star
              span.review Author Simon Holmes
              small.review Timestamp 16 February 2017
            .col-12
              p What a great place.
          .row.review
            .col-12.no-gutters.review-header
              span.rating
```

这里使用实体 ，因为Pug并非总能识别空白符，而且还有可能忽略它们

使用静态谷歌地图图片，其中包含查询坐标，记得用之前获得的谷歌地图的 API 密钥替换<API Key>。

使用Bootstrap的按钮辅助类创建到添加评论页的超链接

```
                    i.fas.fa-star
                    i.fas.fa-star
                    i.fas.fa-star
                    i.far.fa-star
                    i.far.fa-star
最后是响应式布      span.reviewAuthor Charlie Chaplin
局的边栏信息    small.reviewTimestamp 14 February 2017
                  .col-12
                    p It was okay. Coffee wasn't great.
      .col-12.col-lg-3
        p.lead
          | Starcups is on Loc8r because it has accessible wifi and space
            to sit down with your laptop and get some work done.
        p
          | If you've been and you like it - or if you don't - please leave
            a review to help other people just like you.
```

这个模板很长，接下来介绍缩短这个模板的方法。但这个页面本身很复杂，里面包含了很多信息以及嵌套的响应式布局列。试想，如果直接使用 HTML 编码，内容将更多。

确保已经引入 GitHub 上 style.css 的完整版本，使用 style.css 能让标准 Bootstrap 主题看起来更美观。

完成这些工作后，地点详情页的布局就完成了。打开地址 localhost:3000/location 以查看应用程序，图 4.11 展示了该布局在桌面浏览器中和移动设备上的样式。

用户访问应用程序的下一步是添加评论。相比起来，添加评论页要简单很多。

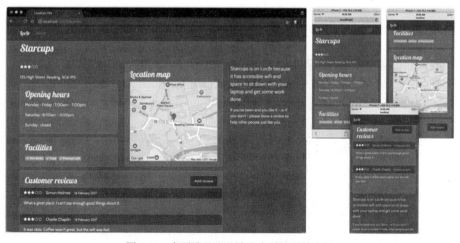

图 4.11　桌面端及移动端地点详情页的布局

4.4.2 添加评论页

这个页面很简单，上面只有一个表单，该表单包含用户姓名以及几个用于用户评级和编写评论的输入框。

第一步是修改控制器内容，让其使用新视图。在 app_ server/controllers/locations.js 中将 addReview 控制器改为使用 location-review-form 视图，如下所示：

```
const addReview = (req, res) => {
  res.render('location-review-form', { title: 'Add review' });
};
```

第二步是创建视图。在视图文件夹 app_server/views 中创建名为 location-review-form.pug 的新文件作为可单击的原型，但并不会将表单数据随意提交，而是将表单的 action 重定向到地点详情页以展示评论内容。接着，在表单中将 action 属性设置为 /location，将请求方式设置为 get。后面需要将请求方式改为 post，但现在设置为 get 也能获取想要的效果。添加评论页的完整代码如代码清单 4.8 所示。

代码清单 4.8　添加评论页视图 app_server/views/location-review-form.pug

```
extends layout

block content
  .row.banner
    .col-12
      h1 Review Starcups
  .row
    .col-12.col-md-8
      form(action="/location", method="get", role="form")
        .form-group.row
          label.col-10.col-sm-2.col-form-label(for="name") Name
          .col-12.col-sm-10
            input#name.form-control(name="name")
        .form-group.row
          label.col-10.col-sm-2.col-form-label(for="rating") Rating
          .col-12.col-sm-2
            select#rating.form-control.input-sm(name="rating")
              option 5
              option 4
              option 3
              option 2
              option 1
```

将表单的 action 属性设置为/location，将请求方式设置为 get

供留言者填写姓名的输入框

评级 1～评级 5 下拉选择框

```
          .form-group.row
            label.col-sm-2.col-form-label(for="review") Review
            .col-sm-10
              textarea#review.form-control(name="review", rows="5")
          button.btn.btn-primary.float-right Add my review
      .col-12.col-md-4
```

留言内容输入框　→　`textarea#review.form-control(name="review", rows="5")`

`button.btn.btn-primary.float-right Add my review`　←　表单提交按钮

Bootstrap 有很多处理表单的辅助类，如代码清单 4.8 所示。此页面内容简单，运行后如图 4.12 所示。添加评论页完成后，意味着 Locations 集合页面全部完成，现在只剩下关于页。

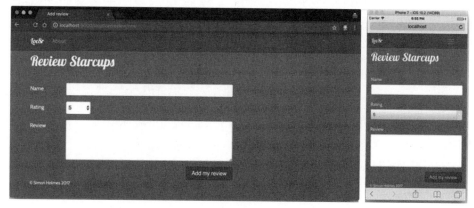

图 4.12　桌面端及移动端添加评论页

4.4.3　添加关于页

静态原型的最后一个页面是关于页，上面只包含页面标题和一些内容——这些都不复杂。这个页面的布局，对于标题在分割线上、内容在分割线下的诸如隐私政策页、条款说明页或条件说明页等页面都适用。因此，最好创建通用且可复用的视图。

关于页的控制器位于 app_server/controllers 目录的 others.js 文件中。找到名为 about 的控制器，将视图名称改为 generic-text，如下所示：

```
const about = (req, res) => {
  res.render('generic-text', { title: 'About' });
};
```

下一步，在 app_server/views 目录下创建 generic-text.pug 视图。这个模板内容很少，如代码清单 4.9 所示。

代码清单 4.9　纯文本页面视图 app_server/views/generic-text.pug

```
extends layout
block content
  .row.banner
    .col-12
      h1= title
    .row
    .col-12.col-lg-8
        p
          | Loc8r was created to help people find places to sit down and
              get a bit of work done.
          | <br /><br />
          | Lorem ipsum dolor sit amet, consectetur adipiscing elit. Nunc
              sed lorem ac nisi dignissim accumsan.
```

> 在\<p\>标签中使用|
> 创建纯文本

这种布局很简单。此时无须关注通用视图中的具体内容；后面会再次回到这些具体内容中，并将页面做成可复用的。对于构建可单击静态原型而言，这并不影响大局。

为了页面能显示出真实内容，需要再加几行代码。请注意，如有需要，以管道符号|开头的行可以包含 HTML 标签。图 4.13 呈现的是为页面加入更多内容后的运行效果。

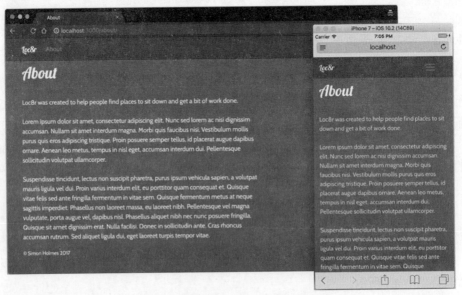

图 4.13　使用通用文字模板渲染的关于页

这是我们要介绍的四个页面中的最后一个。此时可以将页面推送到 Heroku，让用户通过 URL 访问并单击页面。如果忘记推送方法，在应用程序的根目录下，在终端使用以下命令即可(假设已经设置好 Heroku)：

```
$ git add --all
$ git commit -m "Adding the view templates"
$ git push heroku master
```

获取源代码

这一步的应用程序源代码可以在 GitHub 仓库的 chapter-04-views 分支中找到。在新的文件夹中打开终端，输入以下命令以克隆代码并安装 npm 依赖模块：

```
$ git clone -b chapter-04-views
    https://github.com/cliveharber/gettingMean-2.git
$ cd gettingMean-2
$ npm install
```

下一步如何做？可单击站点的路由、视图、控制器都已经设置好，并且已将应用程序推送到 Heroku 供他人访问。从某种程度上说，已经完成这个阶段要达到的目标。现在可以停下来测试应用程序，并获取相关反馈。此时是对应用程序进行改进的最好时机。

如果计划构建 Angular 单页面应用，并且对已经完成的内容很满意，那么下一步不应该继续在静态原型上进行开发。相反，开始使用 Angular 开发应用程序。

接下来还需要沿着创建 Express 应用程序的道路前进。因此，在维护静态站点的同时，需要将视图中的数据分离并放入控制器。

4.5 将数据从视图中分离，让视图更智能

此时所有的内容和数据都保存在模板中。这种方式对测试页面和修改布局来说是完美的，但还需要更进一步！MVC 架构的目的是让视图中不包含可变数据。视图中的数据最终应由用户提供，而视图对这些数据并不可知。视图需要的只是数据结构，并不关注数据的具体内容。

回想 MVC 架构：模型持有数据，控制器处理数据，视图渲染处理后的数据。由于尚未进行模型开发(将在第 5 章学习)，现在使用视图和控制器即可。

为了让视图更智能并能如期工作，需要将数据和内容从视图中分离并放入控制器。图 4.14 展示了 MVC 模式中的数据流以及所需要做的修改。

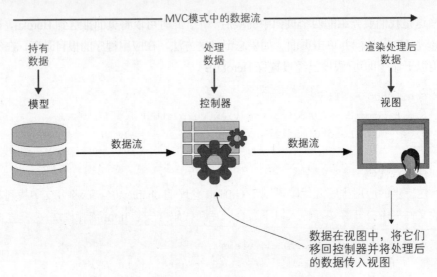

图 4.14　MVC 模式中的数据流：从模型到控制器，再到视图。在原型中，
数据在视图中，我们想要将数据移回控制器

完成这部分修改后，视图内容得以确定，这为下一步开发做好了准备。除此之外，需要开始考虑处理后的数据如何在控制器中呈现。与其直接分析数据结构，不如从所需前端数据入手，随着对需求的理解不断深入，通过 MVC 数据流转过程逐步倒推所需数据。

如何实现以上过程？从主页入手，将内容从 Pug 视图中分离出来。修改 Pug 文件：用变量替换原始内容，再将原始内容以变量的形式放入控制器，最后将控制器中的变量传入视图。在浏览器中查看处理后的结果，与原来的效果一致，用户对此并无感知。以上处理过程中各部分的作用及数据流转、使用情况如图 4.15 所示。

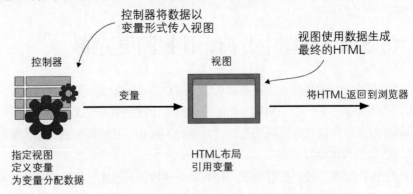

图 4.15　当控制器指定数据时，将数据作为变量传递给视图；
视图使用数据生成传递给用户的最终 HTML

完成这部分内容后，数据仍然是硬编码的，但保存在控制器而不是视图中。现在视图变得更智能：能够接收并呈现传递到其中的任何数据(当然前提是数据格式正确)。

4.5.1 将数据从视图移到控制器

从主页开始，将数据从locations-list.pug 视图移入 locations.js 控制器文件的homelist 函数。从简单的顶部(页头)开始。以下代码片段是 locations-list.pug 视图的页头部分，包含两块内容：

```
.row.banner
  .col-12
    h1 Loc8r                                            ← 大字体页面标题

      small  Find places to work with wifi near you!  ← 小字体页面分割线
```

这两块内容是最先移入控制器的，此时主页控制器的内容如下：

```
const homelist = (req, res) => {
  res.render('locations-list', { title: 'Home' });
};
```

主页控制器已经向视图发送了一些数据。记住，render 函数中的第二个参数是包含要发送到视图的数据的 JavaScript 对象。此处，homelist 控制器将数据{ title: 'Home' }发送到视图。布局文件使用这个 JavaScript 对象将字符串 Home 放入 HTML 的\<title\>标签，对于单个文本来说，使用对象不一定是最好的方式。

修改控制器

将标题更改为更贴合页面内容的文案，并为页面标题添加两个数据项。首先对控制器进行以下修改(粗体表示修改内容)：

```
const homelist =  (req, res) => {
  res.render('locations-list', {
    title: 'Loc8r - find a place to work with wifi',    ┐ 包含页面 title 属性
    pageHeader: {                                        │ 和 strapline 属性的
      title: 'Loc8r',                                    │ 嵌套 pageHeader
      strapline: 'Find places to work with wifi near you!' │ 对象
    }                                                    ┘
  });
};
```

为了保持代码的简洁性和可维护性，将标题和分割线都放在 **pageHeader** 对象中。

这种方法可让控制器更容易扩展和维护。

修改视图

控制器将这些数据传递到视图，更新视图，引用这些数据以代替硬编码内容。这样的嵌套数据项使用点语法引用，就像从 JavaScript 对象中获取数据一样。要在 locations-list.pug 视图中引用页眉分割线，可以使用 pageHeader.strapline。以下代码片段显示了视图的页眉部分(粗体表示修改内容)：

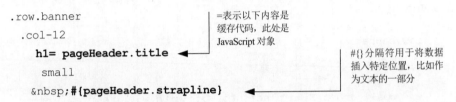

```
.row.banner
 .col-12
  h1= pageHeader.title          ◄──
   small
  #{pageHeader.strapline}  ◄──
```

=表示以下内容是缓存代码，此处是 JavaScript 对象

#{} 分隔符用于将数据插入特定位置，比如作为文本的一部分

这段代码在视图的特定位置输出 pageHeader.title 和 pageHeader.strapline。

在 Pug 模板中引用数据

在 Pug 模板中，有两种用于引用数据的重要语法。第一种语法称为插值，通常用于将数据插入其他内容的中间。插入的数据由开始分隔符#{和结束分隔符}定义。通常这样使用：

```
h1 Welcome to #{pageHeader.title}
```

如果数据包含 HTML，出于安全原因，需要进行转义；最终用户看到的不是 HTML 标签而是 HTML 文本，浏览器也不会将它们解析为 HTML 标签。如果希望浏览器呈现数据中包含的 HTML，可以使用以下语法：

```
h1 Welcome to !{pageHeader.title}
```

然而，这种语法有潜在的安全风险，应该只针对可信任数据源使用这种语法。如果没有额外的安全检查，应当不允许用户输入这样的内容。

第二种输出数据的语法是使用缓存代码。不是将数据插入字符串，而是使用 JavaScript 构建字符串，在标签声明后直接使用=符号，如下所示：

```
h1= "Welcome to " + pageHeader.title
```

同样，出于安全原因，这会转义所有 HTML。如果要在输出中使用未转义的 HTML，可以使用略微不同的语法：

```
h1!= "Welcome to " + pageHeader.title
```

再次注意，尽可能使用转义方法确保代码安全。

对于缓存代码语法，还可使用 JavaScript 模板字符串，如下所示：

```
h1= `Welcome to ${pageHeader.title}`
```

如果现在运行应用程序并查看主页效果，可以看到唯一的变化是<title>标签内容已经改变。其他一切都跟之前一样，但现在有些数据来自控制器。

本节通过一个简单示例阐明了现阶段的工作内容及方法。主页中最复杂的部分是列表内容，因此 4.5.2 节将介绍如何处理列表。

4.5.2　处理复杂的重复数据模型

对于列表部分，首先要明确的是其中有多个条目，并且所有条目都遵循相同的数据模式和布局模式。正如刚刚完成的页头一样，从数据入手，将数据从视图移入控制器。

在 JavaScript 数据方面，可重复模式很好地支持对象数组的概念。我们需要在一个数组中包含多个对象，并且每个对象包含单个列表的所有信息。

分析视图数据

查看列表样式，以确定需要控制器传递到视图的数据项。图 4.16 展示了主页视图列表中一个条目的样式。

图 4.16　呈现所需数据的单一列表项

从图 4.16 可以看到主页中的列表项包含以下信息：

- 名称
- 评级
- 距离
- 地址
- 服务设施列表

从图 4.16 中获取数据并创建 JavaScript 对象，即可模拟一些简单数据，如以下代码片段所示：

```
{
  name: 'Starcups',
  address: '125 High Street, Reading, RG6 1PS',
```

```
  rating: 3,
  facilities: ['Hot drinks', 'Food', 'Premium wifi'],
  distance: '100m'
}
```

以字符串数组形式发送的服务设施列表

这就是为了将单个地点表示为对象要做的工作。对于多个地点，只需要将多个对象组成数组即可。

将相同结构的数据数组添加到控制器

需要创建由多个地点对象(可以直接使用视图中已有的数据对象)组成的数组，并将数组添加到控制器的 render 函数使用的数据对象中。以下代码片段是更新后的主列表控制器代码，包括地点数组：

```
const homelist = (req, res) => {
  res.render('locations-list', {
    title: 'Loc8r - find a place to work with wifi',
    pageHeader: {
      title: 'Loc8r',
      strapline: 'Find places to work with wifi near you!'
    },
    locations: [{
      name: 'Starcups',
      address: '125 High Street, Reading, RG6 1PS',
      rating: 3,
      facilities: ['Hot drinks', 'Food', 'Premium wifi'],
      distance: '100m'
    },{
      name: 'Cafe Hero',
      address: '125 High Street, Reading, RG6 1PS',
      rating: 4,
      facilities: ['Hot drinks', 'Food', 'Premium wifi'],
      distance: '200m'
    },{
      name: 'Burger Queen',
      address: '125 High Street, Reading, RG6 1PS',
      rating: 2,
      facilities: ['Food', 'Premium wifi'],
      distance: '250m'
    }]
```

将地点数组以 locations 字段传入视图并进行渲染

```
    });
};
```

此处，数组中有三个地点的详细信息。当然，可以添加更多项，但这段代码已经足够。现在需要让视图渲染这些数据，而不是将数据硬编码在视图中。

在 Pug 视图中循环遍历数组

控制器发送以 locations 变量命名的数组到 Pug。Pug 提供了一种简单的语法用于数组循环。在一行代码中，指定要使用的数组和要用作键的变量名。键是数组中当前项的引用名称，因此当循环遍历数组时，其中的内容会发生变化。Pug 循环的结构如下：

在 Pug 中，嵌套在此行中的变量会被迭代，以访问数组中的每一项。以使用地点数据的视图为例，在视图文件 locations-list.pug 中，每个地点都以如下代码片段开头，但每次输出的名称并不同：

```
.card
  .card-block
    h4
a(href="/location") Starcups
```

可使用 Pug 的 each/in 语法遍历 locations 数组中的所有内容并输出每个地点名称。以下代码片段是具体实现方法：

控制器中包含三个地点数据，使用这些数据及前面的代码可得到以下HTML结果：

```
<div class="card">
  <div class="card-block">
    <h4>
      <a href="/location">Starcups</a>
```

```
        </h4>
      </div>
    </div>
    <div class="card">
      <div class="card-block">
        <h4>
          <a href="/location">Cafe Hero</a>
        </h4>
      </div>
    </div>
    <div class="card">
      <div class="card-block">
      <h4>
        <a href="/location">Burger Queen</a>
      </h4>
    </div>
  </div>
</div>
```

如你所见，HTML 结构——包含两个<div>标签、一个<h4>标签、一个<a>标签——重复渲染了三次。但是每个地点的名称并不相同，与控制器中的数据对应。

循环数组很容易，通过以上测试，已经得到更新后的视图文本的前几行。现在，需要使用代码清单中的其他数据进行后续操作。不能使用循环的方式处理用户评级，所以暂时忽略这些内容，稍后进行处理。

可通过以下代码片段处理剩余数据，输出每个列表项的所有数据。其中服务设施以数组传递，所以需要为每个列表项循环该数组：

```
each location in locations
  .card
    .card-block
      h4
        a(href="/location")= location.name
        small  
          i.fas.fa-star
          i.fas.fa-star
          i.fas.fa-star
          i.far.fa-star
          i.far.fa-star
        span.badge.badge-pill.badge-default.float-right=
        location.distance
```

```
p.address= location.address
.facilities
    span.badge.badge-warning= facility
```

循环嵌套数组，输出
每个地点的服务设施

Pug 能够很容易地循环处理 facilities 数组。使用已有技术从对象中获取其他数据项——地点距离和地点地址，也是顺理成章的事。

剩下未处理的只有星级评级。这项内容需要使用内联 JavaScript 代码进行处理。

4.5.3　操作数据和视图

视图输出多个<span>标签以实现星级评级效果，这些<span>标签使用了 Font Awesome 星级评级系统的不同类。评级系统总共有五颗星，根据评级，这些星是空心或实心的。例如，评级为 5 级用 5 个实心星表示；评级为 3 级用 3 个实心星和 2 个空心星表示，如图 4.17 所示；评级为 0 级用 5 个空心星表示。

图 4.17　Font Awesome 星级评级系统展示的 3 级评级效果

要生成这种类型的输出，需要在 Pug 模板中添加代码。这些代码本质上是 JavaScript，但加入了一些特殊的 Pug 语法约定。要向 Pug 模板添加一行内联代码，必须在该行代码前添加破折号。这个前缀会告知 Pug 运行 JavaScript 代码，而不是直接传递到浏览器。

为了生成星级评级，需要使用两个 for 循环。第一个 for 循环输出评级的实心星，第二个 for 循环输出剩余的空心星。以下代码片段是两个 for 循环在 Pug 中的书写形式和工作方式：

```
small  
    - for (let i = 1; i <= location.rating; i++)
        i.fas.fa-star
    - for (let i = location.rating; i < 5; i++)
        i.far.fa-star
```

注意，虽然使用的是熟悉的 JavaScript 语法，但没有使用花括号定义要运行的代码块。相反，代码块是由缩进定义的，就像 Pug 的其他内容一样。还要注意代码和 Pug 的混合。这段代码的意义是，每当运算值为 true 时，渲染缩进的 Pug 内容。这种良好的设计使得开发不必使用 JavaScript 构建 HTML。

完成主页的内容和布局后，可继续进行其他工作。除此之外，还有一项工作可以改进现有的功能，并使代码可复用。

4.5.4　使用 include 和 mixin 创建可重用的布局组件

星级评级相关代码也可能会在其他页面布局中使用，例如地点详情页，将来还有可能在其他页面中使用。此时并不希望为每个页面都手动添加这些代码。如果不再使用 Font Awesome 图标或想更改图标，该如何处理？如果有其他方法，相信你肯定不会手动修改每个使用星级评级的页面。

幸运的是，Pug 允许使用 mixin 和 include 创建可复用组件。

定义 Pug mixin

Pug 中的 mixin 本质上是一个函数。可以在文件顶部定义一个 mixin，然后在需要时使用。定义 mixin 很简单：先定义 mixin 的名称，再用缩进表示嵌套在其中的内容。以下代码片段展示了基本的 mixin 定义方法：

```
mixin welcome
  p Welcome
```

上述定义会在 mixin 被调用的位置输出包含 Welcome 文本的<p>标签。

mixin 也可以像 JavaScript 函数一样接收参数，这对创建展示星级评级的 mixin 很有帮助，因为输出的 HTML 内容会根据实际星级评级的不同而不同。以下代码片段定义了主页中使用的用于输出星级评级的 mixin：

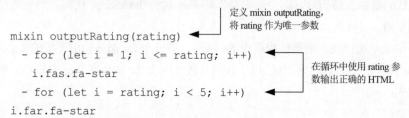

```
mixin outputRating(rating)
  - for (let i = 1; i <= rating; i++)
    i.fas.fa-star
  - for (let i = rating; i < 5; i++)
i.far.fa-star
```

定义 mixin outputRating，
将 rating 作为唯一参数

在循环中使用 rating 参数输出正确的 HTML

mixin 的工作方式与 JavaScript 函数类似。定义 mixin 时，可指定需要的参数。然后在 mixin 的实现中使用这些参数。可将上述代码片段放入 locations-list.pug 文件的 extends layout 行和 block content 行之间。

调用 Pug mixin

在定义好 mixin 后，下一步当然是调用 mixin。调用 mixin 的语法是将+放在 mixin 名称之前。如果没有参数(如 welcome mixin)，则语法如下所示：

```
+welcome
```

上述语法调用 welcome mixin 并在<p>标签中输出文本 welcome。

调用带参数的 mixin 也同样简单，与调用 JavaScript 函数一样，将参数放在括号内即可。在 locations-list.pug 文件中，在输出星级评级的地方，星级评级的值保存在变量 location.rating 中，如下所示：

```
small  
  - for (let i = 1; i <= location.rating; i++)
    i.fas.fa-star
  - for (let i = location.rating; i < 5; i++)
    i.far.fa-star
```

可以调用自己定义的 outputRating mixin 替换这段代码，并将变量 location.rating 作为参数传递。这种调用方式如以下代码片段所示：

```
h4
  a(href='/location')= location.name
+outputRating(location.rating)
```

上述代码输出的 HTML 与之前的完全相同，但已经将一部分代码从布局内容中分离。现在，这些分离的代码还只能在当前文件中复用，接下来将使用 include，让其他文件能够对它们进行访问。

在 Pug 中使用 include

为了让其他 Pug 模板能够调用新的 mixin，需要将 mixin 改为 include 文件，这很容易。

在 app_server/views 文件夹中，创建名为_includes 的子文件夹(使用前缀是一种命名习惯，这种方式对于把文件夹放到目录的顶部很有用)。在此文件夹中，创建一个名为 sharedhtmlfunctions.pug 的新文件，并将 outputRating mixin 的定义粘贴到其中，如下所示：

```
mixin outputRating(rating)
  - for (let i = 1; i <= rating; i++)
    i.fas.fa-star
  - for (let i = rating; i < 5; i++)
    i.far.fa-star
```

保存文件即可创建 include 文件。Pug 为在布局文件中使用 include 文件提供了简单的语法：使用关键字 include，跟在 include 关键字后的是文件的相对路径。下面的代码片段演示了这种语法。这行代码应紧跟在 locations-list.pug 顶部的 extends layout 行之后：

```
include _includes/sharedHTMLfunctions
```

现在，模板中没有内联 mixin 代码，而是从 include 文件中进行调用。请注意，调用 include 时可以省略.pug 文件扩展名。从今以后，再创建带有星级评级的模板时，引用这个 include 文件并调用 outputRatings mixin 就能很容易地获取星级评级。

现在，主页的相关工作已全部完成！

4.5.5　查看主页

在本章中，我们对主页模板进行了大量修改。现在查看最后的效果。首先，查看修改后的控制器。代码清单 4.10 展示了最终的 homelist 控制器内容，包括标题、页头、边栏和地点列表的硬编码数据。

代码清单 4.10　homelist 控制器，传递硬编码数据到视图

```
const homelist = (req, res) => {
  res.render('locations-list', {                    ← 修改<title>
    title: 'Loc8r - find a place to work with wifi',    标签文本
    pageHeader: {
      title: 'Loc8r',                                 将文本作为对
      strapline: 'Find places to work with wifi near you!'  象中的两项内
    },                                                容添加到页眉
    sidebar: "Looking for wifi and a seat? Loc8r helps you find places
to work when out and about. Perhaps with coffee, cake or a pint?
Let Loc8r help you find the place you're looking for.",
    locations: [{                                     ← 创建一个由列表中的每
      name: 'Starcups',                                 个地点对象组成的数组
      address: '125 High Street, Reading, RG6 1PS',
      rating: 3,
      facilities: ['Hot drinks', 'Food', 'Premium wifi'],
      distance: '100m'
    },{
      name: 'Cafe Hero',
      address: '125 High Street, Reading, RG6 1PS',
      rating: 4,
      facilities: ['Hot drinks', 'Food', 'Premium wifi'],
      distance: '200m'
    },{
      name: 'Burger Queen',
      address: '125 High Street, Reading, RG6 1PS',
      rating: 2,
```

将文本添加到边栏

```
      facilities: ['Food', 'Premium wifi'],
      distance: '250m'
    }]
  });
};
```

查看所有数据聚合后的结果，即可明确下一步的工作。你对 Loc8r 项目的主页所需的全部数据应该有一个清晰的认识，因为这些数据将在第 5 章派上用场。此控制器还包含边栏文本，前面尚未对此内容进行说明，但是将文本从视图移到控制器很简单，只需要在控制器中创建一个新变量，接收文本并在视图中引用即可。

在以上整个过程中，比较重要的是将数据从视图中分离。先构建带有数据的视图是有意义的，这能让你专注于用户体验，而不会被技术细节分散注意力。将数据从视图移入控制器后，视图将变成智能动态视图。视图只需要知道数据结构，而不必关心数据的具体内容。代码清单 4.11 是主页的最终视图代码。

代码清单 4.11　主页的完整视图：app_server/views/locations-list.pug

```
extends layout
include _includes/sharedHTMLfunctions          ◄──── 引入包含 outputRating mixin
                                                      的外部 include 文件
block content
  .row.banner
    .col-12
      h1= pageHeader.title
        small  #{pageHeader.strapline}      使用不同方
                                                 法输出页眉
  .row
    .col-12.col-md-8
      each location in locations                ◄──── 循环地点数组
      .card
        .card-block
        h4
          a(href="/location")= location.name
            +outputRating(location.rating)       ◄─────────────
          span.badge.badge-pill.badge-default.float-right=
location.distance
                                                 为每个地点分别调用
          p.address= location.address            outputRating mixin 并
          .facilities                            传入当前地点的评级
            each facility in location.facilities
              span.badge.badge-warning= facility
.col-12.col-md-4             引用控制器
  p.lead= sidebar            的边栏内容
```

从实现的功能看，这是一个很小的模板，是对分离数据后的 Pug 和 Bootstrap 协同工作能力的证明。

完成主页的开发后，你离 MVC——整体开发——旨在实现关注点的分离，又近了一步。

4.5.6　更新其他视图和控制器

因为前面已经详细介绍了主页的开发流程，所以我们不会在其他页面上花费过多的时间。在进入数据模型开发之前，需要先对所有页面进行与主页一样的处理。这样做的目的是让视图不包含任何数据，而将数据硬编码在控制器中。

每个页面的处理过程如下：

(1) 查看视图数据。

(2) 在控制器中创建视图包含的数据结构。

(3) 将视图中的数据改为引用控制器数据。

(4) 复用代码。

附录 C 对余下的三个页面进行了上述处理，并显示了视图和控制器的代码。完成以上处理后，所有视图都不会包含硬编码数据，每个控制器将所需数据传入对应视图。图 4.18 显示了本阶段完成后页面的最终效果。

原型开发的第一阶段已经完成，接下来将进入下一阶段进行开发。

获取源代码

此阶段的源代码可以在 GitHub 仓库的 chapter-04 分支中找到。在新的文件夹中打开终端，输入以下命令以克隆源代码并安装依赖：

```
$ git clone -b chapter-04 https://github.com/cliveharber/
    gettingMean-2.git
$ cd gettingMean-2
$ npm install
```

在第 5 章中，将使用 MongoDB 和 Mongoose 在 MVC 架构中进行数据备份。

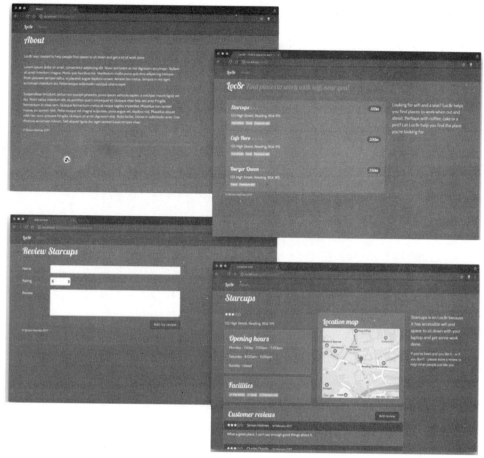

图 4.18　使用智能视图和控制器硬编码数据的静态原型的四个页面

4.6　本章小结

在本章，你掌握了：

- 在 Express 中定义和组织路由的方法
- 使用 Node 模块定义控制器
- 在路由定义中设置多个控制器
- 使用 Pug 和 Bootstrap 创建原型视图
- 创建可复用的 Pug 组件及 mixin
- 在 Pug 模板中展示动态数据
- 将数据从控制器传递到视图

使用 MongoDB 和 Mongoose 构建数据模型

本章概览：

- 使用 Mongoose 连接 Express/Node 应用程序和 MongoDB
- 使用 Mongoose 定义数据模型的模式
- 将应用程序连接到数据库
- 使用 MongoDB shell 管理数据库
- 将数据库推送到线上环境

第 4 章已经将数据移出视图，并将 MVC 路径返回到控制器中。最终，控制器会将数据传递到视图，但控制器并不会存储数据。图 5.1 从 MVC 模式的角度描述了数据流。

存储数据需要使用数据库，也就是需要使用 MongoDB。这也是我们下一步要做的：创建数据库和数据模型。

注意：

如果尚未根据第 4 章的内容构建应用程序，可以从 https://github.com/cliveharber/ gettingMean-2 的 chapter-04 分支获取代码。在新的文件夹中打开终端，输入以下命令以克隆代码：

```
$ git clone -b chapter-04 https://github.com/cliveharber/gettingMean-2.git
```

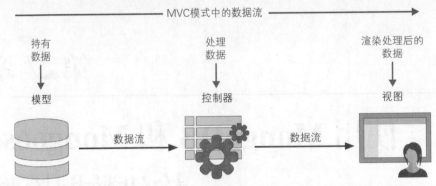

图 5.1 在 MVC 模式中，模型持有数据，控制器处理数据，视图渲染数据

在使用 Mongoose 定义数据模式和模型之前，先将应用程序连接到数据库。设计好数据结构后，可直接向 MongoDB 数据库添加测试数据。最后一步是确保在将数据推送到 Heroku 后，对存储的数据拥有访问权限。图 5.2 显示了流程图。

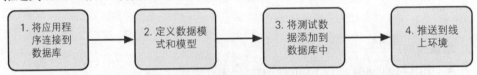

图 5.2 从连接应用程序和数据库，到发布所有内容到线上环境的四个主要步骤

由于尚未创建数据库，你也许会担心漏掉其中一两个步骤。如果使用的是其他技术栈，这种情况可能会出现问题并引发错误。但使用 MongoDB，连接数据库前并不需要创建数据库。MongoDB 会在第一次使用时自动创建数据库。图 5.3 显示了本章内容的总体架构。

本章将使用 MongoDB 数据库，但大部分工作仍在 Express 和 Node 中进行。第 2 章已经讨论过创建 API 而不是将数据集成到主 Express 应用程序以实现数据解耦的好处。虽然还是在 Express 和 Node 中进行编码，并且仍然处在同一应用程序中，但本章将开始构建 API 层的基础。

注意:
需要安装 MongoDB 才能完成本章内容。如果尚未安装，可在附录 A 中查看相关说明信息。应用程序的源代码可在 GitHub 仓库的 chapter-05 分支中找到。在新的文件夹中打开终端，输入以下命令以克隆代码并安装 npm 依赖模块:

```
$ git clone -b chapter-05 https://github.com/cliveharber/
   gettingMean-2.git $ cd gettingMean-2
$ npm install
```

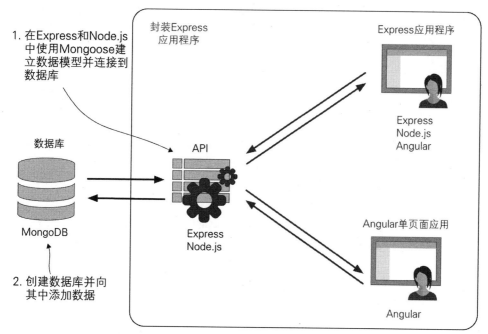

图 5.3 查看 MongoDB 数据库并在 Express 中使用 Mongoose 创建数据模型和数据库连接

5.1 使用 Mongoose 将 Express 应用程序连接到 MongoDB

可以使用原生驱动将应用程序直接连接到 MongoDB，让两者能够进行数据交互。虽然原生 MongoDB 的驱动功能很强大，但它并不易于操作，也不提供定义和维护数据结构的内置方法。为了方便开发，Mongoose 用更便捷的方式暴露了很多原生驱动函数。

Mongoose 的真正作用在于定义数据结构和数据模型，维护并使用数模型，让应用程序与数据库进行交互，这些功能都在应用程序中编码实现。除此之外，Mongoose 还包括数据定义的验证功能，这样就不必为应用程序发送数据到数据库的每一个地方编写验证代码。

如图 5.4 所示，Mongoose 在 Express 应用程序中用于连接应用程序和数据库。

MongoDB 只会与 Mongoose 进行通信，Mongoose 再与 Node 和 Express 应用程序通信，Angular 并不会直接与 MongoDB 和 Mongoose 通信，而只会与 Express 应用程序通信。

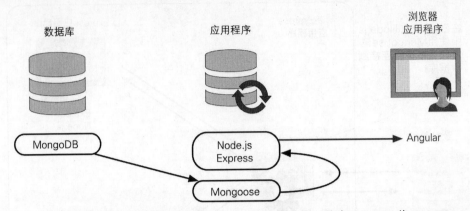

图 5.4　MEAN 技术栈中的数据交互方式以及 Mongoose 的位置。通过 Mongoose 将 Node/Express
应用程序连接到 MongoDB，Node 和 Express 也可以和 Angular 进行交互

前面已在系统中安装了 MongoDB(见附录 A)，但尚未安装 Mongoose。Mongoose
不是全局安装而是添加到应用程序中，这将在 5.1.1 节中完成。

5.1.1　将 Mongoose 添加到应用程序

Mongoose 以 npm 模块的形式使用。正如第 3 章所述，安装 npm 模块的最简捷方
式就是使用命令行工具。可使用命令安装 Mongoose 并将其添加到 package.json 的依赖
列表中。

打开终端，确认当前处在应用程序根目录(package.json 文件所在目录)下，运行以
下命令:

```
$ npm i mongoose
```

这里使用的是可变版本，版本号在输入命令时保存到 package.json 中。上述命令
完成运行后，可以在应用程序的 node_modules 文件夹中看到一个新的 mongoose 文件
夹，package.json 文件的 dependencies 字段应该如下所示:

```
"dependencies": {
  "body-parser": "~1.18.3",
  "cookie-parser": "~1.4.3",
  "debug": "~4.1.0",
  "express": "~4.16.4",
  "mongoose": "^5.3.11",
  "morgan": "~1.9.1",
  "pug": "~2.0.3",
```

```
    "serve-favicon": "~2.5.0"
}
```

当然，你使用的版本号可能与此不同，但目前最新的 Mongoose 版本是 5.3.11。安装好 Mongoose 后，可进行数据库连接。

5.1.2　将 Mongoose 连接添加到应用程序

此阶段需要将应用程序连接到数据库。虽然尚未创建数据库，但这并不受影响，因为 MongoDB 会在第一次连接时自动创建数据库。这看起来有点奇怪，但对聚合应用程序而言是一个巨大的优势：应用程序代码不会因数据库环境不同而混入冗余代码。

MongoDB 和 Mongoose 连接

当 Mongoose 连接到 MongoDB 数据库时，会开启包含五个可复用连接的连接池。此连接池会在所有请求之间共享。5 是默认数字，可根据需求增大或减小。

提示：

打开或关闭数据库连接需要一定时间，特别是当数据库位于单独的服务器或服务上时，所以最好只在必要时进行这些操作。最好的方法是在应用程序启动时建立数据库连接，并让其一直保持开启状态，直到应用程序重启或关闭。

设置连接文件

第一次整理应用程序的文件结构时，我们在 app_server 文件夹中创建了三个文件夹：models、views 和 controllers。涉及数据和模型的开发工作，主要在 app_server/models 文件夹中完成。设置连接文件分为两步：创建文件并在应用程序中导入文件。

- 第一步：在 app_server/models 目录下创建一个新文件并命名为 db.js，然后保存。在 db.js 文件中使用以下命令导入 Mongoose：

```
const mongoose = require('mongoose');
```

- 第二步：在 app.js 中导入 db.js 文件，并在应用程序中使用。由于在应用程序和数据库之间创建连接需要时间，因此最好尽早设置。将 app.js 文件的顶部内容修改为以下代码片段：

```
const express = require('express');
const path = require('path');
const cookieParser = require('cookie-parser');
const logger = require('morgan');
```

```
const favicon = require('serve-favicon');
require('./app_server/models/db');
```

db.js 不会导出任何函数，因此在使用 require 导入时无须分配接收变量。只需要在应用程序中引入 db.js，但无须在 app.js 中使用 db.js 的任何方法。

重启应用程序，虽然仍能像之前那样运行，但现在在应用程序中使用了 Mongoose。如果出现错误，请检查 require 语句中的路径是否与新文件的路径匹配，package.json 是否包含 Mongoose 依赖项，以及是否在应用程序根目录下使用终端运行 npm install 命令。

创建 Mongoose 连接

创建 Mongoose 连接很简单：声明数据库 URI 并传递到 Mongoose 的 connect 方法。数据库 URI 是拥有以下结构的字符串：

这里的用户名、密码和端口都是可选项。对于本地开发机器而言，数据库 URI 很简单。假设已经安装好 MongoDB，在 db.js 中添加以下代码片段以创建数据库连接：

```
const dbURI = 'mongodb://localhost/Loc8r';
mongoose.connect(dbURI, {useNewUrlParser: true});
```

connect 方法的第二个参数通知 Mongoose 使用新的 URI 解析器，这能够避免因 MongoDB 已弃用但旧的连接字符串解析器仍可用而产生弃用警告。将这些代码添加到 db.js 后运行应用程序，仍可正常运行。如何判断已成功连接到数据库？答案就在连接事件中。

通过 Mongoose 连接事件监控数据库连接

Mongoose 根据连接状态发布事件，这些事件都有对应的钩子(hook)，从而让你能够清楚看到数据库连接的整个过程。可以通过这些事件来查看何时建立连接、何时出现错误以及何时断开连接。发生其中任何一个事件时，都可向控制台记录一条消息，以下代码片段是日志输出代码：

```
mongoose.connection.on('connected', () => {          通过 Mongoose
  console.log(`Mongoose connected to ${dbURI}`);      监控成功连接事件
});
mongoose.connection.on('error', err => {             检查连接错误
  console.log('Mongoose connection error:', err);
});
```

```
mongoose.connection.on('disconnected', () => {
  console.log('Mongoose disconnected');     检查断开连接事件
});
```

在 db.js 中加入这些代码后，重启应用程序，可看到终端窗口中出现以下日志信息：

```
Express server listening on port 3000
Mongoose connected to mongodb://localhost/Loc8r
```

再次重启应用程序，将发现并没有出现断开连接的信息，这是因为 Mongoose 在应用程序停止或重启时并不会自动断开连接。要断开数据库连接，需要监听 Node 进程中的变化并进行处理。

关闭 Mongoose 连接

在应用程序停止时关闭 Mongoose 连接，如同在启动应用程序时创建 Mongoose 连接一样重要。Mongoose 连接的一端在应用程序，另一端在 MongoDB。MongoDB 需要知道关闭连接的时机，以避免打开冗余连接。

要监视应用程序何时停止，需要监听 node.js 进程中名为 SIGINT 的事件。

在 Windows 中监听 SIGINT 事件

sigint 是操作系统级别的事件，可在基于 UNIX 的系统(如 Linux 和 macOS)中触发，也可以在一些高版本的 Windows 系统中触发。如果在 Windows 中运行，并且断开连接时没有触发 SIGINT 事件，就需要模拟这个过程。要在 Windows 中模拟此过程，首先向应用程序添加一个新的 npm 包：readline。和之前一样，在命令行中使用 npm install 命令，如下所示：

```
$ npm install --save readline
```

安装完之后，在 db.js 文件的事件监听代码之前添加以下代码：

```
const readLine = require ('readline');
if (process.platform === 'win32'){
  const rl = readLine.createInterface ({
    input: process.stdin,
    output: process.stdout
  });
  rl.on ('SIGINT', () => {
    process.emit("SIGINT");
  });
}
```

这段代码会在 Windows 机器中触发 SIGINT 事件，允许捕获并在进程结束前关闭需要关闭的程序。

如果已经使用 nodemon 自动重启应用程序，那么还需要在 Node 进程中监听第二个事件：SIGUSR2。Heroku 使用了另一个不同的事件：SIGTERM。类似地，也需要监听这个事件。

捕获进程终止事件

捕获这些事件会阻止默认行为的发生，因此需要手动重启这些默认行为(当然，是在关闭 Mongoose 连接之后)。

需要三个事件监听器和一个函数以关闭数据库连接。关闭数据库是异步行为，因此需要传递一个函数作为回调函数，此回调函数会在重启或结束 Node 进程时触发。当执行回调函数时，可在控制台中输出一条消息，内容是连接已关闭以及关闭原因。可在 db.js 中使用一个名为 gracefulShutdown 的函数封装这些内容：

定义一个接收信息且把回调函数作为参数的函数

```js
const gracefulShutdown = (msg, callback) => {
  mongoose.connection.close( () => {
    console.log(`Mongoose disconnected through ${msg}`);
    callback();
  });
};
```

在 Mongoose 连接关闭后输出信息并执行回调函数

关闭 Mongoose 连接，并传递一个在 Mongoose 连接关闭后执行的匿名函数作为参数

需要在应用程序终止或 nodemon 重启时执行此函数，以下代码片段展示了与此相关的需要添加到 db.js 中的两个事件监听器：

监听 nodemon 使用的 SIGUSR2 事件

```js
process.once('SIGUSR2', () => {
  gracefulShutdown('nodemon restart', () => {
    process.kill(process.pid, 'SIGUSR2');
  });
});
process.on('SIGINT', () => {
```

传递消息到 gracefulShutdown 函数，并传递一个结束进程后会再次触发 SIGUSR2 事件的回调函数

监听应用程序终止时触发的 SIGINT 事件

```
  gracefulShutdown('app termination', () => {
    process.exit(0);
  });
});
process.on('SIGTERM', () => {
  gracefulShutdown('Heroku app shutdown', () => {
    process.exit(0);
  });
});
```

传递消息到 gracefulShutdown 函数，
并传递一个退出 Node 进程后执行的
回调函数

传递消息到 gracefulShutdown 函数，
并传递一个退出 Node 进程后执行的
回调函数

监听 Heroku 关闭进程时触发的
SIGTERM 事件

现在，应用程序终止时，会在结束之前优雅地关闭 Mongoose 连接。同样，当 nodemon 由于源文件内容发生变化而重启应用程序时，应用程序会先关闭当前的 Mongoose 连接。nodemon 监听器使用的是 process.once 而不是 process.on，因为只需要监听一次 SIGUSR2 事件。nodemon 也会监听相同的事件，但我们不希望每次都捕获，否则会阻止 nodemon 工作。

提示：

在创建的应用程序中，正确地管理建立和关闭数据库连接非常重要。如果使用的是含有不同进程终止信号的环境，那么需要确保监听了所有相关信号。

完成连接文件

目前已在 db.js 文件中添加了大量代码，回顾其中的内容，我们已经完成了以下工作：

- 定义数据库连接字符串。
- 在应用程序启动时建立 Mongoose 连接。
- 监听 Mongoose 连接事件。
- 监听 Node 进程事件以便在应用程序终止时关闭 Mongoose 连接。

db.js 文件的所有内容如代码清单 5.1 所示，注意还包括了 Windows 下触发 SIGINT 事件的必需代码。

代码清单 5.1　app_server/models 目录下 db.js 数据库连接文件的完整内容

```
const mongoose = require('mongoose');
const dbURI = 'mongodb://localhost/Loc8r';
mongoose.connect(dbURI, {useNewUrlParser: true});
```

定义数据库连接
字符串并用来建
立 Mongoose 连接

```
mongoose.connection.on('connected', () => {
  console.log(`Mongoose connected to ${dbURI}`);
});
mongoose.connection.on('error', err => {
console.log(`Mongoose connection error: ${err}`);
});
mongoose.connection.on('disconnected', () => {
  console.log('Mongoose disconnected');
});
```

监听 Mongoose 连接事件并向控制台输出连接状态

```
const gracefulShutdown = (msg, callback) => {
  mongoose.connection.close( () => {
    console.log(`Mongoose disconnected through ${msg}`);
  callback();
  });
};
```

关闭数据库连接的可复用函数

```
// For nodemon restarts
process.once('SIGUSR2', () => {
  gracefulShutdown('nodemon restart', () => {
    process.kill(process.pid, 'SIGUSR2');
  });
});
// For app termination
process.on('SIGINT', () => {
  gracefulShutdown('app termination', () => {
    process.exit(0);
  });
});
// For Heroku app termination
process.on('SIGTERM', () => {
  gracefulShutdown('Heroku app shutdown', () => {
    process.exit(0);
  });
});
```

监听 Node 进程的终止和重启信号并在合适的时机执行 gracefulShutdown 函数，传入完成后执行的回调函数

db.js 文件完成后，就可以很容易地将其从一个应用程序复制到另一个应用程序，因为需要监听的事件总是相同的。每次只需要更改数据库连接字符串即可。记住，需要在 app.js 文件的顶部导入 db.js 文件，以便在应用程序中尽早建立连接。

使用多个数据库

到目前为止，看到的都是默认连接，这非常适合在应用程序运行期间建立单个连接。但是，如果为了记录日志或管理用户会话而需要连接另一个数据库，则应当使用命名连接。使用名为 mongoose.createConnection 的方法，代替 mongoose.connect 方法，如下所示：

```
const dbURIlog = 'mongodb://localhost/Loc8rLog';
const logDB = mongoose.createConnection(dbURIlog);
```

上面这段代码创建了一个名为 **logDB** 的 Mongoose 连接对象，可以像使用 mongoose.connection 创建的默认连接对象一样使用，示例如下：

```
logDB.on('connected', () => {
  console.log(`Mongoose connected to ${dbURIlog}`);     监听命名
});                                                       连接事件
logDB.close( () => {
  console.log('Mongoose log disconnected');             关闭命
});                                                       名连接
```

5.2　为什么要为数据建模

在第 1 章提到过，MongoDB 是一种文档存储数据库，而不是传统的使用行和列的基于表的数据库。这给了 MongoDB 更大的自由度和灵活性，但有些时候我们想要——或者说需要——使数据结构化。

以 Loc8r 项目的主页为例。图 5.5 所示的列表部分包含一个特定的数据集，该数据集对列表的每一项都是通用的。

页面上的每个地点数据都需要这些数据项，并且每个地点数据的记录必须有统一的命名结构。如果没有统一的命名结构，应用程序就无法找到并使用数据。现阶段，数据还保存在控制器中并从控制器传递到视图。从 MVC 架构的角度看，数据一开始在视图中，然后被移到控制器，现在需要做的是移动数据的最后一步，将数据放到它们最应该出现的位置：模型。图 5.6 说明了当前数据所处的位置。

正如目前所做的，将数据根据 MVC 模式中数据流的方向逐步移动，这种做法能够帮助维护并确保这就是最终应用程序所需的数据结构。如果先定义数据模型，那么到最后可能需要对应用程序的外观和功能做二次修改。

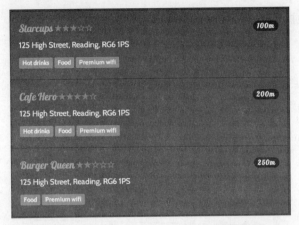

图 5.5   主页的列表部分定义了数据字段和结构

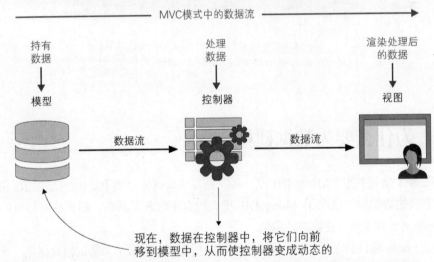

图 5.6   MVC 模式中的数据流, 从模型到控制器, 再到视图。在原型的这一开发阶段,
数据还在控制器中, 需要向前一步移到模型中

为数据建模时, 实际上是在描绘所需的数据结构。在应用程序中, 可以手动创建
并管理数据结构的定义, 这也可使用 Mongoose 来完成。

5.2.1   Mongoose 的定义及工作原理

Mongoose 是专门为 Node 应用程序构建的 MongoDB 对象文档建模器(ODM)。一
条关键原则是: 在应用程序中管理数据模型, 而不必直接处理数据库、外部框架或映
射关系; 可在应用程序中的合理位置定义数据模型。

首先，我们要了解一些不常用的命名规范：

- 在 MongoDB 中，数据库中的每个入口称为文档(document)。
- 在 MongoDB 中，多个文档的组合称为集合(collection)，就像关系数据库中的表。
- 在 MongoDB 中，文档的定义称为模式(schema)。
- 模式中定义的每个实体数据称为路径(path)。

以一组名片为例，图 5.7 说明了这些命名规范以及它们之间的关系。

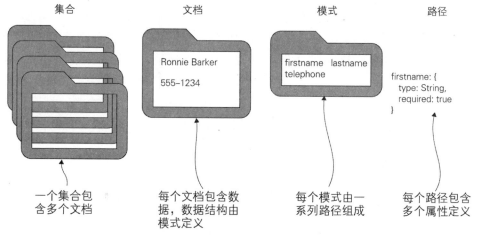

图 5.7　在 MongoDB 和 Mongoose 中，集合、文档、模式和路径之间的关系

然后是模型的定义。模型是模式编译后的结果。所有使用 Mongoose 的数据交互都要通过模型进行。第 6 章将更多地使用模型，现在的重点是构建模型。

5.2.2　使用 Mongoose 进行数据建模

在应用程序中如何定义数据？当然是使用 JavaScript——准确地说，是使用 JavaScript 对象。现在通过一个简单的 MongoDB 文档来查看 Mongoose 模式的结构。以下代码片段中，开头是 MongoDB 文档内容，之后是 Mongoose 模式内容：

```
{
  "firstname" : "Simon",
  "surname" : "Holmes",
  _id : ObjectId("52279effc62ca8b0c1000007")
}
```

MongoDB
文档示例

```
{
    firstname:String,
    surname:String
}
```
| 对应的 Mongoose
| 模式

如你所见，模式与数据本身有很强的相似性。模式定义每个数据路径的名称以及其中包含的数据类型。在本例中，简单地将 firstname 和 surname 路径声明为字符串。

> **关于_id 路径**
>
> 你可能已经注意到并未在模式中声明_id 路径。_id 是唯一标识符，如果愿意，可以将其作为文档的主键。MongoDB 在创建每个文档时会自动创建_id 路径，并为其分配唯一的 ObjectId 值。该值由 UNIX 时间戳、机器和进程标识符以及计数器组合而成，因此始终唯一。
>
> 如果愿意，也可使用自己的唯一密钥系统(例如数据库中已存在的唯一标识)。在本书和 Loc8r 应用程序中，都将使用默认的 ObjectId 值。

5.2.3 分解模式路径

单个路径定义的基本结构是：路径名在前，属性对象在后。在之前的示例中，已经使用 Mongoose 模式演示了定义数据路径以及其中数据类型的缩写方式。包含路径名称和属性对象的模式路径如下所示：

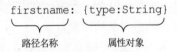

路径名称   属性对象

> **允许的模式类型**
>
> 模式类型是为给定的路径定义数据类型的属性，是所有路径必需的。如果路径的唯一属性只有类型，则可以使用缩写方式定义。可以使用八种模式类型：
> - String——所有使用 UTF-8 编码的字符串。
> - Number——Mongoose 不支持 long 和 double 数值，但可以通过 Mongoose 插件进行扩展。默认支持的数字范围可以满足大多数情况。
> - Date——通常作为 ISODate 对象从 MongoDB 返回。
> - Boolean——True 或 False。
> - Buffer——像图片一样的二进制数据。
> - Mixed——任意数据类型。

> - Array——可以是相同数据类型的数组，也可以是嵌套子文档的数组。
> - ObjectId——路径中唯一的 ID 而不是_id，通常用于引用其他文档中的_id
>   路径。
>
> 如果需要使用不同的模式类型，可编写自定义模式类型，也可以使用 http://plugins.
> mongoosejs.io 上现有的 Mongoose 插件。

路径名遵循 JavaScript 对象定义规范和要求：不能包含空格或特殊字符，并且应当尽量避免使用保留字。惯例是使用驼峰式命名。如果使用的是现有数据库，请使用文档中已有路径名。如果正在创建新的数据库，模式中的路径名将会在文档中使用，因此请谨慎命名。

属性对象本质上也是 JavaScript 对象。属性对象定义了路径中保存数据的特征，至少包含数据类型，也可包含验证特征、边界、默认值等信息。接下来的几章中，在将 Loc8r 转换为数据驱动的应用程序时，将会探索并使用其中的一些选项。

下面将定义应用程序中使用的模式。

5.3　定义简单的 Mongoose 模式

前面已说明应用程序中定义的 Mongoose 模式本质上是 JavaScript 对象。先设置并引入模式文件，完成后再专注于模式内容的设计。

正如期望的那样，在 db.js 同级的 models 文件夹中定义模式。实际上，可在 db.js 中 require 模式以暴露到应用程序中并使用。在 app_server 文件夹的 models 文件夹中，创建一个名为 location.js 的空文件，使用 Mongoose 定义 Mongoose 模式，在 location.js 中输入以下代码：

```
const mongoose = require('mongoose');
```

通过在 db.js 中增加导入语句，将 location.js 文件引入到应用程序中。在 db.js 文件的结尾添加以下代码：

```
require('./locations');
```

完成以上内容即可设置好 Mongoose 模式，可准备下一步工作。

5.3.1　模式的基本设置

Mongoose 提供了一个用于定义新模式的构造函数，通常将其分配给一个变量，以方便后面使用，如下所示：

```
const locationSchema = new mongoose.Schema({ });
```

实际上这正是将要使用的模式结构。将其添加到 locations.js 文件中，放在 mongoose 导入行的下方。在 mongoose.Schema 方法中，花括号内的空对象是定义的模式。

使用控制器数据定义模式

将数据从视图移到控制器后，控制器可清晰查看所需数据结构。查看 app_server/controllers/locations.js 中的 homelist 控制器。homelist 控制器将主页上要显示的数据传递到视图。图 5.8 展示了主页中单个地点项的样式。

图 5.8　主页中单个地点项的样式

以下是地点数据，可在控制器中找到相关内容：

```
locations: [{
  name: 'Starcups',              ◀── name 是
                                     字符串
  address: '125 High Street, Reading, RG6 1PS', ◀── address 也是字符串
  rating: 3,                     ◀── rating 是数字
  facilities: ['Hot drinks', 'Food', 'Premium wifi'], ◀── facilities 是
  distance: '100m'                   字符串数组
}]
```

distance 字段需要计算，稍后会详细解释。其他四个数据项都很简单：两个字符串、一个数字、一个字符串数组。根据这些数据，可以定义以下基本模式：

```
const locationSchema = new mongoose.Schema({
  name: String,
  address: String,
  rating: Number,               ❶ 通过方括号中的类型声明
  facilities: [String]          ◀── 使用相同结构类型的数组
});
```

使用这种简单的方法可将 facilities 定义为数组(❶处代码)。如果数组中只包含一种模式类型，例如 String，那么定义时可用方括号将其包裹。

分配默认值

在某些情况下，根据模式创建新的 MongoDB 文档时，设置默认值很有用。在 locationSchema 中，rating 路径是一个很好的示例。添加新的地点数据到数据库中时，因为还没有评论，所以不会有评级。但视图需要评级，而这正是由控制器传递到视图的。

需要做的是为新文档的评级设置默认值 0。Mongoose 支持在模式中执行此操作。记住 rating:Number 是 rating:{type:Number}的缩写。还可在定义的对象中添加其他选项，包括默认值。这意味着可像以下代码那样在模式里修改 rating 路径：

```
rating: {
  type: Number,
  'default': 0
}
```

default 字段并非必须使用引号包裹，但 default 是 JavaScript 中的保留字，因此最好使用引号。

添加基本验证：必选字段

通过 Mongoose，可在模式级别快速添加基本验证。这种做法有助于维护数据完整性，并且可以防止数据库内容丢失及脏数据流入。在 Mongoose 的帮助下，添加常用数据验证很容易，这意味着不必每次都编写或引入验证代码。

以下是一个类型验证示例，它能确保必填字段在文档被保存到数据库之前不为空。不为每个必填字段编写验证代码，但是在需要强制不能为空的路径定义对象中添加 required:true 标识。在 locationSchema 中，每个地点都必须有 name 字段，因此可以像下面这样修改 name 路径：

```
name: {
  type: String,
  required: true
}
```

如果保存的地点数据中不包含 name 字段，Mongoose 将返回验证错误信息，可在代码中捕获错误，而无须通过数据库返回错误。

添加基本验证：数字边界

可使用同样的方法为数字路径定义所需的最大值和最小值，这两个校验器是 max 和 min。每个地点数据都需要分配默认值为 0 的评级字段，这个值不能小于 0，也不能大于 5。修改 rating 路径，如以下代码所示：

```
rating: {
  type: Number,
  'default': 0,
  min: 0,
  max: 5
}
```

修改之后，Mongoose 不允许使用小于 0 或大于 5 的数字定义 rating 路径。如果数字超过这个范围，Mongoose 将返回可在代码中捕获的验证错误对象。这种做法的好处是，应用程序无须多次访问数据库以检查数字边界。另一个好处是，无须在应用程序中每处增加、修改或计算评级时编写验证代码。

5.3.2　在 MongoDB 和 Mongoose 中使用地理位置数据

将应用程序的数据从控制器映射到 Mongoose 模式时，尚未处理 distance 字段，本节将处理地理信息。

MongoDB 用经度和纬度坐标存储地理位置数据，甚至可基于这些数据创建和管理索引。此功能可帮助用户在特定经纬度附近快速搜索地点——这对于构建基于位置的应用程序很有帮助！

> **关于 MongoDB 索引**
>
> 数据库系统中的索引可实现更快速、更高效的查询，MongoDB 索引也不例外。当对路径进行索引时，MongoDB 可使用索引快速获取数据子集，而无须扫描集合中的所有文档。
>
> 试想家里有文件归档系统。假设需要查找特定的信用卡对账单。你可能会把所有的文件放在一个抽屉或柜子里。如果所有的东西都是随机放入的，就必须对所有类型的文档进行顺序查找，直到找到想要的东西。但是，如果为文件夹建立了索引，就可以快速找到信用卡文件夹。选中信用卡文件夹后，就可以通过浏览文档，进行高效搜索。
>
> 这个过程与数据库索引的工作方式类似。但是，在数据库中，每个文档可有多个索引，这能够更有效地对不同的查询条件进行搜索。
>
> 不过，索引需要维护并占用数据库资源，就像对文档进行精确归类需要时间一样。为了提升性能，尽量使用重要字段或大多数查询条件使用的字段作为数据库索引。

单个地理位置的数据按照 GeoJSON 格式规范存储，后面会介绍这种规范的实际应用。Mongoose 支持这种数据类型，允许在模式中定义地理空间路径。Mongoose 是

MongoDB 之上的一个抽象层，它会让操作变得简单。在模式中添加 GeoJSON 路径需要做的是：

(1) 定义路径为 Number 类型数组。

(2) 定义路径以 2dsphere 为索引。

执行这两步操作，可在地点模式中添加 coords 路径。操作后的模式如下所示：

```
const locationSchema = new mongoose.Schema({
  name: {
    type: String,
    required: true
  },
  address: String,
  rating: {
    type: Number,
    'default': 0,
    min: 0,
    max: 5
  },
  facilities: [String],
  coords: {
    type: { type: String },
    coordinates: [Number]
  }
});
locationSchema.index({coords: '2dsphere'});
```

这里的 2dsphere 是关键，因为它能让 MongoDB 在运行查询语句和返回结果时进行正确的计算，还能让 MongoDB 基于球形对象计算最新的几何图形，我们在第 6 章构建 API 以及与数据进行交互时将使用此特性。

提示：

按照 GeoJSON 规范，必须按照正确的顺序在数组中输入坐标对：经度在前，纬度在后。经度值的有效范围是-180～180，纬度值的有效范围是-90～90。坐标值的放置顺序很容易出现错误，因此在将位置数据保存到集合时需要记住这一点。

你现在已经了解了 Mongoose 模式的基本知识，目前 Loc8r 模式已经包含主页所需的所有数据。接下来，将目标转向地点详情页。这个页面需要的数据更复杂，接下来介绍如何使用 Mongoose 模式处理这些数据。

5.3.3 使用子文档创建复杂模式

到目前为止，已使用的数据很简单，都可保存在一种相对扁平的模式中。虽然使用两个数组存储服务设施和位置的坐标数据，但它们也很简单：每个数组只包含一种数据类型。如何处理复杂的数据集合？

在地点详情页中重新获取数据。图 5.9 展示了包含所有不同信息区域的页面截图。名称、评级和地址都在最上方，下方是服务设施，右边是一张基于地理坐标的地图，基本模式已经覆盖这些数据。只有开放时间和客户评论尚未处理。

图 5.9 单个地点在地点详情页上的样式

图 5.9 中使用的数据在 app_server/controllers/locations.js 的 locationInfo 控制器中。代码清单 5.2 展示了 locationInfo 控制器中的相关数据。

代码清单 5.2　locationInfo 控制器提供的地点详情页数据

```
location: {
  name: 'Starcups',
  address: '125 High Street, Reading, RG6 1PS',     现有模式已
  rating: 3,                                         覆盖的数据
  facilities: ['Hot drinks', 'Food', 'Premium wifi'],
  coords: {lat: 51.455041, lng: -0.9690884},

    days: 'Monday - Friday',
    opening: '7:00am',
    closing: '7:00pm',
    closed: false
  },{
    days: 'Saturday',
    opening: '8:00am',              开放时间保存
    closing: '5:00pm',             在对象数组中
    closed: false
  },{
    days: 'Sunday',
    closed: true
  }],
  reviews: [{
    author: 'Simon Holmes',
    rating: 5,
    timestamp: '16 July 2013',
    reviewText: 'What a great place.
     I can\'t say enough good things about it.'
  },{                                               用户评论也以对象数
    author: 'Charlie Chaplin',                      组的形式传递到视图
    rating: 3,
    timestamp: '16 June 2013',
    reviewText: 'It was okay. Coffee wasn\'t great,
      but the wifi was fast.'
  }]
}
```

　　这里使用对象数组存储开放时间和用户评论。在关系数据库中，需要为这些内容
创建单独的表，并在获取相关信息时对它们进行关联查询，但这不是文档数据库(包括
MongoDB)的工作方式。在文档数据库中，任何属于父文档的内容都应该被包含在父

文档中。图 5.10 说明了这两种数据库间的巨大差异。

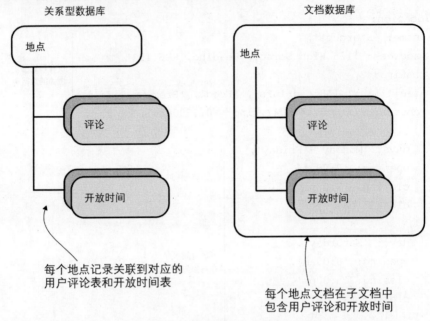

图 5.10 关系数据库和文档数据库在存储与父元素相关的重复信息时的差异

MongoDB 提供了子文档的概念来存储重复的嵌套数据。子文档与父文档非常相似，它们有各自的模式；创建时 MongoDB 会为每个子文档提供唯一的_id。但是子文档嵌套在父文档中，并且只能作为父文档的路径访问。

在 Mongoose 中使用嵌套模式定义子文档

在 Mongoose 中使用嵌套模式定义子文档——这是一种嵌套在其他模式中的模式。接下来，我们将在代码中创建模式以了解其工作方式。第一步是为子文档定义一种新的模式。以开放时间为例，创建以下模式，注意此模式需要和 locationSchema 定义放在同一个文件中，并且(最重要的是)必须放在 locationSchema 之前：

```
const openingTimeSchema = new mongoose.Schema({
  days: {
    type: String,
    required: true
  },
  opening: String,
  closing: String,
  closed: {
    type: Boolean,
```

```
    required: true
  }
});
```

存储时间信息的方法

在开放时间模式中，一种有趣的现象是：存储诸如 7:30 am 的时间信息并不包含相关日期。

这里将要使用的是 String 方法，String 方法在数据放入数据库之前或从数据库检索出来之后无须进行处理即可使用。除此之外，String 方法还使每条记录更有可读性。缺点是使用 String 方法不利于进行数据计算。

第一种方法是定义日期类型对象，并手动设置小时和分钟值，例如：

```
const d = new Date();
d.setHours(15);                         现在 d 的值是 Sun Mar 12 2017
d.setMinutes(30);                       15:30:40 GMT+0000(GMT)
```

使用上述方法可以很容易地从数据中提取时间数据；缺点是存储了不必要的数据，另外从技术上说也并不正确。

第二种方法是存储从每天 0 点开始计数的分钟数。例如 7:30 am 是 $(7 \times 60) + 30 = 450$。当进行数据存储或读取时，计算转换很简单，但数据本身的值却毫无意义。

本书更倾向于使用第二种方法，因为能让时间数据更智能且可扩展，特别是在进行新功能开发时。但是，为了提升代码可读性并专注于代码本身，本书将会一直使用 String 方法。

开放时间模式的定义很简单，可从控制器中的数据映射出来。有两个必填字段是每个子文档都需要的：closed 字段和 days 字段。

可以很容易地将开发时间模式嵌套在地点模式中，只需要在父模式中新增一个路径并将其定义为子文档模式数组即可。以下代码片段用于将 openingTimeSchema 嵌套放入 locationSchema：

```
const locationSchema = new mongoose.Schema({
  name: {
    type: String,
    required: true
  },
  address: String,
  rating: {
    type: Number,
    'default': 0,
```

```
    min: 0,
    max: 5
  },
  facilities: [String],
  coords: {
    type: {type: String},
    coordinates: [Number]
  },
  openingTimes: [openingTimeSchema]
});
```

通过将另一个模式
对象作为数组引用
以添加嵌套模式

有了 openingTimes 字段，可以将多个开放时间子文档添加到某个特定地点，并且这些子文档都存储在地点文档中。以下代码是 MongoDB 基于上述模式的示例，开放时间对应的子文档用粗体显示：

```
{
  "_id": ObjectId("52ef3a9f79c44a86710fe7f5"),
  "name": "Starcups",
  "address": "125 High Street, Reading, RG6 1PS",
  "rating": 3,
  "facilities": ["Hot drinks", "Food", "Premium wifi"],
  "coords": [-0.9690884, 51.455041],
  "openingTimes": [{
    "_id": ObjectId("52ef3a9f79c44a86710fe7f6"),
    "days": "Monday - Friday",
    "opening": "7:00am",
    "closing": "7:00pm",
    "closed": false
  }, {
    "_id": ObjectId("52ef3a9f79c44a86710fe7f7"),
    "days": "Saturday",
    "opening": "8:00am",
    "closing": "5:00pm",
    "closed": false
  }, {
    "_id": ObjectId("52ef3a9f79c44a86710fe7f8"),
    "days": "Sunday",
    "closed": true
  }]
}
```

在 MongoDB 文档中，
内嵌的开放时间文档
处在地点文档内

这种模式已经包含开放时间，下一步将在评论子文档中添加模式。

为子文档添加另一个集合

MongoDB 和 Mongoose 不会限制文档中子文档路径的数量，因此可以自由使用子文档，复制开放时间的整个处理过程，以同样的方法处理用户评论。

● 第一步，查看用户评论数据。

```
{
  author: 'Simon Holmes',
  rating: 5,
  timestamp: '16 July 2013',
  reviewText: 'What a great place. I can\'t say enough good things
about it.'
}
```

● 第二步，将这些数据映射到app_server/models/location.js的新的reviewSchema中。

```
const reviewSchema = new mongoose.Schema({
  author: String,
  rating: {
    type: Number,
    required: true,
    min: 0,
    max: 5
  },
  reviewText: String,
  createdOn: {
    type: Date,
    'default': Date.now
  }
});
```

● 第三步，将 reviewSchema 作为新路径添加到 locationSchema。

```
const locationSchema = new mongoose.Schema({
  name: {type: String, required: true},
  address: String,
  rating: {type: Number, "default": 0, min: 0, max: 5},
  facilities: [String],
  coords: {type: { type: String }, coordinates: [Number]},
  openingTimes: [openingTimeSchema],
```

```
reviews: [reviewSchema]
});
```

定义好用户评论模式并将其添加到地点模式后，就以结构化的方式对所有地点需要的数据进行了保存。

5.3.4   最终的模式结果

我们在文件中添加了很多内容，现在查看这些内容。代码清单 5.3 展示了 app_server/models 文件夹中 locations.js 文件的内容，我们已经为地点数据定义了模式。

代码清单 5.3   最终的地点模式定义，其中包含嵌套模式

```
const mongoose = require( 'mongoose' );        ◄───  导入 Mongoose
const openingTimeSchema = new                         以便使用其方法
    mongoose.Schema({
 days: {type: String, required: true},
 opening: String,
 closing: String,
 closed: {                                      定义开放
   type: Boolean,                               时间模式
   required: true
 }
});
const reviewSchema = new mongoose.Schema({
 author: String,
 rating: {
   type: Number,
   required: true,
   min: 0,                                      定义用户
   max: 5                                       评论模式
 },
 reviewText: String,
 createdOn: {type: Date, default: Date.now}
});
const locationSchema = new mongoose.Schema({   ◄───  定义地点
 name: {                                               模式
   type: String,
   required: true
 },
```

```
address: String,
rating: {
  type: Number,
  'default': 0,
  min: 0,
  max: 5
},
facilities: [String],
coords: {
  type: {type: String },
  coordinates:[Number]
},
openingTimes: [openingTimeSchema],
reviews: [reviewSchema]
});
locationSchema.index({coords: '2dsphere'});
```

使用 2dsphere 为 GeoJSON
经纬度坐标对提供支持

引用开放时间模式和用户评
论模式以添加嵌套子文档

　　文档和子文档都有用于定义文档结构的模式，此外还添加了默认值和基本校验。
为了更真实地模拟实际场景，代码清单 5.4 展示了一个基于地点模式的 MongoDB 文
档示例。

代码清单 5.4　基于地点模式的 MongoDB 文档示例

```
{
  "_id": ObjectId("52ef3a9f79c44a86710fe7f5"),
  "name": "Starcups",
  "address": "125 High Street, Reading, RG6 1PS",
  "rating": 3,
  "facilities": ["Hot drinks", "Food", "Premium wifi"],
  "coords": [-0.9690884, 51.455041],
  "openingTimes": [{
    "_id": ObjectId("52ef3a9f79c44a86710fe7f6"),
    "days": "Monday - Friday",
    "opening": "7:00am",
    "closing": "7:00pm",
    "closed": false
  }, {
    "_id": ObjectId("52ef3a9f79c44a86710fe7f7"),
    "days": "Saturday",
    "opening": "8:00am",
```

坐标以 GeoJSON
对[维度,经度]的
形式存储

开放时间以嵌套对象数
组(子文档)的形式存储

```
    "closing": "5:00pm",
    "closed": false
  }, {
    "_id": ObjectId("52ef3a9f79c44a86710fe7f8"),
    "days": "Sunday",
    "closed": true
  }],
  "reviews": [{
    "_id": ObjectId("52ef3a9f79c44a86710fe7f9"),
    "author": "Simon Holmes",
    "rating": 5,
    "createdOn": ISODate("2013-07-15T23:00:00Z"),
    "reviewText": "What a great place. I can't say enough good
      things about it."
  }, {
    "_id": ObjectId("52ef3a9f79c44a86710fe7fa"),
    "author": "Charlie Chaplin",
    "rating": 3,
    "createdOn": ISODate("2013-06-15T23:00:00Z"),
    "reviewText": "It was okay. Coffee wasn't great, but the
      Wi-Fi was fast."
  }]
}
```

开放时间以嵌套对象数组(子文档)的形式存储

用户评论以子文档数组的形式存储

上述代码清单会让你对基于已知模式的 MongoDB 文档(包括子文档)有一个基本认识。MongoDB 文档以 JSON 对象的形式存在,这样更有可读性,但从技术上说,MongoDB 文档以 BSON 形式进行存储,这实际上是二进制 JSON。

5.3.5　将 Mongoose 模式编译为模型

应用程序在处理数据时不直接与模式交互,而是通过模型进行数据交互。

在 Mongoose 中,模型是模式的编译后版本。编译后,单个模型实例直接映射到数据库中的单个文档。通过一对一映射关系,模型可以创建、读取、保存和删除数据。图 5.11 说明了这个过程。

这种方法使 Mongoose 的工作变得简单,本书将在第 6 章为应用程序构建内部 API 时介绍相关知识。

将模式编译成模型

任何带有"编译"的词汇听起来都似乎很复杂。实际上，从模式编译 Mongoose 模型只是一行代码就能完成的简单任务。在调用 model 命令之前，需要确保模式是完整的。model 命令遵循以下结构：

```
mongoose.model('Location', locationSchema, 'Locations');
```

连接名称	模型名称	使用的模式	MongoDB 集合名称(可选)

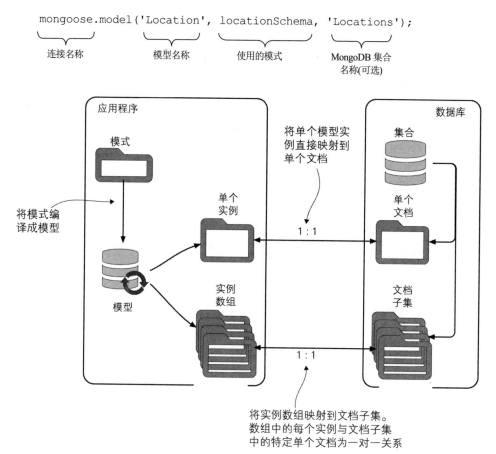

图 5.11　应用程序和数据库通过模型进行通信。单个模型实例与数据库的单个文档是一对一关系。通过这种映射关系，可对数据的创建、读取、更新和删除操作进行管理

提示：

MongoDB 集合名称是可选值。如果不定义，Mongoose 将默认使用模型名称的小写来命名。例如，如果不指定名称，Location 模型将通过查找地点的集合名称来命名。

因为正在创建新的数据库而不是连接已有数据源，所以可以使用默认的集合名称，无须在 model 命令中包含 Locations 参数。要构建地点模式的模型，可将以下代码添加到 locationSchema 定义的下方：

```
mongoose.model('Location', locationSchema);
```

以上内容完成后，便为地点定义好了数据模式，可将数据模式编译成应用程序中要使用的模型。现在，需要的只是数据。

5.4 使用 MongoDB shell 创建 MongoDB 数据库并添加数据

为了构建 Loc8r 应用程序，需要创建一个新的数据库并手动添加一些数据。可根据需求构建个性化 Loc8r 应用程序进行测试，同时直接连接 MongoDB。

5.4.1 MongoDB shell 基本知识

MongoDB shell 是一个在安装 MongoDB 时同时安装的命令行工具，它与系统中的 MongoDB 数据库进行交互。MongoDB shell 功能强大，能完成很多工作。这里只需要了解其基本知识就可以开始使用。

开始使用 MongoDB shell
在终端可通过执行以下命令进入 shell：

```
$ mongo
```

输入上述命令后，终端将收到响应信息，其中包括：

- shell 版本。
- 正在连接的服务和端口。
- 已连接的服务器版本。

如果 shell 的版本在 4.0 以上，响应信息将如以下所示：

```
MongoDB shell version 4.0.0
connecting to: mongodb://127.0.0.1:27017
MongoDB server version: 4.0.0
```

如果使用的是旧版本的 MongoDB，那么显示的信息可能有所不同。但通常来说，mongo 命令的成功或失败是显而易见的。除此之外，你还将看到以 server 开头的警告信息，这些信息表明没有数据库访问权限。但在本地开发机器上使用时，对比无须担心。

提示:

在 shell 中,换行符以>开头,以区别于标准的命令行输入命令。本节中的 shell
命令以>开头,而不是以$开头,以表明正在使用的是 shell 命令。与$一样,无须键入>。

查看本地数据库

接下来介绍查看所有本地 MongoDB 数据库的命令。在 shell 中输入以下命令:

```
> show dbs
```

这个命令会返回所有本地 MongoDB 数据库及其所占空间。如果此时尚未创建数
据库,将看到如下两个默认数据库:

```
admin    0.000GB
local    0.000GB
```

使用特定数据库

如果要使用某个特定数据库,例如名为 local 的默认数据库,可使用以下命令:

```
> use local
```

shell 将返回以下响应信息:

```
switched to db local
```

上述信息显示了 shell 连接的数据库名称。

查看数据库中的集合

如果已经使用数据库,使用以下命令可以很容易地输出数据库中集合的列表:

```
> show collections
```

如果使用的是本地数据库,可看到在终端会输出集合名 startup_log。

查看集合内容

MongoDB shell 允许查询数据库中的集合。查询语句的结构如下:

查询对象(queryObject)用于指定要在集合中查找的内容,第 6 章中有关于查询对
象的示例(Mongoose 也会使用查询对象)。最简单的查询是无条件查询,这种查询会返
回集合中的所有文档。如果集合中的内容很多,MongoDB 会返回可翻页浏览的文档

子集。以 **startup_log** 日志集合为例，运行以下命令：

```
> db.startup_log.find()
```

上述命令会返回 MongoDB 启动日志中的文档，这里不会对日志的详情做过多赘述。此命令对于查看数据库启动日志、运行日志及数据存储日志很有帮助。

5.4.2　创建 MongoDB 数据库

在 Loc8r 应用程序中，无须创建 MongoDB 数据库，直接使用即可。Loc8r 应用程序本身就有一个名为 Loc8r 的数据库。可以在 shell 中执行以下命令，从而使用 Loc8r 数据库：

```
> use Loc8r
```

执行 show collections 命令并不会有任何返回结果，执行 show dbs 命令也是如此。将数据存入数据库后，这些命令才会生效。

创建集合和文档

与创建数据库类似，无须显式地创建集合，MongoDB会在数据首次保存到集合时自动创建集合。

> **个性化地点数据**
>
> Loc8r 数据库中存放的都是基于位置的数据，示例中的地点数据都是虚拟的。可修改名称、地址和坐标等数据，以定义个性化数据。
>
> 可以通过访问 https://whatsmylatlng.com 网站获取当前坐标。打开这个网站后，页面上有一个按钮，可通过使用 JavaScript 查找位置，通过单击按钮获取的位置坐标会比首次进入页面自动获取的坐标更准确。请注意，坐标数据是以纬度在前经度在后的顺序显示的，需要调整顺序让经度在前。
>
> 可以通过访问 http://mygeoposition.com 网站获取某个位置的坐标，这个网站可获取某个具体地址的坐标，也可获取将鼠标在地图上移动到某个点后的坐标数据。与前面类似，对于 MongoDB 中的坐标数据，经度在前，纬度在后。

此时需要一个 locations 集合以与 Locations 模型对应。集合默认会以模型名称的小写命名。将数据对象传递到集合的 save 命令，将会创建并保存一个新的文档，如以下代码片段所示：

```
> db.locations.save({
  name: 'Starcups',
```

集合名称是 save
命令的一部分

```
address: '125 High Street, Reading, RG6 1PS',
rating: 3,
facilities: ['Hot drinks', 'Food', 'Premium wifi'],
coords: [-0.9690884, 51.455041],
openingTimes: [{
  days: 'Monday - Friday',
  opening: '7:00am',
  closing: '7:00pm',
  closed: false
}, {
  days: 'Saturday',
  opening: '8:00am',
  closing: '5:00pm',
  closed: false
}, {
  days: 'Sunday',
  closed: true
}]
})
```

只需要一步，即可创建 Loc8r 数据库和 locations 集合，同时向 locations 集合中添加第一个文档。此时在 MongoDB shell 中执行 show dbs 命令，将看到 Loc8r 数据库与其他数据库一同返回，如下所示：

```
> show dbs
Loc8r    0.000GB
admin    0.000GB
local    0.000GB
```

此时在 MongoDB shell 中执行 show collections 命令，可看到返回了新的 locations 集合：

```
> show collections
locations
```

可查询 locations 集合，找到对应的文档。现在只有一个文档，因此返回的信息并不多。也可在 locations 集合中使用 find 方法：

```
> db.locations.find()          ◀—— 在集合中执行
{                                   find 方法
  "_id": ObjectId("530efe98d382e7fa4345f173"),   ◀—— MongoDB 自动为
  "address": "125 High Street, Reading, RG6 1PS",      文档添加唯一标识
```

```
  "coords": [-0.9690884, 51.455041],
  "facilities": ["Hot drinks", "Food", "Premium wifi"],
  "name": "Starcups",
  "openingTimes": [{
    "days": "Monday - Friday",
    "opening": "7:00am",
    "closing": "7:00pm",
    "closed": false
  }, {
    "days": "Saturday",
    "opening": "8:00am",
    "closing": "5:00pm",
    "closed": false
  }, {
    "days": "Sunday",
    "closed": true
  }],
  "rating": 3,
}
```

为了保证代码的可读性，上述代码片段已格式化。MongoDB 返回到 shell 中的文档内容不包含换行和缩进，但可在命令中添加.pretty()，让 MongoDB shell 对返回内容进行美化，如下所示：

```
> db.locations.find().pretty()
```

注意文档返回数据的字段顺序与传入对象的数据顺序不一致。这是因为对象数据结构并不是基于列的，但这不会影响 MongoDB 文档存储单个路径。数据会存储到正确的路径下，而使用数组存储数据可保证数据顺序一致。

添加子文档

你可能已经注意到，目前文档中的数据并不完整：缺少用户评论子文档。可像处理开放时间数据那样，将评论子文档添加到 save 命令，也可向已有文档中推送数据以添加用户评论子文档。

MongoDB提供了update命令，它接收两个参数：查询参数，用于告知MongoDB更新哪个文档；指令参数，用于告知MongoDB找到对应文档后需要执行的操作。此时，进行简单查询并通过名称(Starcups)查找地点，因为事先知道文档中没有重复项。对于指令参数，即便用户评论路径不存在，也可使用$push命令向用户评论路径中添加新对象，MongoDB会将其作为推送操作的一部分添加到文档中。

将以上内容聚合后，得到的代码片段如下所示：

```
> db.locations.update({        通过查询对象
  name: 'Starcups'             找到正确文档
}, {
  $push: {                     找到文档后，将子文档
  reviews: {                   推送到用户评论路径中
    author: 'Simon Holmes',
    _id: ObjectId(),
    rating: 5,                                    子文档包
    timestamp: new Date("Mar 12, 2017"),         含数据
    reviewText: "What a great place."
  }
  }
})
```

使用 Loc8r 数据库在 MongoDB shell 中执行以上命令后，会将一条用户评论添加到文档中。重复执行上述命令，即可向数据库中添加多条用户评论。

也许你已经注意到，这里定义了_id 属性，并将 ObjectId()的值赋给它。MongoDB 并不会像处理文档那样，为子文档自动添加_id 属性值，这个属性对之后的处理是有用的。用 ObjectId()为用户评论子文档赋值，相当于告知 MongoDB 为子文档创建唯一标识。

调用 new Date()函数是为了给用户评论设置时间戳。使用时间戳能确保 MongoDB 以 ISO 日期对象格式存储日期，而不是使用字符串格式。ISO 日期对象格式正是模式需要的格式，并能更有效地处理日期数据。

重复上述过程

以上命令已经为测试应用程序创建了一个地点数据，但需要的数据不止这些，请向数据库中添加更多地点数据。

数据添加完毕后，可在应用程序中使用这些数据。此阶段完成后，将开始构建 API。但在学习第 6 章内容之前，还有一些工作必须完成：将更新内容定期推送到 Heroku。目前已经向应用程序添加了数据库连接和数据模型，需要确认 Heroku 支持这些更新内容。

5.5　将数据库发布到线上环境

如果已将应用程序对外发布，那么将数据库仍部署在本地计算机上并不合理，数

据库也应该是外部可访问的。本节会将数据库发布到线上环境并更新 Loc8r 应用程序代码，使得能在对外发布的站点上使用外部可访问数据库，而在开发站点上使用本地数据库。我们将从使用 Heroku 附加组件——mLab 免费服务开始这部分内容。也可使用其他数据库服务商或自己的数据库服务器。我们首先在 mLab 上进行设置，但之后的内容——在 Node 应用程序中迁移数据并设置数据库连接字符串——与所用平台无关。

5.5.1 设置 mLab 并获取数据库 URI

首要任务是获取外部可访问的数据库 URI，以便数据能推送到数据库并在应用程序中添加数据库 URI。使用 mLab 可达到此目的，因为 mLab 拥有良好的免费服务、优秀的在线文档及出色的支持团队。

在 mLab 中设置数据库有多种方法。其中最快捷简便的方法是使用 Heroku 附加组件，本书使用的正是这种方法，但这种方法要求在 Heroku 上注册一张有效信用卡。在 Heroku 生态系统中使用附加组件时，Heroku 要求使用者注册信用卡以保护自身不会遭受恶意攻击。使用 mLab 的免费沙盒环境不会产生任何费用，如果不想使用信用卡而直接在 Heroku 上设置 mLab 数据库，可查看下方的 "手动设置 mLab" 段落以获取手动设置 mLab 并连接到 Heroku 的详细信息。如果选择手动设置数据库，请勿根据 Heroku 附加组件安装说明进行操作；否则，应用程序将会被关联到多个数据库。

> **手动设置 mLab**
>
> 并不一定必须使用 Heroku 附加组件系统，此处只是为了将 MongoDB 数据库设置到云端并获取数据库连接字符串。
>
> 查看 https://docs.mlab.com，mLab 说明文档将引导你逐步完成设置。
>
> 简而言之，具体操作步骤如下：
>
> (1) 注册免费账户。
>
> (2) 创建新的数据库(选择免费的单个 Node 沙盒环境)。
>
> (3) 添加用户。
>
> (4) 获取数据库 URI(数据库连接字符串)。
>
> 连接字符串如下所示：
>
> ```
> mongodb://dbuser:dbpassword@ds059957.mlab.com:59957/loc8r-dev
> ```
>
> 当然，你的数据库连接字符串肯定与此不同，需要使用上面步骤(3)中的用户名和密码替换上述字符串中的用户名(dbuser)和密码(dbpassword)。
>
> 获取到完整的数据库连接字符串后，需要将其保存到 Heroku 配置文件中。在应用

程序根目录下打开终端，使用以下命令：

```
$ heroku config:set MLAB_URI=your_db_uri
```

用你的数据库连接字符串替换 your_db_uri，包括 mongodb:// 协议。这是在 Heroku 配置中创建 MLAB_URI 的最快捷简便方式。手动设置可达到与自动设置同样的效果。

向 Heroku 应用程序添加 mLab 附加组件

将 mLab 作为附加组件添加到 Heroku 的最快方式是使用终端命令。在应用程序根目录下执行以下命令(使用 mLab 旧名称 MongoLab)：

```
$ heroku addons:create mongolab
```

难以置信，添加附加组件如此简单！MongoDB 数据库已经在云端准备就绪。可使用以下命令打开 MongoDB 数据库的 Web 交互界面以验证数据库已经添加成功：

```
$ heroku addons:open mongolab
```

要使用数据库，首先需要知道数据库 URI。

获取数据库 URI

使用命令行工具可获取完整的数据库 URI。这会返回完整的数据库连接字符串，数据库连接字符串可在应用程序中使用，并能将显示数据推送到数据库协议的各个组成部分。

获取数据库 URI 的命令是：

```
$ heroku config:get MONGODB_URI
```

上述命令将输出完整的数据库连接字符串：

```
mongodb://heroku_t0zs37gc:1k3t3pgo8sb5enovqd9sk314gj@ds159330.mlab.
com:59330/ heroku_t0zs37gc
```

保存好这个字符串，因为马上要在应用程序中使用。

分解数据库 URI

数据库 URI 看起来像一堆随机字符串，将其分解后会更易于理解。在 5.1.2 节，提到过数据库 URI 的结构：

查看 mLab 返回的数据库 URI，将其分解为以下组件：

- 用户名——heroku_t0zs37gc
- 密码——1k3t3pgo8sb5enovqd9sk314gj
- 服务器地址——ds159330.mlab.com
- 端口——59330
- 服务器名称——heroku_t0zs37gc

这只是一个数据库 URI 示例，必须记住这些信息，它们非常有用。

5.5.2　推送数据

现在，外部可访问的数据库已设置完毕，并能获取连接数据库的详细信息，可向数据库中推送数据，具体步骤如下：

(1) 跳转到本机中适合进行数据备份的目录。

(2) 从 Loc8r 开发环境数据库备份数据。

(3) 将数据恢复到线上数据库。

(4) 测试线上数据库。

以上步骤可通过终端命令快速执行，而不必在不同环境下来回切换。

跳转到本机中适合进行数据备份的目录

在命令行工具中执行数据库备份命令时，会在当前目录下创建/dump 文件夹并将备份数据放入其中。因此，第一步是跳转到硬盘中合适的位置，可以是 home 目录或 documents 文件夹，也可新建文件夹完成此步骤。

从 Loc8r 开发环境数据库备份数据

备份数据听起来像是在本地开发环境中删除所有内容，然而并不是这样。这个过程更像是导出而不是丢弃。

这一步将使用 mongodump 命令，该命令可配置多个可选参数，此处用到的两个参数是：

- -h——主机服务器(及端口)
- -d——数据库名称

将这两个参数组合到一起并使用 MongoDB 默认的 27017 端口，可得到以下命令：

```
$ mongodump -h localhost:27017 -d Loc8r
```

执行上述命令后，会生成临时备份数据。

将数据恢复到线上数据库

与推送数据到线上数据库类似，恢复数据需要使用 mongorestore 命令，此命令包含以下参数：

- -h——实时主机地址和端口
- -d——实时数据库名称
- -u——实时数据库用户名
- -p——实时数据库密码
- 备份目录的路径及数据库名称(用在命令的最后且不像其他命令带有标识)

将这些参数组合到一起，使用已有的数据库 URI，可得到以下命令：

```
$ mongorestore -h ds159330.mlab.com:59330 -d heroku_t0zs37gc
  -u heroku_t0zs37gc -p 1k3t3pgo8sb5enovqd9sk314gj dump/
```

你的命令与此稍有不同，因为主机名称、数据库名称、用户名、密码并不相同。执行 mongorestore 命令后，数据会从备份数据进入线上数据库。

测试线上数据库

MongoDB shell 并未限制只能在本机访问数据库，可使用 shell 连接外部数据库(当然，前提是有权限)。

使用 MongoDB shell 连接外部数据库，可使用与连接本地数据库一样的 mongo 命令，但需要添加数据库信息，包括主机名、端口、数据库名称，如果需要，还要添加用户名和密码，如下所示：

```
$ mongo hostname:port/database_name -u username -p password
```

使用之前提供的数据库信息，可得到以下命令：

```
$ mongo ds159330.mlab.com:59330/heroku_t0zs37gc -u heroku_t0zs37gc -p
  1k3t3pgo8sb5enovqd9sk314gj
```

使用上述命令可通过 MongoDB shell 连接到数据库，建立连接后，可使用命令查看数据库，如下所示：

```
> show collections
> db.locations.find()
```

现在已有两个数据库和两个对应的数据库连接字符串，需要注意的是，要在正确的时机使用正确的数据库。

5.5.3 让应用程序使用正确的数据库

现在,原先的开发环境数据库运行在本地机器上,而线上数据库运行在 mLab 上(或其他位置)。在开发应用程序时,仍需要使用开发环境数据库,线上版本的应用程序需要使用线上数据库,而两个环境都使用同样的源代码,图 5.12 描述了这个问题。

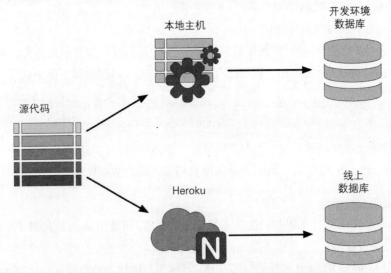

图 5.12 源代码运行在两个使用不同数据库的环境中

同样的源代码需要运行在两个不同的环境中,这两个环境分别使用了不同的数据库。解决此问题的方法是使用 Node 环境变量 NODE_ENV。

NODE_ENV 环境变量

环境变量会影响核心进程的运行方式,这里要使用的是 NODE_ENV 环境变量。应用程序已经使用了 NODE_ENV 环境变量,但并未将其暴露在应用程序的任何位置。Heroku 默认将 NODE_ENV 设置为 production 以便应用程序在服务器上以生产模式运行。

确保 Heroku 使用生产模式

在某些情况下,Heroku 应用程序根据用户设置的模式运行而并未以生产模式运行。可使用以下命令设置正确的 Heroku 环境变量:

```
$ heroku config:set NODE_ENV=production
```

可通过上述命令的 get 版本验证环境变量是否设置成功:

```
$ heroku config:get NODE_ENV
```

可以使用以下语句在应用程序的任意位置读取 NODE_ENV 环境变量：

```
process.env.NODE_ENV
```

除非在环境中设置了 NODE_ENV 环境变量的值，否则上述语句会返回 undefined。在启动应用程序时，可通过在启动命令前挂载分配值以指定不同的 NODE_ENV 环境变量值：

```
$ NODE_ENV=production nodemon
```

上述命令以生产模式启动应用程序，并将 process.env.NODE_ENV 的值设置为 production。

提示：
在应用程序内部，只读 process.env.NODE_ENV 的值，切勿设置 process.env.NODE_ENV 的值。

设置基于环境的数据库 URI

应用程序的数据库连接信息保存在 app_ server/models 的 db.js 文件中。db.js 文件的数据库连接部分如下所示：

```
const dbURI = 'mongodb://localhost/Loc8r';
mongoose.connect(dbURI);
```

根据当前环境修改 dbURI 值非常简单，只需要使用 if 语句检查 NODE_ENV 即可。以下代码片段显示了如何执行此操作以传递线上 MongoDB 连接。请使用你自己的 MongoDB 连接字符串，而不是本例中的 MongoDB 连接字符串：

```
let dbURI = 'mongodb://localhost/Loc8r';
if (process.env.NODE_ENV === 'production') {
  dbURI = 'mongodb://heroku_t0zs37gc:1k3t3pgo8sb5enosk314gj@ds159330.
    mlab.com:59330/ heroku_t0zs37gc';
}
mongoose.connect(dbURI);
```

如果要把应用程序的源代码发布到公共仓库，则不必将数据库登录凭证信息公之于众。解决此问题的方法是使用环境变量。在 Heroku 中使用 mLab，自动设置环境变量：之前正是通过环境变量获取数据库连接字符串(如果选择手动设置 mLab 账户，那么环境变量就是 Heroku 配置中设置的变量)。如果使用的其他数据库服务商并未向 Heroku 配置添加环境变量，可通过 heroku config:set 命令添加数据库 URI 以确保数据库运行在生产环境中。

以下代码片段显示了如何使用环境变量来设置数据库连接字符串:

```
let dbURI = 'mongodb://localhost/Loc8r';
if (process.env.NODE_ENV === 'production') {
  dbURI = process.env.MONGODB_URI;
}
mongoose.connect(dbURI, { useNewUrlParser: true });
```

现在可以共享代码,但只有你才能访问数据库凭证信息。

启动前测试

应在终端启动应用程序时设置环境变量,在将更新代码推送到 Heroku 之前进行本地测试。前面设置的 Mongoose 连接事件在数据库建立连接时会向控制台输出日志,以验证使用的 URI 正确与否。

要实现输出日志,需要在 nodemon 命令的前面添加 NODE_ENV 和 MJONGODB_URI 环境变量,如以下代码所示(注意以下内容应作为一行输入):

```
$ NODE_ENV=production
    MONGODB_URI=mongodb://<username>:<password>@<hostname>:
    <port>/<database> nodemon
```

控制台启动日志如下所示:

```
Mongoose connected to
    mongodb://heroku_t0zs37gc:1k3t3pgo8sb5enosk314gj@ds159330.mlab.
    com:59330/heroku_t0zs37gc
```

执行命令时不难发现,由于需要连接到独立的数据库服务器,因此在生产环境中返回 Mongoose 连接确认信息时花费了较长时间。这就是为什么在应用程序启动时就要开启数据库连接并保持开启状态的原因。

Heroku 测试

本地测试成功后,在生产模式下启动应用程序以连接远程数据库,接下来就可以将代码推送到 Heroku。使用与之前相同的推送命令将最新代码推送到 Heroku:

```
$ git add --all
$ git commit -m "Commit message here"
$ git push heroku master
```

Heroku 允许查看终端运行命令的 100 行最新日志。通过这些日志可以查看控制台输出的日志消息,其中一条是连接 Mongoose 的日志信息。在终端执行以下命令以查看日志:

```
$ heroku logs
```

上述命令会在终端窗口中输出最新的 100 行日志，最新日志在最下方。滚动页面，直到出现以下所示的 Mongoose connected to 消息：

```
2017-04-14T07:01:22.066997+00:00 app[web.1]: Mongoose connected to
    mongodb://heroku_t0zs37gc:1k3t3pgo8sb5enosk314gj@ds159330.
    mlab.com:59330/heroku_t0zs37gc
```

这条消息表明，Heroku 上的线上应用程序已成功连接到线上数据库。

以上就是数据定义和建模的全部内容，Loc8r 应用程序已经与数据库建立好连接，但应用程序尚未与数据库进行数据交互，这是下一章将要介绍的内容。

获取源代码

当前版本的应用程序源代码可从本书 GitHub 仓库的 chapter-05 分支获取。在新的文件夹中打开终端，输入以下命令以复制源代码并安装 npm 依赖模块：

```
$ git clone -b chapter-05 https://github.com/cliveharber/
            gettingMean-2.git
$ cd gettingMean-2
$ npm install
```

在第 6 章，将会使用 Express 创建 REST API，以通过 Web 服务访问数据库。

5.6　本章小结

在本章，你掌握了：

- 使用 Mongoose 将 MongoDB 数据库连接到 Express 应用程序的几种方法
- 管理 Mongoose 连接的最佳方式
- 如何使用 Mongoose 模式进行数据建模
- 如何将模式编译为模型
- 使用 MongoDB shell 直连数据库
- 推送数据库到线上 URI
- 在不同环境中连接不同数据库

第**6**章

编写 REST API：向应用程序
公开 MongoDB 数据库

本章概览：

- 分析 REST API 规则
- 评估 API 模式
- 处理典型的 CURD 函数
- 使用 Express 和 Mongoose 与 MongoDB 交互
- 测试 API 端点

在进入本章内容前，MongoDB 数据库已在第 5 章设置完毕，但只能通过 MongoDB shell 与其交互。通过本章的学习，将构建可通过 HTTP 调用方式与数据库进行交互，并能执行常规的 CRUD 函数的 REST API。

本章主要使用 Node 和 Express，并通过 Mongoose 进行数据库交互。图 6.1 显示了本章的总体结构。

本章从 REST API 规则开始，将会探讨以下内容：合理的 URL 结构定义的重要性、不同行为使用不同的请求方式(GET、POST、PUT 和 DELETE)、API 如何响应数据以及合适的状态码。了解这些知识后，即可为 Loc8r 构建包含基本 CURD 操作的 API。你在学习过程中会一直使用 Mongoose，并进行部分 Node 编程以及额外的 Express 路由配置。

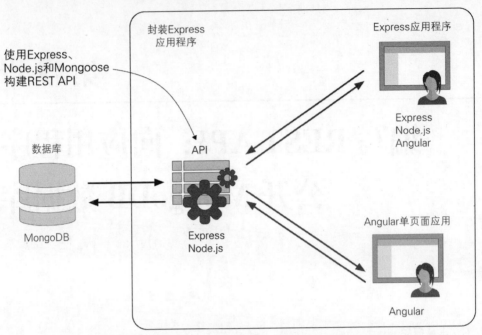

图 6.1 本章重点是构建与数据库交互的 API 以及向应用程序公开通信接口

注意:

如果尚未按照第 5 章内容构建应用程序,可从本书 GitHub 仓库(https://github.com/cliveharber/gettingMean-2)的 chapter-05 分支获取源代码。在新的文件夹中打开终端,输入以下命令以复制代码并安装 npm 依赖模块:

```
$ git clone -b chapter-05 https://github.com/cliveharber/
  gettingMean-2.git
$ cd gettingMean-2
$ npm install
```

6.1 REST API 规则

首先回顾 REST API 的构成。第 2 章提到过:

- REST 更像是一种架构风格而不是严格的协议规定。REST 无状态,因此它并不知道当前用户状态及历史记录。
- API 能让应用程序相互进行通信。

REST API 是应用程序的无状态接口。在 MEAN 技术栈中,REST API 用于创建访问数据库的无状态接口,从而使其他应用程序能够通过接口获取数据。

REST API 有一系列的标准规范。虽然不是必须遵从这些标准，但建议最好按照标准进行开发，因为这能保证所有 API 都会遵循相同的规范来创建。如果 API 是公开发布的，那么还能保证它们是以标准化方式开发的。

下面用基本术语进行描述：REST API 接收 HTTP 请求，对 HTTP 请求进行处理后，总是发送回 HTTP 响应，如图 6.2 所示。

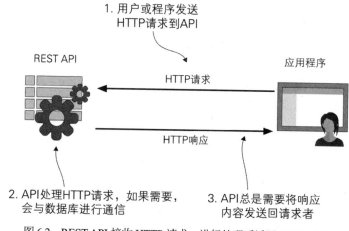

图 6.2　REST API 接收 HTTP 请求，进行处理后返回 HTTP 响应

在 Loc8r 中，需要遵循以上相同标准来解决请求和响应的相关问题。

6.1.1　请求 URL

REST API 的请求 URL 有简单的标准。遵循标准的 API 易于开发、使用和维护。

处理请求 URL 的方法可以从数据库集合开始，因为数据库集合通常会有集合 API 与之对应。还可为每组子文档设置 URL 集合。URL 集合中的 URL 基本路径相同，但有些 URL 需要额外的参数。

同一集合 URL 通常需要覆盖基于标准 CURD 操作的行为。这些行为包括：

- 创建新条目
- 读取包含多个条目的列表
- 读取特定条目
- 更新特定条目
- 删除特定条目

以 Loc8r 数据库为例，该数据库中有一个可交互的 Locations 集合。表 6.1 是 Locations 集合对应的 URL 路径。注意，所有的 URL 路径相同，并在需要时使用同一 location ID。

表6.1　指向 Locations 集合 API 的 URL 路径和参数

行为	URL 路径	示例
创建地点	/locations	http://loc8r.com/api/locations
读取地点列表	/locations	http://loc8r.com/api/locations
读取特定地点	/locations/:locationid	http://loc8r.com/api/locations/123
更新特定地点	/locations/:locationid	http://loc8r.com/api/locations/123
删除特定地点	/locations/:locationid	http://loc8r.com/api/locations/123

从表 6.1 可见，不同行为使用的 URL 相同，其中三个行为需要同一参数以指定要操作的地点。这种处理方式显然存在一个问题：如何使用同一 URL 处理不同的行为？答案就在于请求方式！

6.1.2　请求方式

HTTP 请求有不同的请求方式，请求方式在本质上用来告知服务器行为使用的类型。最常用的请求方式是 GET——在浏览器的地址栏中输入 URL 时使用的正是这种方式。另一种常用的请求方式是 POST，常用于提交表单数据。

表 6.2 展示了在开发 API 时将用到的请求方式、使用场景以及期望的返回值。

表6.2　REST API 中的请求方式

请求方式	使用场景	返回值
POST	在数据库中创建数据	数据库中新创建的数据对象
GET	读取数据库数据	请求所需的数据对象
PUT	更新数据库中的文档	数据库中更新后的对象
DELETE	删除数据库对象	Null

用到的四种 HTTP 请求方式分别是 POST、GET、PUT 和 DELETE。查看表 6.2 中对应的使用场景，每种请求方式恰好对应 CURD 中的一种操作。

选择请求方式很重要，因为良好的 REST API 设计可对不同行为使用相同的 URL。URL 相同时，请求方式会告知服务器需要执行哪种类型的操作。本章后面将会讨论在 Express 中如何为不同的请求方式创建和组织路由。如果已经设计好请求路径、请求参数以及合适的请求方式映射集，可将这些内容聚合作为 API 的设计计划，如表 6.3 所示。

表6.3　URL 通过请求方式与期望的行为连接，让 API 能使用相同 URL 处理不同的请求行为

行为	请求方式	URL 路径	示例
创建新地点	POST	/locations	http://loc8r.com/api/locations
读取地点列表	GET	/locations	http://loc8r.com/api/locations
读取特点地点	GET	/locations/:locationid	http://loc8r.com/api/locations/123
更新特点地点	PUT	/locations/:locationid	http://loc8r.com/api/locations/123
删除特点地点	DELETE	/locations/:locationid	http://loc8r.com/api/locations/123

　　表 6.3 展示了在与地点数据进行交互时使用的请求路径和请求方式。其中共有五个请求行为，但只有两种 URL 模式，因为可通过不同请求方式区分不同请求，从而得到期望结果。

　　Loc8r 项目中目前只有一个集合，本章内容就从此集合开始。Locations 集合中的文档有多个用户评论子文档，所以先快速对子文档进行映射。

　　子文档也以类似的方式进行处理，但需要附加参数。每个请求都需要指定地点 ID，有些请求还需要指定评论 ID。表 6.4 展示了请求行为及相关请求方式、URL 路径及请求参数列表。

表6.4　用于与子文档交互的 URL 规范，每个基本 URL 路径必须包含父文档 ID

请求行为	请求方式	URL 路径	示例
创建评论	POST	/locations/:locationid/reviews	http://loc8r.com/api/locations/123/reviews
读取特定评论	GET	/locations/:locationid/reviews/:reviewid	http://loc8r.com/api/locations/123/reviews/abc
更新特定评论	PUT	/locations/:locationid/reviews/:reviewid	http://loc8r.com/api/locations/123/reviews/abc
删除特定评论	DELETE	/locations/:locationid/reviews/:reviewid	http://loc8r.com/api/locations/123/reviews/abc

　　注意此处并未对子文档进行"读取评论列表"操作，这是因为我们将把评论列表作为主文档的一部分进行检索。从表 6.4 可得到创建基本 API 的请求规范。请求 URL、请求参数和请求操作可以随应用程序的不同而不同，但是请求方式应始终保持一致。

　　以上都是关于请求的基本知识，在进行代码开发之前，REST API 相关的另一部分重要内容是响应。

6.1.3 响应和状态码

设计良好的 API 如同好朋友，当你举起手要击掌时，好朋友绝不会对你置之不理。设计良好的 API 如果接收到请求，就一定给予响应而不会将请求挂起。每个独立的 API 请求都应该有响应内容。设计良好与不良的 API 对比如图 6.3 所示。

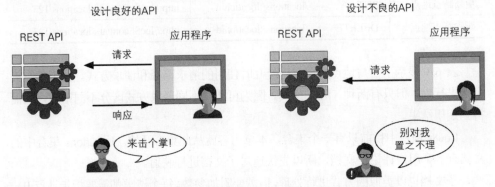

图 6.3 设计良好的 API 始终返回响应内容而不会将请求挂起

对于成功的 REST API 而言，标准化响应与标准化请求格式同样重要。在响应中有两个重要组成部分：

- 返回数据
- HTTP 状态码

将返回的数据与适当的状态码组合，可向请求者提供完整的响应信息以便进行下一步操作。

从 API 返回数据

API 应当返回统一的数据格式。REST API 的典型格式是 XML 与/或 JSON。这里将在 API 中使用 JSON，因为 API 本身就与 MEAN 技术栈贴合。MongoDB 输出 JSON，而 Node 和 Angular 原生支持读取 JSON 格式。毕竟，JSON 以 JavaScript 方式传输数据。此外，JSON 比 XML 格式更紧凑，因此可通过减少带宽以帮助提升 API 的响应时间和效率。

API 对每个请求都应返回以下三项内容中的一项：

- 包含请求查询结果的 JSON 对象
- 包含错误数据的 JSON 对象
- 空的响应

本章将会讨论在构建 Loc8r API 的过程中如何返回上述几项内容。返回响应数据的同时，REST API 需要返回正确的 HTTP 状态码。

使用 HTTP 状态码

设计良好的 API 将返回正确的状态码。最常见的状态码是 404，这是当用户请求的页面未被找到时 Web 服务器返回的状态码。404 状态码可能是互联网上最常见的状态码，但其实还有很多与客户端错误、服务器错误、跳转及请求成功相关的状态码。表 6.5 展示了最常用的 10 个 HTTP 状态码及其使用场景。

表6.5　最常用的 10 个 HTTP 状态码及其使用场景

状态码	状态名称	使用场景
200	OK	GET 或 POST 请求成功
201	Created	POST 请求成功
204	No content	DELETE 请求成功
400	Bad request	由于无效内容导致的请求失败
401	Unauthorized	使用不正确的权限请求受限 URL
403	Forbidden	请求受限
404	Not found	由于 URL 参数不正确导致的请求失败
405	Method not allowed	URL 请求方式受限
409	Conflict	由于与已存在的另一个对象数据相同导致的请求失败
500	Internal Server error	服务器或数据库问题导致的错误

随着本章的学习，在构建 Loc8r API 的过程中，返回合适数据的同时，还需要使用对应的状态码。

6.2　在 Express 中设置 API

在对 API 请求行为及请求 URL 路径有了一定认识后，正如第 4 章所述，要让 Express 根据传入的 URL 请求执行某些操作，需要设置控制器和路由。控制器将执行请求操作，而路由将传入请求映射到对应的控制器。

路由和控制器文件已在应用程序中设置好，直接使用即可。一种较好的处理方式是将 API 代码与其他代码分离，以便应用程序代码不会解耦并降低代码复杂度。实际上，分离 API 代码是使创建 API 成为构建应用程序首要任务的原因之一。此外，这种方法更容易解耦 API 代码，以便将来放入其他独立应用程序使用。这是进行代码解耦的好时机。

首先需要做的是在应用程序内部为API文件创建独立区域。在应用程序根目录下，创建一个名为 app_api 的新文件夹。如果一直跟随本书内容构建应用程序，那么这个文件夹将位于 app_server 文件夹附近。

app_api 文件夹包含 API 的所有内容：路由、控制、模型。设置好所有内容后，即可查看测试 API 的占位方式。

6.2.1 创建路由

我们在主 Express 应用程序已设置好路由，app_api/routes 文件夹中的 index.js 文件包含了 API 使用的所有路由。首先要做的是在应用程序的 app.js 文件中引用 index.js 文件。

在应用程序中引用路由

第一步是告知应用程序，我们正在添加多个将要使用的路由及使用时机。可在 app.js 中复制一行 require 服务器应用程序路由代码，并按以下方式设置 API 路由路径：

```
const indexRouter = require('./app_server/routes/index');
const apiRouter = require('./app_api/routes/index');
```

如果 app.js 文件中有一行 user 路由示例代码，可将其删除，因为它已无用。下一步需要告知应用程序使用路由的时机。app.js 中有如下一行代码，用于告知应用程序，对所有收到的请求在服务器应用程序路由中进行查找。

```
app.use('/', indexRouter);
```

注意，使用'/'作为第一个参数，此参数可指定路由应用到 URL 的子集。也可以/api/开头定义 API 路由。将以下代码片段添加到应用程序可告知应用程序只有当路由以/api 开头时才会使用对应的 API 路由：

```
app.use('/', indexRouter);
app.use('/api', apiRouter);
```

如前所述，可删除与 user 路由相关的代码行。接下来就设置这些 URL。

在路由中指定请求方式

到现在为止，只在路由中使用了 GET 请求方式，如下所示：

```
router.get('/location', ctrlLocations.locationInfo);
```

使用其他请求方式——POST、PUT 和 DELETE——时，只需要用关键字 post、put、delete 替换 get 即可。以下是使用 POST 请求方式创建新地点的示例：

```
router.post('/locations', ctrlLocations.locationsCreate);
```

注意，此处并未在路径前指定/api。在 app.js 中，仅当路径以/api 开头时才使用这些路由，因此假定 app.js 文件中指定的所有路由都以/api 作为前缀。

指定请求 URL 参数

在 API URL 中包含标识具体文档或子文档的参数很实用，例如 Loc8r 项目中的 locations 文档和 reviews 文档。在路由中指定参数很简单：定义每个路由时，在参数名称前设置冒号即可。

试想，请求 ID 为 abc 的评论内容，该评论属于 ID 为 123 的文档，可得到以下 URL 路径：

```
/api/locations/123/reviews/abc
```

使用 ID 名替换具体的参数值(以冒号为前缀)，得到以下路径：

```
/api/locations/:locationid/reviews/:reviewid
```

得到上述路径后，Express 只会匹配相应模式的 URL。地点 ID 必须是具体值且位于 URL 的 locations/和/reviews 之间。同样，评论 ID 也必须是具体值且在 URL 的末尾。形如这种路径的请求被分配到控制器后，即可在代码中使用路径上指定名称的参数(如本例中的 locationid 和 reviewid)。

稍后将详细介绍如何获取参数，但首先需要为 Loc8r API 定义路由。

定义 Loc8R API 路由

前面已经说明如何设置可接收参数的路由，并介绍了 API 的请求行为、请求方式和请求路径。将这些内容聚合，为 Loc8r API 创建路由定义。

如果尚未将以上内容合并，需要先在 app_api/routes 文件夹中创建 index.js 文件。为了保证单个文件的体积不会太大，将 locations 和 reviews 控制器分离到两个不同的文件中。

在 Express 中也可使用略微不同的方法定义路由，这种方法利于在单个路由上管理多种不同的请求方式。使用这种方法，首先定义路由，然后使用不同的 HTTP 请求方式进行连接。这种处理方法简化了路由定义，让代码的可读性更强。

代码清单 6.1 展示了路由定义相关代码。

代码清单 6.1　app_api/routes/index.js 中定义路由

```
const express = require('express');
const router = express.Router();
const ctrlLocations = require('../controllers/locations');    引入控制器文件(之
const ctrlReviews = require('../controllers/reviews');        后将创建这些文件)
```

```
// locations
router
  .route('/locations')                          ┐
  .get(ctrlLocations.locationsListByDistance)    │
  .post(ctrlLocations.locationsCreate);          │
                                                 │ 定义地点
router                                           │ 相关路由
  .route('/locations/:locationid')               │
  .get(ctrlLocations.locationsReadOne)           │
  .put(ctrlLocations.locationsUpdateOne)         │
  .delete(ctrlLocations.locationsDeleteOne);     ┘

// reviews
router                                                    ┐
  .route('/locations/:locationid/reviews')                │
  .post(ctrlReviews.reviewsCreate);                        │
                                                           │ 定义评论
router                                                     │ 相关路由
  .route('/locations/:locationid/reviews/:reviewid')       │
  .get(ctrlReviews.reviewsReadOne)                         │
  .put(ctrlReviews.reviewsUpdateOne)                       │
  .delete(ctrlReviews.reviewsDeleteOne);                   ┘
module.exports = router;   ◄——————— 导出路由
```

在以上路由文件中，需要 require 相关控制器文件。虽然现在尚未创建这些控制器文件，但接下来即将创建。我们之所以能够达到开发目标，是因为此处定义了所有路由并声明了相关的控制器函数，可开发出控制器所需的高级视图。

应用程序目前有两个路由集合：Express 主应用程序路由和新的 API 路由。应用程序现在还无法启动，因为 API 路由引用的控制器还不存在。

6.2.2　创建占位控制器

为了成功启动应用程序，需要为控制器创建占位函数。占位函数不会做任何逻辑处理，但可防止应用程序在构建 API 功能时崩溃。

第一步要做的是创建控制器文件。控制器文件的位置和名称已经确定，因为前面已在 app_api/routes 文件夹中声明了这些控制器文件。此外，需要在 app_api/controllers 文件夹中创建两个名为 locations.js 和 reviews.js 的文件。

可为每个控制器函数创建一个空函数作为占位符，如下所示：

```
const locationsCreate = (req, res) => { };
```

根据控制器是否与地点或评论相关，放入对应的控制器文件，并在文件底部导出控制器函数，如下所示：

```
module.exports = {
  locationsListByDistance,
  locationsCreate,
  locationsReadOne,
  locationsUpdateOne,
  locationsDeleteOne
};
```

要测试路由及控制器函数，需要返回响应内容。

6.2.3　从 Express 请求返回 JSON 数据

构建 Express 应用程序时，渲染视图模板是为了将 HTML 发送到浏览器。但使用 API 则不然：API 发送状态码及 JSON 数据到浏览器。Express 使用以下代码可轻松完成这项工作：

```
res          ◄─────────────── 使用 Express 响应对象
  .status(status)  ◄────────── 发送响应状态码，如 200
  .json(content); ◄─────────── 发送响应数据，如{"status":"success"}
```

可在占位函数中使用这两个命令测试请求成功与否，如以下代码片段所示：

```
const locationsCreate = (req, res) => {
  res
    .status(200)
    .json({"status" : "success"});
};
```

在构建API的过程中，将更多使用这种方法发送不同的状态码和数据作为响应内容。

6.2.4　导入控制器

API 与数据库的通信能力非常重要；没有通信能力，API 的作用将大打折扣！使用 Mongoose 执行数据库通信操作，首先在控制器文件中 require Mongoose，然后引入

Location 模型。在控制器文件的顶部，在占位函数上方，添加以下两行代码：

```
const mongoose = require('mongoose');
const Loc = mongoose.model('Location');
```

第一行代码让控制器可访问数据库连接，第二行代码引入 Location 模型以便与 Locations 集合进行交互。

查看应用程序的文件结构，/models 文件夹包含数据库连文件，Mongoose 设置在 app_server 文件夹内。但是，实际处理数据库交互的是 API 而不是 Express 主应用程序。如果 API 和 Express 彼此独立，模型应作为 API 的一部分位于 API 相关文件夹下。

将/models 文件夹从 app_server 文件夹移动到 app_api 文件夹中，创建如图 6.4 所示的文件结构。

图 6.4　当前文件结构，app_api 文件夹包含 models、controllers、routes 文件夹，
app_server 文件夹包含 views、controllers、routes 文件夹

此时应当告知应用程序，已移动 app_api/models 文件夹的位置，修改 app.js 中的代码，以引用正确的模型路径地址：

```
require('./app_api/models/db');
```

完成后，应用程序可重启且仍能连接到数据库。下一个问题是：如何测试 API？

6.2.5　测试 API

可在浏览器中快速输入一个合适的 URL 来测试 GET 请求，例如 http://localhost:3000/api/locations/1234。可看到如图 6.5 所示的响应内容展示在浏览器中。

图 6.5　在浏览器中测试 GET 请求

这种方法虽然能够测试 GET 请求，但无法对 POST、PUT 和 DELETE 请求进行测试。一些工具可辅助进行这些请求方式的 API 测试，这里使用的是 Postman REST 客户端免费应用程序，它可作为独立的应用程序或浏览器插件使用。

Postman 能够使用不同的请求方式测试 API URL，还能指定额外的查询字符串参数或表单数据。单击 Send 按钮后，Postman 向指定的 URL 发送请求，并展示响应数据和状态码。

图 6.6 是 Postman 向与前面相同的 URL 发送 PUT 请求的截图。

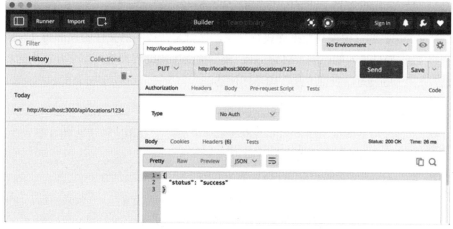

图 6.6　使用 Postman REST 客户端进行 API PUT 请求测试

使用并运行 Postman 或其他 REST 客户端是很好的测试方式。在本章构建 REST

API 的过程中还会经常用到这些工具。接下来将开始使用 GET 请求读取 MongoDB 数据以构建 API。

6.3 GET 请求方式：从 MongoDB 读取数据

GET 请求方式总是用来查询数据库并返回数据。在 Loc8r 路由中，有三个不同功能的 GET 请求，如表 6.6 所示。

表 6.6 Loc8r 路由中的三个 GET 请求

请求行为	请求方式	URL 路径	示例
读取地点列表	GET	/locations	http://loc8r.com/api/locations
读取特定地点	GET	/locations/:locationid	http://loc8r.com/api/locations/123
读取特定评论	GET	/locations/:locationidreviews/:reviewid	http://loc8r.com/api/locations/123/reviews/abc

首先查看如何找出单个地点，因为这能很好地说明 Mongoose 的工作方式。下一步将通过 ID 定位到单个文档并由此拓展到查找多个文档。

6.3.1 在 MongoDB 中使用 Mongoose 查找单个文档

Mongoose 通过模型与数据库进行交互，这就是在控制器文件的顶部将 Location 模型以 Loc 变量导入的原因。Mongoose 模型提供了辅助管理数据库交互行为的相关方法，如 "Mongoose 查询方法" 段落中所述。

Mongoose 查询方法

Mongoose 模型提供了用于辅助查询数据库的方法。其中比较重要的几个方法是：

- find——根据提供的查询对象进行基本查询
- findById——根据特定 ID 进行查询
- findOne——获取与提供的查询条件匹配的第一个文档
- geoNear——查询提供的经纬度附近的地理位置
- geoSearch——在 geoNear 操作后添加查询功能

本书将使用其中一些方法。

将 findById 方法应用到模型

findById 方法相对简单，它只接收一个参数：要查找的 ID。它是模型方法，所以被应用在模型上，如下所示：

```
Loc.findById(locationid)
```

findById 方法不会开启数据库查询操作，而只会告知模型查询条件。Mongoose 模型的 exec 方法用于执行数据库查询。

exec 方法执行查询操作并接收查询操作完成后执行的回调函数作为参数，该回调函数接收两个参数：一个是异常对象，另一个是查询结果文档的实体。由于是回调函数，因此其中的参数名可自定义。

findById 方法可进行如下链式调用：

```
Loc
  .findById(locationid)          将 findById 方法应用在 Location
                                 模型(代码中使用的 Loc 变量)上
  .exec((err, location) => {      执行查询操作
    console.log("findById complete");
});                                查询完成后
                                   打印日志信息
```

这种方式可确保数据库交互是异步的，因此不会阻碍主 Node 进程。

在控制器中使用 findById 方法

根据 ID 查找单个地点的控制器函数是 locationsReadOne()，位于 app_api/controllers 文件夹的 locations.js 文件中。

整个查询操作的基本结构是：将 findById 和 exec 方法应用于 Location 模型。为了保证这两个方法能在控制器上下文中执行，需要做以下两件事：

- 从 URL 上获取 locationid 参数，并传递到 findById 方法。
- 为 exec 方法提供输出函数。

从定义的路由中获取参数很容易，这些参数保存在请求对象的 params 参数对象中。可以这样定义路由：

```
router
  .route('/api/locations/:locationid')
```

可在控制器中访问 locationid 参数：

```
req.params.locationid
```

对于输出函数，可使用一个简单的回调函数将找到的地点数据以 JSON 响应内容的方式返回到客户端。将以上内容组合，可得到以下代码：

```
const locationsReadOne = (req, res) => {
  Loc
    .findById(req.params.locationid)          从 URL 参数获取 locationid
                                              并传入 findById 方法
    .exec((err, location) => {                定义可接收参
                                              数的回调函数
      res
        .status(200)                          将文档以 JSON 响应内容
        .json(location);                      的方式发送到客户端并附
                                              带 200 HTTP 状态码
    });
};
```

一个基本的 API 控制器已准备就绪。从 MongoDB 中获取一条地点数据的 ID 并通过浏览器输入 URL 或 Postman 调用的方式执行控制器代码。要获取具体的 ID 值，可在 MongoDB shell 中执行 db.locations.find()命令，此命令会列出所有地点数据，且每项数据都包含_id 值。将 URL 放在一起后访问，输出内容是 MongoDB 中存储的一个完整的地点对象，如图 6.7 所示。

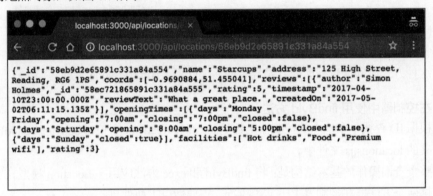

图 6.7　通过 ID 查找单个地点的基本控制器，如果查询到 ID，结果会返回 JSON 对象到浏览器

你是否正确使用了基本控制器？你是否将无效的地点 ID 放在 URL 上访问？如果确实是这样做的，你将发现没有任何返回内容——没有警告，也没有提示信息，只有状态码 200 表明请求正确，但并无返回数据。

捕获错误

基本控制器的问题在于，它会无视处理过程，不管成功与否都输出成功响应。这显然不是友好的 API。友好的 API 需要在异常情况下输出对应的错误码。

为了能响应错误信息，需要将控制器设置为可捕获错误，并发送对应的响应内容。错误捕获通常涉及 if 语句。每个 if 语句必须有与之对应的 else 语句或包含 return 语句。

提示：

API 代码不能让请求无应答。

在基本控制器中，需要捕获三种错误：

- 请求参数不包含 locationid。
- findById 方法未返回地点数据。
- findById 方法返回错误。

GET 请求未成功的状态码是 404，基于此原则，控制器查找并返回单个地点的最终代码，如代码清单 6.2 所示。

代码清单 6.2　locationsReadOne 控制器

```
const locationsReadOne = (req, res) => {
  Loc
    .findById(req.params.locationid)
    .exec((err, location) => {
      if (!location) {
        return res
          .status(404)
          .json({
            "message": "location not found"
          });
      } else if (err) {
        return res
          .status(404)
          .json(err);
      }
      res
        .status(200)
        .json(location);
    });
};
```

❶ 错误捕获 1：如果 Mongoose 没有返回地点，使用 return 语句发送 404 状态码并退出函数作用域

❷ 错误捕获 2：如果 Mongoose 返回错误，使用 return 语句发送 404 状态码并退出控制器

❸ 如果 Mongoose 没有返回错误，像之前一样继续执行并在状态码 200 的响应内容中发送地点对象到请求方

代码清单 6.2 使用了两种错误捕获 if 语句，错误捕获 1(❶处代码)和错误捕获 2(❷处代码)使用 if 语句检查 Mongoose 返回的错误。每个 if 条件都包含 return 语句，return 语句会阻止回调函数作用域内位于 return 语句下方的代码的执行。如果没有错误，return 语句会被忽略，代码将运行到发送成功响应内容(❸处代码)。

每个错误捕获都提供了成功和失败的响应内容，因此 API 不会让请求处于挂起状态。如果需要，也可使用 console.log() 语句抛出一些信息，以便在终端更容易追踪请求

过程，本书 GitHub 仓库中的源代码就包含这样的 console.log()语句。

图 6.8 展示了使用 Chrome 的 Postman 插件发送请求，成功和失败情形下不同的返回内容。

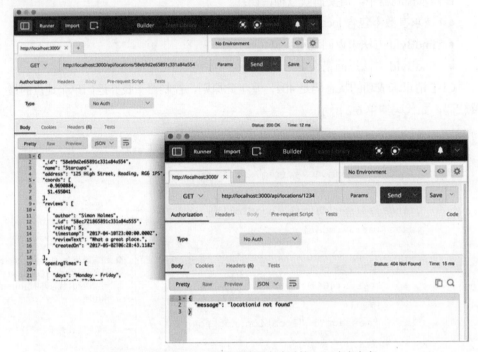

图 6.8　使用 Postman 测试成功和失败时的 API 响应内容

以上是完整的 API 路由处理过程，现在可以查看第二个 GET 请求：返回单个用户评论。

6.3.2　根据 ID 查找单个子文档

要查找子文档，需要先找到父文档，然后用父文档 ID 固定在查询语句中查找子文档。找到父文档后，就能查找到特定子文档。以 locationsReadOne()控制器为例，添加内容以创建 reviewsReadOne()控制器。修改内容包括：

- 接收并使用 reviewid URL 参数。
- 只从文档中选择名称和用户评论而不是获取 MongoDB 返回的整个文档。
- 使用匹配 ID 查找评论。
- 返回对应的 JSON 响应内容。

可使用几个新的 Mongoose 方法完成这些工作。

限制从 MongoDB 返回的路径

从 MongoDB 检索文档时，并不需要完整的文档内容；有时只需要某些特定数据。通过限制传输数据能够减少带宽消耗并提升传输速度。

Mongoose 通过模型查询后链式调用 select 方法完成数据筛选。以下代码片段告知 MongoDB 只需要返回地点数据中的名称和评论字段：

```
Loc
  .findById(req.params.locationid)
  .select('name reviews')
  .exec();
```

select 方法接收一个需要检索的以空格分隔的路径字符串作为参数。

使用 Mongoose 查找特定子文档

Mongoose 还提供了通过 ID 查找子文档的辅助方法。对于给定的子文档数组，Mongoose 提供了接收查找 ID 作为参数的 id 方法。id 方法返回匹配到的单个子文档，使用方法如下：

```
Loc
  .findById(req.params.locationid)
  .select('name reviews')
  .exec((err, location) => {          ┌─ 从参数中获取
    const review = location.reviews.id(req.params.reviewid); ◄─┤  reviewid 并传递
  }                                     └─ 到 id 方法中
);
```

上述代码片段中，在回调函数内，返回的单个评论数据放在变量 review 中。

添加错误捕获并与其他内容组合

现在，构建 reviewsReadOne 控制器所需的各项内容已经准备就绪，可拷贝 locationsReadOne 控制器的内容，修改并返回单个评论。

代码清单6.3展示了review.js文件中的reviewsReadOne控制器(修改部分用粗体表示)。

代码清单 6.3　查找单个评论控制器

```
const reviewsReadOne = (req, res) => {
  Loc
    .findById(req.params.locationid)
    .select('name reviews')      ◄──┐  将 Mongoose 的 select 方法添加到模型查
    .exec((err, location) => {       │  询中，指明要查找地点的名称及评论
      if (!location) {
        return res
```

```
        .status(404)
        .json({
          "message": "location not found"
        });
    } else if (err) {
      return res
        .status(400)
        .json(err);
    }
```

检查返回的地点数
据中是否包含评论

```
    if (location.reviews && location.reviews.length > 0) {
      const review = location.reviews.id(req.params.reviewid);
```

使用Mongoose子
文档的 id 方法帮
助搜索匹配 ID

```
      if (!review) {
        return res
          .status(400)
          .json({
            "message": "review not found"
          });
```

如果未找到评论，返
回对应的响应内容

```
      } else {
        response = {
          location : {
            name : location.name,
            id : req.params.locationid
          },
          review
        };
        return res
          .status(200)
          .json(response);
      }
```

如果找到评论，创建一个
响应对象，返回评论、地
点名称和 ID

```
    } else {
      return res
        .status(404)
        .json({
          "message": "No reviews found"
        });
    }
```

如果未找到评论，返
回对应的错误信息

```
  }
  );
};
```

将以上代码保存后，可再次使用 Postman 进行测试。测试需要获取正确的 ID 值，可以从 Postman 查询中查询单个地点数据以获取 ID，也可通过 MongoDB shell 直接从 MongoDB 获取 ID。命令 db.locations.find()返回所有地点及评论。请记住，URL 结构为/locations/:locationid/reviews/:reviewid。

还可测试使用错误的地点 ID、错误的评论 ID 或同一地点下的另一评论 ID 访问后的效果。

6.3.3　使用地理位置查询多个文档

Loc8r 项目的主页应根据用户的当前地理位置展示地点列表。MongoDB 和 Mongoose 提供了一些特殊的地理位置相关方法来辅助查询附近地点。

这里将使用 Mongoose 的$geoNear 集合查找某个指定点附近且在指定最大距离范围内的地点列表。$geoNear 是一个可接收多个配置选项的聚合方法，其中以下选项必填：

- geoJSON 地理位置的 near 属性
- distanceField 对象选项
- maxDistance 对象选项

以下代码片段展示了$geoNear 的基本结构：

```
Loc.aggregate([{$geoNear: {near: {}, distanceField: "distance",
  maxDistance: 100}}]);
```

与 findById 方法类似，$geoNear 集合返回一个 Promise 对象，它的值可通过回调函数、exec 方法或 async/await 获取。

构建 geoJSON 点

$geoNear 的第一个参数是 geoJSON 点：将经纬度包含在数组中的简单 JSON 对象。geoJSON 点的结构如下所示：

```
const point = {            ◀────  声明对象
  type: "Point",           ◀────  将类型定义为 Point
  coordinates: [lng, lat]  ◀────  将经度和纬度坐标设置到
};                                 一个数组中，经度在前
```

此处设置的用于获取地点列表的路由在 URL 参数中没有坐标相关信息，因此需要以另一种方式指定坐标信息。使用查询字符串是不错的选择，请求 URL 将是这样：

```
api/locations?lng=-0.7992599&lat=51.378091
```

当然，Express 允许访问查询字符串中的值，将这些值放入请求对象的 query 对象中，例如 req.query.lng。经度和纬度值在检索时是字符串类型，但添加到 Point 对象中的是数字类型。JavaScript 的 parseFloat 函数可将字符串类型转为浮点类型。以下代码片段从查询字符串中获取坐标并创建$geoNear 集合所需的 geoJSON 点：

```javascript
const locationsListByDistance = async (req, res) => {
  const lng = parseFloat(req.query.lng);          从查询字符串中获取
  const lat = parseFloat(req.query.lat);          坐标并将其从字符串
  const near = {                                  类型转为数字类型
    type: "Point",
    coordinates: [lng, lat]          创建 geoJSON 点
  };
  const geoOptions = {
    distanceField: "distance.calculated",
    spherical: true,        这里使用的是 spherical:true，因为这会让 MongoDB 使
    maxDistance: 20000,     用$nearSphere 语义，该语义使用球面几何计算距离。如
    limit: 10               果设置为 false，将会使用二维几何图形
  };
  try {
    const results = await Loc.aggregate([     集合方法
      {
        $geoNear: {
          near,
          ...geoOptions          解构操作符
        }
      }
    ]);
  } catch (err) {
    console.log(err);
  }
};
```

执行上述控制器代码后并没有响应内容，因为尚未进行数据处理。请记住，上述代码返回的是 Promise 对象。

解构操作符

解构操作符是 ES2015 的新特性。解构操作符作用在可迭代对象(数组、字符串等对象)上，也可延伸用于两种场景：在函数调用中，用于零个或多个参数上；在数组或枚举中，用于元素上。

在之前介绍的集合函数中，可将 geoOptions 中的对象属性注入$geoNear 对象。解构运算符有多种用途，可查看 http://mng.bz/wEYA 以获取更多详细内容。

集合规范中的 spherical 属性

geoOptions 对象包含了 spherical 属性，该属性必须设置为 true，因为之前已在 MongoDB 数据存储中将查询索引设置为 2dsphere。如果将 spherical 属性设置为 false，应用程序会抛出异常：

```
const geoOptions = {
  distanceField: "distance.calculated",
  spherical: true
};
```

使用数值限制$geoNear 结果

可通过限制所返回列表中结果的数量管理API服务器和用户响应内容。在$geoNear 集合对象中，添加num或limit属性可达到此目标。可指定结果数量的最大值，也可以同时指定num和limit属性，但num的优先级高于limit。

以下代码片段向 geoOptions 对象添加 limit 属性，限制返回的数据集合中不超过 10 个对象：

```
const geoOptions = {
  distanceField: "distance.calculated",
  spherical: true,
  limit: 10
};
```

现在，搜索返回的结果数量不会超过 10。

使用距离限制$geoNear 结果

在返回基于位置的数据时，另一种控制 API 返回的数据数量的方法是：通过限制距离中心点的距离以限制所返回列表中结果的数量，这种情况下需要添加 maxDistance 属性。使用 spherical 属性时，为方便查看，MongoDB 会以米为单位进行计算。但 MongoDB 的旧版本使用弧度进行计算，这会让代码变得复杂。

本书以米和千米为单位，按上面所说，需要添加 20 千米的限制。现在添加 maxDistance 属性，并将所有属性添加到控制器中，如下所示：

```
const locationsListByDistance = (req, res) => {
  const lng = parseFloat(req.query.lng);
  const lat = parseFloat(req.query.lat);
```

```
const near = {
  type: "Point",
  coordinates: [lng, lat]
};
const geoOptions = {
  distanceField: "distance.calculated",
  spherical: true,
  maxDistance: 20000,
  num: 10
};
...
};
```

创建选项对象并设置最大距离为 20 千米

定义对象的其他内容

附加内容

尝试从查询字符串中获取最大距离而不是直接硬编码到函数中。可从本书 GitHub 仓库的 chapter_06 分支获取相关方法。

maxDistance是为$geoNear数据库查询添加的最后一个属性，现在可以开始处理输出内容。

查看$geoNear 集合的输出

$geoNear 集合的 result 对象是数据库中匹配项的列表或错误对象。如果使用回调函数，可参照以下用法：callback(error,result)。如果使用 async/await，可以使用 try/catch 执行查询操作或捕获错误。

查询成功后，error 对象的值是 undefined，result 对象的值是前面所说的数据项组成的列表。在添加错误捕获前，先处理成功查询的响应。

对于成功的$geoNear 集合，MongoDB 返回一个对象数组。其中的每个对象都包含一个距离值(distanceField 定义的路径值)和一个数据库返回文档。换句话说，MongoDB 数据库包含 distance 字段。以下代码片段是删减优化后返回的数据示例：

```
[ { _id: 5b2c166f5caddf7cd8cea46b,
  name: 'Starcups',
  address: '125 High Street, Reading, RG6 1PS',
  rating: 3,
  facilities: [ 'Hot drinks', 'Food', 'Premium wifi' ],
  coords: { type: 'Point', coordinates: [Array] },
  openingTimes: [ [Object], [Object], [Object] ],
  distance: { calculated: 5005.183015553589 } } ]
```

这个数组中只有一个对象，查询成功后可能同时返回多个对象。$geoNear 集合返回数据存储系统的整个文档，但 API 不会返回超出请求范围的数据。与其将返回数据作为响应直接发送，不如先对数据进行处理。

处理$geoNear 输出

在使用 API 发送响应内容前，需要确认发送内容正确且只发送请求所需内容。前面已在 app_server/controllers/location.js 中构建了主页控制器，因此可得到主页列表所需数据。homelist 函数发送了几个地点对象，如以下代码片段所示：

```
{
  id: 111,
  name: 'Starcups',
  address: '125 High Street, Reading, RG6 1PS',
  rating: 3,
  facilities: ['Hot drinks', 'Food', 'Premium wifi'],
  distance: '100m'
}
```

使用结果代码创建对象时，需要遍历结果对象并将相关数据映射到新的数组，将处理后的数据和 200 状态码作为响应返回。以下代码片段是结果示例：

```
try {
  const results = await Loc.aggregate([
    {
      $geoNear: {
        near,
        ...geoOptions
      }
    }
  ]);
  const locations = results.map(result => {        ← 创建一个新的数组
    return {                      ← 返回映      来保存映射结果
      id: result._id,              射结果
      name: result.name,
      address: result.address,
      rating: result.rating,
      facilities: result.facilities,
      distance: `${result.distance.calculated.toFixed()}m`  ← 获取地点距离并
    }                                  四舍五入取整
  });
```

```
return res          ◄────────  以 JSON 格式发送
  .status(200)                   处理后的数据
  .json(locations);
} catch (err) {
  ...
```

使用 Postman 测试 API 路由，记住添加经纬度到查询字符串，如图 6.9 所示

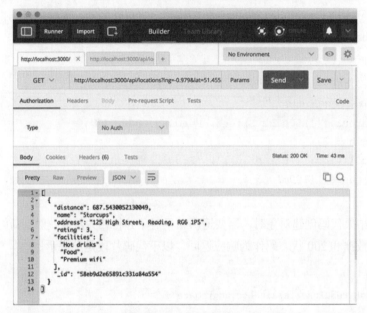

图 6.9 根据查询字符串中发送的地理坐标，在使用 Postman 测试地点列表路由时，
返回状态码 200 和结果列表

附加内容

将结果传入命名函数以创建地点列表。命名函数返回处理后的列表，然后将其传递到 JSON 响应中。

将坐标设置为远离测试数据并进行测试，仍然可以得到 200 状态码，但将返回空数组。

添加错误捕获

构建好处理成功响应的相关功能后，现在需要添加错误捕获来确保 API 在出现错误时也能发送适当的响应内容。

错误捕获需要检查：

- 所有参数传递正确
- $geoNear 集合未返回错误条件

代码清单 6.4 展示了包含错误捕获的最终控制器代码。

代码清单 6.4　地点列表控制器 locationsListByDistance

```
const locationsListByDistance = async(req, res) => {
  const lng = parseFloat(req.query.lng);
  const lat = parseFloat(req.query.lat);
  const near = {
    type: "Point",
    coordinates: [lng, lat]
  };
  const geoOptions = {
    distanceField: "distance.calculated",
    key: 'coords',
    spherical: true,
    maxDistance: 20000,
    limit: 10
  };
  if (!lng || !lat) {
    return res
      .status(404)
      .json({
      "message": "lng and lat query parameters are required"
    });
  }
  try {
    const results = await Loc.aggregate([
      {
        $geoNear: {
          near,
          ...geoOptions
        }
      }
    ]);
    const locations = results.map(result => {
      return {
        id: result._id
        name: result.name,
        address: result.address,
        rating: result.rating,
```

检查查询中的 lng 和 lat 参数格式是否正确，如果不正确，返回状态码 404 和错误信息

```
        facilities: result.facilities,
        distance: `${result.distance.calculated.toFixed()}m`
      }
    });
    res
      .status(200)
      .json(locations);
  } catch (err) {
    res
      .status(404)          ◄——
      .json(err);
  }
};
```

如果$geoNear 集合查询返回错误，将错误
信息和状态码 404 作为响应内容返回

上述代码清单完成了 API 提供的 GET 请求，接下来处理 POST 请求。

6.4　Post 请求方式：向 MongoDB 添加数据

Post 请求方式用于在数据库中创建文档和子文档，并返回存储的数据。在 Loc8r
路由中，有两个不同功能的 Post 请求，如表 6.7 所示。

表 6.7　Loc8r 路由的两个 Post 请求

请求行为	请求方式	URL 路径	示例
创建新地点	POST	/locations	http://api.loc8r.com/locations
创建新评论	POST	/locations/:locationid/reviews	http://api.loc8r.com/locations/123/reviews

Post 请求方式的工作原理是：获取提交的表单数据并添加到数据库中。与使用
req.params 访问 URL 参数的方式相同，通过 req.query 获取查询字符串，Express 控制
器通过 req.body 获取提交的表单数据。

首先查看如何创建文档。

6.4.1　在 MongoDB 中创建文档

在 Loc8r 项目的数据库中，每个地点都是一个文档，因此本节将创建文档。
Mongoose 并不能简化创建 MongoDB 文档的过程。将 create 方法应用于 Loc 模型，并

传入数据和回调函数。调用结构很简单，如下所示：

调用结构很简单，创建过程包含两个主要步骤：

(1) 使用提交的表单数据创建与模式匹配的 JavaScript 对象。

(2) 根据 create 操作的成功或失败，将适当的响应内容传入回调函数。

通过步骤(1)，你已经知道可使用 req.body 以表单形式获取发送数据，现在你对步骤(2)应该也已经熟悉。代码清单 6.5 展示了用于创建新文档的 locationsCreate 控制器的完整代码。

代码清单 6.5　创建新地点的控制器的完整代码

```
const locationsCreate = (req, res) => {
  Loc.create({                          ◄───────── 使用 Loc 模型的 create 方法
    name: req.body.name,
    address: req.body.address,
    facilities:
      req.body.facilities.split(","),   ◄───  通过拆分逗号分隔的列
                                             表以创建服务设施数组
    coords: {        ◄──────┐
      type: "Point",        │  将坐标从字符串类
      [                     │  型转换为数字类型
        parseFloat(req.body.lng),
        parseFloat(req.body.lat)
      ]
    }, {
      days: req.body.days2,
      opening: req.body.opening2,
      closing: req.body.closing2,
      closed: req.body.closed2,
    }]
  }, (err, location) => {  ◄────────┐ 提供回调函数，其中包含
    if (err) {                      │ 对操作成功和失败的响应
      res
        .status(400)
```

```
      .json(err);
    } else {
    res
      .status(201)
      .json(location);
    }
  });
};
```

从上述代码清单可以看出，在 MongoDB 中创建新文档并保存数据很容易。为了简单起见，这里已经将 openingTimes 数组限制为两项，但此数组可以容易地进行扩展。更好的方法是，将这个数组放入一个循环来检查值是否存在。

你可能注意到尚未设置评级。请记住，在模式中已将评级的默认值设置为 0，如以下代码片段所示：

```
rating: {
  type: Number,
  "default": 0,
  min: 0,
  max: 5
},
```

创建文档时会调用以上代码，将初始值设置为 0，但代码中的其他字段并未经过验证！

6.4.2 使用 Mongoose 校验数据

目前控制器中还没有校验代码，如何阻止用户输入空的内容或不完整的文档内容？这就需要在 Mongoose 模式中构建校验规则。在模式中，将路径的 required 标志设置为 true。设置后，Mongoose 不会将未通过校验的数据发送到 MongoDB。

例如，给定以下地点基本模式，可以看到只有 name 是必填字段：

```
const locationSchema = new mongoose.Schema({
  name: {
    type: String,
    required: true
  },
  address: String,
  rating: {
    type: Number,
```

```
  'default': 0,
  min: 0,
  max: 5
},
facilities: [String],
coords: {
  type: {type: String},
  coordinates: [Number]
},
openingTimes: [openingTimeSchema],
reviews: [reviewSchema]
});
```

如果 name 字段没有赋值，create 方法会抛出错误且不会将文档存入数据库。

在 Postman 中测试 API，如图 6.10 所示。注意请求方式设置为 POST 且数据类型设置为 x-www-form-urlencoded。在 Postman 中输入键值后发送 POST 请求。注意在 Postman 中输入字段时不要在键的前后加入空格，空格会造成入参错误。

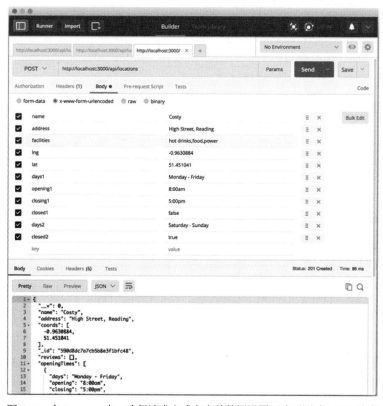

图 6.10　在 Postman 中，确保请求方式和表单数据设置正确后测试 POST 请求

6.4.3 在 MongoDB 中创建新的子文档

在 Loc8r 上下文中，地点和用户评论都是子文档。子文档要通过父文档进行创建并保存。创建并保存子文档的步骤如下:

(1) 找到正确的父文档。

(2) 添加新的子文档。

(3) 保存父文档。

找到正确的父文档并不是问题，找到父文档后可将其作为其他控制器(例如 reviewsCreate)的模板。找到父文档后，可调用外部函数以完成下一步工作(之后马上会编写这个函数)，如代码清单 6.6 所示。

代码清单 6.6　创建用户评论控制器

```
const reviewsCreate = (req, res) => {
  const locationId = req.params.locationid;
  if (locationId) {
   Loc
    .findById(locationId)
    .select('reviews')
    .exec((err, location) => {
     if (err) {
      res
        .status(400)
        .json(err);
     } else {
      doAddReview(req, res, location);        ◄───  找到文档后, 调用一个新的
     }                                              函数以创建用户评论, 同时
    });                                             传入请求对象、响应对象和
  } else {                                          地点对象作为参数
   res
    .status(404)
    .json({"message": "Location not found"});
  }
};
```

与前面相似，这段代码并没有新的内容。通过调用一个新的函数，可减少嵌套和缩进的数量以保持代码整洁，并更容易进行测试。

添加并保存子文档

找到父文档并检索已存在的子文档列表，然后添加一个新的子文档。子文档以对象数组的形式存储，向数组中添加对象的最简单方法是创建对象后使用 JavaScript 的 push 方法，如下所示：

```
location.reviews.push({
  author: req.body.author,
  rating: req.body.rating,
  reviewText: req.body.reviewText
});
```

上述代码片段从发送的表单数据获取参数，因此使用的是 req.body。

添加子文档后，父文档也需要保存，因为子文档不能单独保存。使用 Mongoose 模型的 save 方法保存文档，save 方法接收回调函数作为参数，回调函数则以错误对象和返回的数据对象作为参数。以下代码片段展示了 save 方法的用法：

```
location.save((err, location) => {
  if (err) {
    res
      .status(400)
.json(err);
  } else {
    let thisReview = location.reviews[location.reviews.length - 1]; ◀───┐
    res
      .status(201)
      .json(thisReview);
  }
});
```

❶ 找出所返回数组中的最后一条评论。因为 MongoDB 返回的是整个父文档中的子文档，而不只是新添加的子文档

save 方法返回的是父文档中的所有内容，而不只是新添加的子文档。为了在 API 响应中返回正确的数据——子文档——需要从数组检索出最后一项(❶处代码)。

添加文档和子文档时，需要注意可能会对其他数据产生的影响。例如，在 Loc8r 中，添加一条评论后会添加新的评级，而新的评级会影响文档的整体评级。保存评论成功后，需要调用另一个函数以更新平均评级。

在 doAddReview 函数中将所有内容放在一起，并加上错误捕获，可得到代码清单 6.7。

代码清单 6.7 添加并保存子文档

```
const doAddReview = (req, res, location) => {           前提是提供了
  if (!location) {                                       父文档
    res
      .status(404)
      .json({"message": "Location not found"});
  } else {
    const {author, rating, reviewText} = req.body;
    location.reviews.push({                    将新数据放入
      author,                                  子文档数组
      rating,
      reviewText
    });
    location.save((err, location) => {              在保存文档之前
      if (err) {
        res
          .status(400)
          .json(err);
      } else {                                            保存文档操作成功后，调
        updateAverageRating(location._id);              用函数更新平均评级
        const thisReview = location.reviews.slice(-1).pop();
        res
          .status(201)                                    检索出数组中的最后一
          .json(thisReview);                              条评论数据，并以 JSON
      }                                                   格式的响应内容返回
    });
  }
};
```

更新平均评级

更新平均评级并不复杂，因此不会花费很长时间。具体步骤如下：

(1) 根据提供的 ID 找到对应的文档。

(2) 在所有评论子文档中添加评级。

(3) 计算平均评级。

(4) 更新父文档评级。

(5) 保存文档。

将上述步骤列表转换为代码，如代码清单 6.8 所示，这些代码应与评论相关的控制器一起放在 reviews.js 控制器文件中。

代码清单 6.8　更新平均评级

使用地
点数据

使用 JavaScript 数组的
reduce 方法计算子文
档的评级总和

```
const doSetAverageRating = (location) => {
  if (location.reviews && location.reviews.length > 0) {
    const count = location.reviews.length;
    const total = location.reviews.reduce((acc, {rating}) => {
      return acc + rating;
    }, 0);

    location.rating = parseInt(total / count, 10);
    location.save(err => {
      if (err) {
        console.log(err);
      } else {
        console.log(`Average rating updated to ${location.rating}`);
      }
    });
  }
};

const updateAverageRating = (locationId) => {
  Loc.findById(locationId)
    .select('rating reviews')
    .exec((err, location) => {
      if (!err) {
        doSetAverageRating(location);
      }
    });
};
```

保存父
文档

计算平均评
级并更新父
文档评级

根据提供的
locationId 查
找地点

你可能已经注意到，此处没有发送 JSON 响应内容，因为前面已经发送。评级计算操作是异步的，并且无须发送成功保存评论后的 API 响应。

并不是只有在添加评论时需要更新平均评级，因此需要将这些函数与创建评论的相关功能解耦，让其他控制器可访问。

完成以上工作即可使用 Mongoose 更新 MongoDB 中的数据，现在继续学习 API 的 PUT 请求方式。

6.5　PUT 请求方式：更新 MongoDB 数据

PUT 请求方式用于更新数据库中的文档或子文档，并返回存储后的数据。在 Loc8r API 的路由中，有两个不同功能的 PUT 请求，如表 6.8 所示。

表 6.8　Loc8r API 中用于更新地点和评论的两个 PUT 请求

请求行为	请求方式	URL 路径	示例
更新特定地点	PUT	/locations/:locationid	http://loc8r.com/api/ locations/123
更新特定评论	PUT	/locations/:locationid/reviews/:reviewid	http://loc8r.com/api/ locations/ 123/reviews/abc

PUT 请求方式与 POST 请求方式类似，因为它们都处理提交的表单数据。但 PUT 请求方式使用数据更新已有文档，而不是在数据库中创建新文档。

6.5.1　在 MongoDB 中使用 Mongoose 更新文档

在 Loc8r 中，要创建新的服务设施，可改变开放时间或修改其他数据来更新地点数据。在文档中更新数据的步骤如下所示：

(1) 找出相关文档。

(2) 修改实例内容。

(3) 保存文档。

(4) 发送 JSON 响应。

上述步骤可通过将 Mongoose 模型实例直接映射到 MongoDB 文档来实现。查询到文档时，将得到模型实例。修改实例并保存，Mongoose 将使用最新的修改内容更新数据库中的原始文档。

6.5.2　使用 Mongoose 的 save 方法

更新平均评级时已在 action 中使用 save 方法，save 方法被应用在 find 函数返回的模型实例上。save 方法接收一个回调函数作为参数，这个回调函数以错误对象和返回的数据对象作为标准参数。

以下代码片段是调用 save 方法的简化模板：

```
Loc
    .findById(req.params.locationid)        ◄────── 找到将要更新的文档
    .exec((err, location) => {
     location.name = req.body.name;         ◄───────────┐  修改路径值，进
     location.save((err, loc) => {          ◄──────────┐│  而修改模型实例
       if (err) {
         res                                  使用 Mongoose 的
           .status(404)                       save 方法保存文档
           .json(err);
       } else {                               返回成功或错
         res                                  误的响应内容
           .status(200)
           .json(loc);
       }
     });
    }
   );
};
```

在此处可清晰看到查找、更新、保存和响应的单独实现。将上述模板应用于 locationsUpdateOne 控制器，并添加错误捕获代码和想要保存的数据，可得到代码清单 6.9。

代码清单 6.9　修改 MongoDB 中已存在的文档

```
const locationsUpdateOne = (req, res) => {
  if (!req.params.locationid) {
    return res
      .status(404)
      .json({
        "message": "Not found, locationid is required"
      });
  }
  Loc
    .findById(req.params.locationid)        ◄────── 根据 ID 查
    .select('-reviews -rating')                      找地点文档
    .exec((err, location) => {
     if (!location) {
       return res
```

```
        .json(404)
        .status({
          "message": "locationid not found"
        });
    } else if (err) {
      return res
        .status(400)
        .json(err);
    }
    location.name = req.body.name;
    location.address = req.body.address;
    location.facilities = req.body.facilities.split(',');
    location.coords = {
      type: "Point",
      [
        parseFloat(req.body.lng),
        parseFloat(req.body.lat)
      ]
    };
    location.openingTimes = [{
      days: req.body.days1,
      opening: req.body.opening1,
      closing: req.body.closing1,
      closed: req.body.closed1,
    }, {
      days: req.body.days2,
      opening: req.body.opening2,
      closing: req.body.closing2,
      closed: req.body.closed2,
    }];
    location.save((err, loc) => {
      if (err) {
        res
          .status(404)
          .json(err);
      } else {
        res
          .status(200)
          .json(loc);
```

用提交的表
单数据更新
路径值

保存实体对象

根据保存操作的结果
发送适当的响应内容

```
            }
        });
    }
  );
};
```

此处代码更多，内容也变得充实，但还是可以容易地识别更新过程中的关键步骤。眼神犀利的读者会发现 select 方法中的如下奇特内容：

```
.select('-reviews -rating')
```

前面使用 select 方法指定要选择的列。在路径名的前面添加连字符，指明无须从数据库中检索路径。所以，select 方法将检索除评论和评级外的所有内容。

6.5.3　更新 MongoDB 中已存在的子文档

更新子文档与更新父文档类似，只有一处不同：找到父文档后，再对子文档进行修改，然后对父文档而不是子文档使用 save 方法。更新子文档的步骤如下：

(1) 找到父文档。

(2) 找到相关子文档。

(3) 对子文档进行修改。

(4) 保存子文档。

(5) 发送 JSON 响应内容。

在 Loc8r 项目中，修改后的子文档是用户评论文档，因此当修改评论时，需要重新计算平均评级。这是除了上述 5 个步骤外，唯一需要额外添加的内容。代码清单 6.10 展示了 reviewsUpdateOne 控制器的全部内容。

代码清单 6.10　更新 MongoDB 中的子文档

```
const reviewsUpdateOne = (req, res) => {
  if (!req.params.locationid || !req.params.reviewid) {
    return res
      .status(404)
      .json({
        "message": "Not found, locationid and reviewid are both required"
      });
  }
  Loc
    .findById(req.params.locationid)
    .select('reviews')
```

```
    .exec((err, location) => {
      if (!location) {
        return res
          .status(404)
          .json({
            "message": "Location not found"                    ← 查找父
          });                                                      文档
      } else if (err) {
        return res
          .status(400)
          .json(err);
      }
      if (location.reviews && location.reviews.length > 0) {
查找子      const thisReview = location.reviews.id(req.params.reviewid);
文档        if (!thisReview) {
          res
            .status(404)
            .json({
              "message": "Review not found"
            });
        } else {
          thisReview.author = req.body.author;
          thisReview.rating = req.body.rating;                用提交的表单数
          thisReview.reviewText = req.body.reviewText;        据修改子文档
保存父      location.save((err, location) => {
文档          if (err) {
              res                                              ←
                .status(404)
                .json(err);
            } else {                                           返回 JSON 响应内容，保
              updateAverageRating(location._id);               存成功后发送子文档对象
              res                                              ←
                .status(200)
                .json(thisReview);
            }
          });
        }
      } else {
        res
```

```
        .status(404)
        .json({
          "message": "No review to update"
        });
    }
  }
);
};
```

从上述代码清单可清晰看到更新子文档的五个步骤：找到父文档，找到子文档，修改子文档，保存父文档，返回响应。此处大量代码是关于错误捕获的，但对于创建运行稳定、响应迅速的 API 来说，错误捕获是至关重要的。没有人愿意保存错误数据、发送错误的响应内容或删除不该删除的数据。说到删除数据，下面即将学习四种 API 请求方式中的最后一种：DELETE。

6.6　DELETE 请求方式：删除 MongoDB 数据

毫无疑问，DELETE 请求方式用于删除数据库中现有的文档或子文档。在 Loc8r 路由中，有一个 DELETE 请求用于删除地点，另一个 DELETE 请求用于删除评论，详见表 6.9。

表 6.9　Loc8r 路由中用于删除地点和评论的 DELETE 请求

请求行为	请求方式	URL 路径	示例
删除特定地点	DELETE	/locations/:locationid	http://loc8r.com/api/locations/123
删除特定评论	DELETE	/locations/:locationid/reviews/:reviewid	http://loc8r.com/api/locations/123/reviews/abc

6.6.1　删除 MongoDB 中的文档

Mongoose 提供了 findByAndRemove 方法，使得在 MongoDB 中删除文档变得非常简单。此方法只需要一个参数：要删除文档的 ID。

如果出现错误，API 响应 404；如果成功，API 响应 204。代码清单 6.11 展示了 locationsDeleteOne 控制器中的所有内容。

代码清单 6.11 根据 ID 删除 MongoDB 中的文档

```
const locationsDeleteOne = (req, res) => {
  const {locationid} = req.params;
  if (locationid) {
   Loc
     .findByIdAndRemove(locationid)          调用 findByIdAndRemove
                                             方法并传入 locationid
     .exec((err, location) => {              执行方法
      if (err) {
        return res
          .status(404)
          .json(err);                        响应成功
      }                                      或失败
      res
        .status(204)
        .json(null);
    }
  );
  } else {
  res
    .status(404)
    .json({
      "message": "No Location"
    });
  }
};
```

这是快速删除文档的建议方法，可分为两个步骤：找出文档，删除文档。这种方法能够在删除文档之前(如果需要的话)对文档进行操作，如以下代码片段所示：

```
Loc
  .findById(locationid)
  .exec((err, location) => {
     // Do something with the document
     location.remove((err, loc) => {
       // Confirm success or failure
    });
  }
);
```

在上述代码中，通过嵌套可为代码添加额外的灵活性。

6.6.2　删除 MongoDB 中的子文档

删除子文档的过程与子文档的其他操作并无二致，都通过父文档进行操作。删除子文档的步骤是：

(1) 找到父文档。

(2) 找到相关子文档。

(3) 移除子文档。

(4) 保存父文档。

(5) 确认操作成功或失败。

删除子文档很容易，因为 Mongoose 提供了辅助方法 id。前面已经用过，通过 ID 查找子文档的 id 方法如下：

```
location.reviews.id(reviewid)
```

Mongoose 允许在 id 方法后链式调用 remove 方法，如下所示：

```
location.reviews.id(reviewid).remove()
```

上述代码从数组中删除子文档。请记住，保存父文档能将修改内容存储到数据库。将所有步骤——包含错误捕获代码——放入 reviewsDeleteOne 控制器，如代码清单 6.12 所示。

代码清单 6.12　从 MongoDB 中查找并删除子文档

```
const reviewsDeleteOne = (req, res) => {
  const {locationid, reviewid} = req.params;
  if (!locationid || !reviewid) {
    return res
      .status(404)
      .json({'message': 'Not found, locationid and reviewid are both
    required'});
  }
  Loc                              ◀─── 查找相关
    .findById(locationid)              父文档
    .select('reviews')
    .exec((err, location) => {
      if (!location) {
        return res
          .status(404)
          .json({'message': 'Location not found'});
```

```
    } else if (err) {
      return res
        .status(400)
        .json(err);
    }
    if (location.reviews && location.reviews.length > 0) {
      if (!location.reviews.id(reviewid)) {
        return res
          .status(404)
          .json({'message': 'Review not found'});
      } else {
        location.reviews.id(reviewid).remove();          ◄──── 一步完成查找
                                                                和删除子文档
        location.save(err => {          ◄──────── 保存父文档
          if (err) {
            return res
              .status(404)
              .json(err);
                                                      返回适当的成
          } else {                                     功或失败响应
            updateAverageRating(location._id);
            res
              .status(204)
              .json(null);
          }
        });
      }
    } else {
      res
        .status(404)
        .json({'message': 'No Review to delete'});
    }
  });
};
```

你在此处看到的大部分代码是关于错误捕获的。API 返回七种可能的响应，只有一种是成功响应。删除子文档的操作很简单，因此一定要在删除前确认删除的数据正确。

删除评论时，由于评论中有评级相关数据，因此需要调用 updateAverageRating 函数对地点评级的平均值重新计算。此函数仅在删除操作成功之后调用。

这就是 REST API。我们已经在 Express 和 Node 中构建了可接收 GET、POST、PUT 和 DELETE HTTP 请求的 REST API 来对 MongoDB 数据库进行 CRUD 操作。

在第 7 章，你将看到如何在 Express 应用程序中使用本章定义的 API，让 Loc8r 站点变为数据库驱动的。

6.7　本章小结

在本章，你掌握了：

- 创建 REST API 的最佳实践，包括请求 URL、请求方式及响应状态码。
- GET、POST、PUT、DELETE HTTP 请求如何映射到常见的 CURD 操作。
- 用于创建辅助函数的 Mongoose 辅助函数。
- 通过 Mongoose 模型与数据交互的方法，以及模型实例如何直接映射到数据库中的文档。
- 如何通过父文档操作子文档。
- 通过检查可能存在的错误，让 API 变得健壮，让请求始终有响应。

第 *7* 章

消费 REST API：使用来自
Express 内部的 API

本章概览：
- 调用 Express API
- 处理并使用 API 返回数据
- 使用 API 响应代码
- 在浏览器中提交数据到 API
- 验证并捕获错误

本章内容激动人心，因为这是第一次把前端与后端连接起来。移除控制器中的硬编码数据，使用数据库中的数据取而代之。同时，将浏览器数据通过 API 推送到数据库，并创建新的子文档。

本章使用的主要技术是 Node 和 Express。图 7.1 显示了本章的总体架构和规划。

本章将讨论如何调用 Express API 以及如何处理响应，包括调用 API 来读取数据库数据并向数据库写入数据。在此过程中，将通过关注分离分别研究处理错误、处理数据和创建可重用代码的相关问题。最后，还会介绍可添加验证的 API 架构的各个层以及不同层的作用。

先从如何调用 Express API 开始。

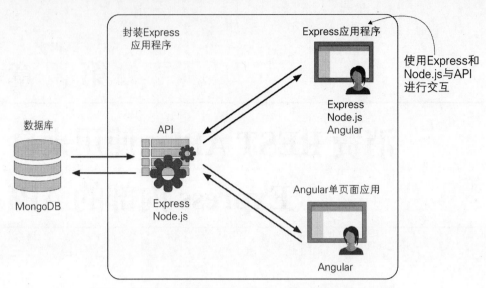

图 7.1 本章重点是将第 4 章构建的 Express 应用程序修改为可与
第 6 章开发的 REST API 交互的应用程序

7.1 如何调用 Express API

首先介绍如何调用 Express API。此处介绍的方法不仅适用于构建的 API，也适用于调用其他 API。

Express 应用程序需要有能调用第 6 章中设置的 API URL 的能力——当然，需要发送正确的请求——然后处理响应。可使用 request 模块辅助完成此功能。

7.1.1 添加 request 模块

request 模块与前面使用的其他包一样，可通过 npm 添加到项目中。要安装最新版本的模块并添加到 package.json 中，可打开终端，输入以下命令：

```
$ npm install --save request
```

npm 安装完成后，即可在需要使用 request 模块的文件中引入 request 模块。在 Loc8r 项目中只有一个文件需要让 API 调用 request：服务器端的主应用程序控制器文件。在 app_server/controllers 中的 location.js 文件的顶部，添加如下代码以引用 request 模块：

```
const request = require('request');
```

下面继续下一步开发。

7.1.2 设置默认选项

每个 request 的 API 调用都必须使用完整且合法的 URL，这意味着 URL 必须是完整的绝对地址而不是相对链接。但这种 URL 对于开发环境和实时环境并不相同。

为了避免在每个进行 API 调用的控制器中引入相同的代码，可在控制器文件的顶部设置默认选项。要想根据环境使用不同的 URL，可以使用 NODE_ENV 环境变量。

下面放入项目进行验证，app_server/controllers/locations.js 文件的顶部内容如代码清单 7.1 所示。

代码清单 7.1   将 request 和默认 API 选项添加到 location.js 控制器文件中

```
const request = require('request');
const apiOptions = {
  server: 'http://localhost:3000'          为本地开发环境设
};                                         置默认服务器 URL
if (process.env.NODE_ENV === 'production') {
    apiOptions.server = 'https://pure-temple-67771.herokuapp.com';
}
```

如果应用程序运行在生产模式下，那么需要设置不同的基本 URL：改为应用程序线上地址

在代码中设置完成后，每次调用 API 可引用 apiOptions.server 以获取正确的基本 URL。

7.1.3 使用 request 模块

用于发送请求的代码的基本结构很简单，可接收选项(options)和回调函数(callback)作为参数，如下所示：

收到响应后
执行的函数

```
request(options, callback)
```

定义请求的
JavaScript 对象

可接收选项指定了请求的所有可配置内容，包括请求 URL、请求方式、请求内容和查询字符串参数。这些都是本章将会用到的选项，详见表 7.1。

表 7.1 四种常见的请求选项

选项	描述	是否必填
url	请求的完整 URL，包括协议、主域、路径和 URL 参数	是
method	请求方式，例如 GET、POST、PUT 或 DELETE	否——如果不指定，默认使用 GET
json	JavaScript 对象请求体；如果无请求体，则应发送空对象	是——确认响应内容也是 JSON 对象
qs	代表查询字符串参数的 JavaScript 对象	是

以下代码片段是将这些选项组合后发送 GET 请求的示例。GET 请求没有请求体，但是有查询字符串参数。

```
const requestOptions = {                          定义发送 API
  url: 'http://yourapi.com/api/path',    ◄────    请求的 URL
  method: 'GET',    ◄────── 设置请求方式
  json: {},    ◄──────   定义请求体，
                         即使是空对象
  qs: {
    offset: 20
                      选择性地添加 API 使
  }                   用的查询字符串参数
};
```

可以指定其他更多选项，但以上四个选项是最常用的，本章也会用到。有关其他选项的更多信息，可查看本书 GitHub 仓库中的参考内容：

```
https://github.com/mikeal/request
```

API 返回响应内容后会立即执行回调函数，同时传入三个参数：错误对象、完整响应和解析后的响应体。除非捕获到错误，否则错误对象的值为 null。在返回的代码中，有三部分数据最有用：响应状态码、响应体以及抛出的错误。以下代码片段展示了 request 函数中回调函数的结构：

```
(err, response, body) => {
                            如果抛出了错误，那么
  if (err) {                需要对错误进行处理
    console.log(err);
  } else if (response.statusCode === 200) {
    console.log(body);                如果响应状态码是 200(请求成
                                      功)，那么输出 JSON 响应体
  } else {
    console.log(response.statusCode);
  }                                如果请求返回了其他状
                                   态码，那么输出状态码
}
```

完整的响应对象包含大量信息，这里不一一赘述。向应用程序添加 API 调用代码时，可使用 console.log 语句查看响应对象。

将各部分内容聚合后，调用 API 代码框架，如以下代码片段所示：

```
const requestOptions = {
  url: 'http://yourapi.com/api/path',
  method: 'GET',
  json: {},
  qs: {
    offset: 20
  }
};
request(requestOptions, (err, response, body) => {
  if (err) {
    console.log(err);
  } else if (response.statusCode === 200) {
    console.log(body);
  } else {
    console.log(response.statusCode);
  }
});
```

定义请
求选项

根据请求选项发送
请求并提供可处理
响应的回调函数

接下来将理论付诸实践，并使用构建好的 API 开发 Loc8r 控制器。

7.2 使用 API 返回列表数据：Loc8r 主页

到目前为止，执行请求的控制器文件已经引入 request 模块并配置了默认参数。现在介绍最有趣的部分：更新控制器内容，调用 API 并从数据库中获取展示页面所需的数据。

有两个主要页面需要获取数据：展示地点列表的主页，以及展示特定地点详细信息的 Details 页面。下面以从数据库获取主页数据开始。

当前的主页控制器包含 res.render()函数调用，可向视图发送硬编码数据。期望的工作方式是在 API 返回数据后渲染主页。总而言之，主页控制器包含大量工作要做，因此将渲染过程移入自身的函数。

7.2.1 关注分离：将渲染移入命名函数

将渲染移入单独的命名函数有两个原因。首先，将渲染与应用程序逻辑分离。渲染过程不关心数据来源，也不关心数据获取方式；只要数据格式正确，渲染直接使用数据。使用单独的函数有助于测试和查找问题，因为每个函数只做一件事。另一个好处是渲染函数可复用，可在多个地方调用。

其次，渲染过程发生在 API 请求的回调函数中。除了难以测试外，代码也难以阅读。由于嵌套层次深，控制器函数的代码缩进很多。应当尽量避免代码深度缩进，这才是最佳实践，否则会让代码难以阅读和理解。

第一步是在 app_server/controllers 文件夹的 locations.js 文件中创建一个名为 renderHomepage 的新函数，并将 homelist 控制器的内容移入该函数。记住，新函数也需要接收 req 和 res 参数。代码清单 7.2 是这些内容的精简版。可在 homelist 控制器中调用这些代码，结果仍与前面一致。

代码清单 7.2　将 homelist 控制器的内容移入外部函数

```
const renderHomepage = (req, res) => {
  res.render('locations-list', {
    title: 'Loc8r - find a place to work with wifi',
    ... });
};
const homelist = (req, res) => {
  renderHomepage(req, res);
};
```

> 这里包括所有 res.render 调用代码(此处省略)

> 在 homelist 控制器中调用 renderHomepage 函数

这一步只是开始，任务尚未完成，需要加上返回数据！

7.2.2　构建 API 请求

可以通过 API 请求获取所需数据，为此，需要构建请求。发送请求需要知道请求 URL、请求方式、JSON 请求体和查询字符串才能构建请求。回顾第 6 章的内容或 API 代码本身，需要如表 7.2 所示的信息才能发送请求。

表 7.2　请求地点列表 API 所需的信息

参数	值
URL	SERVER:PORT/api/locations
请求方式	GET
JSON 请求体	null
查询字符串	lng、lat、maxDistance

将这些信息映射到请求很简单。正如本章前面所述，请求选项是 JavaScript 对象。现在将经度值和纬度值硬编码到请求选项中，这是一种更快捷简单的测试方法。后面内容将使用定位功能。现在，选择已存储的测试数据附近位置的坐标数据来发送请求，将最大距离设置为 20 千米。

发送请求时，传入一个简单的回调函数，在这个回调函数中调用 renderHomepage 函数，以避免浏览器处于挂起状态，如代码清单 7.3 所示。

代码清单 7.3　更新 homelist 控制器内容，在渲染页面前调用 API

```
const homelist = (req, res) => {
  const path = '/api/locations';          ← 设置 API 请求路径(服务器
  const requestOptions = {                   地址已在文件顶部设置)
    url: `${apiOptions.server}${path}`,
    method: 'GET',
    json: {},
    qs: {
      lng: -0.7992599,                       设置请求选项，包括 URL、
      lat: 51.378091,                        请求方式、空的 JSON 请求体
      maxDistance: 20                        和硬编码的查询字符串参数
    }
  };
  request(
    requestOptions,                          设置请求选项
                                             以发送请求
    (err, response, body) => {
      renderHomepage(req, res);             提供回调函数以
    }                                        进行主页渲染
  );
};
```

保存以上代码并运行应用程序，主页会像之前一样呈现。现在已向 API 发送了请求，但尚未处理返回的响应。

7.2.3　使用 API 响应数据

既然在调用 API 上花费了如此多的精力，至少可使用请求返回的数据。稍后会着力处理响应内容，现在先让处理器可工作。要达到此目的，先假定响应已返回到回调函数中，可直接传入 renderHomepage 函数，如代码清单 7.4 中加粗部分所示。

代码清单 7.4　更新 homelist 控制器内容以使用 API 响应

```
request(
  requestOptions,
  (err, response, body) => {
    renderHomepage(req, res, body);              将请求返回的响应内容传
  }                                              入 renderHomepage 函数
);
```

API 代码是你自己编写的，API 返回的响应内容是地点数组，这一点显而易见。renderHomepage 函数也需要将地点数组传入视图，所以直接传递数组即可，如代码清单 7.5 所示，粗体表示修改的内容。

代码清单 7.5　修改 renderHomepage 函数，使用 API 返回数据

```
const renderHomepage = (req, res, responseBody) => {        添加额外的响应体
  res.render('locations-list', {                            参数到函数声明

    title: 'Loc8r - find a place to work with wifi',
    pageHeader: {
      title: 'Loc8r',
      strapline: 'Find places to work with wifi near you!'
    },
    sidebar: "Looking for wifi and a seat? Loc8r helps you find places
    to work when out and about. Perhaps with coffee, cake or a pint?
    Let Loc8r help you find the place you're looking for.", locations:

    responseBody                  移除硬编码的地点数组数据，传
  });                             入 responseBody 字段取而代之
};
```

这个过程十分简单，不是吗？在浏览器中查看效果，可看到如图 7.2 所示的效果。

看起来不错，不是吗？此处需要对距离的展示做些处理，但除此之外，都是直接使用传入的数据。插入数据快速且容易，因为前面预先基于设计草图完成了视图，基于视图构建了控制器，又基于控制器开发了模型。

完成数据的展示后，还可做得更好。现在尚未添加错误捕获代码，并且距离值还需要做进一步处理。

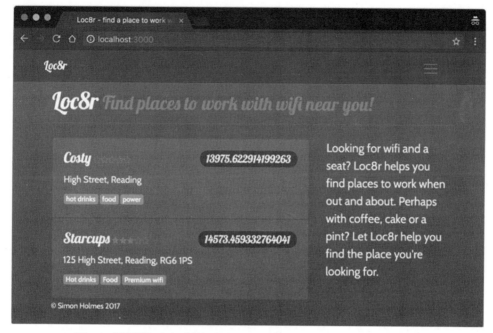

图 7.2　在浏览器中查看数据库中初始数据的展示效果，与期望结果相似

7.2.4　在展示数据前修改数据：修改距离值

目前，列表中的距离值展示的是 15 位小数且不包含单位，虽然数值非常精确，但并无可读性！相比而言，用户更想知道的距离值以米或千米为单位，并将数值四舍五入到小数点后一位。应当在把数据发送到 renderHomepage 函数之前执行此操作，因为 renderHomepage 函数只会对实际数据进行渲染而不会对数据进行处理。

基于上述内容，需要对返回的地点列表数组做循环处理，格式化每个距离值。与其在函数中直接处理，不如创建一个名为 formatDistance 的外部函数(在同一文件中)，该函数接收距离值作为参数，返回格式化后的距离值。在控制器文件中将代码清单 7.6 中的代码放在 renderHomepage 函数之前。

代码清单 7.6　添加 formatDistance 函数

```
const formatDistance = (distance) => {
  let thisDistance = 0;
  let unit = 'm';
  if (distance > 1000) {
    thisDistance = parseFloat(distance / 1000).toFixed(1);
    unit = 'km';
```

如果提供的距离超过1000米，就转为以千米为单位，四舍五入保留1位小数并添加 km 单位

```
  } else {
    thisDistance = Math.floor(distance);
  }
  return thisDistance + unit;
};
```

其他情况下，
向下取整

现在对代码进行修改，参见代码清单 7.7。注意 homelist 控制器框架已从代码片段中删除。为了保持代码简洁，request 语句仍位于控制器内部。

代码清单 7.7　添加并使用函数对 API 返回的距离值进行格式化

```
request(
  requestOptions,
  (err, response, body) => {
    let data = [];
    data = body.map( (item) => {
      item.distance = formatDistance(item.distance);
      return item;
    });
    renderHomepage(req, res, data);
  }
);
```

创建下面
将使用的
变量

映射数组中的数据，
格式化地点的距离值

发送修改后要渲染的数据，
而不是原始响应体内容

除了上述内容外，还有一项额外工作要做。之前为API输出的距离值添加了m单位，但使用formatDistance函数后，不再需要添加m，因此对/app_api/controllers/locations.js进行更改，参见代码清单 7.8。

代码清单 7.8　从 API 响应中移除单位

```
const locations = results.map(result => {
  return {
    name: result.name,
    address: result.address,
    rating: result.rating,
    facilities: result.facilities,
    distance: `${result.distance.calculated.toFixed()}`
  }
});
```

移除此行中
的单位 m

进行以上修改后刷新页面，可以看到距离字段变得整洁且有意义，如图 7.3 所示。

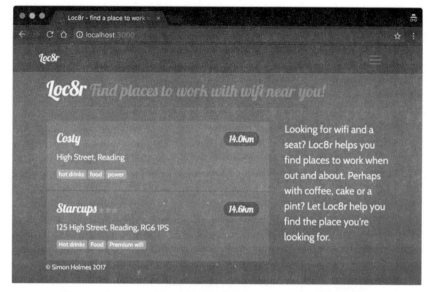

图 7.3　对 API 返回的距离值进行格式化之后，主页看起来更美观

处理好距离值之后，主页看起来更贴近理想样式。作为额外内容，可向 formatDistance 函数添加错误捕获，以确保传递了 distance 参数且是数字类型。

7.2.5　捕获 API 返回的错误

到目前为止，假定 API 总是返回数据数组和成功状态码 200，但事实并非如此。当在用户附近找不到地点时，代码也会返回状态码 200。事实上，当发生这种情况时，主页的中心区域不展示任何内容。此时，更好的用户体验是向用户输出一条消息，告知用户附近没有相关地点。

API 有可能返回 404 错误，因此需要对这种错误进行适当处理。这种情况下，通常不希望向用户展示 404 错误，因为错误并不是由主页丢失造成的。同样，更好的选择也是在主页上下文中向浏览器发送信息以告知用户未找到对应的 API。

处理这种场景并不困难，以下内容将说明处理方式，先从控制器内容开始。

让 request 回调函数更健壮

错误捕获的主要目的是确保它们不会导致代码运行失败。第一个容易出错的地方是 request 回调函数，request 回调函数会在发送数据到浏览器渲染前对响应内容进行处理。这虽然不会出现问题，但无法保证返回的数据结构永远正确。

无论 API 返回怎样的数据，当前 request 回调函数都会执行 for 循环以格式化距离值。但实际上应只在 API 返回 200 状态码和结果时才执行 for 循环。

代码清单 7.9 通过添加一个简单的 if 语句(app_server/controllers/locations.js)来检查
状态码和所返回数据的长度，从而实现此功能。

代码清单 7.9　在使用 API 之前，验证是否返回了数据

```
request(
  requestOptions,
  (err, {statusCode}, body) =>      ◀——  使用对象解构获取 statusCode,
                                          statusCode 是下面将使用的值
   let data = [];
   if (statusCode === 200 && body.length) {   ◀——  只有当 API 同时返
                                                    回状态码 200 和数
     data = body.map( (item) => {               据时，才执行格式
       item.distance = formatDistance(item.distance):   化距离值的循环
       return item;
     });
   }
   renderHomepage(req, res, data);
  }
);
```

如果 API 响应的状态码不是 200，更新上述代码可防止因回调失败而引发的错误。
调用链中的下一步是执行 renderHomepage 函数。

根据响应数据定义输出信息

与 request 回调函数一样，renderHomepage 函数的最初焦点集中于渲染并展示传递
到其中的地点数组。现在，可能会将不同类型的数据发送到此函数，因此需要对各种
可能的数据类型做适当的处理。

响应体可能是以下三种中的一种：

● 地点数组。

● 未找到地点数据时的空数组。

● API 返回错误时包含错误信息的字符串。

前面已准备好处理地点数组的代码，因此只需要处理另外两种可能的返回值。捕
获到这些错误时，还需要向视图发送对应的消息。

为了完成上述功能，需要更新 renderHomepage 函数以执行以下操作(参见代码清
单 7.10)：

● 设置展示消息内容的容器变量。

● 检查响应体是否为数组，如果不是，设置适当的返回信息。

● 如果响应内容是空数组，设置不同的返回信息(这种情况下没有可返回的地点
数据)。

● 发送信息到视图。

代码清单 7.10　如果 API 未返回地点数据，输出提示信息

定义存放信息的变量

```
const renderHomepage = function(req, res, responseBody){
  let message = null;
  if (!(responseBody instanceof Array)) {
    message = "API lookup error";
    responseBody = [];
  } else {
    if (!responseBody.length) {
      message = "No places found nearby";
    }
  }
  res.render('locations-list', {
    title: 'Loc8r - find a place to work with wifi',
    pageHeader: {
      title: 'Loc8r',
      strapline: 'Find places to work with wifi near you!'
    },
    sidebar: "Looking for wifi and a seat? Loc8r helps you find
      places to work when out and about. Perhaps with coffee, cake or
      a pint? Let Loc8r help you find the place you're looking for.",
    locations: responseBody,
    message
  });
};
```

如果响应内容不是数组，设置返回信息并设置响应体为空数组

如果响应是无长度数组，设置对应信息

将信息添加到定义的变量并发送到视图

唯一令人惊讶的是，responseBody 最初作为字符串类型进行传递，但是现在却设置为空数组。这样做是为了防止视图引发错误，因为视图期望 locations 变量传递的是数组；如果发送空数组，视图能够有效地对其忽略；如果发送字符串，则会抛出错误。

此调用链中的最后一步是更新视图，以便能够展示发送到视图的信息。

更新视图以展示错误信息

可从 API 中捕获错误，并将错误信息传回用户。下面通过添加模板占位符让用户看到错误信息。

此处无需精美的布局；只需要使用一个带有 error 类的简单 div 来包裹消息内容即可。代码清单 7.11 展示了 app_server/views 中主页视图 locations-list.pug 的 block content 部分。

代码清单 7.11   在需要时更新视图内容以展示错误信息

```
block content
  .row.banner
    .col-12
      h1= pageHeader.title
        small  #{pageHeader.strapline}
  .row
    .col-12.col-md-8
      .error= message
```
←── 在主内容区添加一个 div，
此 div 可展示发送到其中
的信息内容
```
      each location in locations
        .card
          .card-block
            h4
              a(href="/location")= location.name
              small  
                +outputRating(location.rating)
              span.badge.badge-pill.badge-default.float-right=
                location.distance
            p.address= location.address
            .facilities
              each facility in location.facilities
                span.badge.badge-warning= facility
    .col-12.col-md-4
      p.lead= sidebar
```

以上内容很简单。现在这些内容已经生效，剩下要做的是测试。

测试 API 错误捕获

与其他新代码一样，需要确认错误捕获代码能正常工作。测试错误捕获代码的简单方法是修改 requestOptions 中发送的查询字符串。

要测试 No places found nearby 这种错误是否捕获，可将 maxDistance 设置为一个较小的数字(记住以千米为单位赋值)，或者将 lng 和 lat 设置为附近没有地点的坐标值，如下所示：

```
requestOptions = {
  url: `${apiOptions.server}${path}`,
  method: 'GET',
  json: {},
```

```
qs: {
  lng: 1,
  lat: 1,
  maxDistance : 0.002
}
};
```

修改请求中的查
询字符串值以获
取返回的结果

修复一个有趣的问题

你是否尝试通过将 lng 或 lat 设置为 0 来测试 API 的错误捕获？由于 API 的错误捕获中存在错误，因此本应当看到 No places found nearby 错误信息，但实际上看到的却是 API lookup error。

在 locationsListByDistance 控制器中，可以使用假值测试来检查 lng 和 lat 查询字符串参数是否被忽略，代码如下：

```
if (!lng || !lat)
```

在假值测试中，JavaScript 会查找自认为错误的所有值，例如空字符串、未定义、null 和(对你很重要的)0。这会在代码中引入意外错误。如果有人恰好在赤道或本初子午线(格林尼治标准时间线)上，他们将收到 API 错误。

可通过验证假值测试修复此错误，如下所示：

```
if ((!lng && lng !== 0) || (!lat && lat !== 0))
```

在 API 中更新控制器代码可以解决此问题。

可使用类似的策略测试 404 错误。API 期望发送所有查询字符串参数，如果其中一个参数丢失，将返回 404 错误。可注释请求中的一个参数，以快速测试代码：

```
const requestOptions = {
  url: `${apiOptions.server}${path}`,
  method: 'GET',
  json: {},
  qs: {
    // lng: -0.7992599,
    lat: 51.378091,
    maxDistance: 20
  }
};
```

注释请求中的一个查询字
符串参数，以帮助测试当
API 返回 404 错误时的效果

完成以上两项内容后，刷新主页并查看接收到的信息，如图 7.4 所示。Express 应用程序查询构建好的 API，API 从 MongoDB 数据库中获取数据并传递到应用程序。

从 API 获取响应时,应用程序对响应内容进行处理,并在浏览器中显示数据或错误消息。

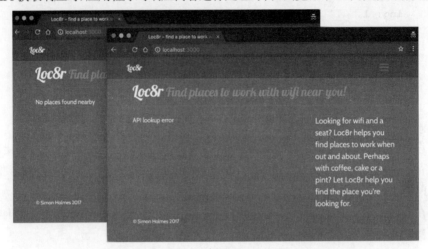

图 7.4　捕获返回的错误并在视图中显示错误信息

下一步将对 Details 页面执行相同的操作,这次只处理单个数据实例。

7.3　从 API 获取单个文档：Details 页面

Details页面需要展示特定地点的所有信息,包括名称、地址、评级、评论、服务设施和位置地图。现阶段,Details页面使用的是控制器中硬编码的数据,如图7.5所示。

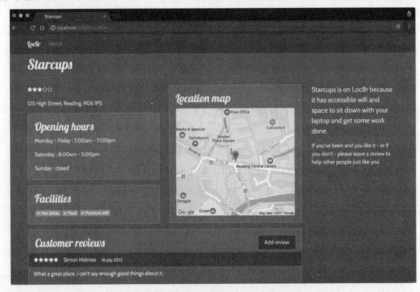

图 7.5　Details 页面展示控制器中硬编码数据时的样式

　　单个地点的 API 路由是/api/location/:locationid。可对 Express 主应用程序执行相同的操作，并更新路由让其包含 locationid 参数。主应用程序的地点路由在/routes 文件夹的 index.js 文件中。以下代码片段简单修改了地点详情路由，以接收 locationid URL 参数(app_ server/routes/index.js)：

```
router.get('/', ctrlLocations.homelist);
router.get('/location/:locationid',ctrlLocations.locationInfo);
router.get('/location/review/new', ctrlLocations.addReview)
```

> 为单个地点添加 locationid 参数到路由

　　很好，但如何获取地点 ID？回想整个应用程序，可从主页获取地点 ID，因为跳转到 Details 页面的链接正好来自主页。

　　当主页的 API 返回地点数组时，每个地点对象都包含唯一 ID。整个对象已经传递给视图，因此修改主页视图以将 ID 作为 URL 参数添加并不困难。

　　事实上，这很简单! 代码清单 7.12 在对 locations-list.pug 文件进行微调后，将地点 ID 添加到跳转 Details 页面的链接中。

代码清单 7.12　修改列表视图以添加地点 ID 到对应链接

```
block content
  .row.banner
    .col-12
      h1= pageHeader.title
        small  #{pageHeader.strapline}
  .row
    .col-12.col-md-8
      .error= message

      each location in locations
        .card
          .card-block
            h4
              a(href=`/location/${location._id}`)= location.name
              small  
                +outputRating(location.rating)
              span.badge.badge-pill.badge-default.float-right=
                location.distance
            p.address= location.address
            .facilities
              each facility in location.facilities
                span.badge.badge-warning= facility
```

> 循环数组中的每个地点数据，取出对象中的唯一 ID，将 ID 添加到跳转 Details 页面的链接中

如果生活中的一切都如此简单,那将多么美好!现在,主页包含每个地点的唯一链接,所有链接都可在单击后跳转到 Details 页面。下一步需要让 Details 页面展示正确的数据。

7.3.1 关注分离:将渲染移入命名函数

正如对主页所做的那样,需要把 Details 页面的渲染功能移入自身的命名函数中。这样做是为了让渲染功能与 API 调用和数据处理分离。

代码清单 7.13 展示了 renderDetailPage()函数的简化版,以及 locationInfo 控制器调用 renderDetailPage 函数的方式。

清单 7.13 将 locationInfo 控制器内容移入外部函数

```
const renderDetailPage = (req, res) => {
  res.render('location-info', {
    title: 'Starcups',
    ... });

const locationInfo = (req, res) => {
  renderDetailPage(req, res);
};
```

创建名为 renderDetailPage 的新函数并将 locationInfo 控制器内容移入其中

在控制器中调用新函数并传入 req 和 res 参数

现在已经设置好优雅、清晰的控制器,可以准备查询 API 了。

7.3.2 使用 URL 中的 ID 参数查询 API

API 调用的 URL 需要包含地点 ID。现在,Details 页面的 URL 中已包含 ID 参数 locationid,因此可通过 req.params 获取 id 值并添加到请求选项的 path 中。请求方式是 GET,因此 json 值是空对象。

了解以上内容后,可使用主页控制器中创建的模式向 API 发送请求。当 API 响应后,调用 renderDetailPage 函数,所有内容如代码清单 7.14 所示。

代码清单 7.14 修改 locationInfo 控制器内容以调用 API

```
const locationInfo = (req, res) => {
  const path = `/api/locations/${req.params.locationid}`;
const requestOptions = {
url: `${apiOptions.server}${path}`,
    method: 'GET',
    json: {}
```

从 URL 中获取 locationid 参数并放入 API 路径

设置调用 API 所需的请求选项

```
}; request(
  requestOptions,
  (err, response, body) => {
    renderDetailPage(req, res);  ◀——  在 API 响应时调用
  }                                    renderDetailPage 函数
); };
```

此时运行代码，可看到与前面相同的静态数据，因为尚未将 API 返回的数据传递
到视图。如果想快速查看返回的内容，可以在请求回调中添加一些 console log 语句。

如果一切正常运行，现在可以将数据传入视图。

7.3.3　将数据从 API 传递到视图

目前都是假设 API 返回的是正确数据，但我们即将处理异常情况。返回的数据需
要进行预处理：API 返回的坐标数据是数组，但视图以对象键值对格式使用。

代码清单 7.15 显示了如何在 request 语句上下文对数据进行处理，在将 API 返回
数据发送到 renderDetailPage 函数前，进行类型转换。

代码清单 7.15　在控制器中对数据进行预处理

```
request(
  requestOptions,
  (err, response, body) => {
    const data = body;          ◀——  在新的变量中创建
    data.coords = {                   所返回数据的副本
      lng: body.coords[0],
      lat: body.coords[1]       ◀——  重置 coords 属性为对
    };                                象并使用 API 响应设
    renderDetailPage(req, res, data);  ◀——  发送转换后的
  }                                          数据进行渲染
);
```

下一步是修改 renderDetailPage 函数以使用处理后的数据而不是硬编码数据。要完
成这项工作，需要确保函数接收数据作为参数，然后根据需要更新传递到视图的值。
代码清单 7.16 以粗体突出显示了修改的内容。

代码清单 7.16　更新 renderDetailPage 函数以接收和处理数据

```
const renderDetailPage = function (req, res, location) {  ◀——  为函数定义
  res.render('location-info', {                                 中的数据添
                                                                加新的参数
```

```
    title: location.name,
    pageHeader: {
      title: location.name
      },
    sidebar: {
      context: 'is on Loc8r because it has accessible wifi and space to
      sit down with your laptop and get some work done.', callToAction:
      "If you've been and you like it - or if you don't - please leave
      a review to help other people just like you."
    },
    location
  });
};
```

在函数中引用所
需的特定数据项

将包含详细信息的地点
数据对象传递到视图

可以使用这种方法发送完整的数据对象，因为最初的数据是基于视图和控制器所需的数据模型构建的。此时运行应用程序，可看到页面加载了从数据库中获取的数据，如图 7.6 所示。

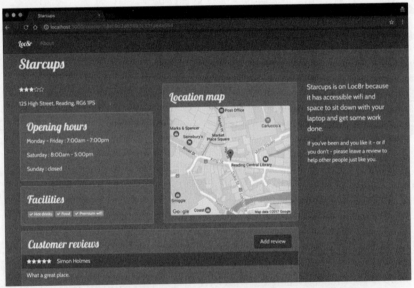

图 7.6　通过 API 获取 MongoDB 中数据的 Details 页面

眼神犀利的读者可能已经发现图 7.6 中的问题：评论内容中没有评论时间。

7.3.4　调试并修复视图错误

现在，视图展示遇到了问题：并未正确输出评论时间。之前是基于视图和控制器提供的数据构建数据模型，但现在所需信息不够。本节将处理此问题。

先从 app_server/views 中的 Pug 文件 location-info.pug 开始，单独输出这部分内容：

```
small.reviewTimestamp #{review.timestamp}
```

现在需要检查模式，查看在定义模型时是否更改了某些内容。评论相关的模式位于 locations.js 的 app_api/models 中，如以下代码片段所示：

```
const reviewSchema = new mongoose.Schema({
  author: String,
  rating: {
    type: Number,
    required: true,
    min: 0,
    max: 5
  },
  reviewText: String,
  createdOn: {
    type: Date,
    'default': Date.now
  }
})
```

原来如此，将时间戳改为 createdOn，对路径而言 createdOn 是更贴切的名称。

```
small.reviewTimestamp #{review.createdOn}
```

使用 createdOn 修改 Pug 文件，如下所示：

```
small.reviewTimestamp #{review.createdOn}
```

保存修改后刷新页面，效果如图 7.7 所示。

图 7.7　直接从返回的数据中获取名称和日期，日期格式对用户展示并不友好

勉强成功了，日期数据已经展示，但现在看到的样式并不是用户可读格式。可以使用 Pug 解决此问题。

7.3.5 使用 Pug mixin 格式化日期数据

回顾视图设置时，可以发现使用了 Pug mixin 并根据提供的评级数值输出评级。在 Pug 中，mixin 就像函数；可在调用 Pug 时传入参数，执行 JavaScript 代码，并生成输出内容。

格式化日期会在多处使用，因此创建一个 mixin 以便于调用。outputRating mixin 位于 app_server/views/_includes 目录的 htmlfunctions.pug 共享文件中，在此文件中添加 formatDate mixin。

在 formatDate mixin 中，主要使用 JavaScript 将日期数据从 ISO 格式转为可读性更强的格式：日/月/年格式(例如 2017 年 5 月 10 日)。此处的 ISO 日期对象是字符串格式，所以先转为 JavaScript date 对象，完成格式转换后才能使用 JavaScript date 对象的方法获取日期的各部分值。

代码清单 7.17 展示了在 mixin 中执行以上操作的方法。记住，Pug 文件中的 JavaScript 代码必须以破折号为前缀。

代码清单 7.17 创建 Jade mixin 以格式化日期数据

将日期数据从字符串类型转换为日期对象类型

设置月份名称数组

```
mixin formatDate(dateString)
  - const date = new Date(dateString);
  - const monthNames = ['January', 'February', 'March', 'April',
    'May', 'June', 'July', 'August', 'September', 'October',
    'November', 'December'];
  - const d = date.getDate();
  - const m = monthNames[date.getMonth()];
  - const y = date.getFullYear();
  - const output = `${d} ${m}
    ${y}`;
  =output
```

使用 JavaScript 日期方法提取并转换日期数据

将各部分数据按所需格式组合并渲染输出

现在，mixin 接收日期数据作为参数，处理后按照所需格式输出。mixin 在渲染输出时，只需要在代码中对应的位置调用即可。以下代码演示了这个调用过程，我们再次基于整个模板中同样的两行代码：

```
span.reviewAuthor #{review.author.displayName}
small.reviewTimestamp
  +formatDate(review.createdOn)
```

在新的一行中调用 mixin，并传入评论创建日期(确保缩进正确)

对 mixin 的调用应该放在新的一行，因此需要注意缩进；日期应嵌套在<small>标签中。现在 Details 页面已经完成，如图 7.8 所示。

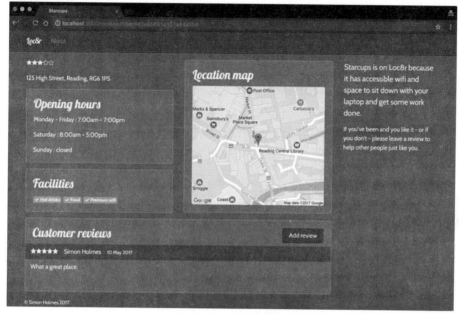

图 7.8　完成的 Details 页面。地点 ID 通过 URL 传递到 API，API 检索数据
并传入页面进行格式化和渲染

太好了，这正是我们想要的效果。只要能在数据库中找到 URL 包含的 ID，页面即可正确展示。但如果 ID 错误或在数据库中找不到，会发生什么？

7.3.6　创建基于返回状态的错误页

如果在数据库中找不到 URL 中的 ID，API 返回 404 错误。404 错误源于浏览器中的 URL，因此浏览器也会返回 404 错误；找不到 ID 对应的数据，从本质上说就是找不到页面。

使用本章中已经介绍的技术，在 request 回调函数中使用 response.statuscode，可以很容易地捕获 API 返回 404 错误的状态。如果不想在回调函数中处理 404 错误，可将数据流传递到可调用的新函数 showError 中进行处理。

捕获所有错误

相比只捕获 404 错误更好的处理方式是，回到响应的源头并处理所有除 200 外的其他状态码。可将状态码传入 showError 函数，由 showError 函数处理不同的结果。为了让 showError 函数更好地处理响应，可将 req 和 res 对象传入其中。

代码清单 7.18 修改 request 回调函数以渲染 API 成功调用后的 Details 页面，并将所有其他错误传入错误函数 showError。

代码清单 7.18　捕获 API 引起的返回非 200 状态码的错误

```
request(
  requestOptions,
  (err, {statusCode}, body) => {          你只会对 statusCode 感兴
    let data = body;                       趣，因此只获取 statusCode
    if (statusCode === 200) {
      data.coords = {
        lng : body.coords[0],
        lat : body.coords[1]
      };                                   如果检查通过，继
      renderDetailPage(req, res, data);    续执行并渲染页面
    } else {
      showError(req, res, statusCode);     如果检查失败，
    }                                      将错误信息传入
  }                                        showError 函数
);
```

检查 API 响应是否成功

太好了；现在，如果获取到的 API 内容需要展示，直接渲染 Details 页面即可。如何处理错误？向用户发送信息，让用户知道请求出现问题。

显示错误信息

此处无需精美的布局，只需要让用户知道请求出现问题并给用户提示即可。为达到此目的，使用前面已经设置好的通用 Pug 模板：名为 generic-text.pug 的模板，它接收标题和内容作为参数。

如果愿意，可为每种类型的错误创建单独的页面和布局。但现在，只需要捕获错误并告知用户错误类型。除了让用户知晓，还应在显示页面时返回适当的状态码供浏览器读取。

代码清单 7.19 展示了 showError 函数的内容，它接收状态码作为参数并传递，用于定义页面的标题和内容。此处为 404 页面指定错误信息，并为传入的其他错误指定通用信息。

代码清单 7.19　为非 200 状态码的 API 创建错误处理函数

```
const showError = (req, res, status) => {
  let title = '';
  let content = '';
```

```
  if (status === 404) {
    title = '404, page not found';
    content = 'Oh dear. Looks like you can\
      't find this page. Sorry.';
  } else {
    title = `${status}, something's gone wrong`;
    content = 'Something, somewhere,
      has gone just a little bit wrong.';
  }
  res.status(status);
  res.render('generic-text', {
    title,
    content
  });
};
```

如果传入的状态码是404，设置页面的标题和内容

其他情况下，设置通用错误信息

使用 status 参数设置响应状态

将数据发送到将被编译并发送到浏览器的视图中

　　showError 函数可在任何需要错误处理的控制器中复用，并且可在必要时，添加对新错误类型的处理代码。

　　修改 URL 中的地点 ID 以测试 404 页面，如图 7.9 所示。

图 7.9　当 API 在数据库中因找不到 URL 中的地点 ID 时显示的 404 页面

　　Details 页面已构建完成，现在可以对给定地点成功展示所有信息，并可在找不到地点数据时向访问者显示 404 信息。

　　继续模拟用户行为，下一步也是最后一步：为应用程序添加评论功能。

7.4 通过API向数据库添加数据：添加Loc8r用户评论

在本节，你将看到如何获取用户提交的表单数据，处理数据并发布到 API。通过单击 Details 页面上的 Add Review 按钮，填写表单并提交，可将评论添加到 loc8r 数据库中。当前已具有添加评论的视图，但并没有实现评论的基础功能。需要改变现状。

以下是需要完成的任务列表：

- 标识评论表单是对哪个地点的评论。
- 为表单创建 Post 提交路由。
- 发送新的评论数据到 API。
- 在 Details 页面中展示新评论的内容。

注意，在开发阶段，没有引入用户验证方法，因此没有用户账户的概念。

7.4.1 设置路由和视图

上述任务列表中的第一项涉及将地点 ID 添加到添加评论页，以便在提交表单时使用地点。毕竟，地点 ID 是 API 添加评论的唯一标识。获取页面地点 ID 的最佳方法是将其放入 URL，正如在 Details 页面中所做的那样。

定义两个评论路由

获取 URL 中的地点 ID 意味着将改变添加评论页的路由：添加 locationid 参数。添加完成后，可以处理任务列表中的第二项，并为表单提交创建路由。理想情况下，此路由可以与提交评论路径一样，但使用不同的请求方式和控制器。为完成此功能，需要修改 router.route 语法，明确使用同一路由的两种不同请求方式。

以下代码片段展示了如何修改 app_server/routes 文件夹下 index.js 文件中的路由：

```
router.get('/', ctrlLocations.homelist);
router.get('/location/:locationid', ctrlLocations.locationInfo);
router
  .route('/location/:locationid/review/new')
  .get(ctrlLocations.addReview)
  .post(ctrlLocations.doAddReview);
```

更新 router.route 语法，将 locationid 参数插入评论表单路由

在同一 URL 中创建新路由，但使用 POST 请求方式并引用另一个控制器

以上就是本节所需的全部路由，此时重启应用程序会失败，因为 POST 路由引用了不存在的控制器。可通过向控制器文件添加占位函数来解决此问题。将以下代码添加到 app_server/controllers 中的 locations.js，并将 doAddReview 添加到底部的导出列表中，再次重启应用程序即可成功：

```
const doAddReview = (req, res) => {
};
```

如果此时单击跳转到添加评论页，会返回错误信息。需要在 Details 页面中更新跳转到添加评论页的链接。

修复地点详情视图

需要将地点 ID 添加到 Details 页面的 Add Review 按钮中指定的 href 属性。Details 页面的控制器将从 API 返回完整的数据对象，连同其他包含_id 字段的数据一同发送到视图。数据对象在传递到视图后，存储在名为 location 的变量中。

以下代码片段是 app_server/views 文件夹中 location-info.pug 模板的一行。此行显示了如何将地点 ID 添加到 Add Review 按钮的链接中；请注意，在 href 属性值中使用了 JavaScript 模板字符串：

```
a.btn.btn-primary.float-right(href=`/location/${location._id}/
    review/new`) Add review
```

修改并保存模板后，单击某个地点的评论表单。然而，仍然存在一些问题：表单没有提交地址，地点名称仍然硬编码在控制器中。

更新评论表单视图

下一步，要确认表单提交到正确的地址。现在提交表单，就会发送 GET 请求到 URL/location。

```
form(action="/location", method="get", role="form")
```

上述代码在 app_server/views 文件夹的 location-review-form.pug 文件中。/location 路径在应用程序中已经无效，此外，提交使用的是 POST 请求而不是 GET 请求。提交表单的 URL 与添加评论的 URL 相同：/location/:locationid/reviews/new。

解决此问题的简单方法是将表单的 action 设置为空字符串，并将请求方式设置为 POST，如下所示：

```
form(action="", method="post", role="form")
```

现在再次提交表单，会向当前页面 URL 发送 POST 请求。

创建渲染添加评论页的命名函数

与其他页面一样，将页面渲染放入单独的命名函数。这一步可在编码时进行功能拆分，并为下一步操作作准备。

代码清单 7.20 中是渲染代码，修改 app_server/controllers 文件夹中的 locations.js 文件。

代码清单 7.20 为 addReview 控制器内容创建渲染函数

```
const renderReviewForm = (req, res) => {        ◀  创建新函数 renderReviewForm，
  res.render('location-review-form', {             并将 addReview 控制器内容放入
    title: 'Review Starcups on Loc8r',             其中
    pageHeader: { title: 'Review Starcups' }
  });
};
/* GET 'Add review' page */                     ◀  在 addReview 控制器中
const addReview = (req, res) => {                   调用新函数，并传递相
  renderReviewForm(req, res);                      同的参数
};
```

上述代码清单看起来有些奇怪：创建了一个命名函数，在控制器中除了调用此命名函数外，并没有其他内容，但代码马上会变得有用。

获取地点详情

在添加评论页中，需要显示地点名称，让用户知道正在评论的是哪个地点。再次请求 API，传入地点 ID，将获取的信息返回到控制器和视图中。前面的 Details 页面在另一个控制器中已经完成这些功能。如果已成功完成 Details 页面功能，那么此处无需太多新代码。

与其维护两份重复的代码，不如使用 DRY(自身无须重复)方法。添加评论页和 Details 页面都会调用 API 以获取地点信息并进行处理。为什么不创建一个新函数来统一处理？前面已在 locationInfo 控制器中获取了大部分代码，现在需要将它们修改为调用最终函数的方式。使用回调函数而不是直接调用 renderDetailPage 函数。

使用新函数 getLocationInfo 发送 API 请求。请求成功后，此函数会调用传入的回调函数。locationInfo 控制器调用此函数并传入回调函数，在回调函数中调用 renderDetailPage 函数。同样，addReview 控制器也会调用这个新函数，并在回调中将返回的值传递到 renderReviewForm 函数，参见代码清单 7.21。

代码清单 7.21　创建可复用函数以获取地点信息

```
const getLocationInfo = (req, res, callback) => {
  const path = `/api/locations/${req.params.locationid}`;
  const requestOptions = {
    url : `${apiOptions.server}${path}`,
    method : 'GET',
    json : {}
  };
  request(
    requestOptions,
    (err, {statusCode}, body) => {
      let data = body;
      if (statusCode === 200) {
        data.coords = {
          lng : body.coords[0],
          lat : body.coords[1]
        };
        callback(req, res, data);
      } else {
        showError(req, res, statusCode);
      }
    }
  );
};
const locationInfo = (req, res) => {
  getLocationInfo(req, res,
    (req, res, responseData) => renderDetailPage(req, res,
      responseData)
  );
};
const addReview = (req, res) => {
  getLocationInfo(req, res,
    (req, res, responseData) => renderReviewForm(req, res,
      responseData)
  );
};
```

新函数 getLocationInfo 接收回调函数作为第三个参数并包含 locationInfo 控制器中的所有代码

API 成功响应后，调用传入的回调函数而不是固定的命名函数

在 addReview 控制器中也调用 getLocationInfo 函数，但这次在回调函数中传入 renderReviewForm 函数

在 locationInfo 控制器中，调用 getLocationInfo 函数，传入回调函数作为参数，回调函数将在请求完成后调用 renderDetailPage 函数

此处使用了一种友好的 **DRY** 方法来解决问题。将 API 代码从一个控制器复制到另一个控制器是件很简单的事，如果很清楚代码及其使用方法，使用复制代码的方法也未尝不可。但是，当出现两份功能几乎一样的代码时，需要考虑能否优化，让代码保持整洁且易于维护。

显示地点详情

还有一件事需要注意。渲染表单的函数仍包含硬编码数据，而没有使用 API 数据。可快速对此函数进行修改，如下所示：

```
const renderReviewForm = function (req, res, {name}) {    ◄──
  res.render('location-review-form', {
    title: `Review ${name} on Loc8r`,                    修改 renderReviewForm 函
    pageHeader: { title: `Review ${name}` }              数，使其接收一个新参数，
  });                                                     该参数可根据需要解构
};
```

使用模板字符串
替换硬编码数据

再次完成对添加评论页的修改，现在可通过 URL 中的 ID 显示地点名称，如图 7.10 所示。

图 7.10   添加评论页根据 URL 包含的 ID 请求 API 以获取地点名称

7.4.2 提交评论数据到 API

现在已设置好添加评论页，可进行下一步操作，包括设置提交地址。前面已为 POST 请求准备好路由和控制器，但是 doAddReview 控制器目前只是一个占位函数。

doAddReview 控制器计划完成以下任务：

- 从 URL 中获取地点 ID，并用地点 ID 组成 API 请求的 URL。
- 获取表单提交数据并打包为 API。
- 发送 API 请求。
- 如果请求成功，显示新评论的内容。
- 如果请求失败，显示错误页。

以上处理过程中只有传输数据到 API 尚未提及。到目前为止，我们通过传递一个空的 JSON 对象以确认响应格式是 JSON。现在，获取表单数据并根据所需格式传递到 API。表单中有三个字段，因此 API 需要三个引用，将它们一一映射。表单字段和模型路径如表 7.3 所示。

表 7.3 将表单字段映射到 API 所需的模型路径

表单字段	API 引用
name	author
rating	rating
review	reviewText

将上述映射关系转换为 JavaScript 对象非常简单。创建一个包含 API 所需变量名的新对象，并使用 req.body 从提交的表单数据中获取值。以下代码片段单独展示了这个对象，稍后会将其放入控制器代码：

```
const postdata = {
  author: req.body.name,
  rating: parseInt(req.body.rating, 10),
  reviewText: req.body.review
};
```

现在已了解提交评论的工作原理，可添加到 API 控制器的标准模式中，并构建 doAddReview 控制器。记住，对于成功的 POST 请求，API 返回的状态码是 201，而不是前面 GET 请求返回的状态码 200。代码清单 7.22 所示的 doAddReview 控制器使用了迄今为止学过的所有内容。

代码清单 7.22　用于将评论数据提交到 API 的 doAddReview 控制器

```
const doAddReview = (req, res) => {
  const locationid = req.params.locationid;                      从 URL 获取
  const path = `/api/locations/${locationid}/reviews`;          地点 ID 并组
                                                                 成 API URL
  const postdata = {
    author: req.body.name,
    rating: parseInt(req.body.rating, 10),     使用提交的表单
    reviewText: req.body.review               数据创建发送到
  };                                          API 的数据对象
  const requestOptions = {
    url: `${apiOptions.server}${path}`,         设置请求选项，包括请求路径，
    method: 'POST',                             设置 POST 请求方式并将提交的
    json: postdata                              表单数据传递到 JSON 参数
  };
  request(            ←————————— 发送请求
    requestOptions,
    (err, {statusCode}, body) => {
      if (statusCode === 201) {
        res.redirect(`/location/${locationid}`);      如果评论添加成功，重定
      } else {                                        向到 Details 页面；否则，
        showError(req, res, statusCode);              如果 API 返回错误，就展
      }                                               示错误页
    }
  );
};
```

现在创建一条评论并提交，然后可在 Details 页面中看到评论内容，如图 7.11 所示。

图 7.11　填写并提交评论表单，评论内容将展示在 Details 页面上

现在一切准备就绪，可快速添加表单验证。

7.5　通过数据验证保护数据完整性

当应用程序接收外部输入并添加到数据库时，需要确保数据的完整性和准确性，并尽可能验证或给出用户输入反馈。如果用户添加电子邮件地址，应该检查输入内容是否是有效的电子邮件格式，但无法通过代码验证是否是真实的电子邮件地址。

在本节，将学习如何向应用程序添加验证功能，以防止用户提交空评论。可在应用程序中的三个位置添加验证功能：

- 模式层验证，在数据存储之前使用 Mongoose 验证。
- 应用程序层验证，在数据提交到 API 之前。
- 客户端验证，在表单提交之前。

本节将依次介绍上述内容，并在每个步骤中添加验证。

7.5.1　在模式中使用 Mongoose 验证

在保存数据前对数据进行验证无疑是最重要的阶段。数据验证是最后一步，也是确保数据正确的最后机会。当数据通过 API 暴露给第三方时，数据验证阶段显得尤为重要；如果无法控制调用 API 的所有应用程序，就无法保证数据的安全性。在保存数据前，确保数据合法性是很重要的。

更新模式

在第 5 章第一次设置模式时，曾考虑在 Mongoose 中添加数据验证。前面已将 rating 路径设置为必填值，但还需要将 author 和 reviewText 也设置为必填值。如果其中任何一个缺失，评论就无法存储。将设置内容添加到模式很简单，如代码清单 7.23 所示(模式在 app_api/model 文件夹的 locations.js 中)。

代码清单 7.23　在模式中为评论添加验证

```
const reviewSchema = new mongoose.Schema({
  author: {
   type: String,
    required: true
  },
  rating: {
```

将每个路径都设置为必填值，因为如果任何一个路径缺失，评论都将无意义

```
    type: Number,
    required: true,
    min: 0,
    max: 5
  },
  reviewText: {
    type: String,
    required: true
  },
  createdOn: {
    type: Date,
    'default': Date.now
  }
});
```

将每个路径都设置为必填
值，因为如果任何一个路
径缺失，评论都将无意义

createdOn 无须填写，因为
Mongoose 在创建新评论时
会自动填充 createdOn

保存代码后，用户无法再添加无评论文本的评论。如果尝试添加空评论，可看到如图 7.12 所示的错误页面。

图 7.12　保存无内容的评论时显示错误页面，现在模式要求评论文本必填

这种做法虽然可以很好地保护数据库安全，但用户体验并不好。应在捕获错误后让访问者再次尝试提交评论。

更新 Mongoose 错误验证
如果试图保存缺少一个或多个必填路径的文档或空文档，Mongoose 将返回错误。Mongoose 无须调用数据库即可完成这样的验证，因为 Mongoose 本身持有模式，并且知道哪个路径是必填的，哪个路径不是必填的。以下代码片段是此类错误信息的示例：

```
{
  message: 'Validation failed',
  name: 'ValidationError',
  errors: {
    'reviews.1.reviewText': {
      message: 'Path `reviewText` is required.',
      name: 'ValidatorError',
      path: 'reviewText',
      type: 'required',
      value: ''
    }
  }
}
```

在应用程序的工作流中，这发生在 save 函数的回调函数中。如果查看 doAddReview
函数中的 save 命令(在 app_api/controllers/reviews.js 中)，可在此处抛出错误，并设置
400 状态码，参见以下代码片段，其中还包括临时的 console log 语句，并在终端显示
错误输出：

```
location.save((err, location) => {
  if (err) {
    console.log(err);           尝试保存，Mongoose
    res                          验证错误会通过错误
      .status(400)               对象返回到响应
      .json(err);
  } else {
    updateAverageRating(location._id);
    let thisReview = location.reviews[location.reviews.length - 1];
    res
      .status(201)
      .json(thisReview);
  }
});
```

API 将验证错误作为响应主体和 400 状态码一同返回。当 API 返回 400 状态码时，
可在应用程序中通过查看响应体内容获取错误信息。

在 app_server 中进行上述操作的确切位置是 controllers/locations.js 的 doAddReview
函数。捕获到验证错误时，希望重定向到添加评论页，让用户再次尝试提交。为了让
页面知道已经进行过提交，可在查询字符串中传入标识。

以下代码清单 7.24 展示了 doAddReview 函数中 request 语句回调函数的代码。

代码清单 7.24 捕获 API 返回的验证错误

```
request(
  requestOptions,
  (err, {statusCode},{name}) => {
    if (statusCode === 201) {
      res.redirect(`/location/${locationid}`);
    } else if (statusCode === 400
        && name && name === 'ValidationError') {
      res.redirect(`/location/${locationid}/review/new?err=val`);
    } else {
      console.log(body);
      showError(req, res, statusCode);
    }
  }
);
```

添加错误检查以验证状态码是
否为 400、响应体是否有 name
属性以及 name 属性值是否为
ValidationError

如果值为 true，重定向到
评论表单，并在查询字符
串中传入错误标识

现在，当 API 返回验证错误时，可捕获错误并让用户重新提交表单。对于传递到查询字符串中的值，意味着可在显示评论表单的控制器中查找它们，并向视图发送信息以提示用户。

在浏览器中显示错误信息

要在视图中显示错误信息，当查询字符串中有 err 参数时，需要将变量发送到视图，renderReviewForm 函数负责将变量传递到视图。调用此函数时，也需要传入 req 对象，req 对象中包含 query 对象，这使得在 err 参数存在时容易进行传递。代码清单 7.25 突出显示了实现这部分功能所需要修改的内容。

代码清单 7.25 修改控制器，将错误字符串从查询对象传入视图

```
const renderReviewForm = (req, res,{name}) => {
  res.render('location-review-form', {
    title: `Review ${name} on Loc8r`,
    pageHeader: { title: `Review ${name}` },
    error: req.query.err
  });
};
```

向视图发送新的 error 变量，并
将已有查询参数传递到视图

query 对象无论是否有内容，都是 req 对象的一部分。这就是无须对 query 对象进行错误捕获以判断其是否存在的原因；如果未找到 err 参数，将会返回 undefined。

剩下要做的是在视图中处理错误信息，让用户知道问题所在。如果获取到验证错误，将在表单顶部向用户显示一条提示信息。要为错误信息添加样式并放在页面的最上层，需要使用 Bootstrap alert 组件：一种个带有相关类和属性的 div。以下代码片段展示了需要添加到 location-review-form 视图的两行代码：

```
form(action="", method="post", role="form")
  - if (error == "val")
    .alert.alert-danger(role="alert") All fields required,
    please try again
```

现在，当 API 返回验证错误信息时，捕获错误并展示给用户。图 7.13 展示了错误信息的样式。

图 7.13　浏览器中的验证错误信息，Mongoose 捕获错误并返回错误后启动进程的结果

API 层的验证很重要并且是进行错误验证的良好开端，因为这能够保护数据库无论对何种数据源，都可以免受数据不一致和数据不完整带来的影响。但这种方式的用户体验始终不是最好的，因为用户还要提交表单，表单请求在页面因错误而重新加载前需要与 API 来回交互。所以显然还有改进的空间，第一步是在数据传递到 API 之前在应用程序层进行验证。

7.5.2　使用 Node 和 Express 在应用程序层进行验证

模式层验证是后盾，是数据库前面的最后一道防线。但应用程序不应该只依赖模式层验证，应当尽量减少对 API 的不必要调用，降低请求开销，并加快用户交互速度。一种方法是在应用程序层添加验证，对将要提交的数据，在发送到 API 前进行验证。

在应用程序中，验证评论的必填字段很简单，可添加一些简单的检查代码以确保每个字段都有值。如果验证不通过，将用户重定向到表单，并添加与前面同样的查询字符串标志。如果验证通过，控制器继续发送请求。代码清单 7.26 展示了 app_server/controllers 文件夹中 locations.js 的 doAddReview 控制器中需要添加的内容。

代码清单 7.26　在 Express 控制器中添加简单验证

```
const doAddReview = (req, res) => {
  const locationid = req.params.locationid;
  const path = `/api/locations/${locationid}/reviews`;
  const postdata = {
    author: req.body.name,
    rating: parseInt(req.body.rating, 10),
    reviewText: req.body.review
  };
  const requestOptions = {
    url: apiOptions.server + path,
    method: 'POST',
    json: postdata
  };
  if (!postdata.author || !postdata.rating || !postdata.reviewText) {
    res.redirect(`/location/${locationid}/review/new?err=val`);
  } else {
    request(
      requestOptions,
      (err, {statusCode},{name}) => {
        if (statusCode === 201) {
          res.redirect(`/location/${locationid}`);
        } else if (statusCode === 400 && name
          && name === 'ValidationError' ) {
          res.redirect(`/location/${locationid}/review/new?err=val`);
        } else {
          showError(req, res, statusCode);
        }
      }
    );
  }
};
```

如果三个必填数据字段中的任意一个为假值，重定向到添加评论页，并向查询字符串插入值，用于显示错误信息

其他情况下，像前面一样继续执行代码

运行结果与前面相同，如果评论文本缺失，用户会在添加评论页中收到错误提示信息。用户感知不到数据没有提交到 API，但其实少了一次请求交互，并且更快地得到了响应。还可使用第三层验证将响应速度变得更快：基于浏览器的验证。

7.5.3　使用 jQuery 在浏览器中进行验证

应用程序层验证通过不向 API 发送请求来提升响应速度，客户端验证通过在表单提交到应用程序前捕获错误，并移除另一个函数调用以提升响应速度。在客户端捕获错误可让用户停留在当前页面。

要让 JavaScript 代码在浏览器中运行，需要将它们放入应用程序的 public 文件夹。Express 会将 public 文件夹视为要下载到浏览器而不是在服务器上运行的静态文件。如果 public 文件夹中没有名为 javascripts 的文件夹，请立即创建一个。在此文件夹中，创建名为 validation.js 的新文件。

编写 jQuery 验证代码

在 validation.js 文件中添加用于执行以下内容的 jQuery 函数(详见代码清单 7.27)：

- 监听提交评论表单事件。
- 检查所有必填字段是否有值。
- 如果其中一个必填字段为空，就显示与模式层和应用程序层同样的错误信息，并阻止表单提交。

代码清单 7.27　创建 jQuery 表单验证函数

监听提交评论表单事件

```
$('#addReview').submit(function (e) {
  $('.alert.alert-danger').hide();
  if (!$('input#name').val() || !$('select#rating').val() ||
    !$('textarea#review').val()) {
    if ($('.alert.alert-danger').length) {
      $('.alert.alert-danger').show();
    } else {
      $(this).prepend('<div role="alert" class="alert alert-danger">
      All fields required, please try again</div>');
    }

    return false;
  }
});
```

检查是否有值缺失

如果有值缺失，显示或注入错误信息到页面

如果有值缺失，阻止表单提交

需要确保获取到 addReview 设置的 ID 以便 jQuery 能监听正确的事件，还需要将脚本添加到页面让浏览器执行。

将 jQuery 添加到页面

在页面<body>标签的底部引用 jQuery 和其他客户端 JavaScript 文件。设置代码位于 app_server/views 的 layout.pug 视图的底部：

```
script(src='/bootstrap/js/bootstrap.min.js')
script(src='/javascripts/validation.js')
```

这就是浏览器验证的全部内容。现在，我们将在浏览器中进行表单验证，无须提交数据并且删除了页面重载和调用服务器的相关代码。

提示：

客户端验证看起来最需要，而另外两种验证方式，可让应用程序变得健壮。因为在浏览器中，可以禁用 JavaScript，删除客户端验证功能，或者绕过验证，直接将数据提交到表单操作的 URL 或 API 端点。

在第 8 章，将介绍混入式 Angular，并且开始在 Express 应用程序的上层使用可交互式前端组件。

7.6　本章小结

在本章，你掌握了：

- 如何使用 request 模块在 Express 中进行 API 调用，如何发送 POST 和 GET 请求到 API 终端。
- 关注分离的几种方式，从 API 请求逻辑中分离渲染函数。
- 如何将简单模式应用到每个控制器的 API 逻辑中。
- 技术架构中应用程序验证数据的三种方式，以及每种方式的使用时机和原因。

使用 Angular 创建动态页面

Angular 是我们这个时代最令人激动的技术之一，是 MEAN 技术栈的核心部分，它的稳定性和持续运行能力已经得到了验证。前面介绍了服务器端框架 Express，而 Angular 是客户端框架，可以用于创建在浏览器中运行的应用程序。

第 8 章将介绍 Angular 和 TypeScript(JavaScript 的超集)，包括专门的语法、语义和术语。当从第 8 章开始学习 Angular 和 TypeScript 时，首先会学习如何为现有网页创建组件，并在其中调用 REST API 以获得数据。

第 9 和 10 章则重点关注如何使用 Angular 创建单页面应用(SPA)。基于第 8 章所学，你会以单页面应用的方式重构 Loc8r，从中学会如何创建模块化的应用程序。模块化能够令应用程序更容易维护，组件更容易复用。在第III部分的结尾，通过学习你将能够成功创建功能完备、具备调用 REST API 数据读写能力的单页面应用。

第**8**章

使用 TypeScript 开发
Angular 应用程序

本章概览:

- 如何使用 Angular CLI 并创建 Angular 应用程序
- TypeScript 基础知识讲解
- Angular 组件的创建和应用
- 如何从 API 接口获取数据,并将数据与 HTML 模板绑定
- 构建生产环境中的 Angular 应用程序

现在让我们正式开始学习 MEAN 技术栈的最后一部分内容:Angular!当刚开始上手学习 Angular 和 TypeScript 时,你可能时常会感觉像是在使用不同的语言,TypeScript 是 JavaScript 的超集,其中额外添加了一些语法和功能。TypeScript 更适合用来开发 Angular 应用程序。我们会逐步深入介绍 Angular 和 TypeScript,相信在本章结束后,你将得心应手。

你将使用 Angular 重构主页中展示的地点列表。主页中的这个列表是由 Express 渲染的,本章会用一个 Angular 组件替换它,这样做有两个目的:

- 从简单的 Angular 组件入手,这样不会让你感到过于困难。
- 介绍如何在现有的页面或应用程序中集成 Angular 组件。

图8.1显示了集成到Express应用程序前端的Angular在整个架构中所处的位置。

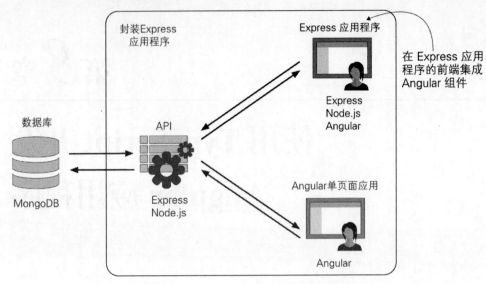

图 8.1 本章关注如何在 Express 应用程序的前端集成 Angular 组件

本章主要关注如何在现有页面、项目或应用程序中集成 Angular。随后的第 9 和 10 章将会结合本章所学知识，讲述如何使用 Angular 创建一个完整的项目。

8.1 创建并运行 Angular

下面将创建一个 Angular 模板项目，你将大概了解它是如何运行的，以及在开发过程中所需要使用的一些工具。如果之前没有接触过 Angular，那么需要先安装 Angular CLI，附录 A 详细介绍了如何安装 Angular CLI。

安装完成后，我们将会使用 Angular CLI 来创建 Angular 应用程序。

8.1.1 使用命令行创建 Angular 模板应用程序

创建 Angular 应用程序的最简单方式就是使用 Angular CLI，它可以为你创建功能完备的迷你型应用程序，包含的代码目录结构也很清晰和规范。

基本的创建命令十分简单：

```
ng new your-app-name
```

执行上述命令后将会在当前目录下为 Loc8r 创建一个名为 your-app-name 的 Angular 应用程序，首先我们来看一下创建命令的参数。

创建命令可以接收很多参数，在命令行中运行 ng help 以查看这些参数，下面是可能会用到的参数。

- --skipGit：跳过默认的 Git 初始化及首次提交步骤。默认情况下，ng new 会把目录初始化为新的 Git 仓库。但是我们会在现有的 Git 仓库中进行开发，所以 Git 初始化过程可以跳过。
- --skipTests：跳过安装测试文件的步骤，本书中我们不会介绍与单元测试相关的内容，所以不需要安装额外的测试文件。查看下方的"测试 Angular 应用程序"段落，以了解为什么本书不会深入讨论测试的话题。
- --directory：指明创建应用程序的目录。
- --defaults：强制使用 Angular 默认配置。

测试 Angular 应用程序

测试十分重要，但同时所涉及工作和技术的范畴也是巨大的。实际上，有很多书籍专门介绍与测试相关的知识。

由于受篇幅的限制，本书不会介绍测试方面的内容。如果对此感兴趣，可以访问 https://www.manning.com/books/testing-angular-applications 以了解更多知识。

配合上面的参数，即可在 app_public 目录下通过命令行创建 Angular 模板应用程序。安装命令需要执行很多步骤，因此将会耗费一段时间，在这段时间内需要时刻保持网络在线。从终端进入 Loc8r 应用程序的根目录，执行下面的命令：

```
$ ng new loc8r-public --skipGit=true --skipTests=true -defaults=true -
  directory app_public
```

进阶　对于之前使用 AngularJS(Angular 1.x)的开发人员来说，开发总是从下载 AngularJS 类库文件开始的，而现在发生了巨大的变化！针对开发人员的利好消息是：使用 CLI 创建的是开箱即用的应用程序。

安装结束后，app_public 文件夹应该看起来如图 8.2 所示。

图 8.2　Angular 项目根目录下的默认文件资源

你可能注意到在根目录下生成了 package.json 文件和 node_modules 文件夹，这让整个项目看起来像是一个 Node 应用程序。所有的开发工作将会主要集中在 src 目录下完成。

8.1.2　运行 Angular 应用程序

通过 Angular CLI 安装好的 Angular 应用程序"麻雀虽小，五脏俱全"。现在运行这个应用程序，让我们看看会发生什么，从而进一步了解 Angular。从终端进入 app_public 目录，执行下面的命令以运行程序：

```
$ ng serve
```

当开始执行上面的命令时，终端会显示整个过程中的日志信息。当日志显示?wdm?:Compiled successfully 时，就表示 Angular 已经启动了，对应端口号为4200。在浏览器中打开 http://localhost:4200，页面很简单，但如果查看源代码或者审查元素，就会看到如图 8.3 所示的内容。

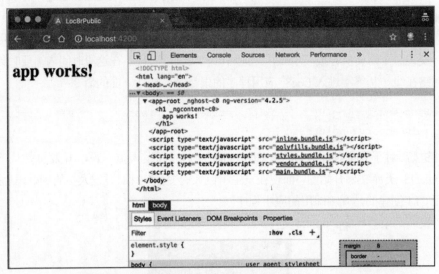

图 8.3　自动构建的 Angular 应用程序以及自动生成的 HTML 在浏览器中正常运行

页面中除了一些简单的 HTML 代码之外，还引用了若干 JavaScript 文件。注意 <app-root>标签，这并不是常规的 HTML 元素，后面在查阅源代码的时候会再次遇到这个标签。

8.1.3　应用程序的源代码

Angular 应用程序由模块化的组件构成。组件和模块这两个词一般情况下比较模糊地表示同一个意思：应用程序中的构建块。但是在 Angular 中，这两个词有专门的含义。组件包含独立的功能，而模块则包含一个或多个组件。

在编辑器中打开 src 目录，你会看到多个文件和文件夹。首先查看 src 目录下的 index.html 文件，其中的内容如代码清单 8.1 所示。

代码清单 8.1　src/index.html 文件中的内容

```
<!doctype html>
<html lang="en">
<head>
  <meta charset="utf-8">
  <title>Loc8rPublic</title>          ❶  默认标题为应
                                           用程序的名称
  <base href="/">
  <meta name="viewport" content="width=device-width,
    initial-scale=1">
  <link rel="icon" type="image/x-icon" href="favicon.ico">
</head>
<body>
                                      ❷  唯一的标签
  <app-root></app-root>                   <app-root>
</body>
</html>
```

index.html 文件中只有一些的基本 HTML 标签。可以看到，Angular 已经自动填充了标题(❶处代码)，标题是由启动命令的参数(loc8r-public)传入的。此外，app-root(❷处代码)现在还是空的标签，其中并没有<h1>。

让我们继续深入，打开 src 目录下的 app 文件夹。

主模块

Angular 应用程序是由构建到模块的组件构成的。首先让我们来看下模块的定义。src/app 目录中有一个名为 app.modules.ts 的文件。这个文件是 Angular 模块的入口，其中引用了所有的组件，内容如代码清单 8.2 所示。

现阶段暂时不要过多关注语法，我们需要对每部分有一个整体的了解。app.modules.ts 中的代码主要做了以下几件事情：

- 导入应用程序需要用到的各种 Angular 内置模块。
- 导入应用程序需要用到的组件。
- 使用装饰器描述模块。
- 导出模块。

在代码清单 8.2 中，用粗体高亮显示了 AppComponent，让我们看看如何使用 AppComponent。首先，从文件系统中导入 AppComponet(你可能发现了./ 语法来自 require 和 Node.js)，之后在装饰器中声明组件并将其设置为入口。如果想了解装饰器方面更多的知识，请查看下面的"装饰器和依赖注入"段落。

代码清单 8.2   src/app/app.module.ts 文件中的内容

```
import { BrowserModule } from '@angular/platform-browser';    ┐ 导入应用程序
import { NgModule } from '@angular/core';                     │ 需要用到的各
                                                             ┘ 种 Angular 内置
import { AppComponent } from './app.component';  ◄──────────────  模块
                                                                从文件系统
@NgModule({                                                     中导入组件
  declarations: [
    AppComponent
  ],
  imports: [              使用装饰器
    BrowserModule,        描述模块
  ],
  providers: [],
  bootstrap: [AppComponent] ◄──────────     设置应用程
})                                          序的入口
export class AppModule { }  ◄──────────     导出
                                           模块
```

这是整个应用程序的主模块，其中 bootstrap 字段设置了入口：AppComponent 组件。import 语法用于从文件系统中导入模块。上述代码中，AppComponent 与主模块处于相同的文件夹中。

装饰器和依赖注入

ES2015 和 TypeScript 中引入了装饰器，为函数、模块和类提供元数据和注解。在 Angular 中，装饰器的最常用作用是依赖注入，另一种说法是"运行模块或类所依赖的功能"。

在代码清单 8.2 中，模块 BrowserModule 被注入主模块中。同时，装饰器还声明了它所包含的组件，以及哪个组件将会作为应用程序的入口(bootstrap 字段)。

默认的入口组件

在 app_public/src/app 文件夹中，包括三个与 AppComponent 相关的文件：

- app.component.css
- app.component.html

● **app.component.ts**

这三个文件组成了一个典型的组件。CSS 和 HTML 文件定义了组件的样式和元素，而 TS 文件定义了组件的行为。

CSS 文件是空的，HTML 文件中包括下面的代码：

```
<!--The content below is only a placeholder and can be replaced.-->
<div style="text-align:center">
  <h1>
    Welcome to {{ title }}!
  </h1>
  <img width="300" alt="Angular Logo"
    src="data:image/svg+xml;base64,PHN2ZyB4bWxucz0iaHR0cDovL3d3dy53
    My5vcmcvMjAwMC9zdmciIHZpZXdCb3g9IjAgMCAyNTAgMjUwIj4KICAgIDxwYXRo
    IGZpbGw9IiNERDAwMzEiIGQ9Ik0xMjUgMzBMMzEuOSA2My4ybDE0LjIgMTIzLjFM
    MTI1IDIzMGw3OC45LTQzLjcgMTQuMi0xMjMuMXoiIC8+CiAgICA8cGF0aCBmaWxs
    PSIjQzMwMDJGIiBkPSJNMTI1IDMwdjIyLjItLjEgMTc3LjhsNzguOS00Ljy7NNDAuNy4yAxNC4y
    LTEyMy4xTDEyNSAzMHoiIC8+CiAgICA8cGF0aCAgZmlsbD0iI0ZGRkZGRiIgZD0i
    TTEyNSA1Mi4xTDY2LjggMTgyLjZoMjEuN2wxMS43LTI5LjJoNDkuNGwxMS43IDI5
    LjIMTgzTDEyNSA1Mi4xem0xNyA4My4zaC00My4zaC4zNGwxNy00MC45IDE3IDQwLjki
    AvPgogIDwvc3ZnPg==">
</div>
<h2>Here are some links to help you start: </h2>
<ul>
  <li>
    <h2><a target="_blank" rel="noopener"
        href="https://angular.io/tutorial">
        Tour of Heroes</a></h2>
  </li>
  <li>
    <h2><a target="_blank" rel="noopener"
        href="https://github.com/angular/angular-
        cli/wiki">CLI Documentation</a></h2>
  </li>
  <li>
    <h2><a target="_blank" rel="noopener"
        href="https://blog.angular.io/">Angular
        blog</a></h2>
  </li>
</ul>
```

回忆一下我们之前看到的那个简单页面，以及在开发者工具中检查的那些元素，对应的就是上面这段 HTML 代码。在 Angular 中，两个大括号表示数据与视图的绑定关系。上述代码中，<h1>标签中的变量 title 是被绑定到视图的数据，在 app.component.ts 中为变量 title 赋值，具体代码参见代码清单 8.3。

app.component.ts 中主要涉及以下三个操作：

- 导入需要用到的 Angular 内置模块。
- 为组件添加装饰器以及运行应用程序所需要的数据。
- 导出以类形式声明的组件。

代码清单 8.3　app.component.ts

```
import { Component } from '@angular/core';         从@angular/core
                                                   导入 Component
@Component({
  selector: 'app-root',
  templateUrl: './app.component.html',             为组件添
  styleUrls: ['./app.component.css']               加装饰器
})
export class AppComponent {
  title = 'loc8r-public';      导出以类形式
}                              声明的组件
```

上面这段代码很简单，对于一直使用 JavaScript 的开发人员，刚接触到这段代码时可能会有一些困惑和不解。请仔细阅读并尝试去理解，便会发现其中有意思的部分，以及如何组合这些代码。

让我们从装饰器开始，我们在装饰器中引用了HTML和CSS文件，此外还将selector属性设置为app-root。这与我们之前检查HTML页面元素时发现的<app-root>标签是同名的。如果检查<app-root>这个标签，你会发现它的内部包括一个<h1>标签以及其他一些内容，这与app.component.html中声明的页面元素是一致的。这样我们就把组件和展示的页面联系起来了。

接下来，声明一个名为 AppComponent 的类，并将其导出。在模块中导入 AppComponent 类，并设置为启动组件。最后，你将会看到 title 变量的定义(在组件的 HTML 中对 title 变量进行了绑定)以及值 loc8r-public(可以在浏览器中查看运行结果)。注意，整个过程中我们没有使用 var、const 或 let 来声明 title 变量，这是因为 title 变量是在类中定义的，是类的成员变量而不是普通变量。

回滚

到此为止，我们已经学习了很多内容，现在让我们快速回顾一下所学的知识，并

把它们组织在一起。

- AppComponent 组件由三部分组成：TypeScript、HTML 和 CSS。
- TypeScript 文件是组件的核心，用于定义从其他文件导入的功能，并声明组件将会绑定到哪个选择选择器(HTML 标签)。
- 在 TypeScript 文件中导出 AppComponent 类。
- 在模块文件中导入 AppComponent 类，并将它声明为整个应用程序的入口。
- 在模块文件中导入所需要的 Angular 原生功能。

图 8.4 展示了整个结构。

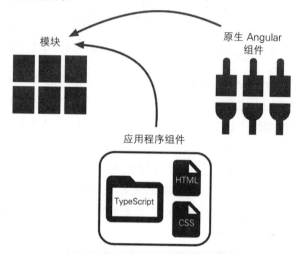

图 8.4　Angular 应用程序的结构

图 8.4 展示了 Angular 应用程序的结构，但是当你查看页面的源代码时，找不到上述任何一个文件，你所能看到的仅仅是一些 JavaScript 文件。这是怎么回事？TypeScript 文件是怎么变成 JavaScript 文件的？

Angular 的构建过程

一方面，到目前为止，虽然 TypeScript 能够增强代码的健壮性，但浏览器仅支持 JavaScript，并不支持 TypeScript，甚至一部分浏览器对 ES2015 的支持也不是很好。另一方面，虽然上面的示例很简单，但是随着功能不断丰富，应用程序会包含越来越多的组件，这表示会有很多独立的文件。你肯定不希望在 HTML 中一个一个地引用这些文件。

Angular 的构建过程会解决上述问题。构建过程会把所有 TypeScript 文件转换为原生的 JavaScript 文件，之后把这些零散的文件合并成文件 main.bundle.js。在浏览器中查看 main.bundle.js 的源代码，你会找到 title='loc8r-public'，如图 8.5 所示。

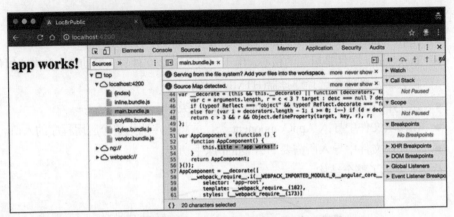

图 8.5 在构建完成的 JavaScript 代码中查找关于组件的定义

现在，使用 ng serve 命令进行编译和构建，并在端口 4200 启动 Web 服务器。ng serve 命令是运行在内存中的，这意味着编译也是在内存中进行的，不会在文件系统中生成具体的文件。如果需要编译到文件系统中，那么可以执行 ng build 命令，这个命令稍后会讲到。

ng serve 命令非常适合开发模式，它不仅能帮开发人员启动 Web 服务器，还能够监听源代码的改变，并在改变之后重新编译和刷新页面。把 src/app/app.component.ts 中的'loc8r-app'修改为'I am Getting MEAN!'，你会发现浏览器中显示的内容也相应发生了变化，如图 8.6 所示。

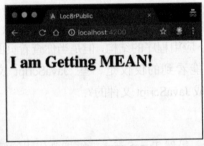

图 8.6 使用 ng serve 命令监听源代码的变化，重新编译并加载页面

ng serve 命令能够帮助开发人员减少每次手动构建和刷新页面的次数。

通过上面的学习，你已经对 Angular 有了足够的了解，接下来将会完善 Loc8r，学习更多关于 Angular 和 TypeScript 的知识。

8.2　开发 Angular 组件

下面从开发主页上的地点列表开始，这个列表组件最后会被集成到之前开发的 Express 应用程序中，在整个过程中将会演示如何把 Angular 添加到现有的网站中，这对大型的企业网站来说是很常见的需求，通常这些网站的开发人员不太可能了解网站的所有功能和细节。在下面的章节中，我们以上面的共识为前提，学习如何创建独立的单页面应用。

8.2.1　创建新的 home-list 组件

除了手动创建文件外，还可以使用 Angular CLI 自动创建代码文件。首先让我们使用 Angular CLI 创建一个模板组件。打开终端，进入 app_public 文件夹，运行以下命令：

```
$ ng generate component home-list
```

这个命令会在 src 文件夹中创建一个名为 home-list 的子文件夹，并在其中自动创建 TypeScript、HTML 和 CSS 文件。app.module.ts 文件也会被同步更新，导入刚才创建的 home-list 组件。home-list 组件的文件夹中包含一个名为 spec.ts 的文件，这是用于单元测试的测试模板文件。因为本书并不涉及测试方面的内容，所以可以忽略这个文件。以上所有步骤的执行过程都会在终端通过日志打印出来。

设置为默认组件

新创建的 home-list 组件是 Angular 模块的基础，我们将其设置为模块的默认组件。修改 app.module.ts 文件，把装饰器中 bootstrap 字段的值从 AppComponent 变更为 HomeListComponent。

由于后面不会再用到 AppComponent，因此可以从 app.module.ts 中删除相应的导入代码，从数组 declarations 中删除相关引用，并在文件系统中删除所有与之有关的文件，如代码清单 8.4 所示。

代码清单 8.4　在 app.module.ts 中加入新的组件

```
import { BrowserModule } from '@angular/platform-browser';
import { NgModule } from '@angular/core';

import { HomeListComponent } from './home-list/home-list.component';

@NgModule({
```

这行代码是由 Angular CLI 自动添加的；不再使用 AppComponent，因此删除对应的导入代码

```
declarations: [
  HomeListComponent         ◀———————  从 declarations 数组中
],                                     删除 AppComponent
imports: [
  BrowserModule
],
providers: [],                               ◀——  把 bootstrap 字段的值从 AppComponent 改
bootstrap: [HomeListComponent]                     为 HomeListComponent。
})
```

如果现在运行 ng serve 或者之前已经运行了 ng serve，那么将会看到浏览器中显示的是一个空白页面，并且在控制台中打印了很多 JavaScript 错误。这些用红色字体突出显示的错误看起来令人无从下手，不过不用担心，第一行错误信息已经给出明确的提示：app-home-list 选择器没有找到匹配的元素。

回想一下最初的组件，其中的 selector 定义了组件将会绑定的页面中元素的标签。我们更换了组件，但是没有更换页面中与组件绑定的元素的标签！

修改页面中元素的标签以绑定新的组件

打开 home-list.component.ts 文件，检查组件的装饰器，确认所要绑定的标签，如下所示：

```
@Component({
  selector: 'app-home-list',
  templateUrl: './home-list.component.html',
  styleUrls: ['./home-list.component.css']
})
```

在上面的代码中，selector 字段的值为 app-home-list，这就是需要在 HTML 中修改的标签。当然，selector 字段可以被修改为任意值，但使用默认值就足够了。打开 src 文件夹中的 index.html 文件，把<app-root>标签修改为<app-home-list>标签，代码如下所示：

```
<body>
  <app-home-list></app-home-list>
</body>
```

假设 ng serve 已经在运行，现在请打开浏览器并查看页面，你会发现页面中显示的内容变为 home-list works!，如图 8.7 所示。

图 8.7　应用程序成功加载了 home-list 组件

现在组件已经被成功创建了，接下来让我们完善它的功能。

8.2.2　创建 HTML 模板

与创建 Express 应用程序的方法类似，我们首先创建一个静态的 HTML 页面，页面中的数据通过硬编码的方式写入。这可以保证在没有从 API 接口获取数据之前，能够让应用程序运行起来。

幸运的是，HTML元素和样式都已经创建好了；现在需要做的只是把它们转换成 Angular组件。

HTML 元素

Express 应用程序源代码中的 HTML 代码是无法直接使用的，因为这些 HTML 代码是基于 Pug 模板编写的，其中的数据也是动态绑定的，而我们需要的是包含数据的完整 HTML 代码。

有一种获得完整 HTML 代码的简单方法。首先启动 Express，在浏览器中打开页面。接下来的操作在不同的浏览器中可能会有稍许差别，不过大体步骤是一致的，以 Chrome 为例：

(1) 右击 HTML 区域，从弹出的菜单中选择 Inspect Element。

(2) 选中<div class="card">元素。

(3) 选中 Copy 选项，之后选择子选项 Copy Outer HTML。

清空 home-list.component.html 中原有的内容，粘贴刚才复制的内容，参见代码清单 8.5。

代码清单 8.5　home-list.component.html 中的部分静态 HTML 代码

```
<div class="card">
  <div class="card-block">
    <h4>
```

```
<a href="/location/590d8dc7a7cb5b8e3f1bfc48">Costy</a>
<small> 
<i class="far fa-star"></i>
  <i class="far fa-star"></i>
  <i class="far fa-star"></i>
  <i class="far fa-star"></i>
  <i class="far fa-star"></i>
</small>
<span class="badge badge-pill badge-default float-
  right">14.0km</span>
</h4>
<p class="address">High Street, Reading</p>
<div class="facilities">
  <span class="badge badge-warning">hot drinks</span>
  <span class="badge badge-warning">food</span>
  <span class="badge badge-warning">power</span>
</div>
</div>
</div>
```

保存代码后，打开浏览器查看页面，页面中的内容发生了改变，但是样式很难看。
接下来让我们为页面添加一些样式。

添加样式

与 HTML 类似，Express 应用程序中已经开发了 CSS 样式，我们唯一需要做的
就是直接引用这些样式。修改 index.html，直接从 localhost:3000 引用 CSS 文件即可。
但是因为 Express 应用程序和 Angular 开发环境运行在不同的端口，某些浏览器会在控
制台提示 CORS(Cross-Origin Resource Sharing，跨域资源共享)警告。如果不了解
CORS，请查看下方的"什么是 CORS"段落。

> **什么是 CORS**
>
> 浏览器不允许从不同的域名访问或请求某些特定资源,包括字体文件和异步请求。
> 这就是浏览器的同源策略。
>
> CORS 机制能够打破这种限制，但是需要在跨域资源所在的服务器端设置允许访
> 问的许可。如果服务器端拒绝访问，那么浏览器的同源策略限制仍然生效。

如果希望资源能够被跨域访问，那么服务器端需要在资源返回的 HTTP 头中添加
Access-Control-Allow-Origin 字段，值为发起跨域资源的请求方所在的域名地址。

　　并不是所有浏览器都因为端口不同而提示 CORS 警告，但是为了避免可能发生的警告，我们把所有的样式文件和字体文件打包合并到 Angular 应用程序中。从/public 目录中复制 webfonts、stylesheets 以及 js 文件夹，复制到 app_public 目录的 src/asserts 文件夹下。

　　接下来在 index.html 文件中引用这些 CSS 文件和 JS 文件，如代码清单 8.6 所示。注意，还需要加入对 Bootstrap 的引用。

代码清单 8.6　为 Angular 应用程序的 index.html 添加 CSS 引用

```
<!doctype html>
<html lang="en">
<head>
  <meta charset="utf-8">
  <title>Loc8rPublic</title>
  <base href="/">
  <link rel="stylesheet" href="assets/stylesheets/bootstrap.min.css">
  <link rel="stylesheet" href="assets/stylesheets/all.min.css">
  <link rel="stylesheet" href="assets/stylesheets/style.css">

  <meta name="viewport" content="width=device-width, initial-scale=1">
  <link rel="icon" type="image/x-icon" href="favicon.ico">
</head>
<body>
  <app-home-list></app-home-list>

  <script src="https://code.jquery.com/jquery-3.3.1.slim.min.js"
  integrity="sha384-q8i/X+965DzO0rT7abK41JStQIAqVgRVzpbzo5smXKp4YfRv
  H+8abtTE1Pi6jizo" crossorigin="anonymous"></script>
  <script src="https://cdnjs.cloudflare.com/ajax/libs/popper.js/1.14.3/
  umd/popper.min.js" integrity="sha384-ZMP7rVo3mIykV+2+9J3UJ46
  jBk0WLaUAdn689aCwoqbBJiSnjAK/l8WvCWPIPm49" crossorigin="anonymous">
  </script>
  <script src="assets/javascripts/bootstrap.min.js"></script>
</body>
</html>
```

添加样式后的页面如图 8.8 所示。

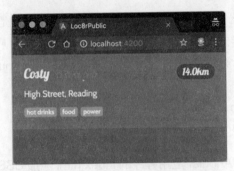

图 8.8 加载样式和字体文件后的静态页面

提示：

Angular 应用程序在被集成到某个页面时，会使用容器页面的 CSS。构建的模块显示正常，那是因为我们引用的样式内容仅可以在开发模式中使用。当创建完整的SPA时，样式文件应该被构建到 Angular 应用程序中。

现在一切正常了，接下来让我们移除 HTML 中那些硬编码的数据，让页面内容丰富起来。

8.2.3 从模板向组件迁移数据

正如本章前面介绍的，可以在 Angular 中为类定义一个成员变量，并在 HTML 中使用大括号绑定这个成员变量。首先，在 home-list.component.ts 中添加一个变量，用来定义页面中针对某个地点显示的名称。

```
export class HomeListComponent implements OnInit {
  constructor() { }
  name = 'Costy';
  ngOnInit() { }
}
```

随后在 HTML 中使用绑定替换锚点标签中显示的内容，如下所示：

```
<a href="/location/590d8dc7a7cb5b8e3f1bfc48">{{name}}</a>
```

修改之后，页面的布局没有发生变化，但是其中显示的内容已经不是硬编码的数据了，而是通过绑定动态从组件中获得的。

上面的例子清楚地展示了我们努力的方向，但是例子中的数据比较简单，在实际情况中，一个地点可能会展示更多的数据，并且需要一种管理这些数据的方式。类能帮我们解决这个问题。

用于组织数据的类

在 Angular 中，类用于定义数据对象的结构。按照前面所学内容，可以认为类在本质上类似 Mongoose 中的对象集合，是一种保存了若干数据及其类型的对象。

其中类型非常重要。JavaScript 并不会为变量分配明确的类型。在 JavaScript 中可以很轻易地把一个变量从字符串转变为数字，再转变为布尔值；JavaScript 并不关心变量的类型。TypeScript 与 JavaScript 不同，TypeScript 严格规定了需要为变量分配明确的类型，这能够增强代码的健壮性。所以，TypeScript 按照字面意思可以称为类型脚本。

TypeScript 中的类型

TypeScript 中的不同数据类型如下所示。

- String：文本。
- number：数值，包括整数和小数。
- boolean：true 或 false。
- Array：指定类型的数据集合。
- enum：为一系列数值集合提供直观的名称。
- Any：任意数据类型，与 JavaScript 中的默认行为一致。
- Void：未定义类型，通常用于没有返回任何值的方法。

定义类很简单。打开 home-list.component.ts 文件，在导入声明的语句和定义组件装饰器的语句之间插入类的定义，参见代码清单 8.7。首先定义类的名称、成员变量及其类型，然后为了让其他模块或组件可以访问，还需要把这个类导出。

代码清单 8.7　在 home-list.component.ts 中定义 Location 类

```
import { Component, OnInit } from '@angular/core';

export class Location {          ◄──────────   创建并导出名为
  _id: string;                                 Location 的类
  name: string;
  distance: number;              定义类的成员
  address: string;               变量及其类型
  rating: number;
  facilities: string[];   ◄──────── 空的字符串数组
}
```

如代码清单 8.7 所示，我们已经定义了 Location 对象中要包含的数据。请一定要记住，Location 类中定义的每一个变量都必须赋值。

现在，类定义好了，接下来我们使用这个类。

创建 Location 类的实例

在 TypeScript 中声明变量和类的成员变量，类似于在 Location 类中定义属性，需要声明变量的类型和名称。语法如下：

```
variableName: variableType = variableValue
```

以 home-list 组件为例，组件中的 name = 'Costy' 应该改写为 name:string = 'Costy'。这会告知 TypeScript:name 变量的值应该是字符串类型。

当变量或类的成员变量是某个类的实例时，也需要为实例声明类型。在本例中，实例的类型就是类的名称。代码清单 8.8 展示了如何为 home-list 组件添加类型为 Location 的变量 location，并进行赋值。通常我们可以这么描述：location 是 Location 类的实例。

代码清单 8.8　在 home-list.component.ts 中定义 Location 类的实例 location

```
export class HomeListComponent implements OnInit {

  constructor() { }

  location: Location = {
    _id: '590d8dc7a7cb5b8e3f1bfc48',
    name: 'Costy',
    distance: 14.0,
    address: 'High Street, Reading',
    rating: 3,
    facilities: ['hot drinks', 'food', 'power']
  };

  ngOnInit() {
  }

}
```

稍后，我们将学习 constructor 和 ngOnInit 函数，了解它们的功能和作用。现在请忽略它们，重点关注刚刚创建的成员变量，其中包含主页上的地点列表所需要的所有数据。接下来，你将会在 HTML 中使用这些数据。

8.2.4　在 HTML 模板中引用类的成员变量

快速回顾一下，你已经掌握了在 HTML 模板中如何使用大括号绑定组件类暴露出来的数据，比如{{title}}。现在数据变得稍微复杂些，需要使用标准的 JavaScript 访问语法以读取类的成员变量中的属性。例如，location.name 将会输出 name 属性的值。

在代码清单 8.9 中，加粗的内容显示了 HTML 模板中与数据绑定相关的改动，这些改动都很简单。

代码清单 8.9　在 home-list.component.html 中绑定部分 location 数据

```
<div class="card">
  <div class="card-block">
    <h4>
      <a href="/location/{{location._id}}">{{location.name}}</a>
      <small> 
        <i class="far fa-star"></i>
        <i class="far fa-star"></i>
        <i class="far fa-star"></i>
        <i class="far fa-star"></i>
        <i class="far fa-star"></i>
      </small>
      <span class="badge badge-pill badge-default float-
        right">{{location.distance}}km</span>
    </h4>
    <p class="address">{{location.address}}</p>
    <div class="facilities">
      <span class="badge badge-warning">hot drinks</span>
      <span class="badge badge-warning">food</span>
      <span class="badge badge-warning">power</span>
    </div>
  </div>
</div>
```

现在，location 中的四项数据已经被绑定到 HTML 模板中。基础设施列表和评级这两项功能对应的数据需要额外多做一些开发工作。首先从基础设施列表功能开始，我们需要遍历对应的数据列表。

基础设施列表：在 HTML 模板中遍历数组

在 TypeScript 文件中，facilities 变量的类型被定义为字符串列表，比如['hot drinks',

'food', 'power']。Angular 能够遍历这些字符串，并为列表中的每一个元素创建一个
<span>标签。

Angular 中有一个名为*ngFor 的指令。把这个指令添加到 HTML 标签中，并向其
传递一个数据列表，该指令将会遍历这个数据列表，为其中的每一个元素创建 HTML
元素。在指令中为数组中的元素分配变量，这样 Angular 在遍历数据列表的时候就能
够访问这些元素了。

代码清单 8.10 展示了如何使用*ngFor 指令遍历 location.facilities 数据列表，并为
其中的元素分配名为 facility 的变量，以便访问 facility 中的数据。

代码清单 8.10 在 home-list.component.html 中使用*ngFor 遍历数据列表

```html
<div class="facilities">
  <span *ngFor="let facility of location.facilities" class="badge
    badge-warning">{{facility}}</span>
</div>
```

*ngFor 指令中的*非常重要，如果没有这个标志，Angular 将不会执行遍历。Angular
根据*ngFor 重复创建<span>标签，根据 facilities 变量的值['hot drinks', 'food', 'power']，
最终输出如下所示：

```html
<span class="badge badge-warning">hot drinks</span>
<span class="badge badge-warning">food</span>
<span class="badge badge-warning">power</span>
```

需要注意的一点是，Angular 在创建元素的过程中还额外加入了一些注释和标签
属性，图 8.9 展示了*ngFor 指令在页面中创建的元素。

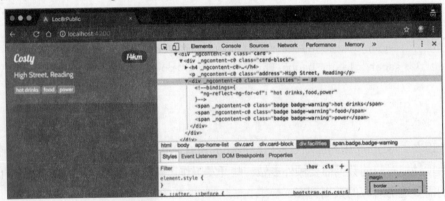

图 8.9 使用 Angular 遍历 facilities 数组后输出的结果

现在，基础设施列表功能开发完毕，让我们开始开发评级功能。

评级：使用 Angular 表达式设置 CSS 样式

到目前为止，实现数据绑定很简单：用双大括号包裹变量名或属性名。在 Angular 中，我们还可以在进行数据绑定时使用简单的表达式，比如使用{{'Getting' + ' MEAN'}}拼接两个字符串，或者执行简单的数学表达式，比如{{Math.floor(14.65)}}。

在评级功能中，每颗评级星的样式均由一个 Font Awesome 类定义。其中.fas.fa-star类用来渲染一颗被选中的五角星，而.far.fa-star 类用来渲染一颗未被选中的五角星。需要使用 Angular 设置上面两个类，正确地显示实心五角星和空心五角星的数量，从而表示得到的评分。

为了实现上述功能，我们会用到 JavaScript 中的三元运算符，这是 if/else 语句的简写。以第一颗五角星为例，我们希望实现的是这样的功能：如果评级分数小于 1，那么应该设置为空心，否则设置为实心。示例代码如下：

```
if (location.rating < 1) {
  return 'far';
} else {
  return 'fas';
}
```

使用三元运算符简写后，代码显得更加简洁，如下所示：

```
{{ location.rating < 1 ? 'far' : 'fas' }}
```

我们将上面的三元运算符与 Angular 表达式结合在一起，放到<i>标签的 class 属性中，如代码清单 8.11 所示。注意，每一个<i>标签中的表达式需要设置不同的判断条件，以便对应的五角星能够正确地显示选中状态。所有五角星都会用到 fa-star 样式，因此 fa-star 样式可以被提取到表达式的外面。

代码清单 8.11　使用三元表达式生成评级星的样式

```
<small> 
  <i class="fa{{ location.rating < 1 ? 'r' : 's' }} fa-star"></i>
  <i class="fa{{ location.rating < 2 ? 'r' : 's' }} fa-star"></i>
  <i class="fa{{ location.rating < 3 ? 'r' : 's' }} fa-star"></i>
  <i class="fa{{ location.rating < 4 ? 'r' : 's' }} fa-star"></i>
  <i class="fa{{ location.rating < 5 ? 'r' : 's' }} fa-star"></i>
</small>
```

现在打开浏览器验证一下评级功能，页面如图 8.10 所示。

看起来一切正常。接下来还有一个数据字段要处理：distance 字段。

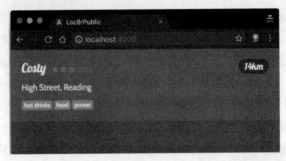

图 8.10　评级功能运行正常，使用 Angular 表达式生成正确的样式

使用管道(Pipe)格式化数据

Angular 在绑定数据时可以使用管道处理数据。对于熟悉 AngularJS 的开发人员来说，管道之前被称为过滤器。Angular 内置了一些管道，用于格式化日期和货币、切换大小写以及对字符串按照标题格式进行转换。

在数据绑定中添加管道功能时，只需要在变量或表达式的后面添加管道符号(|)，并在后面添加管道名称。比如，如果希望地址能够以全大写的方式展示，就可以在进行数据绑定时添加 uppercase 管道，如下所示：

```
<p class="address">{{location.address | uppercase}}</p>
```

当然，正常情况下你并不想把地址全部变成大写，但如果想的话，Angular 能够帮你办到！

JSON 管道能够把 JSON 对象转换成字符串，这样就可以直接在页面中显示出来，这对调试来说非常方便。比如，如果不确定 location 对象都包含了哪些数据，那么可以在 HTML 页面中临时用一个元素绑定 location 对象并添加 JSON 管道。

一些管道还能够接收参数，比如 currency 管道，当参数为空时，使用方式如下：

```
{{ 12.3485 | currency }}
```

currency 管道默认把数字转换成美元，并保留两位小数(对应美元最小单位：美分)。上例中，最终输出为 USD12.35。

管道的参数除了可以修改货币的金额，还可以设置是否用货币符号替代货币代码。管道的参数紧跟在管道名称的后面，并以冒号分隔。因此，参数的顺序很重要。以下面的代码为例，第一个参数代表货币种类，第二个参数代表布尔类型，用来表示是否显示货币符号而不是货币代码。

例如，希望显示欧元，并显示货币符号而不是货币代码，代码如下所示：

```
{{ 12.3485 | currency:'EUR':true }}
```

经过 currency 管道后，得到的结果是€12.35。

　　了解了管道之后，我们会在 Loc8r 应用程序中使用一些默认管道。现在让我们把距离数据格式化为以米或千米为单位显示。没有默认管道能够做这种处理，因此我们将会开发自定义管道来实现上述功能。

距离数据：创建自定义管道

　　在创建自定义管道之前，确保数据是从 API 接口获取的。现在模拟的距离是 14.0，看起来很简洁。API 返回的距离数据以米为单位，因此在 home-list.component.ts 中距离显示为 14000.1234。

　　Angular CLI 可以用来创建模板管道。打开终端，进入 app_public 文件夹，输入下面的命令：

```
ng generate pipe distance
```

　　这个命令会在 src/app 文件夹中生成两个文件——distance.pipe.ts 和 distance.pipe.spec.ts，并在 app.module.ts 中添加对 distance 管道的引用。如果改变 distance 管道的位置，那么需要更新 app.module.ts 中引用的路径。现在暂时不需要修改。

　　模板管道文件 distance.pipe.ts 中的代码如下所示：

```
import { Pipe, PipeTransform } from '@angular/core';

@Pipe({
  name: 'distance'
})
export class DistancePipe implements PipeTransform {

  transform(value: any, args?: any): any {
    return null;
  }

}
```

　　整段代码的结构跟我们之前所学的类似，都是在顶部导入所需要的文件，随后声明装饰器，最后在底部导出类。distance.pipe.ts 中最关键的部分是类中的内容，尤其是 transform 函数。

　　第一眼看上去，transform 函数有点复杂且让人费解，其中包含很多的冒号，还有 any 语法。这其实是 TypeScript 语法，用来定义变量的类型。括号中的内容(value: any, args?: any)表示函数的第一个参数 value 为任意类型，余下其他参数也是任意类型。

　　让我们首先修改这个函数的参数类型和返回类型，将函数修改为只接收一个数字作为参数，将返回类型修改为字符串类型。修改后的 transform 函数如下所示：

```
transform(distance: number): string {
```

```
    return null;
  }
```

还需要注意的是，函数的参数名称被修改为 distance。我们已经在/app_server/
controllers/locations.js 中实现了格式化距离的功能。因此，把代码复制到此处即可。复
制的代码片段包括 isNumeric 辅助函数以及 formatDistance 函数。最终，transform 函数
中的内容如代码清单 8.12 所示。

代码清单 8.12　在 distance.pipe.ts 中创建距离格式化管道

```
transform(distance: number): string {
  const isNumeric = function (n) {
    return !isNaN(parseFloat(n)) && isFinite(n);
  };

  if (distance && isNumeric(distance)) {
    let thisDistance = '0';
    let unit = 'm';
    if (distance > 1000) {
      thisDistance = (distance / 1000).toFixed(1);
      unit = 'km';
    } else {
      thisDistance = Math.floor(distance).toString();
    }
    return thisDistance + unit;
  } else {
    return '?';
  }
}
```

请注意，所有代码(包括辅助函数)都要在 transform 函数中定义。接下来，只要在
数据绑定中使用新的管道，并且从模板中去掉 km 字符即可。下面的代码片段展示了
在 home.list.component.html 中所做的修改：

```
<span class="badge badge-pill badge-default float-
  right">{{location.distance | distance}}</span>
```

最后，刷新浏览器中的页面，如图 8.11 所示。

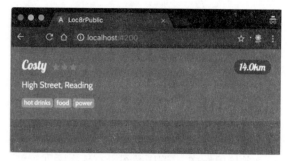

图 8.11　使用管道格式化距离数据

让我们检查一下页面中的数据是否与组件中定义的数据一致。页面展示看起来一切正常，我们在组件中定义了所有数据及其在模板中对应的数据绑定。在上面的例子中，我们仅处理了用来显示地点的单条数据，而 API 接口返回的是数组，其中包含一组这样的数据。接下来，我们将会介绍如何处理 API 接口返回的数据。

处理类的多个实例

location 是 Location 类的实例，其中包含单条地点数据。不包含数据的构造函数如下所示：

```
location: Location = {};
```

我们从 API 接口获得的数据是数组，因此需要定义一个新的数组，其中每个元素的类型均是 Location。只要在 Location 的后面添加方括号即可，如下所示：

```
locations: Location[] = [{},{}];
```

修改完毕后(请注意，实例名称从 location 被修改为 locations，复数形式可以更直观地表示数组)更新 home-list 组件，在组件内部定义一个包含两条地点数据的数组，详见代码清单 8.13。

代码清单 8.13　在 home-list.component.ts 中修改实例为数组

```
locations: Location[] = [{
  _id: '590d8dc7a7cb5b8e3f1bfc48',
  name: 'Costy',
  distance: 14000.1234,
  address: 'High Street, Reading',
  rating: 3,
  facilities: ['hot drinks', 'food', 'power']
}, {
  _id: '590d8dc7a7cb5b8e3f1bfc48',
```

```
name: 'Starcups',
distance: 120.542,
address: 'High Street, Reading',
rating: 5,
facilities: ['wifi', 'food', 'hot drinks']
}];
```

由于实例名称从 location 改为 locations，类型也改为数组，因此需要修改 HTML 模板。要做的修改与之前使用*ngFor 遍历数组没有什么区别。实际上，只需要在最外层的<div>标签(样式类为 card)中添加 *ngFor 属性即可，如下所示：

```
<div class="card" *ngFor="let location of locations">
```

使用*ngFor 指令遍历数组时，数组元素被赋值给名为 location 的变量，这个变量的名称与我们绑定单个实例时是一致的，因此不需要修改模板中的数据绑定代码。

现在，如图 8.12 所示，地点列表中呈现了多条数据。下一步我们将完全移除硬编码的假数据，并从 API 接口中获取数据。

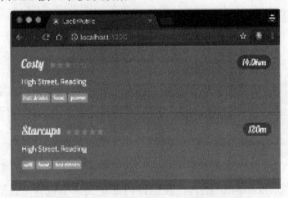

图 8.12　地点列表中显示了多条地点信息

8.3　从 API 接口中获取数据

下面学习如何从 Angular 应用程序中发起 API 请求。一旦从 API 接口中获得数据，就应该立刻替换页面中硬编码的假数据。

为了与 API 接口交互，需要用到 Angular 内置的另外一个构建块：服务。服务跟我们之前所学的构建块有区别：服务不会直接参与用户交互。

8.3.1　创建数据服务

服务的创建方式与组件及管道的创建方式类似，都是使用 Angular CLI 创建的。与之前一样，使用 ng generate 命令，其后的参数为 service 和 service name。在终端进入 app_public 文件夹，执行下面的命令：

```
$ ng generate service loc8r-data
```

这个命令会在 app/src 目录下生成一个名为 loc8r-data 的服务。终端会显示服务创建成功的确认信息。

在新创建的服务中，包含了一个 Injectable 装饰器，其中有一个名为 providedIn 的属性，默认值为字符串 root，保持默认值不变。根模块的 providers 数组中显示声明的列表请求将会被其代替。

在使用服务之前，首先看下服务的模板代码，跟之前的代码结构类似，一共由三部分组成：导入、声明装饰器、导出类。

```
import { Injectable } from '@angular/core';
@Injectable({
  providedIn: 'root'
})
export class Loc8rDataService {
  constructor() { }
}
```

因为是模板代码，所以内容并不复杂。服务除了从 API 接口获取数据之外，还可以做其他很多事情。下面让我们开始编写服务的代码。

发送 HTTP 请求，并在服务中使用 Promise

在 Angular 中，HTTP 是异步请求，调用后返回 Observable 对象。但如果希望等待 HTTP 请求返回后再执行之后的代码，那么需要把 HTTP 请求"Promise 化"。

Observable 与 Promise

Observable 与 Promise 都可以处理异步请求。Observable 以流的形式返回结果，Promise 则一次性返回整个结果集，Angular 中内置了 RxJS 以处理 Observable 对象，并且可以将其转换成 Promise 对象。

这并不意味着不能或不应该使用 Observable，而是不要在简单的项目中使用。附录 C 介绍了 Observable 在 Loc8r 项目中的具体应用。

首先，我们需要注入 HTTP 服务以便构建 HTTP 请求。更新 loc8r-data.service.ts 文件，在顶部导入 HTTP 服务，代码如下所示：

```
import { Injectable } from '@angular/core';
import { HttpClient, HttpHeaders } from '@angular/common/http';
```

其次，在服务中注入 HttpClient 以便能够调用 HTTP 服务方法。我们需要修改模板代码中的构造函数。类的构造函数定义了当类被实例化时传入的参数。Angular 使用这些参数来管理依赖注入，告诉类哪些服务或组件需要被执行。

注入服务很简单，只需要定义参数的名称和类型即可。此外，还可以声明服务是公开的还是私有的，这会决定服务是否可以被外界访问，还是只能在类的内部使用。一般情况下，服务都被声明为私有的。

在 loc8r-data.service.ts 的构造函数中注入类型为 HttpClient 的私有变量 http，代码如下所示：

```
constructor(private http: HttpClient) { }
```

最后，在 app.module.ts 文件中导入 HttpClientModule，以确保 HttpClientModule 对应用程序是可用的，代码如下所示：

```
import { HttpClientModule } from '@angular/common/http'
```

还是在 app.module.ts 文件中，修改装饰器@NgModule 中的 imports 属性，添加 HttpClientModule，代码如下所示：

```
@NgModule({
  declarations: [
    HomeListComponent,
    DistancePipe
  ],
  imports: [
    BrowserModule,
    HttpClientModule
  ],
  providers: [],
  bootstrap: [HomeListComponent]
})
```

修改完成后，服务便可以正常发送 HTTP 请求并返回 Promise。

创建获取数据的方法

新创建的服务需要对外暴露一个方法，以便组件能够调用。这个方法没有任何参数，并且返回一个包含地点数据数组的 Promise。

在 Loc8rDataService 类中定义上述方法，代码如下所示：

```
public getLocations(): Promise<Location[]> {
  // Your code will go here
}
```

现在，服务中还缺少对 Location 的引用。Location 是在 home-list 组件中定义和导出的，在服务中添加导入 Location 的代码，如下所示：

```
import { Location } from './home-list/home-list.component';
```

现在准备工作已经完成了，让我们开始编写服务的代码吧！

发送 HTTP 请求

发送 HTTP 请求只需要很简单的几个步骤：

(1) 拼接 URL。

(2) 把 URL 传入 HTTP 服务。

(3) 把 Observable 响应转换为 Promise。

(4) 把响应结果转换为 JSON 格式。

(5) 返回响应结果。

(6) 捕获、处理和抛出异常。

上面这一系列操作都在 loc8r-data.service.ts 文件的 Loc8rDataService 类中实现，如代码清单 8.14 所示。

代码清单 8.14　在loc8r-data.service.ts文件中发送HTTP请求并返回Promise

```
private apiBaseUrl = 'http://localhost:3000/api';

public getLocations(): Promise<Location[]> {
  const lng: number = -0.7992599;
  const lat: number = 51.378091;
  const maxDistance: number = 20;
  const url: string = `${this.apiBaseUrl}/locations?lng=
    ${lng}&lat=${lat}&maxDistance=${maxDistance}`;
  return this.http
    .get(url)
    .toPromise()
```

为了便于后续拓展，使用参数拼接 URL

返回 Promise

传入 URL 并发送 HTTP GET 请求

转换响应数据的类型，从 Observable 转换为 Promise

```
    .then(response => response as Location[])
    .catch(this.handleError);
}

private handleError(error: any): Promise<any> {
  console.error('Something has gone wrong', error);
  return Promise.reject(error.message || error);
}
```

将响应数据转换为 Location 类型的 JSON 对象

处理并抛出异常

注意，只有 getLocations 方法对外是公开暴露的，可以在外部调用。其他属性和方法都是私有的，也就意味着从外部无法访问。

上面例子中的代码并不多，但却很好地实现了我们预期的功能。这正体现了 Angular 的先进性。Angular 会对常见任务(如配置组件、类和服务)进行抽象，降低复杂度。

现在数据服务已经创建好了，我们将会在 home-list 组件中调用数据服务。

8.3.2 调用数据服务

首先盘点一下我们现有的代码：一个 Angular 组件，用来显示一些系列地点数据(实际上是硬编码的假数据)；一个 API 接口，能够返回一个包含若干地点数据的数组；一个数据服务，能够调用 API 接口以获得数据并返回响应结果。我们现在只需要把组件和数据服务组合在一起。

在组件中导入数据服务

在组件中导入数据服务一共需要三个步骤，只需要修改 home-list.component.ts 文件即可。这三个步骤分别是：导入数据服务、注入数据服务以及提供数据服务。

首先，导入数据服务。修改 home-list.component.ts 文件，在文件的顶部添加数据服务的导入语句，添加到现有导入语句的后面即可，代码如下所示：

```
import { Component, OnInit } from '@angular/core';
import { Loc8rDataService } from '../loc8r-data.service';
```

注意，这里我们使用相对路径的方式导入文件，../表示"在当前文件的上一层目录查找文件"。如果数据服务的代码文件更换了位置，那么需要修改这个文件的相对引用路径。

其次，在组件中注入数据服务。与我们之前在数据服务中注入 HTTP 服务的操作类似，修改 home-list.component.ts 的构造函数，通过参数的方式注入类型为 Loc8rDataService 的私有变量 loc8rDataService，代码如下所示：

```
constructor(private loc8rDataService: Loc8rDataService) { }
```

最后，提供数据服务。home-list.component.ts 文件的一部分代码参见代码清单 8.15：

代码清单 8.15　在 home-list.component.ts 文件中使用数据服务

```
import { Component, OnInit } from '@angular/core';
import { Loc8rDataService } from '../loc8r-data.service';   ◀─── 从源代码
                                                                 文件中导
                                                                 入服务
export class Location {
  _id: string;
  name: string;
  distance: number;
  address: string;
  rating: number;
  facilities: [string];
}

@Component({
  selector: 'app-home-list',
  templateUrl: './home-list.component.html',
  styleUrls: ['./home-list.component.css']
})                                                    通过构造函
                                                      数为组件注
export class HomeListComponent implements OnInit {     入服务

  constructor(private loc8rDataService: Loc8rDataService) { }  ◀──┘
```

现在数据服务已经创建好，并且已注入组件中，下面让我们看看如何使用。

使用数据服务获取数据

在类中创建一个私有方法，用于调用数据服务并处理 Promise 响应。一旦 Promise 返回，这个私有方法就会把返回结果赋值给 locations 变量，之后 Angular 会自动更新 HTML 页面。

为了验证是否能够正常工作，删除组件中所有硬编码的数据，声明一个类型为 Location 的变量 locations，不设置默认值。将代码清单 8.16 中的代码复制到 home-list.component.ts 文件的 HomeListComponent 类中。

代码清单 8.16　在 home-list.component.ts 中创建调用数据服务的函数

删除 locations
的默认值

```
public locations: Location[];

private getLocations(): void {
  this.loc8rDataService
    .getLocations()
    .then(foundLocations => this.locations = foundLocations);
}
```

定义一个名为 getLocations 的
方法，它既不接收任何参数，
也没有返回值

调用请求数
据的方法

使用响应更
新 locations

上面的代码仅仅声明了 getLocations 方法，而没有在组件中调用 getLocations 方法，因此仍然无法正常工作。接下来我们会介绍如何调用，这也是整个流程的最后一步。但我们首先要搞清楚一个问题，那就是何时调用 getLocations 方法？

Angular 应用程序是由多个文件组成的，而这些文件组合在一起的先后顺序我们并不清楚，由 Angular 控制，这也就意味着我们不了解，也无法控制执行顺序。方法需要保证可用之后才会被调用，而 ngOnInit 函数正是用来解决这个问题的。

ngOnInit 是 Angular 内置的生命周期函数。Angular 应用程序启动并运行后，内部的执行顺序总是一致的，这确保了应用程序的完整性，并且始终以相同的方式执行操作。利用生命周期函数，可以监听整个运行过程并且能够在特定时机执行代码。

组件初始化完成后，ngOnInit 会被调用。组件初始化完成表示组件已经准备好被加载，这是发送数据请求的相对安全时机。在 home-list.component.ts 文件中调用 getLocations 方法，代码如下所示：

```
ngOnInit() {
  this.getLocations();
}
```

现在，应用程序无论是编译、运行还是发送数据请求，都能够正常工作了。但如果在特定浏览器(通常是 Chrome)中打开页面，会发现并没有数据返回。打开浏览器的开发者调试工具，会发现 CORS 警告，造成 CORS 警告的原因是 Angular 应用程序和 Express API 运行在不同的端口。

在 Express 中开启 CORS

在浏览器端无法修复 CORS，必须在服务器端解决这一问题。现在让我们切换回 Express。

幸运的是，允许跨域请求是非常简单的，只需要给每一个请求添加两个 HTTP 头——Access-Control-Allow-Origin 和 Access-Control-Allow-Headers。其中，Access-Control-Allow-Origin 的值如果是特定的 URL，那么表示只接收这个域名的跨域请求；如果是*，那么表示接收任意域名的跨域请求。我们为 HTTP 头指定具体的 URL 和端口，限制只有这个 URL 和端口的请求才能够跨域。

打开应用程序根目录下的 app.js 文件，在设置路由的代码之前加入以下代码中加粗的部分：

```
app.use('/api', (req, res, next) => {
  res.header('Access-Control-Allow-Origin', 'http://localhost:4200');
  res.header('Access-Control-Allow-Headers', 'Origin,
  X-Requested-With, Content-Type, Accept');
  next();
});
app.use('/', indexRouter);
app.use('/api', apiRouter);
```

上述代码会为每一个访问/api 路由的响应添加上面介绍的两个 HTTP 头。现在，Express 应用程序运行在 3000 端口，而 Angular 应用程序运行在 4200 端口，刷新页面就会发现数据正常返回了，如图 8.13 所示。

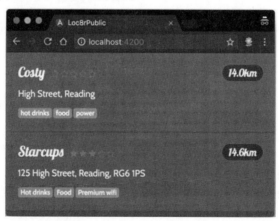

图 8.13　从 API 接口中获取数据

太棒了！我们已经顺利创建了一个小型的、独立的 Angular 应用程序。接下来，我们将会最终完成这个应用程序并集成到 Express 应用程序中。

8.4　在生产环境中部署 Angular 应用程序

在目前为止，我们构建的 Angular 应用程序都运行在开发模式下，如果 ng 服务被停止，页面将无法访问。接下来我们要把 Angular 应用程序部署到生产环境，并集成到主页中。

8.4.1　构建生产环境中的 Angular 应用程序

在本章中，我们一直在使用 ng serve 命令自动构建应用程序，并从内存中加载编译后的文件。现在让我们学习如何使用 ng build 命令编译文件并将编译结果保存在硬盘中。

ng build 命令将会编译所有的应用程序代码，并将结果保存在 dist 文件夹中。dist 文件夹与 src 文件夹是同级的，但如果在执行 ng build 之后再次执行 ng serve，dist 文件夹及其包含的编译结果将会被删除。ng build 命令允许添加--output-path 参数，这个参数可以改变保存编译结果的目录，这样编译结果就不会被 ng serve 命令删除。

ng build 命令有很多参数(在终端运行 ng help 命令可以查看这些参数的具体作用)。请重点关注--prod 参数，这个参数指定了在生产模式(与开发模式相反)下构建应用程序。

在终端进入 app_public 目录，执行下面的命令，将会在 app_public/build 目录中创建生产模式下应用程序的构建结果：

```
$ ng build --prod --output-path build
```

执行上述命令后开始执行构建过程，如果在编译过程中发现找不到 AppComponent 的错误信息，可能是因为 app.module.ts 中已经删除了相关引用，但是文件并没有被删除。只需要删除旧的 app.component 文件即可。app.copomponent 文件我们已经不再需要了，所以可以放心删除。

现在，生产环境中运行的应用程序已经构建完成，我们接下来把它集成到 Express 应用程序中。

8.4.2　集成 Express 站点和 Angular 应用程序

为了集成 Angular 应用程序，首先我们需要稍微改动现有的 Express 站点。第一步，将 app_public 文件夹设置为静态路径，以便在浏览器中引用 build 文件夹中的文件。第二步，在 Pug 模板中引用 build 文件夹中的 JavaScript 文件。

为 Angular 应用程序定义静态路径

Express 会自动把 public 文件夹设置为静态的，其中的文件都是可访问的静态资源。要设置 app_public 文件夹为静态的，只需要在 app.js 文件中复制 public 文件夹的静态化代码，并把路径修改为 app_public 即可：

```
app.use(express.static(path.join(__dirname, 'public')));
app.use(express.static(path.join(__dirname, 'app_public')));
```

现在，Express 会为 public 和 app_public 文件夹提供可访问的服务。为什么我们要把整个 app_public 文件夹都设置为静态的，而不是仅设置子文件夹 build？这是因为 build 文件夹中包含了 index.html 文件，如果只有 build 文件夹被设置为静态的，那么在 Express 中的其他路由运行之前，index.html 将会被当成主页自动打开。本章中的 Angular 应用程序仅仅作为页面的一部分被集成，而不是单独的页面，所以不能只把 build 文件夹设置为静态的。在下一章中，将会创建完全由 Angular 构成的应用程序，此时 build 文件夹可以被设置为静态的，其中的 index.html 会成为默认的主页。

在 HTML 中引用编译的 Angular JavaScript 文件

应用程序中的所有页面如果需要引用文件，那么必须在 layout.pug 模板中声明。其他所有的模板只是继承其中一部分的 HTML，不能单独插入新的<script>标签。

有一种简单的方法可以解决这个问题：在 layout.pug 模板中创建 block。让其他页面继承 layout.pug 模板，配置各自需要单独引用的脚本。

在 layout.pug 文件的底部定义名为 scripts 的 block，代码如下所示：

```
block scripts
```

确保上述代码的缩进与最后一个<script>标签的缩进保持一致，这样每个页面单独引用的脚本会被添加到 HTML body 的最下面。

下一步，在 locations-list.pug 模板中覆盖 block，并引用 app_public/build 目录下的三个 JavaScript 文件，代码如下(注意，你所构建的文件名称是不同的)：

```
block scripts
  script(src='/build/runtime.f0178fcd0cc34a5688b1.js')
  script(src='/build/polyfills.682313b6b06f69a5089e.js')
  script(src='/build/main.ad6de91d9e2170cae9d4.js')
```

现在，只需要再在 HTML 中添加一个标签，用来绑定 Angular 应用程序就完工了。

在 HTML 中添加绑定 Angular 应用程序的标签

本章前面介绍了 HTML 页面中有一个名为 app-home-list 的标签，它是整个应用程序的主入口。现在我们要做的就是用新的标签替换旧标签。

在 locations-list.pug 文件中，找到 each location in locations 这段代码，删除或注释掉。然后在原来的位置添加 app-home-list，并确保缩进是正确的。修改后的模板如下所示：

```
.row
  .col-12.col-md-8
    .error= message
    app-home-list
```

现在所有工作都完成了，在浏览器中打开 localhost:3000，主页中已经集成了 Angular 应用程序，并且数据请求自 API 接口。

页面的样子和之前相比没有什么区别，为了辨别页面是否由 Angular 应用程序渲染，可以在开发者工具中检查列表的 HTML 元素，你会看到 app-home-list 标签，所有与 Angular 有关的内容都包含在这个标签的下面(如图 8.14 所示)。

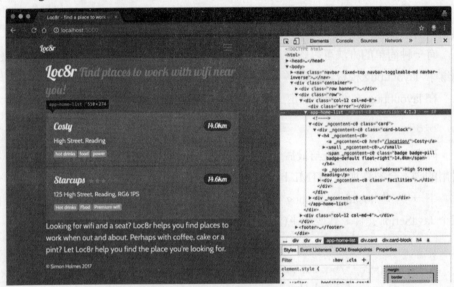

图8.14   验证主页中的地点列表是由 Angular 模块创建的

太棒了，所有的部分都集成在一起了！你已经掌握了 MEAN 技术栈。在第 9 章，你将学习如何使用 Angular SAP 构建 Loc8r。

8.5 本章小结

在本章，你掌握了：

- 如何利用 Angular CLI 生成应用程序样板、组件等。
- TypeScript，包括类、导入、导出以及定义变量类型。
- Angular 中的生命周期函数，以及如何使用生命周期函数控制代码的执行顺序。
- 如何利用 Angular 的模块、组件、管道和服务，构建完整的应用程序。
- 如何使用 Angular CLI 构建用于生产环境的应用程序。

第 *9* 章

使用 Angular 开发
单页面应用：基础

本章概览：

- 学习如何使用路由以及在路由之间跳转
- SPA 最佳实践
- 多组件集成
- 绑定时注入 HTML 片段
- 学习如何使用浏览器原生的地理位置功能

在第 8 章，我们在现有的页面中集成了一个 Angular 应用程序。本章和第 10 章将会更加深入地学习 Angular，介绍如何使用 Angular 创建完整的单页面应用(SPA)。在前面几章中，所有的逻辑都运行在 Express 中，在本章我们会使用 Angular 重构应用程序，并把这些逻辑迁移到页面中。第 2 章介绍了 SPA 的优势和风险，本章不再讲述。在本章的结尾，你将能够创建基本的 SPA，并为主页配置路由。

图 9.1 展示了系统的整体架构，其中标识了 Angular 重构后的 SPA 在整个系统中所处的位置。

通常我们不会遇到现在这种状况：把服务器端的应用程序重构成 SPA。理想情况下，在设计之初就要确定是否使用 SPA，这样才能选择合适的技术方案。但对于学习新的技术来说，重构是不错的方法。因为你已经十分熟悉网站的功能，页面布局也已经开发完成了，只需要关注如何创建完整的 Angular 应用程序即可。

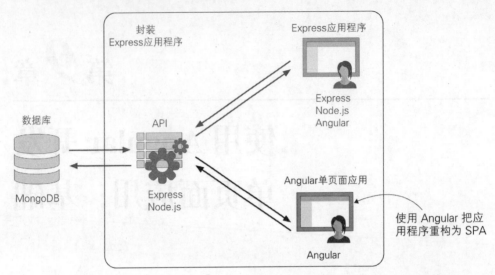

图 9.1   本章将会使用 Angular 重构 Loc8r 应用程序，并把服务器端的逻辑迁移到前端，
使 Loc8r 成为 SPA

本章首先会介绍路由的相关知识，然后创建主页和关于页，并添加地理位置功能。
随着对 Angular 学习的深入，越来越多的组件和功能会被创建，你将会学习各种最佳
实践，例如创建可复用组件以及构建模块化的应用程序。

9.1   为 Angular SPA 添加跳转功能

在本节中，我们将会创建基本的关于页，并添加主页与关于页之间的跳转功能。
本节主要关注跳转功能的实现。最终在 9.4 节中，将会完善关于页。

现在请回忆一下前几章配置 Express 应用程序时，我们定义了 URL 路径(路由)，
并通过路由模块将这些路径与指定功能一一映射。在 Angular 中，我们可以使用 Angular
路由实现相同的功能。

与 Express 相比，Angular 路由最大的不同点就是整个应用程序运行在浏览器中。
因此，当我们在不同页面之间跳转时，每一次跳转浏览器并不会下载全部的 HTML、
JS 和 CSS，通常情况下只需要下载新的图片，并等待 API 接口返回数据。浏览器中
的路由跳转速度更快，用户体验更好。

第一步，我们需要在应用程序中导入 Angular 的路由模块。

9.1.1　导入 Angular 路由模块并定义第一个路由

我们需要在 app.module.ts 文件中导入路由模块，并在其中定义路由。app.module.ts 文件的顶部已经声明了所有的导入语句，在这些语句的结尾处新增一行代码，用于导入路由模块。路由模块从@angular/router 中导入，并声明为变量 RouterModule，参见代码清单 9.1。

代码清单 9.1　在 app.module.ts 中添加导入 RouterModule 的语句

```
import { BrowserModule } from '@angular/platform-browser';
import { NgModule } from '@angular/core';
import { HttpClientModule } from '@angular/common/http';      导入
import { RouterModule } from '@angular/router';  ◀────       RouterModule
```

导入 RouterModule 后，修改 app.module.ts 文件，把 RouterModule 及其配置添加到@NgModule 装饰器的 imports 字段中。

9.1.2　路由配置

路由配置是一个对象数组，其中的每一个元素对应一个路由配置，配置项如下。
- path：路由路径。
- component：Angular 组件的引用。

path 不能以斜杠作为开始字符和结束字符，比如，/about/是不正确的，应该写成 about。path 如果是空的字符串，那么表示路由指向主页。在前几章，我们把 index.html 中的 base href 属性设置为/，表示页面中的所有资源请求都是基于根目录的。无论 base href 是/还是其他值，都不会对路由造成影响。在配置路由时，不需要考虑 base href 属性。

首先，我们为主页配置路由，将 path 设置为空的字符串，将 component 设置为 HomeListComponent，参见代码清单 9.2。RouterModule 的 forRoot 方法用来接收参数。

代码清单 9.2　在 app.module.ts 的装饰器中添加路由配置

```
@NgModule({
  declarations: [
    HomeListComponent,
    DistancePipe
  ],
  imports: [
```

```
    BrowserModule,                          在 imports 数组中添加
    HttpClientModule,                       RouterModule, 并调用
    RouterModule.forRoot([                  forRoot 方法
      {                                     将主页的路由路径
        path: '',                           设置为空的字符串
        component: HomeListComponent        将路由组件设置为
      }                                     HomeListComponent
    ])
  ],
  providers: [],
  bootstrap: [HomeListComponent]
})
```

我们现在已经配置好了第一个路由，但是先不要着急测试，因为
HomeListComponent 之前已经声明为应用程序默认的启动组件了，详见代码清单 9.2
中的最后一行 bootstrap:[HomeListComponent]。为了测试路由是否生效，需要创建新
的启动组件以替换 HomeListComponent。

9.1.3　创建 framework 组件以及导航栏

我们需要创建一个新的组件——framework 组件，以替换应用程序默认的启动组
件。在 framework 组件中还会定义整个应用程序中 HTML 的主体结构，类似我们之前
在 Express 中定义的 layout.pug。实际上 framework 组件的 HTML 包括三部分：导航
栏、内容以及底部的页脚。

首先，在终端进入 app_public 目录，执行下面的命令以创建 framework 组件：

```
$ ng generate component framework
```

创建好的组件可以在 app_public/src/app 中找到。修改其中的 framework.
component.html 文件，在其中添加代码清单 9.3 所示的代码。如果把 layout.pug 转换
成 HTML，你会发现其中的内容与代码清单 9.3 非常相似。

代码清单 9.3　在 framework.component.html 添加 HTML

```html
<nav class="navbar fixed-top navbar-expand-md navbar-light">
  <div class="container">                              建立导航栏
    <a href="/" class="navbar-brand">Loc8r</a>
      <button type="button" data-toggle="collapse" data-target=
        "#navbarMain"class="navbar-toggler">
        <span class="navbar-toggler-icon"></span>
```

```
    </button>

  <div id="navbarMain" class="navbar-collapse collapse">
    <ul class="navbar-nav mr-auto">
      <li class="nav-item">
        <a href="/about/" class="nav-link">About</a>
      </li>
    </ul>
  </div>
  </div>
</nav>
<div class="container content">        ←————┤ 创建
  <footer>                       ←————┤ 主容器
    <div class="row">                  在主容器中加
      <div class="col-12">             入<footer>标签
        <small>&copy; Getting Mean - Simon Holmes/Clive Harber 2018
          </small>
      </div>
    </div>
  </footer>
</div>
```

现在组件已经创建好了，接下来需要在应用程序中替换之前默认的启动组件，并将其添加到页面中。

修改 app.module.ts 中的 bootstrap 字段以指向 framework 组件，具体做法如下：替换 HomeListComponent 为 FrameworkComponent。

```
bootstrap: [FrameworkComponent]
```

最后，更新 index.html，使用 framework 组件的标签替换原来 home-list 组件的标签。打开 framework.component.ts，在装饰器中找到 selector，设置 selector 的值为 HTML 中使用的标签：

```
@Component({
  selector: 'app-framework',
  templateUrl: './framework.component.html',
  styleUrls: ['./framework.component.css']
})
```

上面代码中的 app-framework 就是将要在 index.html 中使用的标签，Angular 将会根据 app-framework 标签插入 framework 组件。更新 index.html，如代码清单 9.4 所示。

代码清单 9.4 在 index.html 中插入 framework 组件

```
<body>
    <app-framework></app-framework> ◄──── 使用 app-framework
</body>                                    标签替换 home-list 组件
```

现在页面中已经插入了 framework 组件，刷新浏览器，页面能正常显示，如图 9.2 所示。如果页面没有正常显示，请在应用程序的根目录下执行 nodemon 以启动 API，同时在 app_public 文件夹下执行 ng serve 以启动开发模式下的 Angular 应用程序。

如果页面中显示了页头，那么就说明组件已经成功运行了，虽然路由已经正确地指向主页，但是此时页面没有显示任何信息。打开浏览器的开发者工具，会看到以下错误提示：Cannot find primary outlet to load 'HomeListComponent'。

造成上述错误的原因是：虽然主页的路由中正确加载了 HomeListComponent，但是并没有在 HTML 中声明要在什么位置显示。

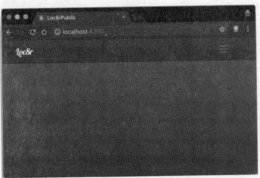

图 9.2 默认组件被修改为 framework 组件

9.1.4 使用 router-outlet 定义显示内容

如果一个组件已经在路由中配置过了，那么只要在 HTML 中插入一个特殊的空标签<router-outlet>，就可以显示这个组件了。Angular 将会把组件插到这个标签的后面，注意，此处需要插到标签的后面而不是内部，这与 AngularJS 不同。

对照 layout.pug 中的布局，把空标签插到 framework 组件的 HTML 中对应的位置，如代码清单 9.5 所示。

代码清单 9.5 在 framework.component.html 中添加 router-let

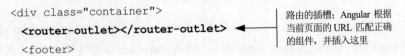

```
<div class="container">
    <router-outlet></router-outlet> ◄──── 路由的插槽；Angular 根据
    <footer>                               当前页面的 URL 匹配正确
                                           的组件，并插入这里
```

```
<div class="row">
  <div class="col-12"><small>&copy; Getting Mean - Simon Holmes/Clive
  Harber 2018</small></div>
  </div>
  </footer>
</div>
```

再次刷新页面，列表正常显示在页面中。在页面中检查元素，你会发现 <router-outlet> 依旧是空的，但在它的后面插入了<app-home-list>标签，如图 9.3 所示。

页面虽然正常显示了列表，但是还缺少页头和侧边栏。在 9.2 节中，我们会继续完善这个页面，现在让我们看看跳转功能是如何实现的。

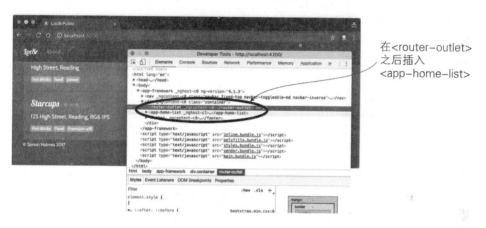

图 9.3　在主页上成功显示列表信息，在<router-outlet>之后插入对应的组件

9.1.5　在不同页面之间跳转

我们以主页和关于页之间的跳转为例，看看如何实现跳转功能。页面上的链接现在是无效的，单击后没有任何响应。你需要创建 about 组件，并为这个组件定义相关的路由，之后修改导航栏中的跳转链接为对应的路由路径。

现在还是跟之前一样使用 Angular CLI 创建 about 组件。在终端进入 app_public 文件夹，执行 generate 命令：

```
$ ng generate component about
```

这个命令成功执行后，会在 app_public/src/app/about 文件夹中生成新的组件。在本节中，我们的关注点是跳转功能，所以不必修改默认的 about 组件。在 9.4 节中，我们会完善 about 组件。

定义新的路由

我们需要在 app.module.ts 中配置关于页的路由。与配置主页的路由类似，为路由设置 path 和 component 两个参数，其中 path 是'about'。注意 path 的前后都不要加斜杠。

接下来打开 about.component.ts，找到如下这行代码：export class AboutComponent implements OnInit。其中，AboutComponent 是组件的名称。

修改 app.module.ts，增加新的路由配置，参见代码清单 9.6。

代码清单 9.6　在 app.module.ts 中定义新的路由

```
RouterModule.forRoot([
  {
    path: '',
    component: HomeListComponent
  },
  {
    path: 'about',
    component: AboutComponent
  }
])
```

在浏览器中打开 localhost:4200/about，你会看到刚刚新建的关于页，但是导航栏中的跳转链接仍然不可用，接下来让我们修复这个问题。

设置 Angular 的跳转链接

在路由中设置跳转链接时，Angular 并不会检查<a>标签的 href 属性，而是查找名为 routerLink 的指令，之后会根据 routerLink 再去设置 href 属性。

用于定义 routerLink 的规则与路由配置中的 path 规则是一致的：在 routerLink 的前后不要使用斜杠，并且可以忽略 base href 属性。

根据上面的规则，更新 framework.component.html 中的跳转链接，如代码清单 9.7 所示。使用 routerLink 指令替换 href 属性，保证 routerLink 的值与 app.module.ts 中定义的路由路径是一致的。

代码清单 9.7　在 framework.component.html 中定义路由跳转链接

```
<a routerLink="" class="navbar-brand">Loc8r</a>       ◀── routerLink 为空的字符
<div id="navbarMain" class="navbar-collapse collapse">      串时指向默认组件
  <ul class="navbar-nav mr-auto">
    <li class="nav-item">
```

```
    <a routerLink="about" class="nav-link">About</a>
  </li>
</ul>
</div>
```

跳转链接指
向 about 组件

完成上面的代码后，可以尝试在这两个链接之间来回单击，显示效果如图 9.4
所示。

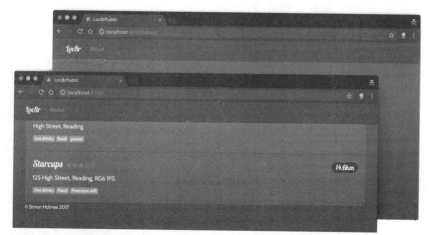

图9.4　单击导航栏中的跳转链接，在主页和关于页之间来回切换

仔细观察后，你会发现在两个页面之间来回切换时浏览器的 URL 会发生改变，
但是页面并没有重新加载或者发生闪烁。如果在两个页面之间切换时检查网络请求，
就会发现只产生了 API 请求。浏览器的前进和后退按钮仍然是可用的，Loc8r 网站的
行为和传统网站是一样的。

在继续深入学习之前，我们先为导航栏中的跳转链接增加选中样式。

9.1.6　为跳转链接增加选中样式

Web 设计中有一种标准做法，就是为跳转链接设置 active 样式类，使得当前页面
对应的跳转链接与其他页面对应的跳转链接看起来不同。这是一种简单的视觉提示，
能够提示用户当前所在的页面。虽然现在导航栏中只有一个跳转链接，但这是一项很
值得开发的功能。

Twitter Bootstrap 定义的辅助样式可以为跳转链接创建选中样式。你需要做的就是
为跳转链接设置 active 样式类。由于这个需求很常见，Angular 专门为 active 样式类
提供了如下辅助指令：routerLinkActive 指令。

当<a>标签包含路由链接时，可以为<a>标签添加 routerLinkActive 指令，并将值

设置为表示选中状态的样式类。修改 framework.component.html 并在其中添加 active
样式类，代码如下：

```
<a routerLink="about" routerLinkActive="active"
    class="nav-link">About</a>
```

routerLinkActive 属性的声明位置非常重要，如果选中状态没有生效，那么检查
routerLinkActive 是否在 class 属性之前声明。

现在，访问关于页时，<a>标签有了额外的 active 样式类，Bootstrap 会为<a>标签
添加更突出的白色，如图 9.5 所示。

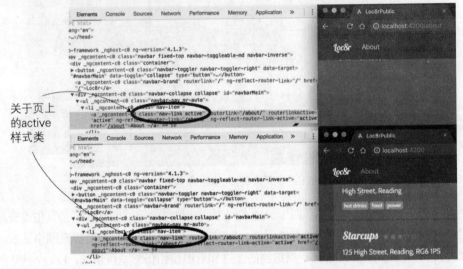

图 9.5　active 样式类实战；Angular 在页面发生变化时添加或删除跳转链接的 active 样式类

截至目前，你已经学习了 Angular 路由的基础知识，并为 SPA 创建了页面跳转功
能。你会发现在视图方面显然还有一些工作要做，这就是接下来要讨论的重点内容。

9.2　使用多个嵌套组件构建模块化的应用程序

本节将会重点介绍如何使用 Angular 构建一个你已经很熟悉的页面：主页。我们
会遵循 Angular 的最佳实践来完成这一目标，在整个过程中将会创建若干新组件，并
且把这些组件组合在一起使用。使用这种方式将会创建模块化的应用程序，因此可以
在应用程序的各个地方复用这些组件。

主页由三部分组成：

- 页头

- 地点列表
- 侧边栏

其中，地点列表我们已经创建好了，就是 home-list 组件。接下来，你将创建页头组件和侧边栏组件。此外，还需要创建 homepage 组件，用来集成上面三个组件，保证它们显示在正确的布局中，并且可以使用 Angular 路由相互跳转。图 9.6 显示了在主页的最顶层设计中这些组件是如何组合在一起的。framework 组件是最外层组件，用来容纳所有其他组件。其中，集成的 homepage 组件用来控制内容区域，页头、列表和侧边栏三个组件就包含在其中。

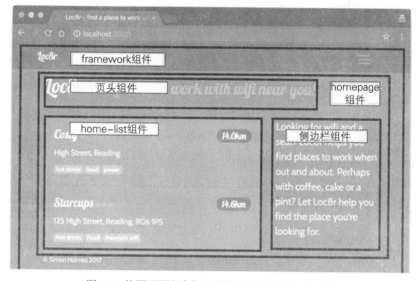

图 9.6　使用两层嵌套把主页的布局拆分成多个组件

这就是接下来要完成的工作，先让我们从 homepage 组件开始。

9.2.1　创建 homepage 组件

homepage 组件包括主页中的所有 HTML 和数据：从页头到页脚之间的所有内容。我们需要在路由中引用 homepage 组件，这样对主页的所有访问都会被定位到这个组件。

首先我们使用 Angular CLI 生成组件，这与前几章的做法没有区别。打开终端并进入 app_public 文件夹：

```
$ ng generate component homepage
```

之后需要更新 app.module.ts 文件，在路由中配置 homepage 组件，让它成为默认
主页：

```
RouterModule.forRoot([
  {
    path: '',
    component: HomepageComponent
  },
  {
    path: 'about',
    component: AboutComponent
  }
])
```

修改 homepage.component.html，在其中插入 home-list 组件的选择器，之后检查
页面：

```
<app-home-list></app-home-list>
```

检查页面后你会发现，浏览器中的主页跟之前相比没有变化，还是由导航栏、页
脚以及插到两者之间的列表组成。

但我们希望页面能够呈现完整的主页，包括页头、主内容区域和侧边栏。接下来，
从 Pug 模板中把相关代码转移到 HTML 中，如代码清单 9.8 所示。注意，HTML 中包
括了 app-home-list 组件，用来显示列表。

代码清单 9.8　在 homepage.component.html 中添加主页内容的 HTML

```
<div class="row banner">          ◀────── 页头
  <div class="col-12">
    <h1>Loc8r
      <small>Find places to work with wifi near you!</small>
    </h1>
  </div>
</div>
<div class="row">
  <div class="col-12 col-md-8">    ◀────── 主页中列表组件的容器
    <div class="error"></div>
    <app-home-list></app-home-list>
  </div>
  <div class="col-12 col-md-4">    ◀────── 侧边栏
  <p class="lead">Looking for wifi and a seat? Loc8r helps you
```

```
find places to work when out and about. Perhaps with coffee,
cake or a pint? Let Loc8r help you find the place you're
looking for.</p>
  </div>
</div>
```

现在再次查看浏览器，页面变成你之前熟悉的样子，如图 9.7 所示。

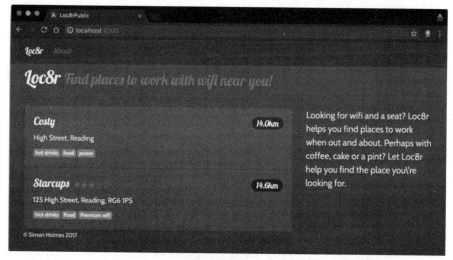

图 9.7　Angular 渲染的主页，其中页头和侧边栏被硬编码在 homepage 组件中

现在看起来一切正常，homepage 组件中也成功集成了 home-list 组件。但是代码可以更优雅，页头和侧边栏也会显示在其他页面中，只是展示的文本内容略有不同。为了避免做重复的开发工作，可以遵循框架的最佳实践对代码进行改造，尝试创建可复用组件。

9.2.2　创建并使用可复用组件

页头和侧边栏可以被抽象为独立的组件，这样不同的视图就不需要重复复制同一页头和侧边栏的 HTML 代码了。随着页面数量的增长，也不需要担心在每个页面中重复开发相同的 HTML。当需要批量更新这些页面的页头和侧边栏时，在唯一的地方统一修改代码，也可以减少错误和遗漏。

为了让组件能够更"聪明"，可以向组件传入一些可变的内容用于显示。在本例中，传入可复用组件的是 HTML 代码。让我们从页头组件 page-header 开始。

创建 page-header 组件

第一步，在终端使用 Angular CLI 创建组件：

```
$ ng generate component page-header
```

生成组件后，把主页中页头部分的 HTML 复制到 page-header.component.html 中：

```
<div class="row banner">
  <div class="col-12">
    <h1>Loc8r
      <small>Find places to work with wifi near you!</small>
</h1> </div>
</div>
```

之后在 homepage.component.html 中使用 page-header 组件代替原有页头的 HTML。
具体做法是：在 page-header.component.ts 文件中查找 selector 属性，本例中 selector 属性的值为 app-page-header。修改 homepage 组件的 HTML，如代码清单 9.9 所示。

代码清单 9.9　在 homepage.component.html 中替换页头 HTML

```
<app-page-header></app-page-header>
<div class="row">
  <div class="col-12 col-md-8">
    <div class="error"></div>
    <app-home-list>Loading...</app-home-list>
  </div>
  <div class="col-12 col-md-4">
    <p class="lead">Looking for wifi and a seat? Loc8r helps you find
      places to work when out and about. Perhaps with coffee, cake
      or a pint? Let Loc8r help you find the place you\'re looking
      for.</p>
  </div>
</div>
```

现在已经创建了新的 page-header 组件，但是其中的 HTML 仍然是固定不变的。
接下来，我们从 homepage 组件向页头传递数据。

在 homepage 组件中为 page-header 组件定义数据

在 homepage 组件中定义 page-header 组件的实例所需要的数据，这样在组件内部就可以使用这些数据。

定义数据的方法非常简单。在 homepage 组件中创建一个新的成员变量以持有数据即可。我们将这个变量命名为 pageContent，其中包括一个名为 header 的字段。它是一个很简单的 JavaScript 对象，其中的所有数据都是文本，如代码清单 9.10 所示(请注意，strapline 中的内容被有意缩短了，这样可方便阅读)。

代码清单 9.10　在 homepage.component.ts 中定义页头数据

```
export class HomepageComponent implements OnInit {
  constructor() { }

  ngOnInit() {
  }

  public pageContent = {          创建新的类成员
    header: {                     以持有页头数据
      title: 'Loc8r',
      strapline: 'Find places to work with wifi near you!'
    }
  };
}
```

我们没有直接在 pageContent 中定义数据，而是额外增加了 header 字段，标题数据定义在 header 字段中。这是因为接下来我们还要为侧边栏添加相关的数据，在 pageContent 中隔离这两种不同的数据，让数据结构更清晰。接下来我们把 pageContent 中的数据传递给 page-header 组件。

向 page-header 组件传递数据

现在，成员变量 pageContent 中的数据对于主页已经可用了，但我们不会直接在 HTML 中引用这些数据，而是将它们传给 page-header 组件。在 HTML 中向集成的组件传递数据需要用到特殊的数据绑定方法。绑定方法的名字定义在被集成的组件中，并且名字没有任何限制，可以随意命名。

我们先假设页头数据的绑定方法名为 content(这个方法现在还不存在，稍后将进行定义)，修改 homepage.component.html 中的<app-page-header>标签，引入 content 绑定方法：

```
<app-page-header [content]="pageContent.header"></app-page-header>
```

请注意，尽管上面代码中的方括号并不是有效的 HTML 标识，但在 Angular 中是可以这么使用的，因为在最终用于渲染页面的 HTML 中，方括号会被清除。浏览器中会显示正确的 HTML，类似于<app-page-header _ngcontent-c6="" _nghost-c2="">。

现在我们已经从 homepage 组件把数据传递给了集成的 page-header 组件，接下来更新 page-header 组件以使用这些数据。

在组件中接收并显示传入的数据

在 pageHeader 组件中声明 content 属性，用于从组件外接收数据。从技术上讲，content 是组件的输入器。

在类中定义 content 与定义普通属性类似，唯一需要注意的是，content 是输入属性。因此，需要在组件中从 Angular 导入 Input 模块，并使用装饰器@Input 声明 content，参见代码清单9.11。

代码清单9.11   在 page-header.component.ts 中声明content并设置为输入属性

```
import { Component, OnInit, Input } from '@angular/core';

@Component({
  selector: 'app-page-header',
  templateUrl: './page-header.component.html',
  styleUrls: ['./page-header.component.css']
})
export class PageHeaderComponent implements OnInit {

  @Input() content: any;

  constructor() { }

  ngOnInit() {
  }

}
```

从 Angular 中导入 Input 模块

定义 content 为类的成员变量，并接收任何类型的输入

现在可以接收从 homepage 组件传入的数据了，接下来我们把数据显示出来。用 Angular 数据绑定替换 page-header.component.html 中对应的固定内容，参见代码清单9.12。

代码清单9.12   在 page-header.component.html 中加入数据绑定

```
<div class="row banner">
  <div class="col-12">
    <h1>{{ content.title }}
      <small>{{ content.strapline }}</small>
    </h1>
  </div>
</div>
```

现在我们开发了页头的可复用组件，并且可以从父组件接收数据用于展示。页头组件是 Angular 应用程序体系结构的重要组成部分。可以采用相同的方式创建侧边栏

组件，以便完成完整的主页，顺便巩固所学的知识。但在此过程中，可能会遇到一些
小问题。

创建侧边栏组件

创建侧边栏组件的步骤与创建页头组件的方式类似，因此我们不会过多讨论侧边
栏组件的创建步骤。

第一步，创建侧边栏组件：

```
$ ng generate component sidebar
```

第二步，把 homepage.component.html 中与侧边栏有关的 HTML 复制到 sidebar.
compnent.html 中。之后，使用数据绑定 content 替换其中的固定文本：

```
<div class="col-12 col-md-4">
  <p class="lead">{{ content }}</p>
</div>
```

第三步，在侧边栏组件中导入 Angular 的 Input 模块，声明类型为 String 的 content
属性，并为其添加 @Input 装饰器。这样侧边栏组件就能够接收数据了。

```
import { Component, OnInit, Input } from '@angular/core';

@Component({
  selector: 'app-sidebar',
  templateUrl: './sidebar.component.html',
  styleUrls: ['./sidebar.component.css']
})
export class SidebarComponent implements OnInit {

  @Input() content: string;

  constructor() { }

  ngOnInit() {
  }

}
```

第四步，修改 homepage.component.ts 中的 pageContent 变量，在其中增加侧边栏
所要展示的数据。

```
public pageContent = {
  header : {
    title : 'Loc8r',
```

```
    strapline : 'Find places to work with wifi near you!'
  },
  sidebar : 'Looking for wifi and a seat? Loc8r helps you find places
    to work when out and about. Perhaps with coffee, cake or a pint?
    Let Loc8r help you find the place you\'re looking for.'
};
```

第五步，修改 homepage.component.html，使用新的侧边栏组件替换之前的 HTML，并传入数据。

```
<app-page-header [content]="pageContent.header"></app-page-header>
<div class="row">
  <div class="col-12 col-md-8">
    <div class="error"></div>
    <app-home-list>Loading...</app-home-list>
  </div>
  <app-sidebar [content]="pageContent.sidebar"></app-sidebar>
</div>
```

侧边栏组件已经完成了。但检查页面时，你会发现无论浏览器的宽度是多少，侧边栏总是呈现在列表的下方，如图 9.8 所示。

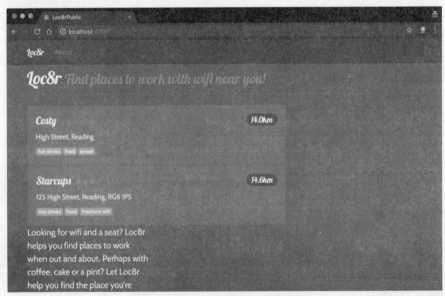

图 9.8 新的侧边栏组件有异常

<div class="col-12 col-md-4">元素的样式决定了侧边栏的位置。但是当侧边栏组件被抽象之后，我们使用了新的标签<app-sidebar>，这造成 Bootstrap 没有正确处理我们

的组件，把组件放到了下一行。

在集成组件时，尤其需要注意这个问题。不过这个问题很容易解决。

为 Angular 元素添加 Bootstrap 布局样式

上面的问题是由于以下 HTML 代码造成的：

```
<div class="col-12 col-md-8">
  <app-home-list>Loading...</app-home-list>
</div>
<app-sidebar [content]="pageContent.sidebar">
  <div class="col-12 col-md-4">
    <p class="lead">{{ content }}</p>
  </div>
</app-sidebar>
```

我们为侧边栏组件应用了 Bootstrap 的 col 类，但却添加在了错误的元素上，导致<app-sidebar>元素的宽度被定义成与浏览器同宽，因此被挤到列表的下方。只要把 sidebar.component.html 中<div>标签的样式转移到 homepage.component.html 的<app-sidebar>标签就可以解决这个问题了。修改后的 homepage.component.html 如代码清单 9.13 所示。

代码清单 9.13　在 homepage.component.html 中为侧边栏添加样式

```
<app-page-header [content]="pageContent.header"></app-page-header>
<div class="row">
  <div class="col-12 col-md-8">
    <app-home-list>Loading...</app-home-list>
  </div>
  <app-sidebar class="col-12 col-md-4" [content]="pageContent.sidebar">
  </app-sidebar>
</div>
```

随后，删除侧边栏组件中的<div>标签，只保留<p>元素及其内部的content，如下所示：

```
<p class="lead">{{ content }}</p>
```

现在，主页看起来一起正常了，如图 9.9 所示。

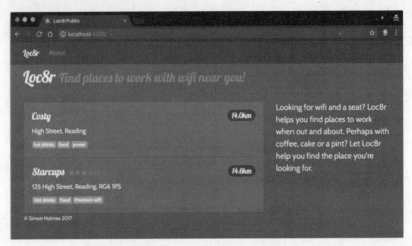

图 9.9　采用多组件集成方式重构后的主页，一切显示正常

主页看起来很棒，但是如果 Loc8r 能够根据提供的位置找出附近的地点，那就更完美了。

9.3　根据地理位置查找附近地点

Loc8r 应该具备这样的功能：识别用户所在位置并找出附近的地点。截至目前，Loc8r 应用程序中的所有地理位置数据都是通过硬编码伪造的假数据。现在我们使用 HTML 的地理位置功能修复这个问题。

为了使用地理位置功能，需要执行以下几个操作：

- 在 Angular 应用程序中调用 HTML5 的定位 API。
- 查询 Express API 时，在参数中使用真实的地理位置数据。
- 把坐标传递给 Angular 数据服务，删除硬编码的假数据。
- 在整个过程中输出相关信息，让用户了解运行情况。

首先，让我们创建一个新的服务，并在其中添加 JavaScript 的地理位置函数。

9.3.1　创建 Angular 地理位置服务

用户定位是一项可以在多个项目中复用的功能，因此可以创建一个独立的服务来实现这一功能。原则上，任何与 API、执行逻辑以及执行有关的代码，都可以被创建成独立的服务。让组件调用服务，而不是执行函数。

从终端进入 app_public 文件夹，执行下面的命令，创建地理位置服务的模板项目：

```
$ ng generate service geolocation
```

我们并不会深入研究 HTML5/JavaScript 地理位置 API 的实现细节。现代浏览器会在 navigator 对象上挂载获得用户定位的方法。在调用该方法以获得用户定位数据之前，需要用户授权获取行为。该方法有两个参数，分别是执行成功时的回调函数以及执行失败时的回调函数，调用形式如下：

```
navigator.geolocation.getCurrentPosition(cbSuccess, cbError);
```

我们把获得地理位置的方法对外暴露，这样第三方就可以服务的方式进行调用了。此外，还需要处理当浏览器不支持地址位置功能时产生的异常。以上所有内容都定义在 geolocation.service.ts 中，还在内部对外暴露了一个名为 getPosition 的方法供其他组件调用，如代码清单 9.14 所示。

代码清单 9.14　创建 geolocation 服务，并在回调函数中获得当前位置

```
import { Injectable } from '@angular/core';

@Injectable({
  providedIn: 'root'
})
export class GeolocationService {

  constructor() { }

  public getPosition(cbSuccess, cbError, cbNoGeo): void {
    if (navigator.geolocation) {
      navigator.geolocation.getCurrentPosition(cbSuccess, cbError);
    } else {
      cbNoGeo();
    }
  }
}
```

> 定义一个名为 getPosition 的公有方法，它接收三个参数，分别是调用成功时的回调函数、调用失败时的回调函数以及浏览器不支持地理位置时的回调函数

> 如果不支持地理位置功能，那么调用不支持的回调函数

> 如果支持地理位置功能，那么调用原生方法，传入成功的回调函数和失败的回调函数

上面的代码展示了一个用来获得地理位置的服务，还对外暴露了一个名为 getPosition 的方法，该方法接收三个回调函数作为参数。这个服务会检查浏览器是否支持地理位置功能，并尝试获得位置坐标。一共可能出现三种情况：获得位置坐标成功、获得位置坐标失败以及浏览器不支持地理位置功能，根据这三种情况分别调用三个回调函数。

接下来，我们将服务添加到应用程序中。

9.3.2 在应用程序中添加地理位置服务

为了使用新的地理位置服务，首先在 home-list 组件中导入该服务，流程跟之前导入数据服务是一样的。具体操作如下：

- 在组件中导入服务。
- 在装饰器的 providers 中添加服务。
- 在构造函数中添加服务。

具体的导入以及注册服务的代码，请查看代码清单 9.15 中加粗的部分。

代码清单 9.15　为 home-list.component.ts 添加地理位置服务

```
import { Component, OnInit } from '@angular/core';
import { Loc8rDataService } from '../loc8r-data.service';
import { GeolocationService } from '../geolocation.service';   ← 导入地理
                                                                 位置服务
export class Location {
  _id: string;
  name: string;
  distance: number;
  address: string;
  rating: number;
  facilities: string[];
}

@Component({
  selector: 'app-home-list',
  templateUrl: './home-list.component.html',
  styleUrls: ['./home-list.component.css']
})
export class HomeListComponent implements OnInit {

  constructor(
    private loc8rDataService: Loc8rDataService,        向构造函数传递
    private geolocationService: GeolocationService  ←  地理位置服务
  ) { }
```

完成上面的开发任务后，就可以在 home-list 组件中使用地理位置服务了。

9.3.3　在 home-list 组件中使用地理位置服务

现在已经可以在 home-list 组件中使用地理位置服务了，在调用服务的 getPosition 方法时，要注意方法一共有三个参数，在调用前要创建好相应的回调函数。

定位过程可能需要一段时间才能开始在数据库中搜索位置信息，因此需要为用户提供一些提示信息，展示应用程序的日志。

我们在 homepage.component.html 中创建过一个元素，用来在页面中显示提示信息，但是现在需要在 home-list.component.html 使用这个元素。因此，我们在 homepage 的 HTML 中找到<div class="error"></div>，把这个标签删除，之后把同样的元素在 home-list.component.html 中复制一份，并添加数据绑定用于展示提示信息。代码如下所示：

```
<div class="error">{{message}}</div>
<div class="card" *ngFor="let location of locations">
```

根据上面的代码，message 字段被绑定到 HTML 以显示提示信息。现在，让我们开始创建 getPosition 方法的三个回调函数。

创建用于处理地理位置数据的三个回调函数

在组件内部创建三个私有成员，分别对应以下三种情况：

- 成功获得地理位置
- 获得地理位置失败
- 浏览器不支持地理位置功能

获得地理位置可能需要 1～2 秒的时间，我们需要更新相关的信息，让用户掌握地理位置数据的获取进度。

首先在组件中定义成员变量 message，类型为字符串，这个变量是用来存放地理位置相关信息的，会在三个回调函数中进行设置。成功时的回调函数直接指向 getLocations 方法，并在其中把 message 设置为成功的消息；获取失败和不支持地理位置功能这两种情况的回调函数，则把 message 设置为错误的信息；如代码清单 9.16 所示。

代码清单 9.16　在 home-list.component.ts 中设置用于处理地理位置数据的回调函数

```
export class HomeListComponent implements OnInit {

  constructor(
```

```
    private loc8rDataService: Loc8rDataService,
    private geolocationService: GeolocationService
) { }

public locations: Location[];

public message: string;                          ◄——— 定义变量 message,
                                                        类型为字符串

private getLocations(position: any): void {
    this.message = 'Searching for nearby places';  ◄———┐
    this.loc8rDataService
        .getLocations()                                    在现有的
                                                           getLocations
        .then(foundLocations => {                          方法中设置
            this.message = foundLocations.length > 0 ? '' : this.message
                'No locations found';              ◄———┘
            this.locations = foundLocations;
        });
}

private showError(error: any): void {
    this.message = error.message;                   获得地理位置失败
};                                                  时的回调函数

private noGeo(): void {                    ◄—— 浏览器不支
    this.message = 'Geolocation not supported by this browser.';  持地理位置
};                                                  功能时的回
                                                    调函数
ngOnInit() {
    this.getLocations();
}
}
```

三个回调函数已经开发完了，现在我们可以使用服务获得地理位置数据，代替在
ngOnInit 中调用的 getLocations 方法。

使用地理位置服务

首先我们需要在 home-list 组件的 init 函数中创建一个新的方法，这个方法在内部
调用 getPosition，而不是直接调用 getLocations。

之前创建的地理位置服务接收三个参数，分别对应三个回调函数：成功获得地理
位置时的回调函数、获得地理位置失败时的回调函数以及浏览器不支持地理位置功能
时的回调函数。将 home-list 组件中的新方法命名为 getPosition，在其内部调用地理位
置服务，并向服务传递回调函数。代码如下所示：

```
private getPosition(): void {
  this.message = 'Getting your location...';
  this.geolocationService.getPosition(
    this.getLocations, this.showError, this.noGeo);
}
```

然后在组件初始化时，在 ngOnInit 方法中调用 getPosition 而非之前的 getLocations。

修改完成后，切换到浏览器，你会看到如图 9.10 所示的内容。浏览器提示用户是否授权使用地理位置功能。

图 9.10　成功调用地理位置服务后，浏览器请求授权

单击 Allow 按钮后，屏幕会立刻显示 Getting your location 提示，此时打开控制台，就会发现 JavaScript 抛出了异常：Cannot set property 'message' of null，如图 9.11 所示。异常信息提示我们异常发生的位置和原因，接下来，让我们修复异常。

在组件和服务之间绑定 this 上下文

如图 9.11 所示，在 getLocations 回调函数中 this 的值为 null，因此无法设置 this.message。当把类的方法当作参数传递时，this 上下文会发生改变，变成调用者的上下文。

幸运的是，解决这个问题很容易。我们只要在传递参数时为方法手动绑定 this 上下文即可，具体做法是在每一个回调函数的结尾添加.bind(this)调用，参见代码清单 9.17。

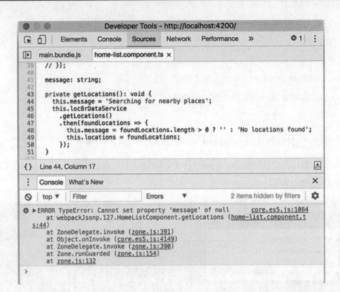

图 9.11　当在回调函数中设置 message 时产生的异常信息

代码清单 9.17　在 home-list.component.ts 中为回调函数绑定 this

```
private getPosition(): void {
  this.message = 'Getting your location...';
  this.geolocationService.getPosition(
    this.getLocations.bind(this),
    this.showError.bind(this),
    this.noGeo.bind(this)
  );
}
```

现在我们已经为回调函数绑定了 this 上下文，这样调用的时候，this 就会指向正确的上下文。重新打开页面，不再显示异常信息，成功获得地理位置后，home-list 组件再次显示在页面中。

但是，现在我们仅仅获得了地理位置数据，并没有使用这些数据。接下来让我们看看如何使用这些数据。

在 API 中使用地理位置的坐标数据

在 home-list.component.ts 文件中，getPosition 方法调用地理位置服务以获得坐标数据。getLocations 方法是获取成功时执行的回调函数，将坐标数据作为参数传入其中。现在我们修改 getLocations 方法，在其中调用数据服务，并把坐标数据传递给数据服务，这样在调用 API 的时候就可以使用坐标数据了。

首先，修改 home-list.component.ts 文件中的 getLocations 方法，为其增加一个

position 参数，position 参数中包含所有的坐标数据，在 getLocations 方法中把这些数据传给数据服务，如代码清单 9.18 中加粗部分所示。

代码清单 9.18　在 home-list.component.ts 中使用地理位置数据

```
private getLocations(position: any): void {
  this.message = 'Searching for nearby places';
  const lat: number = position.coords.latitude;
  const lng: number = position.coords.longitude;
  this.loc8rDataService
    .getLocations(lat, lng)
    .then(foundLocations => {
      this.message = foundLocations.length > 0 ? '' : 'No locations found';
      this.locations = foundLocations;
    });
}
```

增加 position 参数

从 position 中提取经纬度数据

在调用数据服务时传递坐标数据

现在，从地理位置服务获得的坐标数据已经传给了数据服务，接下来让我们修改数据服务，使用真实的坐标数据替换之前硬编码的坐标数据，参见代码清单 9.19。

代码清单 9.19　在 loc8r-data.service.ts 中使用地理位置的坐标数据

```
public getLocations(lat: number, lng: number): Promise<Location[]> {
  const maxDistance: number = 20000;
  const url: string = `${this.apiBaseUrl}/locations?lng=
    ${lng}&lat=${lat}&
    maxDistance=${maxDistance}`;
  return this.http
    .get(url)
    .toPromise()
    .then(response => response.json() as Location[])
    .catch(this.handleError);
}
```

接收类型为数字的两个参数：lat 和 lng

删除之前硬编码的 lat 和 lng

现在，API 已经从地理位置服务获得了坐标数据，Loc8r 可以根据用户当前所在位置查找附近的地点了。打开浏览器，刷新页面，地点列表中会展示在当前位置 20 千米以内的地点，如图 9.12 所示。测试数据定位的精确度，这将会影响地点列表的展示。

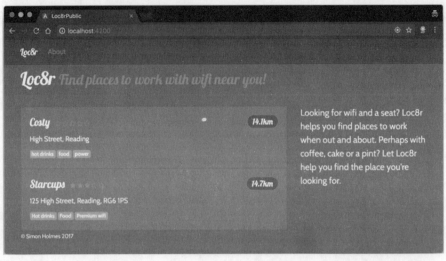

图 9.12 在 Loc8r 应用程序的主页中，根据用户当前位置从 API 查询并展示附近的地点

主页的全部功能都开发完了，Loc8r 能够根据用户当前位置展示附近的地点，这完全符合我们在开始时设定的目标。本章还剩下最后一个任务，就是重构关于页，在重构过程中我们将会介绍利用 Angular 绑定注入 HTML 片段的机制。

9.4　安全绑定 HTML 片段

我们之前已经创建了关于页，但是这个页面仅仅是简单的用来展示跳转和路由功能的模板页面。在本节中，我们将逐步完善这个页面。

9.4.1　完善关于页的内容

关于页的内容十分简单，只需要在组件中添加展示的内容，之后绑定即可。

首先，在组件中添加展示的内容。代码清单 9.20 展示了 about.component.ts 中的代码，其中定义的 pageContent 变量用来持有关于页中所有的文本信息。这些文本信息息已做过精简。

代码清单 9.20　为关于页创建 Angular 控制器

```
export class AboutComponent implements OnInit {

  constructor() { }

  ngOnInit() {
```

```
  }

  public pageContent = {
    header : {
      title : 'About Loc8r',
      strapline : ''
    },
    content : 'Loc8r was created to help people find places to sit
      down and get a bit of work done.\n\nLorem ipsum dolor sit
      amet, consectetur adipiscing elit.'
  };
}
```

上面的代码非常简单，只展示了一个普通的组件，没有什么特殊之处。唯一值得注意的是使用了\n 换行符。

下一步准备开始创建 HTML 布局。根据之前 Pug 模板中的内容，我们需要添加页头，以及一些<div>标签用来显示页面内容。页头这部分可以复用之前创建的 pageHeader 组件，参考在主页上集成 pageHeader 组件的步骤，只需要引用组件并传入数据即可。about.component.html 中的代码并不多，所有的内容如下所示：

```
<app-page-header [content]="pageContent.header"></app-page-header>
<div class="row">
  <div class="col-12 col-lg-8">{{ pageContent.content }}</div>
</div>
```

上面的代码和我们之前开发过的页面十分相似：页头、一些 HTML 片段，再加上标准的 Angular 绑定。此时刷新页面，关于页的所有内容都呈现出来了，除了文字部分没有换行之外，一切都很正常，如图 9.13 所示。

换行的失效会让文字失去可读性，甚至导致阅读者曲解原文的意思，这并不是我们希望的结果。我们之前曾经使用管道修改了主页中距离数据的显示方式，那么是不是可以使用管道来解决换行的问题呢？值得一试，下面先从创建新的管道开始。

9.4.2　创建用于转义换行符的管道

在这里，管道的作用就是把文本中的\n 换行符替换成
标签。我们在 Pug 模板中已经使用 JavaScript 解决了这个问题，代码如下所示：

```
p !{(content).replace(/\n/g, '<br/>')}
```

在 Angular 中，我们不会采用类似的做法，而是使用管道来解决问题。

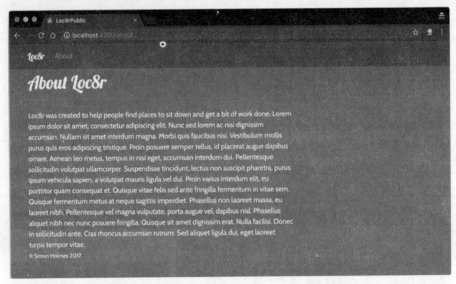

图 9.13   页面显示正常，但是所有的换行符均未生效

创建 HTML 换行符管道

如上所述，管道的最佳创建方式就是使用 Angular CLI。在终端执行如下命令，将会创建一个新的管道，并为应用程序注册这个新创建的管道：

```
$ ng generate pipe html-line-breaks
```

这个管道中的代码很简单：接收输入的字符串形式的文本，替换其中所有的\n为
，之后返回替换好的字符串。使用下面的代码片段更新 html-line-breaks.html 文件：

```
export class HtmlLineBreaksPipe implements PipeTransform {
  transform(text: string): string {
    return text.replace(/\n/g, '<br/>');
  }
}
```

现在，HTML 换行符管道已经开发完了，让我们在绑定时使用管道。

在绑定时使用管道

我们之前已经多次在绑定时使用过管道了。在 HTML 中，找到要绑定的数据对象，在其后添加管道符(|)以及管道的名字即可，代码如下所示：

```
<div class="col-12 col-lg-8">{{ pageContent.content |
  htmlLineBreaks }}</div>
```

上面这段代码并不复杂，然而即使添加管道后，页面也仍然不符合我们的预期。虽然换行符被替换成
，但是这些标签被当成文本直接显示在浏览器中了，而不是我们预期的 HTML 换行标签，如图 9.14 所示。

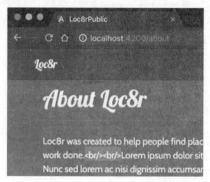

图 9.14　　
标签被识别为文本而不是 HTML 换行标签

页面显示跟我们预期的确实不同，但是起码能够确定管道已经生效了。
被识别为文本是出于安全考虑，为了避免应用程序受到恶意攻击，Angular 阻止数据绑定时所有的 HTML 片段注入。考虑下面这种场景：当用户撰写评论时，如果可以在评论中随意添加 HTML 片段，比如<script>标签，在其中运行一些 JavaScript 代码，并且如果没有阻止注入 HTML 片段，那么就会造成整个页面被劫持。

接下来将会介绍在进行数据绑定时，如何安全地注入 HTML 片段。

9.4.3　属性绑定：安全地绑定 HTML 片段

Angular 提供的属性绑定功能专门用于处理 HTML 片段，我们可以在代码中使用属性绑定替换默认的绑定方法。

属性绑定用于显示 HTML 片段，并可以防止 XSS(Cross Site Scripting，跨站脚本攻击)攻击。我们可以将属性绑定理解为"单向"的绑定通道。组件并不会读取或使用一个用于属性绑定的变量，但可以在绑定时更新和修改该变量的值。

在关于页中，我们在组件中对传入的数据使用属性绑定。在本例中，我们把数据中的content字段传递给属性绑定，属性绑定再把content绑定到原生标签的innerHTML属性。

如果属性被一对方括号包裹，则表示要对属性进行属性绑定。接下来删除about.component.html 中默认的绑定方式，用属性绑定替换，具体代码如下：

```
<div class="col-12 col-lg-8" [innerHTML]="pageContent.content |
    htmlLineBreaks"></div>
```

需要注意的是，在属性绑定中仍然可以使用管道，在上述代码中我们为属性绑定添加了 htmlLineBreaks 管道。现在再次刷新页面，如图 9.15 所示，换行符生效了。

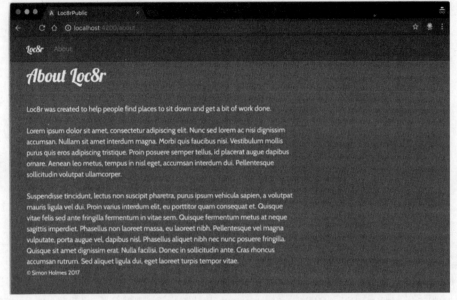

图 9.15　属性绑定和管道的组合使页面中的换行符得以正常显示

现在 Loc8r 已经被重构为 Angular SPA。在整个重构过程中，我们创建了若干页面、与之对应的路由和跳转，还使用了获取地理位置的功能，整个应用程序是基于模块化的方式实现的。

9.5　挑战

利用你在本章所学的关于 Angular 的知识，开发一个名为 rating-stars 的组件。它的主要功能是评级，在诸如主页中的地点列表以及其他需要用到评级功能的地方都可以使用。在下一章我们会着手创建 rating-stars 组件。

rating-stars 组件具备以下功能：

- 接收一个数字类型的参数(评级)。
- 用一组实心的五角星表示对应的评分等级。
- 可复用。

作为提示，这个组件应该采用以下这种形式：

```
<app-rating-stars [rating]="location.rating"></app-rating-stars>
```

本章的所有代码可以在本书 GitHub 仓库的 chapter-09 分支中找到。

在第 10 章中，我们将会继续完善应用程序，开发更复杂的页面布局并接收用户在表单中的输入。

9.6　本章小结

在本章，你掌握了：

- Angular 中路由的用法。
- 如何创建网站，并为其添加跳转功能。
- 通过集成多个组件的方式，创建模块化和弹性应用程序的最佳实践。
- 如何调用外部接口，如浏览器的地理位置服务。

第 *10* 章

使用 Angular 开发
单页面应用：进阶

本章概览：

- 在 Angular 中根据 URL 参数执行路由
- 查询 API 时使用 URL 参数
- 构建更复杂的布局以及处理表单提交
- 创建独立的路由配置文件
- 使用 Angular 应用程序替换由 Express 渲染的 UI

在本章中，我们会继续第 9 章的工作，构建并完善单页面应用(SPA)。在本章的结尾，Loc8r 应用程序将会是独立的 Angular 应用程序，所有数据均从 API 获得。

图 10.1 展示了系统的整体架构，其中标识了使用 Angular 重构后的 SPA 在整个架构中所处的位置。

首先我们将会创建之前缺失的页面和功能，了解如何在路由中使用 URL 参数，并在查询 API 时使用这些参数。当大部分功能开发完成后，我们将会创建一个用于添加评价的表单，与 Express 不同的是，这个表单并不是独立的页面，而是被内联集成到现有功能中，实现在不离开详情页面的前提下添加评价。这能够减少与服务器的额外交互。当功能开发完成后，我们会遵循 Angular 和 TypeScript 的最佳实践，对系统架构进行一些优化和升级。

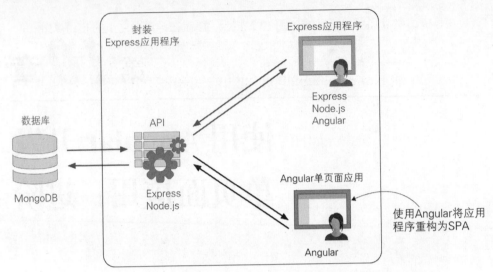

图 10.1　在本章中继续第 9 章的工作：把应用程序的逻辑从服务器端迁移到前端，
并将 Loc8r 应用程序重构为 Angular SPA

最后，使用 Angular 应用程序替换 Loc8r 现有的前端，Express 应用程序将不再需要直接与用户交互的功能。

10.1　处理更复杂的视图和路由参数

在本节中，将为 Angular SPA 增加详情页。其中一项关键的功能是从 URL 参数中获取地点 ID，以确保数据的正确性。这种做法相当常见，并且在其他任何框架中同样可以使用。数据服务也将会一起升级，以便在请求 API 时能够获得具体某个地点的详细数据。在把 Pug 视图转换成 Angular 模板时，可以利用 Angular 提供的各种额外功能，创建各种各样的布局。

由于有这么多内容需要学习，因此在着手开发之前，最好先制定技术方案。

10.1.1　规划页面布局

详情页比迄今为止制作的所有 Angular 页面都要复杂，但我们已经提前了解了详情页的布局，可以从更高的层级规划整个页面，这会使后续添加细节更加容易。

通过观察详情页的布局，以及我们在前几章所做的工作，你会发现正是不同的组件集成在一起形成了这个页面。framework 组件(包含导航和页脚)仍然作为整个页面的最外层容器。页面中的区域由路由控制渲染，其中将会集成新的组件 details-page，包括页头、侧边栏以及主显示区域。图 10.2 展示了覆盖在详情页之上的布局草图。

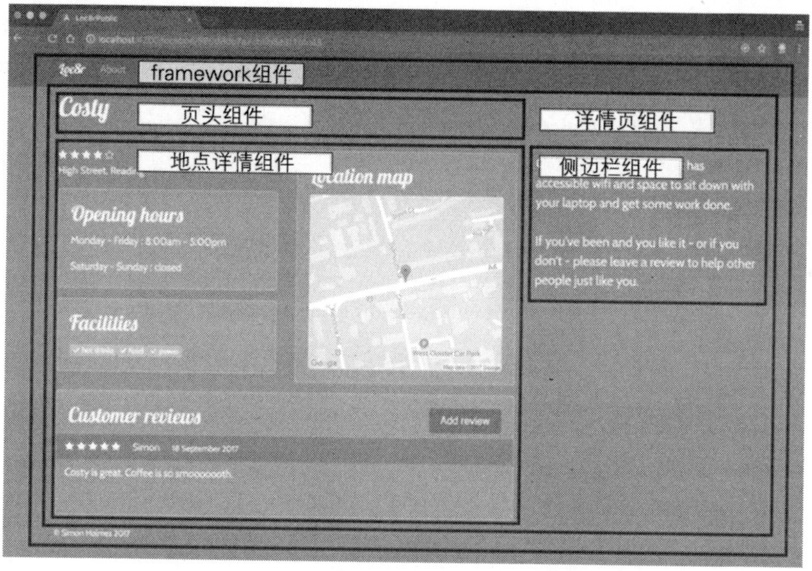

图 10.2　使用 Angular 创建详情页所需要的组件以及布局

上面的技术方案涵盖了接下来要开发的内容，以及其中哪些部分是可重用的。还需要注意的是，有三个组件使用了地理位置数据，分别是页头组件、地点详情组件以及侧边栏组件。在开发页面时，需要考虑这一点。

上面的技术方案中列出了 5 个组件，其中两个为新组件：用于集成其他组件的详情页组件以及显示详细信息的地点详情组件。我们先为这些组件创建基础版本，以便应用程序能够跳转到详情页。

10.1.2　创建组件

按照技术方案，我们需要创建新的详情页组件，用于集成地点详情、页头和侧边栏。首先创建详情页的模板组件，然后再为路由跳转功能创建 framework 组件 。

使用 Angular CLI 创建地点详情组件，从终端进入 app_public 文件夹，执行如下命令：

```
$ ng generate component location-details
```

暂时不需要修改这个组件，稍后我们会更新它。接下来创建详情页组件，并按照默认模板为其添加布局。在终端执行如下命令：

```
$ ng generate component details-page
```

我们将会修改 details-page 组件，在其中集成其他组件，包括页头组件、地点详情组件和侧边栏组件，如代码清单 10.1 所示，上述三个组件都将被插入 details-page. component.html 中。在 app-page-header 组件和 app-sidebar 组件中还将会添加 content 属性绑定，用于从 details-page 组件接收数据。

代码清单 10.1　details-page.component.html 中的基础页面布局

页头组件，为其
添加属性绑定

```
<app-page-header [content]="pageContent.header"></app-page-header>
<div class="row">
  <div class="col-12 col-md-8">
    <app-location-details></app-location-details>         地点详情组件
  </div>
  <app-sidebar class="col-12 col-md-4" [content]="pageContent.sidebar">
    </app-sidebar>         侧边栏组件，为
  </div>                   其添加属性绑定
```

接下来，我们将会为页头和侧边栏创建一些默认数据，以便能够显示内容。在详情页组件的 HTML 中，pageContent.header 和 pageContent.sidebar 被用于属性绑定，因此在组件类中需要创建对应的 pageContent 成员变量，该变量包含 header 和 sidebar 两个属性。代码清单 10.2 显示了 details-page.component.ts 中的内容，header 和 sidebar 属性使用默认文本赋值。

代码清单 10.2　details-page.component.ts 中的默认数据

```
export class DetailsPageComponent implements OnInit {

  constructor() { }

  ngOnInit() {
  }

  public pageContent = {         新创建的 pageContent 成员变
    header: {                     量中包括页头的详细数据
      title: 'Location name',
      strapline: ''
    },
    sidebar: 'is on Loc8r because it has accessible wifi and space
      to sit down with your laptop and get some work done.\n\nIf
      you\'ve been and you like it - or if you don\'t - please
```

```
        leave a review to help other people just like you.'  ◄─┐ 侧边栏中
    };                                                           │ 的内容
}
```

现在我们已经创建了详情页组件，并在其中集成了三个组件，还为其中的页头组件和侧边栏组件设置了默认数据。

接下来，我们将会为新创建的页面配置路由。

10.1.3　根据 URL 参数设置和定义路由

根据 URL 参数定义 Angular 路由，与根据 URL 参数定义 Express 路由的方法是一样的，甚至连语法都是相同的。这在软件开发领域是不常见的。

路由的配置是在 app.module.ts 中定义的，因此需要修改 app.module.ts，在其中增加配置，如代码清单 10.3 所示。与 Express 中的做法类似，在路由路径的结尾增加一个名为 locationId 的变量，并在这个变量的前面添加冒号，这样就可以在路由中使用 URL 参数了。

代码清单 10.3　将详情页的路由添加到 app.module.ts 中

```
RouterModule.forRoot([
  {
    path: '',
    component: HomepageComponent
  },
  {
    path: 'about',
    component: AboutComponent
  },
  {
    path: 'location/:locationId',                使用冒号作为前缀，使得路由
    component: DetailsPageComponent  ◄──────────  能够使用 URL 参数 locationId
  }
])
```

修改 app.modules.ts 后，在浏览器中输入 location/**参数**，Angular 应用程序将会跳转到详情页，如图 10.3 所示。

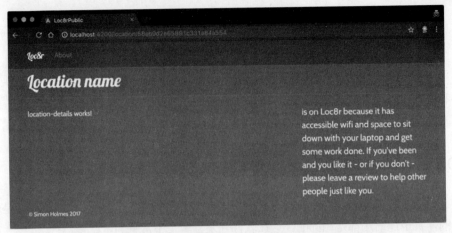

图 10.3 测试新创建的详情页的路由并查看页面中组件的默认内容

在原来的页面中，侧边栏的内容是分两行显示的，而在图 10.3 中，换行符没有起作用。幸运的是，我们之前创建过一个用于转义换行符的管道，因此只需要更新侧边栏组件，添加这个管道就可以解决问题了。修改 sidebar.component.html，为 innerHTML 属性添加绑定，并向其传入数据 content 和管道 htmlLineBreaks，代码如下所示：

```
<p class="lead" [innerHTML]="content | htmlLineBreaks"></p>
```

现在，侧边栏内容中的\n 已经被替换为
标签，而
标签也被成功识别为 HTML 元素，如图 10.4 所示。

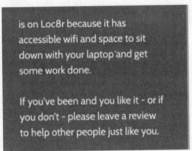

图 10.4 使用自定义管道后的侧边栏

页面布局看起来一切正常，接下来我们将根据 URL 中的参数(地点 ID)来执行路由的跳转。首先需要更新主页上的地点列表中每一个地点的链接。

创建跳转到详情页的链接

单击地点列表中的链接，可以跳转到详情页，但是在跳转时，页面可能会有闪烁的情况。这是因为跳转链接被定义在<a>标签的标准属性 href 上，所以浏览器在跳转时不经过路由，而是会像普通页面一样跳转，这种跳转方式会让页面重新加载所有资源，包括 Angular 应用程序的代码。这其实并不是 SPA 的预期行为。

　　Angular 应该捕获单击事件，阻止默认行为，并使用其他方式处理跳转。在前几章中创建导航栏时，我们用 routerLink 替换了其中<a>标签的 href 属性。对于这些链接，可以采取同样的处理方式：在 home-list.componet.html 中，找到相关的<a>标签，替换掉 href 属性。

```
<a routerLink="/location/{{location._id}}">{{location.name}}</a>
```

　　其余代码不需要修改，应用程序正逐渐成为正确的 SPA。现在，我们可以在页面中使用 URL 参数了。

10.1.4　在组件和服务中使用 URL 参数

　　在组件和服务中使用 URL 参数的技术方案是：获得 URL 参数——地点 ID，作为获取地点详情的请求参数，调用 API 并返回数据，使用这些数据显示详情。

　　路由控制下的任何组件经过配置后都可以在调用 API 时获得 URL 参数。现在我们有三个组件都需要用到 URL 参数，那么究竟在哪个组件中实现上面的技术方案，获得 URL 参数呢？一种比较好的方式是在三个组件的“父”组件——详情页组件中实现。“父”组件获得数据后再将数据传递给三个子组件。首先，在数据服务中添加一个方法，用来根据 ID 查找单个地点。

创建调用 API 的数据服务

　　在第 8 章创建的数据服务中，只有方法 getLocations，它会根据坐标检索并返回一个地点列表。我们将会创建一个与之类似的方法 getLocationById。修改 loc8r-data.service.ts，复制 getLocations 方法的内容，并重命名为 getLocationById。

　　之后对 getLocationById 方法稍作修改：

- 将输入参数修改为字符串类型的 locationId。
- 修改返回值，从原来的数组变更为 Location 类的实例。
- 修改调用 API 的 URL，添加 locationId 作为请求参数。
- 将响应的 JSON 对象修改为 Location 类型。

　　在 loc8r-data.service.ts 中，getLocationById 方法的代码如代码清单 10.4 所示。

代码清单 10.4　在 loc8r-data.service.ts 中添加根据 ID 获得某个地点的方法

```
public getLocationById(locationId: string): Promise<Location> {
  const url: string = `${this.apiBaseUrl}/locations/${locationId}`;
  return this.http
    .get(url)
    .toPromise()
    .then(response => response as Location)
    .catch(this.handleError);
}
```

修改调用 API 的 URL，添加地点 ID 作为请求参数

修改输入参数和返回值，其中，输入参数为一个字符串类型的变量，输出为 Location 类的一个实例

将响应的 JSON 对象修改为 Location 实例

开发完 getLocationById 方法后，接下来准备将数据服务导入详情页组件。

在组件中导入数据服务

在前几章中，我们曾经在 home-list 组件中导入过数据服务。因此，这里不过多讨论相关细节。导入数据服务的方法如下：在详情页组件中导入数据服务，添加到 providers 中，最后在类的构造函数中声明一个变量并持有数据服务。

完成上面的开发后，还需要从 home-list 组件中导入 Location 类，清空页面中的默认内容。所有这些修改都集中在 details-page.component.ts 中，如代码清单 10.5 所示。

代码清单 10.5　在 details-page.component.ts 中导入数据服务

```
import { Component, OnInit } from '@angular/core';
import { Loc8rDataService } from '../loc8r-data.service';
import { Location } from '../home-list/home-list.component';

@Component({
  selector: 'app-details-page',
  templateUrl: './details-page.component.html',
  styleUrls: ['./details-page.component.css'],
})
export class DetailsPageComponent implements OnInit {

  constructor(private loc8rDataService: Loc8rDataService) { }

  ngOnInit(): void { }

  public pageContent = {
    header : {
```

导入数据服务

导入 Location 类

创建数据服务的私有实例

清空页面中的默认内容

```
      title : '',
      strapline : ''
    },
   sidebar : ''
 };
}
```

在开发时，唯一需要注意的一点就是构造函数中声明的 loc8rDataService 参数。参数类型是 Loc8rDataService，首字母为大写的 L；而实例名称是 loc8rDataService，首字母是小写的 l。

接下来，我们准备在组件中获取 URL 参数。

在组件中获取 URL 参数

鉴于在应用程序中使用 URL 参数是常见需求，而整个过程又极其复杂，我们需要额外创建三个新模块：

- Angular 路由的 ActivateRoute，用于从组件内部获得当前路由的路径。
- Angular 路由的 ParamMap，它是一个 Observable 对象，用来获取当前 URL 中的参数。
- RxJS 的 switchMap，用于从 Observable 对象 ParamMap 中获得相应的值，并作为参数调用 API，返回另一个 Observable 对象。

下面的代码片段摘自 details-page.component.ts，其中加粗的部分是导入上述三个新创建模块的代码。

```
import { Component, OnInit } from '@angular/core';
import { ActivatedRoute, ParamMap } from '@angular/router';
import { Loc8rDataService } from '../loc8r-data.service';
import { Location } from '../home-list/home-list.component';
import { switchMap } from 'rxjs/operators';
```

在构造函数中定义 ActivatedRoute 类型的私有变量 route，以便在组件中可以访问当前被选中的路由。

```
constructor(
   private loc8rDataService: Loc8rDataService,
   private route: ActivatedRoute
){}
```

接下来是比较复杂的操作，按照以下步骤，我们将会从 URL 参数中获得地点 ID，之后根据地点 ID 从 API 中获得地点数据。

(1) 当组件初始化时，使用 switchMap 订阅被选中路由的 Observable 对象 paramMap。

(2) 当 Observable 对象 paramMap 返回一个 ParamMap 对象后，从对象中获得 URL 参数 locationId。

(3) 调用数据服务的 getLocationById 方法，调用参数为地点 ID。

(4) getLocationById 方法返回一个 Observable 对象。

(5) 订阅 API 调用返回的数据，订阅得到的数据是一个 Location 类型的对象。

(6) 使用 API 返回数据中的地点名称填充页头和侧边栏中相应的内容。

一项看起来简单的功能，实际上却需要这么多步骤来实现。上面所列步骤都发生在 details.page.component.ts 文件的 ngOnInit 生命周期函数中，如代码清单 10.6 所示。

代码清单 10.6　在 details-page.component.ts 中获得并使用 URL 参数

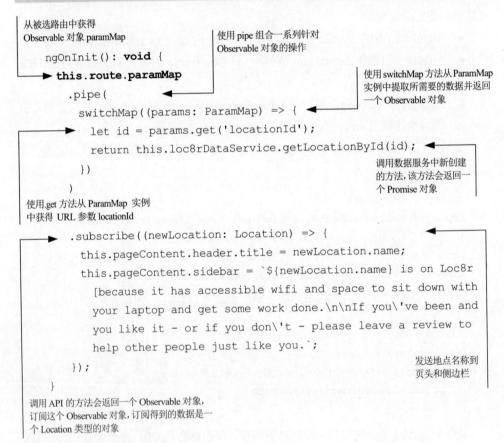

上面这段代码包含相当多的功能，建议反复阅读设计方案和代码注解，以便能够彻底理解。这段代码与我们迄今为止学习的内容略有不同，虽然十分复杂，但实现的

功能非常强大。特别要注意代码中的两个链式调用的 Observable 对象。 第一个 Observable 对象是路由的 paramMap 变量，它被 switchMap 订阅。第二个 Observable 对象是 switchMap 方法执行后的返回值。

现在，详情页的页头和侧边栏部分均已经展示了地点名称，如图 10.5 所示。

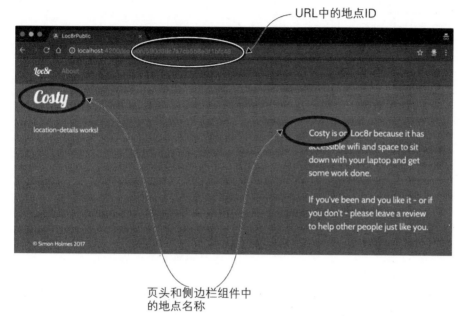

图 10.5　在从 URL 中获得地点 ID 并发送给 API 后，页头和侧边栏正确显示了地点名称

从URL中获得地点 ID 后，执行查询数据库的操作，得到的数据将会用于页面中两个组件的展示。在继续学习其他内容之前，确保页面已经获得数据并能够正确显示。

10.1.5　向详情页组件传递数据

现在我们需要从详情页组件向内部集成的地点详情组件传递数据，具体步骤如下：

(1) 在详情页组件中添加一个成员变量，用来持有从数据服务获得的地点数据。

(2) 在 HTML 中使用属性绑定，用于将数据传递给子组件。

(3) 更新地点详情组件，接收传入的数据。

如代码清单 10.7 所示，在 details-page.component.ts 中定义类型为 Location 的成员变量 newLocation，并把调用 API 后返回的地点数据赋值给 newLocation。

代码清单 10.7　在 details-page.component.ts 中使用获得的地点数据

```
newLocation: Location;

ngOnInit(): void {
  this.route.paramMap
    .switchMap((params: ParamMap) => {
      let id = params.get('locationId');
      return this.loc8rDataService.getLocationById(id);
    })
    .subscribe((newLocation: Location) => {
      this.newLocation = newLocation;
      this.pageContent.header.title = newLocation.name;
      this.pageContent.sidebar = `${newLocation.name} is on Loc8r
        because it has accessible wifi and space to sit down with
        your laptop and get some work done.\n\nIf you\'ve been and
        you like it - or if you don\'t - please leave a review to
        help other people just like you.`;
    });
}
```

从 Observable 对象获得订阅的数据,并赋值给类的成员变量 newLocation

在类的成员变量 newLocation 获得地点详情数据后,修改 details-page.component.html,通过属性绑定将 newLocation 持有的数据传给集成的组件,代码如下所示:

```
<app-location-details [location]="newLocation">
  </app-location-details>
```

我们在前几章曾经学习并使用过属性绑定,属性绑定会将详情页组件中的 newLocation 持有的数据传递给地点详情组件的成员变量 location。

现在地点详情组件中还没有声明成员变量 location。接下来我们要在组件定义中添加 location,并设置为 Location 类型的输入属性。在前几章,我们已经做过类似的开发,在 details.component.ts 中所做的修改如代码清单 10.8 所示。

代码清单 10.8　在 location-details.component.ts 中接收传入的地点数据

从 @angular/core 中导入 Input 模块

```
import { Component, OnInit, Input } from '@angular/core';
import { Location } from '../home-list/home-list.component';

@Component({
  selector: 'app-location-details',
```

导入 Location 类

```
  templateUrl: './location-details.component.html',
  styleUrls: ['./location-details.component.css']
})
export class LocationDetailsComponent implements OnInit {

  @Input() location: Location;          ◀——— 将 location 定义为 Location
                                              类型的输入属性

  public googleAPIKey: string = '<Put your Google Maps API Key here>';◀

  constructor() { }                                不要忘记填写 Google
                                                   Maps Key
  ngOnInit() {
  }
}
```

完成上述工作后，页面仍然与之前保持一致，没有任何变化。但实际上，详情页组件已经从数据库中获得了需要的数据，并且将数据传递给了内部集成的三个组件。接下来让我们在视图中将组件集成在一起。

10.1.6　构建详情页视图

在前几章中，我们已经基于Pug模板和Pug中的数据绑定开发了地点详情功能，现在需要将 Pug模板转换为HTML，并将数据绑定从Pug迁移到Angular。我们可以借助Angular的*ngFor 指令处理数据绑定和循环。此处需要使用在第9章结尾处创建的rating-stars组件，这个组件的作用是显示总体评分以及每个评分的评论内容。如果没有创建这个组件，那么请参考本书GitHub仓库中的代码chapter-10分支，其中包含这个组件的代码。此外，还需要使用htmlLineBreaks管道，它用来在评价文本中显示换行效果。

准备主模板

location-details.component.html 中的所有代码都已经列在代码清单 10.9 中了，其中加粗部分为数据绑定代码。代码中有一部分内容被省略了，比如营业时间，待开发完成并准备执行测试时再编写这部分代码。

代码清单 10.9　location-details.component.html 中地点详情的 Angular 模板

```
<div class="row">
  <div class="col-12 col-md-6">
    <app-rating-stars [rating]="location.rating"></app-rating-stars>◀
    <p>{{ location.address }}</p>
    <div class="card card-primary">              使用 rating-stars 组件显
                                                 示地点的平均评分
```

```
      <div class="card-block">
        <h2 class="card-title">Opening hours</h2>
        <!-- Opening times to go here -->
      </div>
    </div>
    <div class="card card-primary">
    <div class="card-block">
        <h2 class="card-title">Facilities</h2>
        <span *ngFor="let facility of location.facilities" class="badge
          badge-warning">
          <i class="fa fa-check"></i>
          {{facility}}
        </span>
      </div>
    </div>
    </div>
    <div class="col-12 col-md-6 location-map">
      <div class="card card-primary">
        <div class="card-block">
          <h2 class="card-title">Location map</h2>
          <img src="https://maps.googleapis.com/maps/api/staticmap?
            center={{location.coords[1]}},{{location.coords[0]}}
            &zoom=17&size=400x350&sensor=false&markers={{location
            coords[1]}},{{location.coords[0]}}&key=
            {{googleAPIKey}}&scale=2" class="img-fluid rounded"/>
        </div>
      </div>
    </div>
    </div>
    <div class="row">
    <div class="col-12">
      <div class="card card-primary review-card">
        <div class="card-block"><a href="/location/{{location._id}}
          /review/new" class="btn btn-primary float-right">Add review</a>
          <h2 class="card-title">Customer reviews</h2>
          <div *ngFor="let review of location.reviews" class="row review">
            <div class="col-12 no-gutters review-header">
              <app-rating-stars [rating]="review.rating">
```

遍历 facilities 变量

不要忘记填写
Google API Key

遍历 reviews
变量

```
    </app-rating-stars>
    <span class="reviewAuthor">{{ review.author }}</span>
    <small class="reviewTimestamp">{{ review.createdOn }}</small>
  </div>
  <div class="col-12">
    <p [innerHTML]="review.reviewText | htmlLineBreaks"></p>
  </div>
        </div>
      </div>
    </div>
  </div>
</div>
```

将评价的内容作为 HTML 绑定到 innerHTML 属性，并在绑定中应用 htmlLineBreaks 管道

使用 rating-stars 组件显示每个评价的评分

在详情页中需要实现很多功能，所以上面的代码清单非常冗长。打开浏览器并刷新页面，虽然页面正常显示了，但是仍然有一些问题需要解决。

打开浏览器的开发者工具，控制台中显示了一些异常信息：Cannot read property 'rating' of undefined。这个错误是在数据绑定时发生的，因为页面加载后详情页立刻开始绑定数据，而此时 API 接口还没有返回，导致绑定时找不到数据。

通过隐藏组件的方式修改提前绑定数据的问题

上述错误发生的根本原因就是组件在尚未获得数据时，提前执行了数据绑定行为。如何解决这个问题呢？可以在 HTML 中隐藏组件，直到数据从 API 返回后再展示组件。

Angular 内置了一个非常有用的指令：*ngIf。为 HTML 元素添加*ngIf 指令，并赋值为一个表达式。如果这个表达式返回 true，那么显示元素；如果返回 false，那么元素被隐藏。

我们希望仅在数据存在时才显示地点详情组件，因此可以为地点详情组件添加 *ngIf 指令，如下修改 details-page.component.html 中的代码：

```
<div class="col-12 col-md-8">
  <app-location-details *ngIf="newLocation" [location]="newLocation">
    </app-location-details>
</div>
```

代码修改完毕后，上述错误消失了！

接下来，页面还有其他几个需要修复的问题：页面中没有显示营业时间，评价的排序规则是从旧到新，评价的数据需要格式化。

使用 ngSwitchCase 指令为页面添加 if-else 风格的判断条件用以显示营业时间

可以在模板中通过 if-else 语句显示或隐藏 HTML 中的某些元素，但这并不是常规做法。就显示营业时间这种情况来说，我们希望显示一天中营业的时间范围，或者显示是否已经闭店，或者显示开门和闭店的时间。我们在 Pug 模板中使用了逻辑判断，用如下简单的 if 语句检查 closed 变量是否为 true：

```
if time.closed
| closed
else
| #{time.opening} - #{time.closing}
```

在 Angular 模板中需要实现类似的逻辑判断。*ngIf 只能够实现简单的判断，并不适用于 if-else 这种复杂的逻辑判断。对于 if-else，Angular 采用类似 JavaScript 中 switch 方法的语法，在语句的最顶部定义逻辑判断表达式，之后根据表达式的结果进入不同的逻辑分支。

Angular 使用[ngSwitch]绑定定义逻辑判断表达式，*ngSwitchCase 指令被设置为逻辑判断表达式的值，而 *ngSwitchDefault 指令则在*ngSwitchCase 没有匹配到任何值时提供默认选项。代码清单 10.10 展示了如何在 location-details.component.html 中添加营业时间。

代码清单 10.10　在 location-details.component.html 中使用 ngSwitch 命令

```
<div class="card card-primary">
  <div class="card-block">
    <h2 class="card-title">Opening hours</h2>
    <p class="card-text" *ngFor="let time of location.openingTimes"
    [ngSwitch]="time.closed">
      {{ time.days }} :
      <span *ngSwitchCase="true">Closed</span>
      <span *ngSwitchDefault>{{ time.opening + " - " + time.closing}}
      </span>
    </p>
  </div>
</div>
```

将 ngSwitch 的逻辑判断表达式赋值为time.lcosed

当 time.close 为 true 时，显示已经闭店

否则，默认显示营业时间

现在，我们在模板中添加了一些逻辑判断。需要注意的是，ngSwitch 命令是属性绑定和指令的组合，因此它们必须添加到 HTML 标签上。

接下来，修改评价的排序规则，改为按照评价时间降序排列。

使用自定义管道修改列表排序

如果有 AngularJS 开发经验，那么可能希望 Angular 能够提供 orderBy 过滤器的升级版。orderBy 过滤器非常强大，几乎能够以任何方式对列表进行排序。orderBy 过滤器的优点是灵活且功能强大，但同时也存在缺点：在处理大数据的时候，由于要兼顾灵活性，导致性能非常低下。由于性能的问题，Angular 中并没有继续使用 orderBy 过滤器。

在 Angular 没有原生方法用于排序的前提下，我们可以在组件中实现排序功能，或者开发用于排序的管道。管道通常是较好的选择，尤其是当排序功能可能还会被重用时。管道还具备一个优势，就是每一次数据更改都会调用管道。

现在让我们创建一个新的管道用于对评价列表进行排序，排序规则是按照时间降序排列。从命令行中进入 app_public 文件夹，之后执行下面的命令以创建一个新的管道：

```
$ ng generate pipe most-recent-first
```

管道创建好之后，修改 location-details.component.html 中的*ngFor 指令，将新创建的管道应用到评价数组，如下所示：

```
<div *ngFor="let review of location.reviews | mostRecentFirst"
  class="row review">
```

接下来我们开始开发这个管道，所有修改发生在管道的 transform 钩子函数中，transform 钩子函数需要接收一个参数并返回一个值。鉴于我们的目标是对数据重新排序，因此 transform 钩子函数接收一个数组，其中的元素是从数据库中获取的评价数据，之后返回一个经过重新排序的数组。

JavaScript 中的数组有一个原生方法 sort，专门用于数组排序。sort 方法的参数是一个函数，可以一次从数组读取两个元素，并比较这两个元素。这个函数的返回值可以是一个正数或负数，负数表示这两个元素之间的顺序保持不变，而正数则表示这两个元素之间的顺序发生改变。

我们需要比较的是两个日期，并且让最新的日期排在最前面。从比较运算符的角度看，最新的日期"大于"稍早的日期。因此，如果第一个参数的日期"大于"(更新于)第二个参数的日期，则返回负数，保持顺序不变；否则返回正数，调换两个日期的顺序。让我们看看代码，代码会比文字描述更容易让人理解。

代码清单 10.11 显示了管道的代码。其中创建了一个名为 compare 的函数，用于对评价数组进行排序，并返回重新排序的数组。

代码清单 10.11 创建 most-recent-first.pipe.ts 用于更改评价列表的显示顺序

```
export class MostRecentFirstPipe implements PipeTransform {

  private compare(a, b) {                     ◄——————  比较函数, 每次执行会
    const createdOnA = a.createdOn;                    从数组中读取两个元素
    const createdOnB = b.createdOn;           获得每条评价
                                              的创建日期

    let comparison = 1;
    if (createdOnA > createdOnB)
      comparison = -1;                        如果 a 晚于 b 创建, 则
    }                                         返回-1, 否则返回 1
    return comparison;
  }

  transform(reviews: any[]): any[] {          ◄——————  transform钩子函数接收原始的评价
    if (reviews && reviews.length > 0) {               数组, 并返回排序后的评价数组
      return reviews.sort(this.compare);      ◄——
    }
    return null;                              使用上面定义的 compare 函数对数
  }                                           组排序, 返回经过排序后的数组

}
```

刷新页面, 页面中的评价列表按照新的排序规则显示: 最新创建的评价排在最前面。但是列表中的日期格式并不易读, 因此很难看出评价列表的排序规则。

使用日期(date)管道修复日期格式的显示问题

格式化日期相比对日期排序要容易很多。Angular 内置了默认管道 date, 专门用来格式化日期。date 管道只接收一个参数: 日期的格式。

日期的格式可以使用一个字符串来描述。这个字符串有很多种选择, 但都很容易掌握。例如, 在代码清单 10.12 中, 将 date 管道的参数设置为'd MMMM yyyy', 日期会被格式化为 1 September 2017。

代码清单 10.12 在 location-details.component.html 中使用日期管道格式化日期

```
<div *ngFor="let review of location.reviews" class="row review">
  <div class="col-12 no-gutters review-header">
    <app-rating-stars [rating]="review.rating"></app-rating-stars>
    <span class="reviewAuthor">{{ review.author }}</span>
    <small class="reviewTimestamp">{{ review.createdOn | date : 'd MMMM
      yyyy' }}</small>
```

```
  </div>
  <div class="col-12">
    <p [innerHTML]="review.reviewText | htmlLineBreaks"></p>
  </div>
</div>
```

开发完成后，详情页如图 10.6 所示。

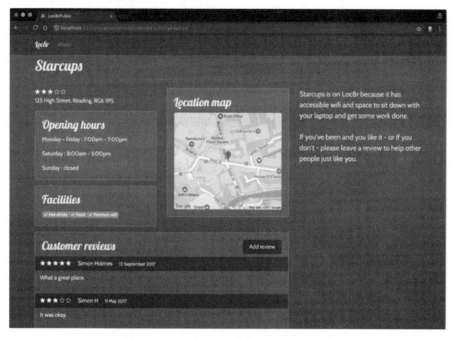

图 10.6　使用 Angular 开发的完整的详情页

接下来让我们开发最后一个功能：添加评价。与 Express 的处理方式不同，在 Angular 中不会为这个功能额外开发单独的页面，而是在当前页面中添加此功能，这能提供更流畅的用户体验。

10.2　处理表单和提交数据

在本节中，我们将会使用 Angular 创建添加评价的功能，评价数据将会被提交给 API。当单击添加评价的按钮时，不会单独打开新的页面，而是在当前页面上显示添加评价的表单。当表单被提交后，Angular 会处理提交的数据，并将它们发送给 API，之后在评价列表的顶部显示新提交的这条评价。首先让我们学习如何在 Angular 中创建表单。

10.2.1 使用 Angular 添加评价

为了创建评价表单，首先需要开发相关的 HTML，然后为其中的输入元素添加数据绑定，确保输入框能够正常工作。最后，评价表单默认处在隐藏状态，只有单击指定按钮才能显示。

开发评价表单中的 HTML 代码

如代码清单 10.13 所示，在 Customer reviews<h2>标签之后添加一个表单。这个表单的大部分代码可以直接从你在 Express 中开发的表单复制过来，包括表单输入元素的名字和 ID。

代码清单 10.13 在 location-details.component.html 中添加评价表单

```html
<h2 class="card-title">Customer reviews</h2>
<div>          ◀──────  在 Customer reviews</h2>的后
  <form action="">        面添加新的<div>标签和表单
    <hr>
    <h4>Add your review</h4>
    <div class="form-group row">
      <label for="name" class="col-sm-2 col-form-label">Name</label>
      <div class="col-sm-10">
        <input id="name" name="name" required="required" class="form-
          control">
      </div>
    </div>
    <div class="form-group row">
      <label for="rating" class="col-sm-2 col-form-label">Rating</label>
      <div class="col-sm-10 col-md-2">
        <select id="rating" name="rating" class="form-control">
          <option value="5">5</option>
          <option value="4">4</option>
          <option value="3">3</option>
          <option value="2">2</option>
          <option value="1">1</option>
        </select>
      </div>
    </div>
```

```
<div class="form-group row">
  <label for="review" class="col-sm-2 col-form-label">Review</label>
  <div class="col-sm-10">
    <textarea name="review" id="review" rows="5" class="form-
      control"></textarea>
  </div>
</div>
<div class="form-group row">
  <div class="col-12">
    <button type="submit" class="btn btn-primary float-right"
      style="margin-left:15px">Submit review</button>
    <button type="button" class="btn btn-default float-
      right">Cancel</button>
  </div>
</div>
<hr>
  </form>
</div>
```

上面的代码并不复杂，甚至与 Angular 无关，仅仅是把原始 HTML 和一些 Bootstrap 样式填在模板中。此时浏览器中的页面如图 10.7 所示。

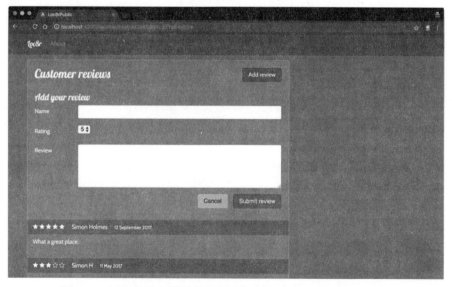

图 10.7　在用于添加评价的按钮和评价列表之间插入添加评价的表单

接下来，我们准备在评价表单中添加数据绑定。

为评价表单的输入元素添加数据绑定

在 Express 中，添加评价的功能位于单独的页面上，在其中会处理所有提交的评价数据。而在 Angular 中，正确的方法是为评价表单中所有的输入元素添加数据绑定，使得组件能够获得这些数据。

为了对评价表单的输入元素进行数据绑定，需要使用如下具有特殊语法的指令：[(ngModel)]="bindingName"。

为了在 HTML 中使用 ngModel，需要在 app.module.ts 中导入 FormsModule 和 ReactiveFormsModule。首先在 app.module.ts 文件的顶部添加导入代码： import { FormsModule, ReactiveFormsModule } from '@angular/forms'。随后将导入的模块添加到 imports 数组中。

为了方便起见，在组件中可以定义新的成员变量 newReview，用来持有所有提交的数据；而在 location-details.component.html 中定义新的公有成员变量 newReview，用来接收评价的相关信息，包括作者、评分以及评价内容。newReview 中的每个属性都需要设置默认值，默认值定义如下：

```
public newReview = {
  author: '',
  rating: 5,
  reviewText: ''
};
```

newReview 在组件中定义后，就可以在 HTML 中使用了。代码清单 10.14 展示了如何在 location-details.component.html 中为评价表单添加数据绑定。

代码清单 10.14　在 location-details.component.html 中为评价表单添加数据绑定

```
<form action="">
  <hr>
  <h4>Add your review</h4>
  <div class="form-group row">
    <label for="name" class="col-sm-2 col-form-label">Name</label>
    <div class="col-sm-10">
      <input [(ngModel)]="newReview.author" id="name" name="name"
```

```
            required="required" class="form-control">
          </div>
        </div>
        <div class="form-group row">
          <label for="rating" class="col-sm-2 col-form-label">Rating
            </label>
          <div class="col-sm-10">
          <select [(ngModel)]="newReview.rating" id="rating" name=
            "rating">
            <option value="5">5</option>
            <option value="4">4</option>
            <option value="3">3</option>
            <option value="2">2</option>
            <option value="1">1</option>
            </select>
          </div>
        </div>
        <div class="form-group row">
          <label for="reviewText" class="col-sm-2 col-form-label">
            Review</label>
          <div class="col-sm-10">
            <textarea [(ngModel)]="newReview.reviewText" name=
              "reviewText"
              id="reviewText" rows="5" class="form-control"></textarea>
          </div>
        </div>
        <div class="form-group row">
          <div class="col-12">
        <button type="submit" class="btn btn-primary float-right"
          style="margin-left:15px">Submit review</button>
        <button type="button" class="btn btn-default float-
          right">Cancel</button>
      </div>
    </div>
    <hr>
</form>
```

为输入元素
添加数据绑定

　　添加数据绑定后，页面虽然看起来一切正常，但实际上有一个无法从页面中发现的问题。评分下拉菜单中的评分数据是字符串类型，HTML 中的 value="5" 表示字符"5"，而我们需要的是数字 5。

修复下拉菜单选项的类型为字符串的问题

下拉菜单选项的 value 属性默认是字符串，而数据库中评分的类型是数字。为了解决类型不统一的问题，Angular 提供了一种方式，可以从下拉菜单中获取不同类型的数据。

在每个<option>标签中使用[ngValue]= "Angular 表达式"替换 value="字符串"。替换后，ngValue 的值看起来像是字符串，但实际上已经转变为 Angular 表达式。Angular 表达式可以是对象或 Boolean 值，对于我们的例子来说，Angular 表达式是数字。

在 location-details.component.html 中，把<option>标签中的 value 属性替换为[ngValue]，代码如下：

```
<option [ngValue]="5">5</option>
<option [ngValue]="4">4</option>
<option [ngValue]="3">3</option>
<option [ngValue]="2">2</option>
<option [ngValue]="1">1</option>
```

修改后，Angular 从下拉菜单中获得的数据不再是字符串，而是数字。这是提交数据到 API 的关键一步。接下来，默认情况下评价表单要被设置为隐藏，而不是一直显示在页面中。

设置评价表单的隐藏和显示

当页面刚刚加载完成时，并不需要显示评价表单；只有在单击添加评论的按钮之后，才会显示评价表单。单击取消按钮后，评价表单再度被隐藏起来。

我们可以使用*ngIf 指令控制评价表单的隐藏和显示。*ngIf 接收一个 Boolean 值以判断是否显示或隐藏元素，因此我们需要在组件中定义一个与之对应的变量。

在location-details.component.ts 中定义一个类型为Boolean 的公有变量 formVisible，设置默认值为 false：

```
public formVisible: boolean = false;
```

之所以设置默认值为 false，是因为评价表单默认处在隐藏状态。接下来，修改 location-details.component.html，新增一个<div>标签用来包裹其中的<form>标签，并将*ngIf 指令添加到这个<div>标签中，代码如下：

```
<h2 class="card-title">Customer reviews</h2> <div *ngIf="formVisible">
  <form action="">
```

修改完成后，当页面加载完成时，评价表单默认并不会显示。

切换评价表单的显示状态

当单击添加评价的按钮或取消按钮时，修改 formVisible 的值，显示或隐藏评价表单。Angular 提供了监听和响应元素单击行为的事件。

为了在 Angular 添加单击事件，只需要在元素中添加(click)，并赋值为 Angular 表达式即可。Angular 表达式可以调用组件类中任何公有的成员变量，或者其他任何有效的表达式。当单击添加评价的按钮时，将 formVisible 设置为 true。反之，单击取消按钮时，将 formVisible 设置为 false。

在location-details.component.html中，将添加评价的按钮的标签从<a>修改为<div>，删除href属性，添加(click)事件，并在事件的回调函数中将formVisible设置为true：

```
<button (click)="formVisible=true" class="btn btn-primary
float-right">Add review</button>
```

使用同样的方式，修改取消按钮，添加(click)事件，并在事件的回调函数中将formVisible 设置为 false：

```
<button type="button" (click)="formVisible=false" class="btn
btn-default float-right">Cancel</button>
```

完成上述修改后，我们可以用添加评价的按钮和取消按钮控制评价表单的显示和隐藏，而组件的 formVisible 属性用来跟踪显示状态。接下来，在提交数据后，拦截表单的提交，添加一条新的评价。

10.2.2　向 API 提交表单数据

本节的主要内容是使评价表单完整地运行起来，用户提交数据后在数据库中插入一条新的评价。为此，需要执行以下步骤：

(1) 在数据服务中添加新的方法，用来向 API 提交评价数据。

(2) 使用 Angular 提交表单。

(3) 校验提交的表单数据。

(4) 向服务器提交评价数据。

(5) 在详情页中展示新的评价。

下面从步骤(1)开始开发。

步骤(1)：在数据服务中添加新的方法，用来向 API 提交评价数据

为了使表单能够提交数据，首先需要在数据服务中添加一个新的方法，用来把数据提交到 API。我们将这个新的方法命名为addReviewByLocationId，它接收两个参数：一个是地点 ID，另一个是评价数据。

addReviewByLocationId 方法与数据服务中的其他方法十分类似，只是在调用 API 时，需要将 HTTP 请求方式从 GET 改为 POST。addReviewByLocationId 方法的代码请查看代码清单 10.15。

代码清单 10.15 在 loc8r-data.service.ts 中新增用于添加评价的公有成员变量

```
public addReviewByLocationId(locationId: string, formData: any):
  Promise<any> {
  const url: string = `${this.apiBaseUrl}/locations/${locationId}/
    reviews`;
  return this.http
    .post(url, formData)
    .toPromise()
    .then(response => response as any)
    .catch(this.handleError);
}
```

在现在组件中已经可以调用这个方法来向 API 发送评价数据了，接下来让我们开始执行步骤(2)。

步骤(2)：使用 Angular 提交表单

通常在使用 HTML 表单时，都会声明 action 属性，规定当提交表单时向何处发送表单数据。还会声明 method 属性，它规定了提交表单时使用的 HTTP 请求方式。如果希望在发送表单数据之前使用 JavaScript 对表单进行处理，还需要声明 onSubmit 事件。

在Angular SPA中，我们不希望将表单提交到跨域的URL，也不希望在提交表单时打开新的页面，而是应该在当前页面中由 Angular 处理表单所有的提交行为。因此，首先就要使用Angular的ngSubmit 事件替换表单的action属性，ngSubmit 事件将会把数据提交给组件中的一个公有函数。下面的代码展示了如何使用ngSubmit 事件，首先要在表单中声明 ngSubmit 事件，然后在组件中定义一个公有函数用来响应这个事件：

```
<form (ngSubmit)="onReviewSubmit()">
```

上面的代码展示了如何在组件中定义一个名为 onReviewSubmit 的公有方法，当提交表单时会调用该方法。在 location-details.component.ts 中添加 onReviewSubmit 方法，当提交表单时打印出提交的数据。代码如下：

```
public onReviewSubmit(): void {
  console.log(this.newReview);
}
```

表单中的所有输入元素已经被绑定到组件的 newReview 属性，因此提交表单时将会打印出表单中所有的数据。至此，我们已经获得了表单数据，接下来在步骤(3)中将会校验这些数据，只有符合校验条件的数据才可以提交到 API。

步骤(3)：校验提交的表单数据

在提交数据到 API 并把数据保存到数据库之前，需要执行额外的快速校验规则，以确保所有数据字段都是非空的。如果其中一些必填字段并没有填写，则显示错误信息。一些浏览器默认会校验必填字段是否为空，如果为空，则会阻止表单的提交。为了测试 Angular 的校验功能，我们临时删除表单输入元素的 required 属性，关闭浏览器的默认校验行为。

提交表单时，首先清空已经存在的任何错误信息，然后校验表单中的每一个数据项是否通过校验(即校验是否返回 true)。如果一个数据项的校验返回 false，那么表示这个数据项为空，需要在组件中设置表示表单校验异常的错误信息。如果所有数据项均没有缺失，那么继续原来的行为，在控制台中打印日志。

代码清单 10.16 展示了 location-details.component.ts 中新增加的一个校验函数，以及如何在 onReviewSubmit 函数中使用这个校验函数。

代码清单 10.16　在 location-details.component.ts 中增加评价表单的校验函数

```
public formError: string;          ◀────── 声明 formError 变量

private formIsValid(): boolean {   ◀──── 私有方法 formIsValid
  if (this.newReview.author && this.newReview.rating        用于校验表单数据是
    && this.newReview.reviewText) {                         否为空
    return true;
  } else {
    return false;
  }
}


public onReviewSubmit():void {     清空错
  this.formError = '';        ◀──  误信息
  if (this.formIsValid()) {        如果验证通过，则在控
    console.log(this.newReview);   制台中打印提交数据
  } else {
    this.formError = 'All fields required, please try again';   否则，设置
  }                                                              错误信息
}
```

我们在校验表单时，如果不通过，则会创建一条错误信息，并显示在页面中。为此，首先需要在表单模板中添加一个用于显示错误信息的 div 元素，并为其添加 Bootstrap 的 alert 样式，之后在其中插入错误信息。只有在验证不通过时才会展示错误信息，因此可以使用前面所学的*ngIf 指令，检查 formError 是否为空，以控制错误信息的隐藏和显示。

修改表单模板，在顶部区域添加显示错误信息的元素，代码如下所示：

```
<h4>Add your review</h4>
<div *ngIf="formError" class="alert alert-danger" role="alert">
  {{ formError }}
</div>
<div class="form-group row">
```

在表单中没有填写任何内容的时候，尝试单击提交按钮，页面中将会显示错误信息，如图 10.8 所示。

现在我们已经完成对提交数据的校验，并对没有通过校验的数据做了错误提示，接下来我们将会开发把通过校验的数据提交到 API 的功能。

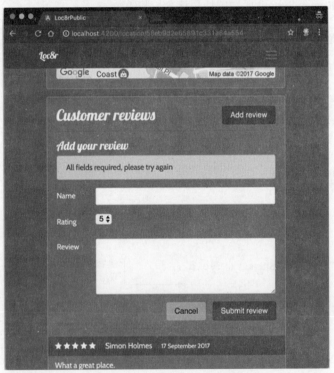

图 10.8　当用户尝试提交不完整的表单时，页面中会显示错误信息

步骤(4)：向服务器提交评价数据

在完成上面三个步骤后，我们已经可以得到表单中的数据了，并且也在数据服务中新定义了一个方法，用来把数据提交到 API，那么剩下的工作就是把整个流程串联起来。这个过程并没有什么特殊之处，与之前操作数据服务的方式类似。

但是，首先我们要在 location-details.component.ts 中导入数据服务，并将其添加到装饰器中，参见代码清单 10.17。

代码清单 10.17　在 location-details.component.ts 中导入数据服务

```
import { Component, Input, OnInit } from '@angular/core';

import { Location } from '../home-list/home-list.component';
import { Loc8rDataService } from '../loc8r-data.service';

@Component({
  selector: 'app-location-details',
  templateUrl: './location-details.component.html',
  styleUrls: ['./location-details.component.css']
})
```

修改 location-details.component.ts 文件，在构造函数中添加数据服务，以便在组件内能够调用。

```
constructor(private loc8rDataService: Loc8rDataService) { }
```

修改完成后，我们可以在组件中调用数据服务新创建的方法 addReviewByLocationId。这个方法有两个参数——地点 ID 以及评价详情，并且会返回一个 Promise 对象。当这个 Promise 对象的状态变为成功时(resolved)，将会返回已经成功保存在数据库中的评价详情。为了验证这一过程，我们可以把返回的评价详情打印到控制台。我们把上述所有内容展示在代码清单 10.18 中。

代码清单 10.18　在 location-details.component.ts 中向数据服务提交新的评价

```
public onReviewSubmit():void {
  this.formError = '';
  if (this.formIsValid()) {
    console.log(this.newReview);
    this.loc8rDataService.addReviewByLocationId(this.location._id,
      this.newReview)
    .then(review => {
      console.log('Review saved', review);
```

打印返回的评价详情

调用数据服务新创建的方法，参数为地点 ID 以及评价详情

返回一个 Promise 对象，并在状态变为成功时返回保存的评价详情

```
  });
} else {
  this.formError = 'All fields required, please try again';
  }
}
```

如图 10.9 所示，我们在控制台打印了数据库中保存的评价数据。需要注意控制台日志中的 createdOn 和_id 这两个字段，它们是 Mongoose 在保存评价数据时自动生成的。

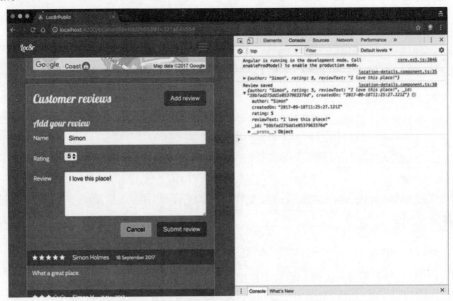

图 10.9　控制台日志可以用来验证数据是否正常保存

接下来为了提高用户体验，我们需要把提交的评价同步添加到表单下方的评价列表中。当提交评价后，隐藏添加评价的表单并将新添加的评价添加到评价列表中，让用户在第一时间能够看到新的评价。

步骤(5)：在详情页中展示新的评价

在步骤(5)中，我们将会在评价列表中显示新添加的评论，这并不难。评价列表中的数据是按照创建时间降序排列的数组。只需要使用 JavaScript 数组原生的 unshift 方法，把最新添加的评论添加到数组的顶部即可。

接下来要做的就是隐藏表单，表单的显示状态是由 *ngIf指令控制的，因此只需要把formVisible 设置为false 即可隐藏表单。当表单隐藏时，同时重置表单，将其中所有数据置空。代码清单10.19展示了我们在location-details.component.ts中所做的修改。

代码清单 10.19　在 location-details.component.ts 中隐藏表单并显示评价

```
private resetAndHideReviewForm(): void {           ◀──  创建一个私有方法,
  this.formVisible = false;                              用来隐藏和重置表单
  this.newReview.author = '';
  this.newReview.rating = 5;
  this.newReview.reviewText = '';
}

public onReviewSubmit():void {
  this.formError = '';
  if (this.formIsValid()) {
    console.log(this.newReview);
    this.loc8rDataService.addReviewByLocationId(this.location._id,
      this.newReview)
    .then(review => {
      console.log('Review saved', review);
      let reviews = this.location.reviews.slice(0);
      reviews.unshift(review);
      this.location.reviews = reviews;
      this.resetAndHideReviewForm();
    })
  } else {
    this.formError = 'All fields required, please try again';
  }
}
```

调用这个私
有方法,隐藏
并重置表单

不要直接操作 location 对象中的
reviews 数组,这么做页面是不会
更新的。要为 reviews 数组创建一
个新的引用,修改这个新的引用,
并重新赋值给 location 对象的
reviews,只有这样 Angular 才会
更新页面

上面这段代码还不能正常运行，因为 Location 类中并没有定义 reviews。修改
home-list.component.ts 文件，在 Location 类中添加一个类型为 any 的数组，代码如下：

```
export class Location {
  _id: string;
  name: string;
  distance: number;
  address: string;
  rating: number;
  facilities: string[];
  reviews: any[];
}
```

这个 Angular SPA 的所有功能终于全部开发完了。在 10.3 节中，我们将会按照最

佳实践优化和改进现有架构。

10.3 优化现有架构

至此，我们已经完成了 SPA 的所有功能，先不要着急庆祝，在把 Express 前端替换成我们开发的 SPA 之前，还可以对 SPA 现有的架构做一些优化，主要有两个方面：将路由的配置从 app.module.ts 解耦出来以及从 home-list.component.ts 中提取出 Location 类。

10.3.1 使用单独的文件保存路由配置

第一项优化措施是按照 Angular 最佳实践，将路由配置保存到单独的文件中。为什么这种做法会是最佳实践？因为这符合关注点分离原则。app.module.ts 文件是应用程序的入口，它集中了与应用程序有关的所有文件。如果路由配置只有很少的几行代码，那么可以定义在 app.module.ts 中。但如果随着系统功能的迭代，需要添加越来越多的路由配置，那么 app.module.ts 文件中大部分的代码最终都将会是路由配置，但这并不是 app.module.ts 的真正作用。

虽然应用程序目前一共只有三个路由配置，但是我们仍然会遵循最佳实践对其进行优化，将这三个路由配置移到单独的文件中。在第 11 章，我们还将在这个文件中添加更多的内容。

创建路由配置文件
我们可以使用 Angular CLI 的 module 模板创建路由配置文件。从终端进入 app_public 文件夹，执行下面的命令：

```
$ ng generate module app-routing
```

这个命令将会在 src/app 目录下生成 app-routing 文件夹，其中包含了 app-routing. module.ts 文件。这是一个全新的文件，Angular CLI 会自动为其生成一些默认代码，如代码清单 10.20 所示。

代码清单 10.20　app-routing.module.ts 的默认代码

```
import { NgModule } from '@angular/core';
import { CommonModule } from '@angular/common';

@NgModule({
```

```
  imports: [
    CommonModule
  ],
  declarations: []
})
export class AppRoutingModule { }
```

接下来按照如下步骤修改 app-routing.module.ts，添加应用程序的路由配置：

(1) 从 @angular/router 中导入路由模块以及用于声明路由配置的类。

(2) 导入三个路由配置所映射的组件。

(3) 定义路由配置，包括路径和映射组件。

(4) 使用 routerModule.forRoot 方法添加路由配置，并将返回值添加到模块的 imports 中。

(5) 对外导出 RouterModule 以便其他组件可以访问路由配置。

整个流程看起来很复杂，但实际上都是之前已经开发过的代码。我们在稍早的时候已经定义了路由模块以及路由配置，现在只不过是在其他地方引用它们而已。我们在 app-routing.module.ts 文件中所做的改动如代码清单 10.21 所示。

代码清单 10.21　在 app-routing.module.ts 中配置路由

```
import { NgModule } from '@angular/core';
import { CommonModule } from '@angular/common';
import { RouterModule, Routes } from '@angular/router';        ◀─── 导入路由模块
                                                                   以及用于声明
                                                                   路由配置的类

import { AboutComponent } from '../about/about.component';
import { HomepageComponent } from '../homepage/homepage.component';
import { DetailsPageComponent } from '../details-page/details-
  page.component';
                                                                   导入路由
                                                                   配置所映
                                                                   射的组件
const routes: Routes = [      ◀───              定义一个 Route
  {                                             类型的数组
    path: '',
    component: HomepageComponent
  },
  {
    path: 'about',
    component: AboutComponent
  },
  {
    path: 'location/:locationId',
```

```
      component: DetailsPageComponent
  }
];
@NgModule({
  imports: [
    CommonModule,
    RouterModule.forRoot(routes)        ← 添加并导入
  ],                                         路由配置
  exports: [RouterModule],            ← 导出路由模块
  declarations: []
})
export class AppRoutingModule { }
```

一个单独的路由配置文件已经开发完了，接下来我们将会修改根模块 app.module.ts，使用新的路由配置文件替换原有的路由配置。

修改 app.module.ts 文件

现在，有两个文件定义了路由配置，可以删除其中定义在根模块中的路由配置。新创建的路由配置文件中导入了路由模块，因此根模块中不再需要导入 Angular 的路由模块，可以与路由配置一并删除。

虽然在根模块中删除了与路由相关的导入语句，但是所有与组件相关的导入语句仍需要保留，这是因为 app.module.ts 文件是程序的根模块，也就是入口文件，Angular 编译器会从根模块中查找组件。

最后，在 app.module.ts 中导入新的路由模块，替代原有的路由配置。建议将路由配置的导入语句放在 Angular 核心模块的导入语句和组件的导入语句之间，这样更醒目一些。之后在 imports 中添加导入的路由模块。

代码清单 10.22 显示了 app.module.ts 中修改后的内容。

代码清单 10.22　删除 app.module.ts 内部定义的路由配置

导入新的路由模块，其中
包含应用程序的路由配置

```
import { BrowserModule } from '@angular/platform-browser';
import { NgModule } from '@angular/core';
import { FormsModule, ReactiveFormsModule } from '@angular/forms';
import { HttpClientModule } from '@angular/http';

import { AppRoutingModule } from './app-routing/app-routing.module';  ←

import { HomeListComponent } from './home-list/home-list.component';
```

```
import { RatingStarsComponent } from './rating-stars/
  rating-stars.component';
import { DistancePipe } from './distance.pipe';
import { FrameworkComponent } from './framework/framework.component';
import { AboutComponent } from './about/about.component';
import { HomepageComponent } from './homepage/homepage.component';
import { PageHeaderComponent } from './page-header/
  page-header.component';
import { SidebarComponent } from './sidebar/sidebar.component';
import { HtmlLineBreaksPipe } from './html-line-breaks.pipe';
import { LocationDetailsComponent } from
  './location-details/location-details.component';
import { DetailsPageComponent } from './details-page/
  details-page.component';
import { MostRecentFirstPipe } from './most-recent-first.pipe';

@NgModule({
  declarations: [
    HomeListComponent,
    RatingStarsComponent,
    DistancePipe,
    FrameworkComponent,
    AboutComponent,
    HomepageComponent,
    PageHeaderComponent,
    SidebarComponent,
    HtmlLineBreaksPipe,
    LocationDetailsComponent,
    DetailsPageComponent,
    MostRecentFirstPipe
  ],
  imports: [
    BrowserModule,
    FormsModule,
    ReactiveFormsModule,
    HttpClientModule,
    AppRoutingModule          ◄——┐  在 imports 中
  ],                             │  添加路由模块
  providers: [],
  bootstrap: [FrameworkComponent]
```

```
})
export class AppModule { }
```

现在我们已经从根模块中分离了路由配置，应用程序一切正常。相信经过上面的实践后，你会同意将路由配置和根模块文件解耦，这会使代码更加优雅。对于小型的应用程序来说，你可能不想也不需要这么做，但是面对大型的应用程序，这么做是正确的，并且也是有必要的。

接下来，我们将会优化 Location 类的定义方式。

10.3.2 优化 Location 类的定义方式

我们在第 8 章开发主页上的地点列表时，已经在 home-list.component.ts 中定义了 Location 类。当时列表组件是应用程序中唯一的组件，所以很多功能都在其中实现。现在随着 Location 类在越来越多的地方被使用，Location 类在整个应用程序中的重要程度也越来越高，因此，理所应当需要把 Location 类从列表组件中解耦出来，单独定义。

对于列表组件中定义的 Location 类，其中定义的属性只是符合地点列表的要求，还需要增加一些额外的属性(比如评价和营业时间)以满足其他功能和模块的要求。此外，我们还将为评价数据定义一个嵌套类，这样在定义类或应用程序的任何功能时，如果需要使用评价数据，就可以直接使用这个嵌套类。

在单独的文件中定义 Location 类

第一步是使用 Angular CLI 创建一个用于类定义的文件，执行下面的命令：

```
$ ng generate class location
```

这个命令将会在应用程序的 src 文件夹中创建一个名为 location.ts 的文件，其中只有两行代码，如下所示：

```
export class Location {
}
```

这段代码看起来很简单，并不复杂。接下来要做的就是将 home-list.component.ts 中 Location 类的定义复制到这个新创建的文件中，参见代码清单 10.23。

代码清单 10.23 在 location.ts 中定义基础的 Location 类

```
export class Location {
  _id: string;
  name: string;
```

```
distance: number;
address: string;
rating: number;
facilities: string[];
reviews: any[];
}
```

我们已经在 location.ts 文件中单独定义了 Location 类，接下来可以使用 Location
类了。

使用全新的 Location 类

我们首先要在 home-list.component.ts 中引用新的 Location 类。删除
home-list.component.ts 文件中关于 Location 类的定义，之后导入 location.ts 文件：

```
import { Component, OnInit } from '@angular/core';
import { Loc8rDataService } from '../loc8r-data.service';
import { GeolocationService } from '../geolocation.service';

import { Location } from '../location';
```

上述代码中导入的 Location 类将会替换原来的 Location 类。但是，如果现在 ng
server 命令正在运行，那么 Angular 会抛出以下错误信息：

```
Failed to compile.
/FILE/PATH/TO/LOC8R/app_public/src/app/location-details/location-
    details.component.ts (3,10): Module '"/FILE/PATH/TO/LOC8R/
    app_public/src/app/home-list/home-list.component"'
    has no exported member 'Location'.
```

上述错误信息指出 location-details.component.ts 使用的 Location 类是从 home-list
组件中导入的，而 home-list 组件中关于 Location 类的定义已经被删除了，因此我们
需要修改 location-details.component.ts，导入新的 Location 类：

```
import { Component, Input, OnInit } from '@angular/core';

import { Location } from '../location';
import { Loc8rDataService } from '../loc8r-data.service';
```

修改完 location-details.component.ts 后，以同样的方式修改 details-page.component.ts
和 loc8r-data.service.ts。我们采用相对路径的方式引用 Location 类，在修改
loc8r-data.service.ts 时需要特别注意，location.ts 与它在同一个文件夹中，因此路径前
面表示相对位置的点符号是一个(表示同级目录)而不是两个(表示上一级目录)。

接下来，为 Location 类添加缺失的属性。

为 Location 类添加缺失的属性

如果在代码中使用了类中没有声明的字段，那么虽然在运行 ng serve 时不会有任何错误，但一旦执行编译操作，就很有可能编译失败。

location.ts 中定义的 Location 类缺少 coords 和 openingTimes 两个属性。coords 属性很简单，就是一个数字类型的数组；openingTimes 属性则不同，是一个复杂的对象。

可以在 Mongoose 中使用模式嵌套的方式定义子文档(如果之前跳过了这部分知识，请查阅第 5 章)。在 TypeScript 中可以使用类似的方式处理类。代码清单 10.24 展示了如何在 location.ts 文件定义 OpeningTimes 类，以及如何在 Location 中声明同名的 OpeningTimes 类型的数组。同时，代码清单 10.24 还展示了如何添加 cords 属性。

代码清单 10.24　在 location.ts 中添加缺失的属性以及如何在一个类中嵌套另一个类

```
class OpeningTimes {          ◀──── 定义一个新的类
  days: string;                      OpeningTimes
  opening: string;
  closing: string;
  closed: boolean;
}
export class Location {
  _id: string;
  name: string;
  distance: number;
  address: string;
  rating: number;
  facilities: string[];         在 Location 类中添
  reviews: any[];               加缺失的 cords 属性
  coords: number[];    ◀────                在 Location 类中添加 openingTimes
  openingTimes: OpeningTimes[]; ◀────        属性，openingTimes 属性是一个
}                                            OpeningTimes 类型的数组
```

我们已经补全了 Location 类中的所有字段。但是 location.ts 文件还没有导出 OpeningTimes 类，所以它还不能被其他文件导入。接下来，我们将会优化 reviews 字段的定义。

定义 Review 类，替换 any 类型

在 Location 类中，reviews 字段被定义成 any 类型的数组，这并不符合 TypeScript

最佳实践。从类的健壮性角度考虑，应尽可能避免使用 any 类型。

我们已经掌握了评价数据的数据结构，因此，可以定义 Review 类来声明评价数据的类型，并替换 any 类型。与 OpeningTimes 类不同的是，在应用程序的其他模块或组件中也需要导入 Review 类，因此除了声明之外，还需要将其导出。

代码清单 10.25 展示了如何定义和导出 Review 类，以及如何在 Location 类中使用它。请注意，为了简洁起见，代码清单 10.25 中并没有包括 OpeningTimes 类，但 OpeningTimes 类的代码仍然存在。

代码清单 10.25　在 location.ts 中定义、使用并导出 Review 类

```
export class Review {          ◄        定义并导出
  author: string;                       Review 类
  rating: number;
  reviewText: string;
}

export class Location {
  _id: string;
  name: string;
  distance: number;
  address: string;
  rating: number;
  facilities: string[];
  reviews: Review[];           ◄        将 reviews 字段声
  coords: number[];                     明为 Review 类型
  openingTimes: OpeningTimes[];
}
```

Location 类已经开发完了，让我们回顾一下之前的工作：在 location.ts 中定义并导出一个名为 Review 的类，并使用 Review 替换 Location 类中 reviews 字段的类型；同样，在 location.ts 中还定义了一个名为 OpeningTimes 的类，并使用 OpeningTimes 替换 Location 类中 openingTimes 字段的类型，但是并没有导出 OpeningTimes 类，因此只能在 location.ts 中使用。最后，我们将会使用 Review 类声明应用程序中所有与评价相关的变量。

显式地导入并使用 Review 类

代码中有两个地方可以使用 Review 类：其一是位置详情组件中用于添加评价的表单，其二是数据服务(用于将新添加的评价数据推送给 API)。

修改这两个组件(location-details.component.ts 和 loc8r-data.service.js)，在导入 Location 类的语句中继续导入 Review 声明，代码如下：

```
import { Location, Review } from '../location';
```

在位置详情组件中，有两处代码可以使用 Review 类来定义变量类型，如代码清单 10.26 所示。第一处是定义 newReview 变量的类型，第二处是定义 API 所返回数据的类型。

代码清单 10.26　在 location-details.component.ts 文件中使用 Review 类

```
public newReview: Review = {              ◄——   newReview 变量被
  author: '',                                     定义为 Review 类型
  rating: 5,
  reviewText: ''
};

public onReviewSubmit():void {
  this.formError = '';
  if (this.formIsValid()) {
    console.log(this.newReview);
    this.loc8rDataService.addReviewByLocationId(this.location._id,
      this.newReview)
    .then((review: Review) => {           ◄——   将 API 返回数据的类型
      console.log('Review saved', review);       也定义为 Review 类型
      let reviews = this.location.reviews.slice(0);
      reviews.unshift(review);
      this.location.reviews = reviews;
      this.resetAndHideReviewForm();
    })
  } else {
    console.log('Not valid');
    this.formError = 'All fields required, please try again';
  }
}
```

对于数据服务，要做的修改是类似的，将 addReviewByLocationId 方法的输入参数类型以及返回数据类型从 any 类型修改为 Review 类型。一共有三处改动，如代码清单 10.27 所示。

代码清单 10.27 在 loc8r-data.service.ts 中使用 Review 类

```
public addReviewByLocationId(locationId: string, formData: Review)
  : Promise<Review> {          ◄── 将输入参数类型和
                                    返回数据类型修改
  const url: string = `${this.apiBaseUrl}locations/     为 Review 类型
    ${locationId}/reviews`;
  return this.http
    .post(url, formData)
    .toPromise()
    .then(response => response.json() as Review)  ◄── 将 API 返回数据的
                                                      类型从 any 类型修改
    .catch(this.handleError);                         为 Review 类型
}
```

上述改动并不复杂，经过优化的代码更符合 TypeScript 和 Angular 最佳实践，同时应用程序也更加健壮。使用类型定义有助于在数据传递的过程中避免意外错误。例如，在开发中很容易忘记参数的类型到底是字符串还是数组，或者对象应该具有哪些属性，这些类似问题都可以通过类型定义解决。尤其是类型定义还能够提高代码的阅读性，当别的开发人员阅读你的代码时，或者当你一段时间后忘记一些细节时，类型定义能提供有效的帮助。

现在，我们的 SPA 已经开发完了，接下来将使用 SPA 替换 Loc8r 应用程序的前端(用 Express 开发的那个版本)。

10.4 使用 SPA 替换服务器端应用程序

接下来我们将会构建运行在生产环境中的 Angular 应用程序，并更新 Express，将 Pug 模板替换为构建好的应用程序。在改造过程中，还要确保在不影响之前定义的路由的前提下，能够使用多级 URL 访问指定的页面。

首先，我们要更新 environment 文件夹中与环境变量有关的文件，为构建运行在生产环境中的应用程序作准备。查看 environments 文件夹，其中有两个文件：environment.ts 和 environment.prod.ts。这两个文件都需要修改。先修改 environment.ts，如代码清单 10.28 所示。

代码清单 10.28 为开发环境添加新的环境变量

```
export const environment = {
  apiBaseUrl: 'http://localhost:3000/api',  ◄── 为开发环境添加
  production: false                             新的环境变量
};
```

对 environments 文件夹中的 environment.prod.ts 进行类似的修改，如代码清单 10.29 所示。

代码清单 10.29 为生产环境添加新的环境变量

```
export const environment = {
  apiBaseUrl: <Heroku API URL>,          API 地址指向 Heroku URL
  production: true                       (Heroku URL 以/api 开头)
};
```

在开发过程中我们使用的 API 地址是本地服务(localhost)，而在生产环境中，需要替换为 Heroku URL。修改完成后，需要在 loc8r-data.service 中使用新的环境变量。在 loc8r-data.service.ts 文件的顶部添加 import 语句，如下所示：

```
import { environment } from '../environments/environment';⬚
```

之后，将

```
private apiBaseUrl = 'http://localhost:3000/api';
```

替换为

```
private apiBaseUrl = environment.apiBaseUrl;
```

通过上述改动，在构建时 Angular 将会使用正确的环境变量。现在我们已经准备好构建运行在生产环境中的应用程序。第 8 章结尾曾经介绍过如何构建，首先从终端进入 app_public 文件夹，输入 ng build 并添加两个参数，一个参数用于指明构建的目标环境是生产环境，另一个参数指明将构建结果输出到 build 文件夹。

```
$ ng build --prod --output-path build
```

构建流程结束后，app_public 目录的 build 文件夹中将会产生经过构建的 SPA 的全部代码，其中包括 HTML 页面、JavaScript 文件、CSS 以及字体。

接下来，我们将会修改 Express，使得 SPA 能够被访问。

10.4.1 在 Express 中配置 build 文件夹对应的路由

为了将 Angular 应用程序作为前端应用程序部署到 Express 的访问服务中，需要做两件事：首先要取消为旧的前端应用程序配置的所有路由服务，然后修改 Express，为 build 文件夹提供静态文件的访问服务。

下面加以具体介绍。修改 app.js 文件，删除或注释其中的两行代码，取消为旧的前端应用程序配置的所有路由服务：

```
const indexRouter = require('./app_server/routes/index');
```

```
app.use('/', indexRouter);
```

最新的前端应用程序的所有代码都放置在 Angular 的 build 文件夹中，因此不会再访问/public 文件夹中的文件。在 app.js 中找到 Express 为/public 文件夹配置的路由，如下所示：

```
app.use(express.static(path.join(__dirname, 'public')));
```

先不要删除这行代码，因为我们需要用 build 文件夹替换 public 文件夹。在上述代码的下方添加如下类似的代码，但是把路径改为 app_public/build：

```
app.use(express.static(path.join(__dirname, 'app_public', 'build')));
```

如果之前停止了 nodemon，那么首先启动 Express，然后在浏览器中访问 localhost:3000，展现的页面是由 Angular 生成的。如图 10.10 所示，我们可以通过检查页面元素来确认页面是否由 Angular 生成。

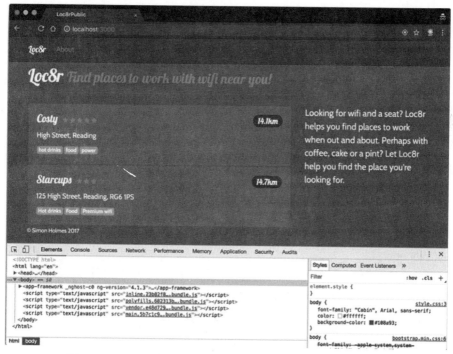

图 10.10　Express 将 Angular 应用程序推送到浏览器后呈现的页面

至此，当我们访问主页时，Express 会将页面请求直接指向 app_public/build 文件夹中的 index.html。

主页的所有功能都正常，我们可以在应用程序内部执行各种路由跳转。但是当访问关于页或详情页时，浏览器只会显示 404 错误页面。这是一个 URL 多级路径访问问题，现在让我们修复这个问题。

10.4.2 开发 URL 多级路径的相关功能

出现 URL 多级路径访问问题并不奇怪，这是因为 Express 只托管了 build 文件夹中的静态文件，而 build 文件夹中并不存在名为 about 的文件夹，因此 Express 无法找到对应的资源，也就无法展示应用程序。

解决这个问题的简单方法是，让 Express 中的路由与我们希望访问的页面一一对应，并在结尾添加"兜底"的路由配置，一旦 URL 不和任何路由匹配，就由"兜底"路由处理。将"兜底"路由的路由路径设置为通配符*，以匹配所有没有被匹配的 GET 请求，并返回 index.html。

下面的代码片段展示了如何修改 app.js，在所有路由配置的后面，添加"兜底"路由(具体到本例中，是在 API 的路由后添加"兜底"路由)。

```
app.use('/api', apiRoutes);
app.get('*', function(req, res, next) {
  res.sendFile(path.join(__dirname, 'app_public', 'build',
    'index.html'));
});
```

如果 URL 不和任何路由匹配，那么将会为 Angular 应用程序返回主页。这种处理已经很不错了，但是仍然有优化的空间。

相比于使用*匹配路由，我们还可以使用正则表达式匹配一个或一组 URL。以匹配 /about 路由的正则表达式为例，该正则表达式非常简单，只要在/about 的起始处加入起始符号，在结束处加入结尾符号，并转义斜杠即可。匹配 /about 路由的正则表达式为^\/about$。

详情页的 URL 中包含了地点 ID，因此对应的正则表达式相对来说会复杂一些。地点 ID 的总长度为 24 个字符(数字和小写字符随机组成)，代表 MongoDB 中的 ObjectId。可以用正则表达式 [a-z0-9]{24}匹配地点 ID。与关于页的正则表达式类似，详情页对应的完整的正则表达式为^\/location\/[a-z0-9]{24}$。

下面的代码片段显示了如何修改 app.js 中的"兜底"路由，使用正则表达式替换*，以匹配关于页和详情页的 URL。

```
app.get(/(\/about)|(\/location\/[a-z0-9]{24})/,
  function(req, res, next) { res.sendFile(path.join(__dirname,
```

```
   'app_public', 'build', 'index.html'));
});
```

经过上面的优化之后，Express 将会只响应有效的 URL。

现在 Angular SPA 已经全部开发完了，由 Express 提供访问服务，通过 Express API 读写 MongoDB 数据库。这是一个真正意义上的 MEAN 应用程序。

在第 11 和 12 章中，通过添加注册和登录功能(在添加评价之前)，我们将学习如何管理应用程序的身份认证。

10.5　本章小结

在本章，你掌握了：

- 在路由中获取 URL 参数，并将其传递给组件和服务。
- 如何使用服务查询 API。
- 在 Angular 模板中使用*ngIf 和 ngSwitch 控制元素的显示和隐藏逻辑。
- 创建并使用自定义管道。
- 在独立的文件中定义路由配置的最佳实践。
- 单独定义类(包括嵌套类)，并在应用程序中优化自定义类型的最佳实践。
- 对于特定的 URL 请求，取消为 Express 中旧的前端应用程序配置的路由，改由 Express 推送 Angular 应用程序。

第IV部分

管理身份认证和用户会话

识别单个用户是大多数 Web 应用程序的关键功能之一。访问者应当能够注册他们的详细信息，并且可以使用返回的用户信息在以后完成登录。用户注册完毕并登录后，应用程序应当能够使用这些用户数据。

在第 11 章，你将了解在 MEAN 技术栈中如何实现身份认证。核心是创建身份认证 API，进而强化 Angular 单页面应用的用户中心部分。

第 12 章会通过集成在第 11 章中创建的身份认证 API 来解决问题，更新 Angular 应用程序以便使用引入的新功能。我们还将展开讨论曾在第 10 章中介绍过的一些主题和模式。

认证用户、管理会话和 API 安全

本章概览：

- 在 MEAN 技术栈中添加身份认证
- 使用 Passport.js 管理 Express 中的身份认证
- 在 Express 中生成 JSON Web Token (JWT)
- 用户注册和登录
- 在 Express 中保护 API 终端

你将在本章中改进 Loc8r 应用程序的现有功能，在用户留下评论之前引导用户完成登录。这一点很重要，因为许多 Web 应用程序都需要用户完成登录并管理会话信息。

图 11.1 显示了规划中的全部内容，现在我们正在使用 MongoDB 数据库、Express API 和 Angular 单页面应用。

首先查看一下如何在 MEAN 应用程序中实现身份认证功能，然后按照从后端到前端的顺序，每次只更新 Loc8r 架构中的一部分。在升级 API 和最后修改前端之前，需要更新数据库和数据模式。在本章结束时，你将完成注册新用户、登录、维护会话以及只有登录后才能执行的操作。

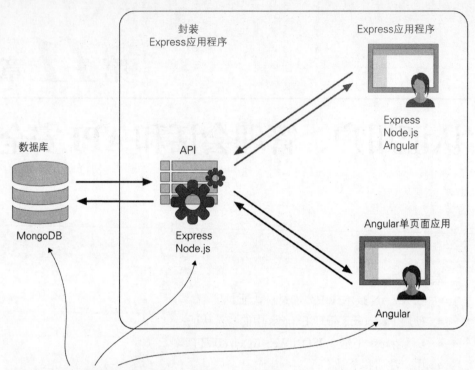

使用MongoDB数据库，Node.js/Express
API和Angular单页面应用可以为Loc8r应
用程序带来身份认证功能

图 11.1　本章为 Loc8r 应用程序添加身份认证系统，期间涉及架构中的大部分模块，
如数据库、API 和前端单页面应用

11.1　如何在 MEAN 技术栈中实现身份认证功能

能够在 Loc8r 应用程序中管理身份认证，被视为 MEAN 技术栈最不可思议的能力之一，特别是在使用单页面应用时，因为整个应用程序的代码都已经被发送到浏览器。如何隐藏其中的一部分代码？如何界定用户可以看到的内容以及能够执行的操作？

11.1.1　传统方式

很多困惑的出现源于人们对传统的应用程序身份认证和用户会话管理方式的熟悉。

在传统的配置中,应用程序代码被部署和运行在服务器上。想要登录,用户需要在表单中输入他们的用户名和密码,然后发送到服务器。服务器需要到数据库中检查和校验登录的详细信息。假设登录成功,服务器会设置标志位或会话参数到用户会话中,并在服务器上标明用户已经完成登录。

服务器不一定会设置会话信息的 cookie 到用户浏览器。这很常见,在技术上浏览器不需要管理已经完成身份认证的会话,而是由服务器维护这些重要的会话信息。图 11.2 对这个过程进行了说明。

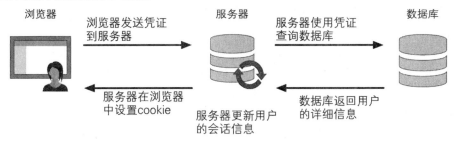

图 11.2 在传统的服务器应用程序中,服务器验证存储在数据库中的用户凭证,
并将它们添加到服务器的用户会话中

在初始握手之后和已经建立的会话中,当用户请求安全资源或试图向数据库提交某些数据时,服务器将验证会话信息并决定是否继续。图 11.3 显示了传统服务器是如何通过验证用户会话,来管理安全资源是否可以访问的,只有确认了授权状态后,服务器才会返回请求的资源。

图 11.3 在传统的服务器应用程序中,服务器在执行安全请求之前验证用户的会话信息

图 11.4 继续这个话题,用户通过请求访问来获取、更新或删除应用程序数据库中包含的资源,当请求携带有效会话时,服务器会使用用户提供的数据。

这是传统方式的整个过程,但是否适用于 MEAN 技术栈呢?

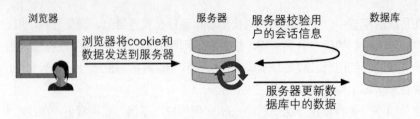

图11.4　在传统的服务器应用程序中，服务器在将数据推送到数据库之前验证用户的会话信息

11.1.2　在 MEAN 技术栈中使用传统方式

传统方式不适合 MEAN 技术栈。传统方式依赖服务器为每个用户保留一些资源，以便维护会话信息。你可能一直记得，Node 和 Express 并不会维护用户会话；整个应用程序的所有用户都运行在同一个线程上。

也就是说，如果使用的是基于 Express 的服务器端应用程序，那么可以在 MEAN 技术栈中使用其中的一个版本，就像第 7 章中构建的那样。Express 可以通过数据库存储会话信息，而不是使用服务器资源维护它们。可以使用 MongoDB；另一个主流的方案是 Redis，它的速度很快，是基于键值的形式存储数据。

在本书中我们不讨论 Redis。但我们将看到更复杂的场景：在单页面应用程序中通过 API 获取数据时，添加身份认证。

11.1.3　完整的 MEAN 技术栈方式

在本节中，你将看到在 MEAN 技术栈中如何实现身份认证，以及在使用 JWT 和 Passport.js 这类中间件时，实现身份认证是多么容易。

在 MEAN 技术栈中做身份认证有两个问题：

- API 是无状态的，因为 Express 和 Node 没有用户会话的概念。
- 应用程序的逻辑权限已经发布给浏览器，因此无法再限制发布后的代码。

以上问题的解决方案是在浏览器中维护一些会话状态，并由应用程序决定哪些能展示给当前用户，哪些不能展示。这是相对传统方式唯一的主要变化。一些技术上的差异仍然存在，但这是唯一的主要变化。

JWT 是在浏览器中保护用户数据安全和管理会话的好方法。在本节中，我们将交替使用 JWT 和 token。在 11.4 节创建它们的时候，你会对它们有更详细的了解，当第 12 章开始在 Angular 应用程序中使用时，你将进一步地了解它们。本质上，JWT 是一个 JSON 对象，它被加密成一个人们无法识别其中数据信息的字符串，但应用程序和服务器都可以解码和识别其中的数据内容。

接下来将从登录过程开始介绍这些是如何在整体过程中运行的。

管理登录过程

图 11.5 说明了登录过程中的执行流。用户将凭证(通过 API)发送到服务器；服务器使用数据库验证这些凭证，并给浏览器返回一个 token，浏览器会保存这个 token 以便后续再次使用。

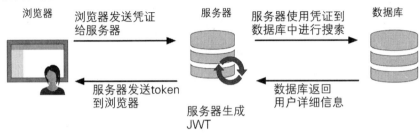

图 11.5　MEAN 应用程序中的登录过程，在服务器验证

用户凭证后，将 JWT 返回给浏览器

这和传统方式有些像，但不是将用户会话数据存储在服务器，而是将这些数据存储在浏览器中。

在身份认证会话期间更改视图

当用户处在会话中时，需要使他们能够更改页面或视图，并且应用程序需要知道允许他们看到什么内容。因此，如图 11.6 所示，应用程序将对 JWT 进行解码，并通过这些信息决定向用户展示的内容。

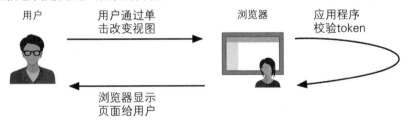

图 11.6　通过 JWT 中的数据，单页面应用程序能识别出哪些资源能用，哪些不能用

这是与传统方式的主要区别。在用户访问 API 和数据库之前，服务器并不知道他们在做什么。

安全调用 API

如果应用程序中的部分内容只限于完成身份认证后的用户使用，那么很可能数据库中的部分操作也只能被身份认证后的用户调用。由于 API 是无状态的，因此 API 不知道调用的人是谁，除非告诉它。JWT 在这里能重新发挥作用。如图 11.7 所示，token

会被发送到 API 终端，在那里会验证是否允许用户调用 API。

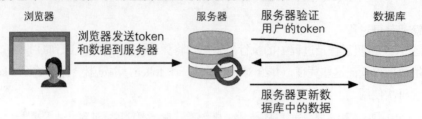

图 11.7 当调用需要身份认证的 API 时，浏览器发送包含 JWT 的数据；
服务器对 token 解码以验证用户的请求

这在整体上覆盖了 MEAN 技术栈方式，你对目标也已经有了很好的了解。通过设置 MongoDB 以存储用户详细信息，你将迈出向 Loc8r 应用程序中添加身份认证机制的第一步。

11.2　为 MongoDB 创建 user 模式

用户名和密码当然需要存储在数据库中。在你的案例中，将使用 User 集合。要在 MEAN 技术栈中实现这一点，需要创建 Mongoose 模式。密码不应该(绝对不应该)以纯文本形式存储在数据库中，因为当数据库受到破坏时，这种方式会有巨大的安全漏洞。在生成模式时，必须做一些其他事情。

11.2.1　单向密码加密：hash 和 salt

这里要做的是对密码进行单向加密。单向加密可防止任何人对密码解密，同时仍能保证服务器容易验证密码信息。当用户尝试登录时，应用程序可以加密收到的密码，并查看是否与存储的值匹配。

不过，仅仅加密还不够。如果有多个人用 password 这个词作为密码(当然会发生这种情况)，那么每个加密值都是相同的。任何查看数据库的黑客，都可以看到这种模式并识别出潜在的脆弱密码。

这就是 salt 概念出现的地方。salt 是应用程序为每个用户生成的随机字符串，会在加密前与密码组合，得到的加密值称为 hash，如图 11.8 所示。

salt 和 hash 都存储在数据库中，而不仅仅是密码字段。在这种方式中，所有 hash 都应该是唯一的，这样密码才能得到更好的保护。

图 11.8　hash 是由用户的密码与随机的 salt 组合并加密后生成的

11.2.2　构建 Mongoose 模式

首先创建一个文件，该文件将保存模式并被放入应用程序。在 app_api/models/文件夹下，创建一个名为 users.js 的新文件。

接下来，在同一文件夹的 db.js 文件中引用 users.js，并将它添加到应用程序中。在已经存在的 locations 模块导入语句的下方导入 users.js，如以下代码片段所示，它们位于文件的底部：

```
// BRING IN YOUR SCHEMAS & MODELS3
require('./locations');
require('./users');
```

现在已经准备好构建基本的 user 模式。

11.2.3　基本的 user 模式

你希望user模式包含什么数据？答案包括：需要显示在评论中的用户名，以及密码的hash和salt。在本节中，还将添加邮件地址，并将它作为用户登录时的唯一标识符。

在新的 user.js 文件中，需要导入 Mongoose，并定义新的 userSchema 模式，参见代码清单 11.1。

代码清单 11.1　基本的 Mongoose use 模式

```
const mongoose = require('mongoose');
const userSchema = new mongoose.Schema({
  email: {
    type: String,              email 应该是
    unique: true,              必填且唯一的
    required: true
  },
```

```
name: {
    type: String,
    required: true
},
hash: String,
salt: String
});
```

name 也是必填的，
但不需要唯一

hash 和 salt
都是字符串

```
mongoose.model('User', userSchema);
```

email 和 name 都是在注册表中设置的，但 hash 和 salt 是由系统创建的。当然，hash
是由 salt 派生的，密码是通过表单提供的。

接下来，你将看到如何使用我们还没有涉及的 Mongoose 功能设置 salt 和 hash。

11.2.4　使用 Mongoose 方法设置加密属性

Mongoose 允许向模式中添加方法，并且作为模型的方法暴露出去。这些方法使代
码可以直接访问模型的属性。

按照代码清单 11.2 中的伪代码去做，将会获得期望的结果。

代码清单 11.2　使用 Mongoose 设置密码的伪代码

```
const User = mongoose.model('User');          实例化用户模型
const user = new User();          创建新的用户实例
user.name = "User's name";          设置 name 和 email 的值
user.email = "test@example.com";
user.setPassword("myPassword");
user.save();          保存
                      新用户
```

调用 setPassword 方法以设
置 password。该方法将使用
可控且安全的方式将密码
处理成 hash

接下来，你将看到如何向 Mongoose 模式中添加方法来实现这一目的。

向 Mongoose 模式中添加方法

可以在模式定义之后、模型编译之前将方法添加到模式中，因为它们是常规的
JavaScript。在应用程序的代码中，方法被设计成在模型实例化之后才使用。

可通过模式的.methods 对象来添加方法。例如，以下代码片段是 setPassword 方法
的真实框架：

```
userSchema.methods.setPassword = function (password) {
    this.salt = SALT_VALUE;
```

```
    this.hash = HASH_VALUE;
};
```

对于 JavaScript 来说，上述代码片段并不寻常，因为在 Mongoose 方法中引用了模型的实例。因此，在前面的示例中，设置 this.salt 和 this.hash 等价于在模型上设置它们。

但是在保存内容之前，需要生成随机的 salt 并加密生成 hash。幸运的是，Node 提供了原生的 crypto 模块以实现此功能。

使用 crypto 模块进行加密

加密是一种常见的需求，Node 已经内置了名为 crypto 的模块。crypto 模块提供了多个用于管理数据加密的方法。我们将介绍以下两个方法。

- randomBytes：生成加密的强数据串，作为 salt 使用。
- pbkdf2Sync：根据密码和salt生成hash。pbkdf2Sync是业内标准的密码派生函数。

下面将使用这两个方法创建一个随机字符串作为 salt，并使用密码和 salt 加密生成 hash。第一步是在 users.js 文件的顶部导入 crypto 模块：

```
const mongoose = require( 'mongoose' );
const crypto = require('crypto');
```

第二步是更新 setPassword 方法，为用户设置 salt 和 hash。为了设置 salt，需要使用 randomBytes 方法生成一个随机的 16 字节长的字符串。然后，使用 pbkdf2Sync 方法根据密码和 salt 加密生成 hash。代码清单 11.3 显示了如何组合使用这两个方法。

代码清单 11.3　在 user 模式中设置密码

```
userSchema.methods.setPassword = function (password) {
  this.salt = crypto.randomBytes(16).toString('hex');    ← 创建一个随机字符
                                                             串并赋值给 salt
  this.hash = crypto
    .pbkdf2Sync(password, this.salt, 1000, 64, 'sha512')
    .toString('hex');    ← 创建一个
};                          加密的 hash
```

现在，当提供密码并调用 setPassword 方法时，将为用户生成 salt 和 hash，并且会将它们添加到模型实例中。密码永远不会被保存在任何地方，甚至不会存储在内存中。

11.2.5　验证提交的密码

存储密码的另一个问题是当用户尝试登录时服务器需要能够找到密码，用于验证用户的凭证信息。对密码进行加密后，无法对它进行解密，因此需要对用户尝试登录时提交的密码使用相同的加密方式，并查看是否与存储的值匹配。

可以使用简单的 Mongoose 方法完成 hash 的加密和验证。将代码清单 11.4 中的方法添加到 users.js 文件中。当找到邮件地址对应的用户时，在控制器中调用 Mongoose 方法，根据 hash 是否匹配来决定返回 true 或 false。

代码清单 11.4 验证提交的密码

```
userSchema.methods.validPassword = function (password) {
  const hash = crypto
    .pbkdf2Sync(password, this.salt, 1000, 64, 'sha512')
    .toString('hex');                          ◀──────────  通过密码
  return this.hash === hash;  ◀──────────                    生成 hash
};                                      使用实体本身的 hash 属
                                        性校验新生成的 hash
```

就是这样。很简单，对吗？当生成 API 控制器时，你将看到这些方法的实际应用。控制器需要做的最后一件事是生成包含一些模型数据的 JWT。

11.2.6 生成 JSON Web Token

JWT 是在服务器上的 API 和浏览器中的单页面应用程序之间传递的数据。当 JWT 在用户的后续请求中返回时，生成 token 的服务器也可以通过 JWT 完成对用户的身份认证。

JWT 的三个部分

JWT 由三个随机、独立的字符串组成。这些字符串可能会很长，例如：

eyJ0eXAiOiJKV1QiLCJhbGciOiJIUzI1NiJ9•eyJfaWQiOiI1NTZiZWRmNDhmOTUzOT
ViMTlhNjc1ODgiLCJlbWFpbCI6InNpbW9uQGZ1Gxxzd GFja3RyYWluaW5nLmNvbSIsIm5hb
WUiOiJTaW1vbiBIb2xtZXMiLCJleHAiOjE0MzUwwNDA0MTgsImlhdCI6MTQzNDQzNTYxOH0•
GD7UrfnLk295rwvIrCikbkAKctFFoRCHotLYZwZpdlE

上述字符串对人们来说是无法辨识的，但是至少能分辨出两个小的圆点，从而判断出这是分开的三个部分。

- header：一个编码的 JSON 对象，包含所用数据类型和哈希算法。
- payload：一个编码的 JSON 对象，是 token 的真实主体数据。
- signature：关于 header 和 payload 的加密 hash，使用只有发送端服务器才知道的密匙。

注意上述字符串的前两部分是没有加密的；对它们只是做了编码，所以浏览器或其他应用程序很容易对它们完成解码。大多数现代浏览器都提供了名为 atob 的原生函数，用于解码 base64 字符串；名为 btoa 的函数可以编码生成 base64 字符串。

第三部分的签名是经过加密的。想要解密签名，需要使用服务器上设置的密匙。这个密匙应该保存在服务器上，永远不被公开。

好消息是，第三方库能完成这个过程中的复杂部分。接下来，你将在应用程序中安装这些库中的一个，并通过创建模式方法生成 JWT。

在 Express 中生成 JWT

生成 JWT 的第一步是在命令行中执行命令，安装名为 jsonwebtoken 的 npm 模块：

```
$ npm install --save jsonwebtoken
```

然后，在 users.js 文件的顶部导入模块：

```
const mongoose = require('mongoose');
const crypto = require('crypto');
const jwt = require('jsonwebtoken');
```

最后，创建模式方法并命名为 generateJwt。要想生成 JWT，需要提供 payload(数据)和密匙值。在 payload 中，发送用户的 id、email 和 name。还应该为 token 设置失效日期，用户失效后必须再次完成登录以生成新的 token。在 JWT payload 数据中将使用保留字段 exp 作为失效日期，希望 exp 是 UNIX 数值。

要想生成 JWT，还需要调用 jsonwebtoken 库的 sign 方法，将 payload 作为 JSON 对象、将密匙作为字符串发送给 sign 方法。sign 方法会返回一个 token，可以用于将 token 返回到方法外部。代码清单 11.5 显示了所有内容。

代码清单 11.5　创建用于生成 JWT 的模式方法

```
userSchema.methods.generateJwt = function () {
  const expiry = new Date();                        ← 创建失效日期对象，
  expiry.setDate(expiry.getDate() + 7);               并设置为 7 天
  return jwt.sign({                                 ← 调用 jwt.sign 方法，
    _id: this._id,                                     并返回对应的内容
    email: this.email,            将 payload
    name: this.name,              传给 sign 方法
    exp: parseInt(expiry.getTime() / 1000, 10),     ← 将 UNIX 时间以秒
  }, 'thisIsSecret' );          ← 发送密匙给生成        的格式赋值给 exp
};                              hash 的算法使用
```

当调用 generateJwt 方法时，将使用当前用户模型中的数据创建并返回惟一的 JWT，如图 11.9 所示。

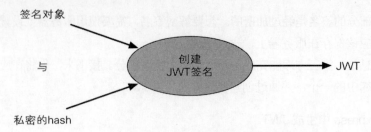

图 11.9　JWT 是通过合并签名对象(基于想要存储的信息)与私密的 hash 生成的，
签名被创建并作为 JWT 返回

代码清单 11.5 有一个问题：密匙不应该是可见的，这会引起安全问题。接下来解决这个问题。

使用环境变量保障密匙安全

如果打算在版本控制中(例如在 GitHub 中)发布代码，那么肯定不希望发布密匙。暴露密匙会严重破坏系统安全。有了密匙，任何人都可以发布伪造的 token，而应用程序会认为这些 token 是真实的。为了保护密匙，将它们设置成环境变量通常是个好主意。

这种简单的技术使你能够跟踪机器代码中的环境变量。首先，在项目的根目录中创建一个名为.env 的文件，并按以下方式设置密匙：

```
JWT_SECRET=thisIsSecret
```

在这种情况下，密匙值是 thisIsSecret，可以是你想要的任意值，只需要保证是字符串类型即可。接下来，通过向项目中的.gitignore 文件添加一行代码，确保此文件不会被包含在任何 Git 提交中。如果与 GitHub 中的代码保持关联，.gitignore 文件中的这一行内容应该已经存在；如果不存在，那么需要添加。.gitignore 文件至少应该包含以下内容：

```
# Dependency directory
node_modules
# Environment variables
.env
```

要想读取并使用这个新文件来设置环境变量，还需要安装并使用一个名为 dotenv 的 npm 模块。在终端执行以下命令：

```
$ npm install dotenv --save
```

dotenv 模块应该作为文件的第一行导入 app.js 文件，如下所示：

```
require('dotenv').load();
const express = require('express');
```

现在剩下要做的工作是更新 user 模式，使用环境变量替换硬编码的密匙，代码清单 11.6 中用粗体做了突出显示。

代码清单 11.6　使用环境配置更新 generateJwt 方法

```
userSchema.methods.generateJwt = () => {
  const expiry = new Date();
  expiry.setDate(expiry.getDate() + 7);
  return jwt.sign({
    _id: this._id,
    email: this.email,
    name: this.name,
    exp: parseInt(expiry.getTime() / 1000),    ◄── 不要在代码中保存密匙，使用
  }, process.env.JWT_SECRET);                       环境变量替换代码中的密匙
};
```

生产环境也需要知道环境变量 JWT_SECRET。这里的情况相同，在终端执行以下命令：

```
$ heroku config:set JWT_SECRET=thisIsSecret
```

这是最后一步，涉及 MongoDB 和 Mongoose 方面的内容。接下来，你将看到如何使用 Passport 管理身份认证。

11.3　使用 Passport 创建身份认证 API

Passport 是 Jared Hanson 设计的 Node 模块，用于简化 Node 中的身份认证。它的一个主要优点是可以适应多种验证方法，通常被称为策略。这些策略的示例包括：

- Facebook
- Twitter
- OAuth
- 本地用户名和密码

可以在 npm 网站上通过搜索 Passport 找到更多的策略。通过 Passport，可以轻松地使用其中一种或多种方式，使用户在应用程序中完成登录。对于 Loc8r，将使用本

地策略，因为用户名和密码 hash 都存储在数据库中。我们先从模块的安装开始。

11.3.1　安装和配置 Passport

Passport 分为核心模块和单独的本地策略模块。在终端执行以下命令，通过 npm 安装核心模块和本地策略模块：

```
$ npm install --save passport passport-local
```

安装完毕后，可以为本地策略创建配置。

创建配置文件

应用程序中的 API 将使用 Passport，因此我们将在 app_api 文件夹中创建配置文件。在 app_api 中，创建名为 config 的新文件夹，并在该文件夹中创建名为 passport.js 的新文件。在该文件的顶部，导入 Passport 和本地策略模块，以及 Mongoose 和 user 模式：

```
const passport = require('passport');
const LocalStrategy = require('passport-local').Strategy;
const mongoose = require('mongoose');
const User = mongoose.model('User');
```

现在可以开始配置本地策略。

配置本地策略

要想配置 Passport 本地策略，需要使用 passport.use 方法并传递一个新的构造函数给它。这个构造函数接收一个选项参数和一个用于完成大部分工作的函数。使用 Passport 本地策略的模板如下：

```
passport.use(new LocalStrategy({},
  (username, password, done) => {
  }
));
```

默认情况下，Passport 本地策略需要使用字段 username 和 password。Passport 允许覆盖 options 对象中的 username 字段，如以下代码片段所示：

```
passport.use(new LocalStrategy({
  usernameField: 'email'
  },
  (username, password, done) => {
```

```
        }
    ));
```

接下来是入口函数，它是一个 Mongoose 调用，用于查找函数收到的用户名和密码参数对应的用户。Mongoose 函数需要执行以下操作：

- 查找与提供的邮件地址对应的用户。
- 检查密码是否有效。
- 如果找到用户并且密码有效，则返回用户对象；否则，返回一条带错误提示的消息。

由于邮件地址在模式中被设置成唯一的，因此可以使用 Mongoose 的 findOne 方法。另一个有趣的注意事项，是使用前面创建的 validPassword 方法来检查密码是否正确。

代码清单 11.7 显示了完整的 Passport 本地策略。

代码清单 11.7　完整的 Passport 本地策略

```
passport.use(new LocalStrategy({
    usernameField: 'email'
    },                                          在 MongoDB 中
                                                搜索与提供的
    (username, password, done) => {             邮件地址匹配
    User.findOne({ email: username }, (err, user) => {    的用户
        if (err) { return done(err); }
        if (!user) {
            return done(null, false, {          调用 validPassword 方法，
                message: 'Incorrect username.'  传递提供的密码
            });
        }
        if (!user.validPassword(password)) {    如果找不到匹配的用户，
            return done(null, false, {          则返回 false 和相关消息
                message: 'Incorrect password.'
            });                                 如果密码不正确，则返回
        }                                       false 和相关消息
        return done(null, user);
    });                                         如果流程顺利完成，
    }                                           则返回 user 对象
));
```

现在已经安装完 Passport 并配置了策略，接下来需要在应用程序中进行注册。

向应用程序添加 Passport 和配置

要想将 Passport 配置添加到应用程序中，需要在 app.js 中执行三项操作：

- 导入 Passport
- 导入策略配置
- 初始化 Passport

这些操作都不复杂，需要注意的是它们在 app.js 中的位置。

在导入数据库模型之前导入 Passport，在导入数据库模型之后导入 Passport 策略配置。两者都应该在定义路由之前完成。如果重新组织 app.js 文件的顶部内容，可以按照代码清单 11.8 导入 Passport 和配置。

代码清单 11.8　将 Passport 引入 Express

```
require('dotenv').load();
const createError = require('http-errors');
const express = require('express');
const path = require('path');
const favicon = require('serve-favicon');
const logger = require('morgan');
const cookieParser = require('cookie-parser');
const bodyParser = require('body-parser');
const passport = require('passport');         ◄─── 在模型定义之
                                                    前导入 Passport
require('./app_api/models/db');
require('./app_api/config/passport');         ◄───
                                                    在模型定义之
                                                    后导入策略
```

策略需要在模型定义之后注册，因为策略依赖于 user 模型。

在定义静态路由之后以及要使用身份认证的路由(这里是指 API 路由)之前，应在 app.js 中初始化 Passport，以便 Express 可以根据需要使用身份认证中间件。代码清单 11.9 显示了 Passport 中间件的位置。

代码清单 11.9　添加 passport 中间件

```
app.use(express.static(path.join(__dirname, 'public')));
app.use(express.static(path.join(__dirname, 'app_public',
  'build')));
app.use(passport.initialize());               ◄───  初始化 Passport 并作为
...                                                  中间件添加到 Express 中
app.use('/api', apiRouter);
```

需要做的最后一件事是更新 Access-Control-Allow-Headers，确保 CORS 在应用程序两端之间能够正常运行，参见代码清单 11.10。

代码清单 11.10　更新 CORS 相关配置

```
app.use('/api', (req, res, next) => {
  res.header('Access-Control-Allow-Origin', 'http://localhost:4200');
  res.header('Access-Control-Allow-Headers', 'Origin,
    X-Requested-With,
  Content-Type, Accept, Authorization');
  next();
});
```

设置 Authorization
为可接收的 header

之后就可以在应用程序中安装、配置和初始化 Passport 了。接下来，我们将创建允许用户注册和登录的 API 终端。

11.3.2　创建 API 终端以返回 JWT

要想使用用户能够通过 API 完成登录和注册，需要两个新的终端。需要添加两个新定义的路由和对应的控制器。当终端创建完成后，可以使用 Postman 测试它们，也可以使用 MongoDB shell 查看数据库，验证注册的终端是否正常工作。首先，需要添加路由。

添加定义身份认证的路由

API 的路由定义保存在 app_api/routes 文件夹的 index.js 文件中，控制器被分成逻辑的集合(当前有 Locations 和 Reviews)。有必要为身份认证添加第三个集合。以下代码片段显示了添加到文件顶部的集合：

```
const ctrlLocations = require('../controllers/locations');
const ctrlReviews = require('../controllers/reviews');
const ctrlAuth = require('../controllers/authentication');
```

目前还没有创建 controllers/authentication 文件，我们将在编写相关控制器的代码时创建。

接下来，将路由定义添加到文件的末尾(在 module.exports 行之前)。需要两个路由，分别用于注册和登录，在/api/register 和/api/login 中完成创建：

```
router.post('/register', ctrlAuth.register);
router.post('/login', ctrlAuth.login);
```

当然，为了它们能接收到数据，这些路由定义必须是 post。还应该注意，不要指定路由的/api 部分，因为在 app.js 中导入路由时，会自动添加这部分。

现在需要在进行测试之前添加控制器。

创建注册表控制器

我们看一下注册表控制器。首先，创建路由定义中指定的文件。在 app_api/controllers 文件夹中，创建名为 authentication.js 的新文件，并参照代码清单 11.11，导入需要的内容。

代码清单 11.11 导入必要的模块到注册表控制器

```
const passport = require('passport');
const mongoose = require('mongoose');
const User = mongoose.model('User');
```

注册过程不需要使用 Passport。因为已经在模式上设置了各种各样的辅助方法，所以可以通过 Mongoose 完成需要做的工作。

注册表控制器需要执行以下操作：

- 验证所需字段是否已经发送。
- 基于 User 创建新的模型实例。
- 设置用户名和邮件地址。
- 使用 setPassword 方法创建和添加 salt 和 hash。
- 保存用户信息。
- 保存完成后返回 JWT。

看起来有很多事情要做，但幸运的是，它们都比较简单；我们已经通过创建 Mongoose 方法完成了困难的部分。现在，需要把所有部分关联到一起。代码清单 11.12 显示了注册表控制器的完整代码。

代码清单 11.12 API 的注册表控制器

```
const register = (req, res) => {
  if (!req.body.name || !req.body.email || !req.body.password) {
    return res
      .status(400)
      .json({"message": "All fields required"});
  }
  const user = new User();
  user.name = req.body.name;
  user.email = req.body.email;
```

如果必填字段不全，
输出错误状态码

创建新的 user 实例，
并设置 name 和 email

```
user.setPassword(req.body.password);
user.save((err) => {
  if (err) {
    res
      .status(404)
      .json(err);
  } else {
    const token = user.generateJwt();
    res
      .status(200)
      .json({token});
  }
});
};
module.exports = {
  register
};
```

使用 setPassword 方法设置 salt 和 hash

将新用户保存到 MongoDB

通过模式方法生成 JWT 并发送到浏览器

在上面这段代码中，虽然没有什么特别新或复杂的内容，但却凸显了 Mongoose 方法的强大。所有内容都以内联方式编写，这个注册表控制器可能会很复杂，如果选择直接内联写在控制器里而不是写在 Mongoose 中，那么确实很诱人。但实际上，控制器很容易阅读和理解，这正是你希望从代码中得到的。

接下来，我们将创建登录控制器。

创建登录控制器

登录控制器将依靠 Passport 完成困难的部分。首先需要验证必填字段是否全部填写，然后将所有工作交给 Passport。Passport 使用指定的策略对用户进行身份认证，然后告诉你是否成功。如果成功，那么可以使用 generateJwt 方法创建 JWT，然后将 JWT 发送到浏览器。

所有这些，包括初始化 passport.authenticate 方法所需的语句，都显示在代码清单 11.13 中。我们需要添加这段代码到新的 authentication.js 文件中。

代码清单 11.13　API 的登录控制器

```
const login = (req, res) => {
  if (!req.body.email || !req.body.password) {
    return res
      .status(400)
```

验证必填字段是否都存在

```
          .json({"message": "All fields required"});
    }
    passport.authenticate('local', (err, user, info) => {      将策略的名称和
      let token;                                                回调函数传递给
      if (err) {                                                authenticate 方法
        return res
          .status(404)              如果 Passport 返回错误信息，
          .json(err);              那么也返回错误信息
      }
      if (user) {
        token = user.generateJwt();
        res                        如果 Passport 返回 user 实例，
          .status(200)            那么需要生成并发送 JWT
          .json({token});
      } else {
        res
          .status(401)            否则返回一条消息
          .json(info);            (指出身份认证为何失败)
      }
                                                确保 Passport 能
    }) (req, res);                              使用 req 和 res
};
```

在模块文件底部的导出部分添加 login 函数，位于 register 函数的下方：

```
module.exports = {
    register,
    login
};
```

可以通过登录控制器再次看到，所有复杂的工作都被抽象了出来。人们易于阅读、跟进和理解这些代码，在编程时，这永远都应该被设定为目标。既然已经在 API 中完成这两个终端的构建，现在应当对它们进行测试。

测试终端并检查数据库

当你在第 6 章中构建大部分 API 时，是使用 Postman 完成的终端测试。这里仍然可以这样做。图 11.10 显示了对注册表终端的测试以及是如何返回 JWT 的。要测试的 URL 是 http://localhost:3000/api/register，创建 name、email 和 password 表单字段。请确认使用了 x-www-form-urlencoded 表单类型。

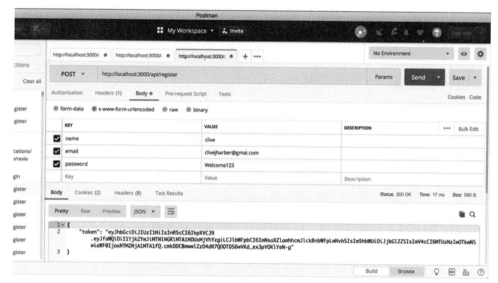

图 11.10　在 Postman 中尝试调用/api/register 服务，如果成功，会返回 JWT

　　图 11.11 显示了关于登录终端的相关测试，包括 Passport 错误信息的返回以及成功时的 JWT。测试的 URL 是 http://localhost:3000/api/login，需要表单的 email 和 password 字段。

图 11.11　在 Postman 中调用/api/login 服务，测试凭证是否正确

　　除了在浏览器中看到预期会返回的 JWT 之外，还可以在数据库中查看是否已经成功创建用户信息。回过头再次使用 MongoDB shell：

```
$ mongo
> use Loc8r
> db.users.find()
```

也可以通过邮件地址查找指定的用户：

```
> db.users.find({email : "simon@fullstacktraining.com"})
```

无论使用哪种方法，都应该看到数据库返回的一个或多个用户文档，如代码清单 11.14 所示。

代码清单 11.14　可能的数据库响应

```
{ "hash" :
    "1255e9df3daa899bee8d53a42d4acf3ab8739fa758d533a84da5eb1278412f
    7a7bdb36e888aeb80a9eec4fb7bbe9bcef038f01fbbf4e6048e2f4494be44bc
    3d5", "salt" : "40368d9155ea690cf9fc08b49f328e38", "email" :
    "simon@fullstacktraining.com", "name" : "Simon Holmes", "_id" :
    ObjectId("558b95d85f0282b03a603603"), "__v" : 0 }
```

我们将属性名设置成粗体，以便在输出日志里更容易辨认，你应该能够看到预期的所有数据。

现在已经创建了能完成用户注册和登录的终端，接下来你将看到如何将某些终端的权限变更为只有完成身份认证的用户才能使用。

11.4　保护相关的 API 终端

Web 应用程序中的常见要求是控制 API 终端的访问权限，仅限于完成身份认证的用户访问。例如，在 Loc8r 中，希望只有注册过的用户才有权限留下评论。这个过程分两个阶段：

- 仅允许发送请求中携带有效 JWT 的用户访问添加新评论的 API。
- 在控制器内部，验证用户是否存在，并验证是否有添加评论的权限。

首先向 Express 路由添加身份认证中间件。

11.4.1　向 Express 路由添加身份认证中间件

在 Express 中，稍后你将看到中间件是可以被添加到路由的。中间件位于路由和控制器之间。当路由被调用时，中间件会在控制器之前被激活，并且能够阻止控制器运行和更改发送的数据。

我们希望使用中间件验证提供的 JWT，然后提取 payload 数据并添加到 req 对象中，以便在控制器中使用。不用惊讶，现有的 npm 模块 express-jwt 可用于完成这些任务。在终端执行下面的命令以完成 express-jwt 模块的安装：

```
$ npm install --save express-jwt
```

现在可以在路由文件中使用 express-jwt 模块。

设置中间件

要想使用 express-jwt 模块，需要导入并完成配置。如果已经完成导入，express-jwt 模块会暴露一个可以传递参数对象的函数，可通过该函数发送密匙，并指定要添加到 req 对象的属性名称，用于保存 payload。

添加到 req 对象的默认属性是 user，在代码中，user 是 Mongoose User 模型的实例，因此可设置为 payload 的属性，从而避免发生混淆且提升一致性。毕竟，在 Passport 和 JWT 内部，user 就是名字。

打开 API 路由文件 app_api/routes/index.js，并将配置添加到文件的顶部，代码清单 11.15 中已经用粗体做了突出显示。

代码清单 11.15　将 JWT 添加到 app_api/routes/locations.js

```
const express = require('express');
const router = express.Router();
const jwt = require('express-jwt');        ◄── 导入 express-jwt 模块
const auth = jwt({
  secret: process.env.JWT_SECRET,          ◄── 使用与以前相同的环境变量设置密匙
  userProperty: 'payload'                  ◄── 在 req 对象上设置 payload 属性
});
```

既然已经完成中间件的配置，现在可以向路由添加身份认证了。

向特定的路由添加身份认证中间件

在路由定义中添加中间件是件简单的事。可在路由和控制器之间通过路由方法引用中间件，中间件确实在中间位置！

下面的代码清单 11.16 展示了如何在保持 get 不受限制的同时，将中间件添加到 post、put 和 delete 的评论方法中；评论的读权限是对所有人开放的。

代码清单 11.16　更新路由以使用 jwt 模块

```
router
  . route('/locations/:locationid/reviews')
  .post(auth, ctrlReviews.reviewsCreate);
router
  .route('/locations/:locationid/reviews/:reviewid')     ◄── 在路由定义中添加身份认证中间件
  .get(ctrlReviews.reviewsReadOne)
  .put(auth, ctrlReviews.reviewsUpdateOne)
  .delete(auth, ctrlReviews.reviewsDeleteOne);
```

以上就是关于中间件的配置和使用。稍后，你将看到如何在控制器中使用中间件，但首先，你将看到中间件如何处理失效的 token。

处理身份认证失败

提供的 token 可能是无效的或不存在的，此时中间件将通过抛出错误以阻止程序运行。需要捕获错误并返回验证失败的消息和状态码(401)。

添加错误捕获方法的最佳位置是 app.js 文件。它将被添加为第一个错误捕获方法，以便通用的捕获方法拦截不到它。代码清单 11.17 显示了这个被添加到 app.js 中的新的错误捕获方法。

代码清单 11.17   捕获错误

```
// error handlers
// Catch unauthorised errors
app.use((err, req, res, next) => {
  if (err.name === 'UnauthorizedError') {          确保能处理
    res                                            UnauthorizedErrors
      .status(401)
      .json({"message" : err.name + ": " + err.message});
  }
});
```

当完成错误捕获方法的添加并重启应用程序后，可以再次使用 Postman 完成对失败场景的测试，现在让我们提交评论。可以使用和第一次测试 API 时一样的 POST 请求，图 11.12 中显示了相关结果。

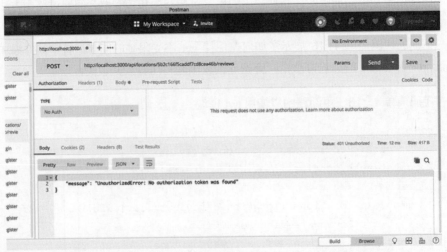

图 11.12   尝试在没有有效 JWT 的情况下添加评论，现在会得到 401 响应

和预期一致，当尝试发送不带有效 JWT 的请求到受保护的 API 终端时，会收到验证失败的状态码和错误信息，这些都符合预期。接下来，你将了解中间件授权请求并继续执行控制器时发生的情况。

11.4.2　在控制器中使用 JWT 信息

在本节中，你将看到如何在 Express 中通过中间件提取 JWT 数据，并将它们添加到 req 对象。你将通过邮件地址从数据库中获取用户名信息，并将用户名添加到评论中。

仅在用户存在时运行主控制器的代码

如代码清单 11.18 所示，要做的第一件事是使用 reviewsCreate 控制器并将内容包装在即将调用的新函数 getAuthor 中。这个新函数应该接收 req 和 res 对象，并在回调中使用现有的控制器代码。

getAuthor 函数的重点是验证用户是否存在于数据库中，并返回用户名以便在控制器中使用。这样就可以将用户名当作 userName 参数传递给回调函数，再由回调函数传递给 app_api/controllers/review.js 文件中的 doAddReview 函数。

代码清单 11.18　更新创建评论的控制器，以便先获取到用户名

```
const reviewsCreate = (req, res) => {
  getAuthor(req, res, callback) => {
    (req, res, userName) => {                         ◀──── 将最初的控制器代码封装为
      const locationId = req.params.locationid;            回调函数，传递给 getAuthor
      if (locationId) {                                    函数并调用；将用户名传递给
        Loc                                                回调函数
          .findById(locationId)
          .select('reviews')
          .exec((err, location) => {
          if (err) {
            return res
              .status(400)
              .json(err);
          } else {
            doAddReview(req, res, location, userName);   ◀──── 将用户名
          }                                                    传递给
        });                                                    doAddReview
      } else {                                                 函数
        res
```

```
        .status(404)
        .json({"message": "Location not found"});
      }
  });  ◄────── 关闭 getAuthor 函数
};
```

看一下代码清单 11.18 中加粗的部分，接下来需要做两件事：完成 getAuthor 函数并更新 doAddReview 函数。完成 getAuthor 函数后，你将看到如何获取 JWT 数据。

验证用户信息并返回用户名

getAuthor 函数要做的是验证邮件地址是否与系统中的某个用户相关联，校验通过后，返回要使用的用户名。具体需要完成以下操作：

- 检查 req 对象中是否有邮件地址。
- 使用邮件地址查找用户。
- 将用户名发送到回调函数。
- 捕获错误并发送相关消息。

代码清单 11.19 显示了 getAuthor 函数的全部代码。首先要做的是检查 req 对象上的 payload 属性，然后检查 payload 是否包含 email 属性。记住，payload 是在向 Express 路由添加身份认证时指定的属性。之后，在 Mongoose 查询中使用 req.payload.email，如果成功，就将用户名传递给回调函数。

代码清单 11.19　使用来自 JWT 的数据在数据库中完成搜索

```
const User = mongoose.model('User');  ◄──── 确保 User 模
const getAuthor = (req, res, callback) => {      型是可用的
  if (req.payload && req.payload.email) {  ◄──── 验证 request 对象
    User                                          上的 JWT 信息
      .findOne({ email : req.payload.email })
      .exec((err, user) => {
        if (!user) {
          return res
            .status(404)
            .json({"message": "User not found"});
        } else if (err) {
          console.log(err);
          return res
            .status(404)
            .json(err);
```

使用 email
数据查找
用户信息

```
    }
    callback(req, res, user.name);  ◀────────  将用户名传递给回
  });                                           调函数并执行
} else {
  return res
    .status(404)
    .json({"message": "User not found"});
  }
};
```

现在，当调用回调函数时，会运行控制器中之前的代码，找到位置并将信息传递给 doAddReview 函数。现在还需要传递用户名，因此需要快速更新 doAddReview 函数以便将用户名添加到评论信息中。

在评论中设置用户名

对 doAddReview 函数所做的更改会很简单，如代码清单 11.20 所示。现在已经保存了评论的作者，可以从 req.body.author 获取数据。doAddReview 函数收到并且可以使用另一个参数 author。

代码清单 11.20　在评论中保存用户名

```
const doAddReview = (req, res, location, author) => {  ◀────  在函数定义中添
  if (!location) {                                            加 author 参数
    res
      .status(404)
      .json({"message": "Location not found"});
  } else {
    const {rating, reviewText} = req.body;  ◀────┐
    location.reviews.push({                       │ author 现在来自
      author,                                      │ 数据库而不是表单
      rating,                              ◀──────┘
      reviewText
    });
    location.save((err, location) => {
      if (err) {
        return res
          .status(400)
          .json(err);
      } else {
        updateAverageRating(location._id);
```

```
        const thisReview = location.reviews.slice(-1).pop();
        res
          .status(201)
          .json(thisReview);
      }
    });
  }
};
```

在做完上述简单的变更后，后端部分的工作结束了。你已经创建了新的用户模式，生成并使用了 JWT，创建了身份认证 API，并且保护了其他一些 API 路由。

在第 12 章中，你将解决前端问题，重点是将身份认证 API 集成到 Angular 应用程序中。

11.5   本章小结

在本章，你掌握了：

- 如何在 MEAN 技术栈中逐步实现身份认证。
- 通过 hash 和 salt 实现加密。
- 使用 Mongoose 模型方法向模式添加函数。
- 如何使用 Express 创建 JSON Web Token。
- 在服务器上使用 Passport 管理身份认证。
- 仅向完成身份认证的用户提供 Express 路由服务。

第*12*章

在 Angular 应用程序中
使用身份认证 API

本章概览：

- 使用本地存储和 Angular 管理用户会话
- 在 Angular 中管理用户会话
- 在 Angular 应用程序中使用 JWT

本章将通过集成第 11 章中完成的 API 进行身份认证，并在 Angular 应用程序中使用 API 终端。具体来说，你将了解如何使用 Angular HTTP 客户端框架和本地存储。

12.1 创建 Angular 身份认证服务

和其他应用程序一样，在 Angular 应用程序中可能需要做全面的身份认证。显而易见，要做的是创建可在任何需要的场景中都可使用的身份认证服务。此服务应该负责身份认证相关的全部逻辑，包括保存和读取 JWT、返回当前用户的信息以及调用登录和注册 API 终端。

我们先从如何管理用户会话开始。

12.1.1 在 Angular 中管理用户会话

假设用户刚刚登录，并且 API 返回了 JWT。应该如何处理 token？因为是在运行单页面应用程序，所以可以把 token 保存在浏览器内存中。这种方法是可行的，如果用户刷新页面，会重新加载应用程序，并导致内存中的数据丢失，此时的数据将不再符合预期。

接下来，考虑把 token 保存到更健壮的位置，允许应用程序在需要的时候能读取 token。问题是选择使用 cookie 还是本地存储。

cookie 和本地存储

在 Web 应用程序中保存用户数据的传统方式是保存 cookie，这当然是一种可选方案。但是，应用程序在向服务器发送每个请求时都会使用 cookie，会通过 HTTP 头发送 cookie 供服务器读取。单页面应用程序并不需要 cookie；API 终端是无状态的，不会获取和设置 cookie。

需要寻找其他地方，比如为客户端应用程序设计的本地存储。使用本地存储，数据将保留在浏览器中，而不会像使用 cookie 一样自动附加到请求中。

本地存储也很容易与 JavaScript 一起使用。下面的代码片段会设置并获取一些数据：

```
window.localStorage['my-data'] = 'Some information';
window.localStorage['my-data']; // Returns 'Some information'
```

是的，这样就解决问题了；在 Loc8r 中将使用本地存储保存 JWT。如果对本地存储并不熟悉，请访问 Mozilla 开发人员撰写的文档 http://mng.bz/0WKz，那里有更多相关信息。

为了方便在 Angular 应用程序中使用本地存储，首先创建可注入的 BROWSER_STORAGE 字段，可以在组件中使用它。需要为本地存储配置钩子，可以通过工厂服务将字段注入需要访问本地存储的组件。

首先生成类文件：

```
$ ng generate class storage
```

然后将代码清单 12.1 存放到文件中。

代码清单 12.1　storage.ts

```
import { InjectionToken } from '@angular/core';    ◀—— 使用 InjectionToken 类
```

```
export const BROWSER_STORAGE = new InjectionToken<Storage>
  ('Browser Storage',{
  providedIn: 'root',
  factory: () => localStorage
});
```

创建 InjectionToken 实例

封装本地存储的工厂函数

创建从本地存储中保存和读取 JWT 的服务

下面开始构建身份认证服务，首先创建从本地存储中保存和读取 JWT 的方法。你已经看到在 JavaScript 中使用本地存储是多么容易，现在需要将它封装到 Angular 服务中，Angular 服务暴露了两个方法：saveToken 和 getToken。这里没有什么特别之处，saveToken 方法接收一个要保存的值，getToken 方法返回一个值。

首先，在 Angular 应用程序内部生成一个名为 authentication 的新服务：

```
$ ng generate service authentication
```

代码清单 12.2 显示了新服务的内容，包括前面的两个方法。

代码清单 12.2　使用前面的两个方法创建身份认证服务

```
import { Inject, Injectable } from '@angular/core';
import { BROWSER_STORAGE } from './storage';

@Injectable({
  providedIn: 'root'
})
export class AuthenticationService {

  constructor(@Inject(BROWSER_STORAGE) private storage: Storage) { }

  public getToken(): string {
    return this.storage.getItem('loc8r-token');
  }

  public saveToken(token: string): void {
    this.storage.setItem('loc8r-token', token);
  }
}
```

注入导入 BROWSER_STORAGE 的封装器

创建 getToken 函数

创建 saveToken 函数

在这里，有个简单的服务用于将 loc8r-token 保存到本地存储，并且可以再次读取该服务。

12.1.2 允许用户注册、登录和注销

要想使用身份认证服务完成用户的注册、登录和注销，还需要添加三个方法。下面从注册和登录开始。

调用 API 以完成注册和登录

注册和登录需要两个方法，需要将表单数据发布到本章前面创建的register和login API终端。成功后，这两个终端都会返回JWT，因此需要使用saveToken方法保存它们。

为了做好准备，可以通过生成两个简单的辅助类，协助管理在整个应用程序中需要的数据，这两个辅助类分别是 User 类和 AuthResponse 类：

```
$ ng generate class user
$ ng generate class authresponse
```

代码清单 12.3 提供了 User 类的定义，这个简单的类将 name 和 email 作为字符串保存。

代码清单 12.3　user.ts

```
export class User {
  email: string;          告诉 TypeScript 这里需
  name: string;           要字符串类型的数据
}
```

代码清单 12.4 提供了 AuthResponse 类的定义，这个类用于保存 token 字符串。

代码清单 12.4　authresponse.ts

```
export class AuthResponse {
  token: string;    ◀────── 设置 token 为字符串类型
}
```

有了这两个辅助类，就可以将前面提到的 register 和 login 方法添加到身份认证服务中，如代码清单 12.5 所示。因为这两个方法依赖 Loc8rDataService，所以需要先导入相关类和服务。

代码清单 12.5　authentication.service.ts

```
import { Inject, Injectable } from '@angular/core';
import { BROWSER_STORAGE } from './storage';
import { User } from './user';                          导入相关
import { AuthResponse } from './authresponse';          类和服务
import { Loc8rDataService } from './loc8r-data.service';
```

```
@Injectable({
  providedIn: 'root'
})
export class AuthenticationService {

  constructor(
    @Inject(BROWSER_STORAGE) private storage: Storage,      注入数
    private loc8rDataService: Loc8rDataService  ◄——         据服务
  ) { }
  ...

  public login(user: User): Promise<any> {  ◄——             登录
    return this.loc8rDataService.login(user)                函数
      .then((authResp: AuthResponse) => this.saveToken(authResp.token));
  }

  public register(user: User): Promise<any> {  ◄——  注册函数
    return this.loc8rDataService.register(user)
      .then((authResp: AuthResponse) => this.saveToken(authResp.token));
  }
}
```

快速查看添加的两个方法。现在正在做的是为 Loc8rDataService 提供 login 和 register 方法的封装，并确保返回一个 Promise，以便将数据传递回 UI。不必关心 Promise 中的内容。然后，使用已有的函数接收并保存来自 AuthResponse 对象的 token。

最后，需要将上述方法添加到与 API 终端通信所需的 Loc8rdataService 中，参见代码清单 12.6。

代码清单 12.6　更改 Loc8rDataService

```
import { Injectable } from '@angular/core';
import { HttpClient, HttpHeaders } from '@angular/common/http';
import { Location, Review } from './location';
import { User } from './user';                      导入 User 和
import { AuthResponse } from './authresponse';      AuthResponse 类

@Injectable({
  providedIn: 'root'
})
export class Loc8rDataService {
  ...                                                        login 方法返回
  public login(user: User): Promise<AuthResponse> {  ◄——    AuthResponse Promise
```

```
    return this.makeAuthApiCall('login', user);
  }

  public register(user: User): Promise<AuthResponse> {          ◄──── register 方法返回
    return this.makeAuthApiCall('register', user);                    AuthResponse
  }                                                                     Promise

  private makeAuthApiCall(urlPath: string, user: User):
    Promise<AuthResponse> {        ◄────────────────────────     实际的调用,login
    const url: string = `${this.apiBaseUrl}/${urlPath}`;        和 register 方法非
    return this.http                                            常相似,可以进一
      .post(url, user)                                          步抽象
      .toPromise()              ──┐
      .then(response => response as AuthResponse)      使用 HttpClient POST
      .catch(this.handleError);                        请求 Observable 并转
  }                                                    换为 Promise 对象
  ...
}
```

在 login 和 register 方法中,对 API 的调用基本上是相同的;唯一的区别是执行所需操作的终端 URL。在代码清单 12.6 中,我们发送了 payload 数据,其中包含尝试使用的用户详细信息,在成功时返回 AuthResponse 对象,在失败时捕获错误。为此,需要使用私有方法 makeAuthApiCall 管理服务的调用,公有方法 login 和 register 用于处理需要调用 API 终端 URL 的具体细节。

有了这些方法,就可以解决注销问题。

删除本地存储以实现注销

通过将 JWT 保存在本地存储中,可以管理 Angular 应用程序中的用户会话。如果 token 已经存在、有效且未到期,则认为用户已经登录。不能在 Angular 应用程序中更改 token 的失效日期;只有服务器能够做这些。你能做的只是删除 token。

为了让用户能够注销,可以在身份认证服务中创建新的注销方法负责移除 Loc8r JWT,参见代码清单 12.7。

代码清单 12.7　移除本地存储中的 token

```
public logout(): void {
  this.storage.removeItem('loc8r-token');      ◄────     移除本地存
}                                                         储中的 token
```

上述代码将移除浏览器的本地存储中的 loc8r-token。

现在，我们已经有了从服务器获取 JWT、将 JWT 保存到本地存储以及从本地存储读取并删除 JWT 的方法。下一个问题是如何在应用程序中使用 JWT 查看用户是否已经登录并从中获取数据。

12.1.3　在 Angular 服务中使用 JWT 数据

保存在浏览器的本地存储中的 JWT 是用来管理用户会话的，可以用它验证用户是否已经登录。如果用户已经登录，应用程序就可以读取存储在其中的用户信息。

接下来添加一个方法来检查是否有用户已经登录。

检查登录状态

要检查应用程序中的当前用户是否已经登录，首先需要检查本地存储中是否存在 loc8r-token。可以使用 getToken 方法完成检查。请记住，JWT 中嵌入了失效日期，因此即使存在 token，也需要做进一步检查。

JWT 的失效日期和时间是 payload 的一部分。记住，这部分是经过编码的 JSON 对象；是经过编码，而不是经过加密，所以可以完成解码。实际上，我们已经讨论过能完成解码的函数 atob。

将所有内容整合到一起，你希望：

- 获取存储的 token。
- 从 token 中提取 payload。
- 对 payload 进行解码。
- 验证是否已经过期。

添加到 AuthenticationService 的方法应该在用户登录时返回 true，否则返回 false。代码清单 12.8 在名为 isLoggedin 的方法中显示了相关逻辑。

代码清单 12.8　用于身份认证服务的 isLoggedin 方法

```
public isLoggedIn(): boolean {              从本地存储
  const token: string = this.getToken();  ◀  中获取 token
    if (token) {
      const payload = JSON.parse(atob(token.split('.')[1]));      如果 token
      return payload.exp > (Date.now() / 1000);  ◀             存在，获取
    } else {                                    校验是          payload 数
      return false;                             否过期          据，对它进
    }                                                          行解码，并
  }                                                            将它解析成
}                                                              JSON 格式
```

代码量并不大，但却完成了很多任务。在服务的 return 语句中引用 isLoggedIn 方法后，应用程序可以在任何时候检查用户是否已经登录。

添加到身份认证服务的最后一个方法用于从 JWT 中获取一些用户信息。

从 JWT 获取用户信息

我们希望应用程序能够从 JWT 中获取用户的邮件地址和姓名。在 isLoggedIn 方法中，你曾看到过如何从 token 中提取数据，新方法执行的操作与之完全相同。

创建名为 getCurrentUser 的新方法。该方法做的第一件事是通过调用 isLoggedIn 方法来验证用户是否已经登录。如果用户已经登录，在提取、解码 payload 和返回所需数据之前，通过调用 getToken 方法来获取 token。代码清单 12.9 显示了相关逻辑。

代码清单 12.9 getCurrentUser 方法(authentication.service.ts)

```
public getCurrentUser(): User {        ◄──── 返回 User 类型
  if (this.isLoggedIn()) {        ◄──── 确保用户已经登录
    const token: string = this.getToken();
    const { email, name } = JSON.parse(atob(token.split('.')[1]));
    return { email, name } as User;        ◄──── 将对象类型转
  }                                               换为 User 类型
}
```

完成这些任务后，也就完成了 Angular 认证服务。回顾前面的代码，可以看到它们是通用的，并且很容易从一个应用程序复制到另一个应用程序。可能需要更改的只是 token 的名称和 API 的 URL，我们完成了一个很棒且可重用的 Angular 服务。

12.2 创建 Register 和 Login 页面

到目前为止，所做的一切都很好，但是如果访问者无法完成注册和登录，网站是没有意义的。这是现在要解决的问题。

在功能方面，需要 Register 页面，新用户可以在上面录入详细信息并完成注册，还需要 Login 页面，用户回来时可以在上面输入用户名和密码。当用户通过这些流程并成功完成身份认证时，应用程序应该将用户导航到流程最开始启动时的页面。

Register 页面如图 12.1 所示。

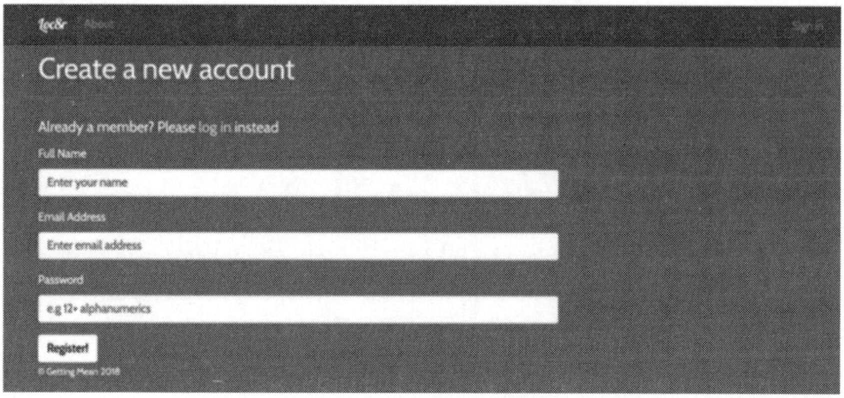

图 12.1　Register 页面

Login 页面如图 12.2 所示。

图 12.2　Login 页面

12.2.1　创建 Register 页面

要想开发 Register 页面，需要做以下事情：

- 创建 register 组件并添加到路由。
- 构建模板。
- 完善组件主体，包括重定向。

当然，完成后，还需要测试一下页面。

首先创建 register 组件。执行 Angular generate 命令：

```
$ ng generate component register
```

完成后，通过向 app_routing/app_routing.module.ts 添加内容来更改应用程序的路由。将 register 组件指向/register 路由，如代码清单 12.10 所示。

代码清单 12.10　注册路由

```
import { NgModule } from '@angular/core';
import { CommonModule } from '@angular/common';
import { RouterModule, Routes } from '@angular/router';

import { AboutComponent } from '../about/about.component';
import { HomepageComponent } from '../homepage/homepage.component';
import { DetailsPageComponent } from '../details-page/details-page.
  component';
import { RegisterComponent } from '../register/
  register.component';            ◀──── 导入新创建的
                                        register 组件
const routes: Routes = [
...
  {                     ◀──── 添加路
    path: 'register',          径信息
    component: RegisterComponent
  }
];

...
})
export class AppRoutingModule { }
```

完成后，查看组件模板的详细信息，以及如何将组件模板链接到之前构建的服务。

构建注册模板

好的，现在将为 Register 页面构建模板。除了正常的头部和底部，还需要一些组件。首先，需要一个允许访问者输入姓名、邮件地址和密码的表单。在这个表单中，需要一块显示错误信息的区域。如果用户意识到他们已经注册过，那么还需要一个指向 Login 页面的链接。

代码清单 12.11 显示了被组装到一起的模板。请注意视图模型中的输入字段，通过 ngModel 完成了到 credentials 对象的绑定。

代码清单 12.11　Register 页面的完整模板(register/register.component.html)

```
<app-page-header [content]="pageContent.header"></app-page-header>
<div class="row">
  <div class="col-12 col-md-8">
```

链接到
Login 页面

```
<p class="lead">Already a member? Please <a routerLink="/login">
  log in</a> instead</p>
<form (submit)="onRegisterSubmit()">
  <div role="alert" *ngIf="formErrors" class="alert alert-danger">
    {{ formError }}</div>
  <div class="form-group">
    <label for="name">Full Name</label>
    <input class="form-control" id="name" name="name" placeholder=
      "Enter your name" [(ngModel)]="credentials.name">
  </div>
  <div class="form-group">
    <label for="email">Email Address</label>
    <input type="email" class="form-control" id="email" name="email"
      placeholder="Enter email address" [(ngModel)]=
      "credentials.email">
  </div>
  <div class="form-group">
    <label for="password">Password</label>
    <input type="pasword" class="form-control" id="password"
      name="password" placeholder="e.g 12+ alphanumerics"
      [(ngModel)]="credentials.password">
  </div>
  <button type="submit" role="button" class="btn
    btn-primary">Register!</button>
</form>
</div>
<app-sidebar [content]="pageContent.sidebar" class=
  "col-12 col-md-4"></app-sidebar>
</div>
```

显示错误
信息的\<div\>
标签

输入
用户名

输入邮
件地址

输入
密码

同样需要注意的是,用户的姓名、邮件地址和密码都被绑定到视图模型中的
credentials 对象。

创建 register 组件模板

基于模板中的信息,在 register 组件中设置一些内容。除了需要页面头部的标题文
本以及处理表单提交的 onRegisterSubmit 函数之外,还需要为 credentials 的所有属性提
供空字符串作为默认值。

代码清单 12.12 显示了初始化配置。

代码清单 12.12 开始实现 register 组件

导入身份认证服务 →

```
import { Component, OnInit } from '@angular/core';
import { Router } from '@angular/router';  ←
import { AuthenticationService } from '../authentication.service';

@Component({
  selector: 'app-register',
  templateUrl: './register.component.html',
  styleUrls: ['./register.component.css']
})
export class RegisterComponent implements OnInit {

  public formError: string = '';  ←        初始化 formError 字符串变量

  public credentials = {  ←
    name: '',                               用 credentials
    email: '',                              对象保存数据
    password: ''
  };

  public pageContent = {  ←
    header: {                               保存常规页面数据
      title: 'Create a new account',        的 pageContent 对象
      strapline: ''
    },
    sidebar: ''
  };

  constructor(
    private router: Router,
    private authenticationService: AuthenticationService
  ) { }

  ngOnInit() {
  }
```

从路由导入所需的服务

这里没有什么新的内容，只有管理组件内部数据的一些公共属性，以及注入组件中需要使用的服务。

将代码清单 12.3 中的代码添加到创建的组件中。

代码清单 12.13　注册提交的处理函数

```
public onRegisterSubmit(): void {          提交事件的处理方法
  this.formError = '';
  if (
    !this.credentials.name ||       检查是否收
    !this.credentials.email ||      到所有相关
    !this.credentials.password      的信息
  ) {
    this.formError = 'All fields are required, please try again';
  } else {                                                         出错时返回
    this.doRegister();                                             对应的消息
  }
}
                                    执行
                                    注册
private doRegister(): void {
  this.authenticationService.register(this.credentials)
    .then(() => this.router.navigateByUrl('/'))
    .catch((message) => this.formError = message);
}
```

完成以上代码后，就可以通过启动应用程序，运行并跳转到 http://localhost:4200/register 来试用 Register 页面和相关功能。

完成这些操作并注册成功后，打开浏览器的开发者工具查找资源信息。如图 12.3 所示，应该能在本地存储的目录中看到 loc8r-token 键值。

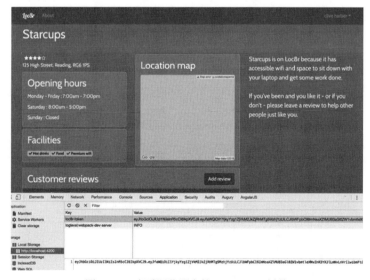

图 12.3　查看浏览器中的 loc8r-token 键值

接下来，将使用注册时返回的用户信息完成登录。

12.2.2　构建 Login 页面

Login 页面的构建方式与 Register 页面相似。

首先生成新的组件：

```
$ ng generate component login
```

然后将以下内容添加到路由中的路由对象(app-routing/app-routing.module.ts)：

```
{
  path: 'login',
  component: LoginComponent
}
```

有了这些代码，就可以构建组件模板文件：login/login-component.html。可以将它放到想放的任何位置。它和 register 模板有些相似，所以可以很容易地复制和编辑它。你需要做的只是移除姓名输入框并更改几段文本。代码清单 12.14 以粗体突出显示了需要在 login 模板中进行的更改。

代码清单 12.14　更改 login 模板

```
<app-page-header [content]="pageContent.header"></app-page-header>
<div class="row">
  <div class="col-12 col-md-8">                              更新与提交事件
    <p class="lead">Not a member? Please  ◄──────────       对应的函数
      <a routerLink="/register">register</a> first
    </p>                          将链接地
    <form (ngSubmit)="onLoginSubmit(evt)">    址更改为
      <div role="alert" *ngIf="formError" class="alert alert-danger">  register
        {{ formError }}  ◄──────────                     注意移除姓
      </div>                                              名输入框
      <div class="form-group">
        <label for="email">Email Address</label>
        <input type="email" class="form-control" id="email" name="email"
          placeholder="Enter email address" [(ngModel)]=
          "credentials.email">
      </div>
      <div class="form-group">
        <label for="password">Password</label>
```

```
        <input type="pasword" class="form-control" id="password"
          name="password" placeholder="e.g 12+ alphanumerics"
          [(ngModel)]="credentials.password">
      </div>
      <button type="submit" role="button" class="btn btn-default">
        Sign in!</button>                    ◀── 更改按钮上
    </form>                                        显示的文本
  </div>
  <app-sidebar [content]="pageContent.sidebar"
              class="col-12 col-md-4">
    </app-sidebar>
</div>
```

最后，在 login 组件中做些更改，与 register 组件相似。需要做以下更改：

- 更改组件控制器的名称。
- 更改页面标题。
- 移除对 name 字段的引用。
- 将 doRegisterSubmit 重命名为 doLoginsSubmit，将 doRegister 重命名为 doLogin。
- 调用 AuthenticationService 的 login 方法而不是 register 方法。

从 register/register-component.ts 复制组件的主体代码，并做些更改。代码清单 12.15 显示了这个文件的内容，并以粗体突出显示了更改部分。

代码清单 12.15　对 login 组件需要做的更改

```
import { Component, OnInit } from '@angular/core';
import { Router } from '@angular/router';
import { AuthenticationService } from '../authentication.service';

@Component({
  selector: 'app-login',
  templateUrl: './login.component.html',       更新组件
  styleUrls: ['./login.component.css']          定义模块
})
export class LoginComponent implements OnInit {  ◀── 更改组
  public formError: string = '';                        件名称

  public credentials = {
    name: '',
    email: '',
    password: ''
```

```
    };

    public pageContent = {
      header: {
        title: 'Sign in to Loc8r',        ◄────── 更改页面标题
        strapline: ''
      },
      sidebar: ''
    };

    constructor(
      private router: Router,
      private authenticationService: AuthenticationService
    ) { }

    ngOnInit() {
    }
                                            更改提交事
                                            件的方法
    public onLoginSubmit(): void {    ◄────┘
      this.formError = '';
      if (!this.credentials.email || !this.credentials.password) {
        this.formError = 'All fields are required, please try again';
      } else {
        this.doLogin();
      }
    }                                   将 doRegister 方法更改为
                                        doLogin 并更新身份认证
                                        服务的调用方法
    private doLogin(): void {    ◄────┘
      this.authenticationService.login(this.credentials)
        .then( () => this.router.navigateByUrl('/'))
        .catch( (message) => {
          this.formError = message
        });
    }
  }
```

这些都很容易做到！在功能上，工作方式与 register 控制器相似，因此在这个组件上无须再花费时间。

12.3　在 Angular 应用程序中使用身份认证

当有方法对用户完成身份认证时，接下来就是使用这些用户信息。在 Loc8r 中，要做两件事：

- 根据访问者是否已经登录来更改导航中的地址。
- 创建评论时使用用户信息。

首先处理导航的问题。

12.3.1　更新导航

目前导航中缺少登录链接，登录链接通常位于页面右上角。当用户完成登录时，往往不希望显示出登录链接；最好显示用户名，并提供注销选项。

下面从添加导航栏的右侧区域开始。

12.3.2　为导航添加右侧区域

Loc8r 中的导航是在框架组件中配置的，框架组件会被所有页面引用。你可能记得在第 9 章，那是定义路由出口的根组件；文件在 app_public/src/app/framework 中。代码清单 12.16 以粗体突出显示了需要添加到模板(framework.component.html)中的内容，从而添加右侧区域的登录链接。

代码清单 12.16　对框架组件需要做的更改

```
<div id="navbarMain" class="navbar-collapse collapse">
    <ul class="navbar-nav mr-auto">
      <li class="nav-item" routerLinkActive="active">
        <a routerLink="about" class="nav-link">About</a>
      </li>
    </ul>
    <ul class="navbar-nav justify-content-end">          ← 向页头添加导航
      <li class="nav-item" routerLinkActive="active">       栏，并放到右侧
        <a routerLink="login" class="nav-link">Sign in</a>  ← 登录链接
      </li>
      <li class="nav-item dropdown" routerLinkActive="active">
        <a class="nav-link dropdown-toggle"
data-toggle="dropdown">Username</a>          ← 当完成登录后，显示用户名
          <div class="dropdown-menu">
```

```
            <a class="dropdown-item">Logout</a>  ◀────  注销
          </div>                                          链接
        </li>
      </ul>
    </div>
</div>
```

登录的导航选项负责导航到新创建的 login 组件。

但是，当前在下拉菜单中添加的链接还无法工作，还需要实现注销链接的功能。

要使链接正常工作，需要将 Authentication 服务注入框架组件，还需要添加三个方法，用于：

- 单击注销触发的事件(doLogout)。
- 检查当前用户登录状态。
- 获取当前用户名。

代码清单 12.17 显示了这些是如何完成的。

代码清单 12.17　更新框架，实现注销

```
import { Component, OnInit } from '@angular/core';
import { AuthenticationService } from '../authentication.service';
import { User } from '../user';   ◀────
                                         导入 User 类用
                                         于类型检查
@Component({
  selector: 'app-framework',
  templateUrl: './framework.component.html',
  styleUrls: ['./framework.component.css']
})
export class FrameworkComponent implements OnInit {

  constructor(                                              注入已导
    private authenticationService: AuthenticationService  ◀── 入的服务
  ) { }

  ngOnInit() {
  }
                                          封装 doLogout 以实现身份
                                          认证服务的注销方法
  public doLogout(): void {   ◀────
    this.authenticationService.logout();
  }

  public isLoggedIn(): boolean {   ◀────────  封装 isLoggedIn 方法
```

导入身份认证服务 (左侧标注)

```
      return this.authenticationService.isLoggedIn();
    }
                                                封装 getUsername
                                                方法
    public getUsername(): string {  ◄──┘
      const user: User = this.authenticationService.getCurrentUser();
      return user ? user.name : 'Guest';
    }
  }
```

完成这些函数后，需要把它们添加到框架的 HTML 模板中。根据 isLoggedIn()返回的结果，需要添加*ngif 来切换用户名下拉菜单的显示；当 isLoggedIn 返回 true 时，希望在 HTML 中显示用户名；最后，需要将 doLogout 函数挂载到注销链接的单击事件；参见代码清单 12.18。

代码清单 12.18　更新框架组件模板

```
<ul class="navbar-nav justify-content-end">
  <li class="nav-item" routerLinkActive="active">
    <a routerLink="login" class="nav-link" *ngIf="!isLoggedIn()">
    Sign in</a>  ◄──────────── 登录后不显示
  </li>
  <li class="nav-item dropdown" routerLinkActive="active"
    *ngIf="isLoggedIn()">  ◄──────────── 登录后显示
    <a class="nav-link dropdown-toggle" data-toggle="dropdown">
      {{ getUsername() }}  ◄──────      显示用户名(如
    </a>                               果可用的话)
    <div class="dropdown-menu">
      <a class="dropdown-item" (click)="doLogout()">Logout</a>
    </div>
  </li>
</ul>
```

有了注销功能后，是时候考虑用户体验的问题了。目前，login 和 register 组件在成功响应时都会将用户重定向到主页，这对用户来说体验并不好。你要做的应该是将用户重定向到他们登录或注册之前所处的页面。

为此，需要创建带有 Angular 路由中 events 属性的服务。events 属性保留了用户在应用程序跳转时发生路由事件的记录。下面从生成名为 history 的服务开始：

```
$ ng generate service history
```

将这个新服务添加到框架组件中，在填写 history 服务之前先导入并引用，参见代码清单 12.19。

代码清单 12.19　添加 history 服务到框架组件中

```
import { Component, OnInit } from '@angular/core';
import { AuthenticationService } from '../authentication.service';
import { HistoryService } from '../history.service';        ◄———— 导入服务
import { User } from '../user';

@Component({
  selector: 'app-framework',
  templateUrl: './framework.component.html',
  styleUrls: ['./framework.component.css']
})
export class FrameworkComponent implements OnInit {

  constructor(
    private authenticationService: AuthenticationService,
    private historyService: HistoryService        ◄———— 将服务
  ) { }                                                  注入组件
...
```

有了这段代码后，将相关逻辑加入 HistoryService。需要做一些事来跟踪用户的跳转历史记录：

- 导入 Angular Router 模块。
- 通过订阅 events 属性跟踪每个跳转事件。
- 创建一个公有方法用于访问跳转历史记录。

代码清单 12.20 显示了这些内容。

代码清单 12.20　添加 history 服务

```
import { Injectable } from '@angular/core';
import { Router, NavigationEnd } from '@angular/router';    ◄————
import { filter } from 'rxjs/operators';                         导入 Router 和
                                                                 NavigationEnd 类
@Injectable({
  providedIn: 'root'
})
export class HistoryService {
  private urls: string[] = [];
```

从 RxJS 导入 filter 函数

```
constructor(private router: Router) {
  this.router.events                               订阅 events
                                                   属性
    .pipe(filter(routerEvent => routerEvent instanceof NavigationEnd))
    .subscribe((routerEvent: NavigationEnd) => {
      const url = routerEvent.urlAfterRedirects;
      this.urls = [...this.urls, url];
    });
}
...
}
```

需要仔细研究代码清单 12.20 中的构造函数。路由的 events 属性返回了一个 Observable 对象，它会输出多种事件类型，但你只对从 @angular/router 导入的 NavigationEnd 事件感兴趣。

要从 Observable(事件流)中获取这些事件类型，需要对它们完成过滤筛选，这正是 RxJS 的 filter 函数发挥作用的地方。filter 函数会通过 Observable pipe 方法连接到事件流。由于本书不涉及 RxJS，因此我们建议从 https://www.manning.com/books/rxjs-in-action 获取更多的 RxJS 信息。

订阅事件之后，管道中的事件是 NavigationEnd 类型，这正是我们需要的。 NavigationEnd 事件有一个 urlAfterRedirects 属性，它是一个字符串，可以将该字符串推送到 HistoryService 中的 urls 数组。

最后，需要添加一个从收集的 URL 历史记录中返回前一个 URL 的方法。将代码清单 12.21 所示的函数添加到 HistoryService 中。

代码清单 12.21　getPreviousUrl 函数

```
public getPreviousUrl(): string {
  const length = this.urls.length;                     如果没有其他
                                                       数据，则返回
  return length > 1 ? this.urls[length - 2] : '/';     默认地址
}
```

现在有了历史记录服务，可以跟踪到用户在登录或注册之前所处的页面地址，并作为 login 和 register 组件的一部分来实现。

如代码清单 12.22 所示，把它添加到 register 组件中，并在稍后将 login 组件的变更作为练习内容来完成，因为操作都是相同的。可以从 GitHub 获取该解决方案。

代码清单 12.22　对 register 组件所需要做的更改

```
import { Component, OnInit } from '@angular/core';
import { Router } from '@angular/router';
import { AuthenticationService } from '../authentication.service';
import { HistoryService } from '../history.service';          ← 导入 history
...                                                              服务
  constructor(
    private router: Router,
    private authenticationService: AuthenticationService,
    private historyService: HistoryService          ← 将 history 服务
  ) { }                                                注入构造函数
...
  private doRegister(): void {
    this.authenticationService.login(this.credentials)
      .then( () => {
        this.router.navigateByUrl(this.historyService.
        getPreviousUrl());          ← 使用提供的 getPreviousURL
      })                               函数完成路由的重定向
      .catch( (message) => {
        this.formError = message
      });
  }
...
```

可能在完成上述更改后，也可能在通过一些测试后，你会注意到 register 组件返回的页面是 Login，这不是预期的页面。在完成注册后，用户可能希望返回到之前的页面，因为那里是进入注册/登录流程的地点。从用户的角度看，现在的体验并不好。

要避免这种体验，需要向 history 服务添加一个新的方法，返回注册和登录之前遇到的最后一个 URL，参见代码清单 12.23。这样，在执行希望的操作之前，用户在这两个页面之间移动多次都将变得不再重要。

可以通过在记录的 URL 清单中使用过滤器来实现这一点，移除清单中匹配的 URL。然后，确保已经移除所有的注册和登录数据，选择最后一个 URL。

代码清单 12.23　getLastNonLoginUrl 函数

```
public getLastNonLoginUrl(): string {          ← 需要排除的
  const exclude: string[] = ['/register', '/login'];    字符串列表
```

```
const filtered = this.urls.filter(url => !exclude.includes(url));
const length = filtered.length;
return length > 1 ? filtered[length - 1] : '/';
}
```

筛选收集的 URL 清单, 仅返回不匹配的 URL

返回要筛选数组的最后一个元素或默认值

将上述代码添加到 history 服务中, 并在 login.component.ts 的 doLogin 函数以及 register.component.ts 的 doRegister 函数中使用, 如代码清单 12.24 所示(register.component.ts)。

代码清单 12.24　更新 doRegister 函数

```
private doRegister(): void {
  this.authenticationService.register(this.credentials)
    .then( () => {
      this.router.navigateByUrl(
        this.historyService.getLastNonLoginUrl()
      );
    })
    .catch( (message) => {
      this.formError = message
    });
}
```

将 getPreviousUrl 函数更改为 getLastNonLoginUrl 函数

现在可以获得登录带来的益处。把身份认证服务注入 location-details.component.ts, 以便检查用户是否已经登录, 并显示对应的功能。

还需要做一些事:

- 将身份认证服务注入组件, 用于检查用户的登录状态。
- 更改组件以便使用登录状态。

首先, 必须导入 AuthenticationService, 然后注入组件的构造函数, 参见代码清单 12.25。

代码清单 12.25　对 location-details.component.ts 所做的修改

```
import { Component, OnInit, Input } from '@angular/core';
import { Location, Review } from '../location';
import { Loc8rDataService } from '../loc8r-data.service';
import { AuthenticationService } from '../authentication.service';
...
  constructor(
    private loc8rDataService: Loc8rDataService,
```

导入 AuthenticationService

```
   private authenticationService: AuthenticationService
) { }
ngOnInit() {}
...
}
```

将 AuthenticationService
注入组件

然后，添加 AuthenticationService 提供的一些功能方法。将代码清单 12.26 所示的两个方法添加到 location-details 组件中。

代码清单 12.26　添加到 location-details.component.ts 中的方法

```
public isLoggedIn(): boolean {
  return this.authenticationService.isLoggedIn();
}
public getUsername(): string {
  const { name } = this.authenticationService.getCurrentUser();
  return name ? name : 'Guest';
}
```

为 AuthenticationService
的 isLoggedIn 封装函数

为 AuthenticationService
的 getCurrentUser 封装
函数

如果用户名不可
用，返回 Guest

要完成这部分练习，需要更新一下模板：

- 确保用户通过身份认证可以留下评论。
- 在撰写评论时不再需要输入作者姓名。
- 提交审核时提供用户名作为身份认证服务的作者姓名，并在校验失败时阻止用户发布评论。

我们需要更改模板，从而当用户处于注销状态时显示一个按钮，以引导用户登录后发布评论。当用户处于登录状态时，页面上会显示一个按钮，允许他们添加评论。

更改 location-details 模板(location details.component.html)，如代码清单 12.27 所示。

代码清单 12.27　更改 location-details.component.html

```
<div class="row">
  <div class="col-12">
    <div class="card card-primary review-card">
    <div class="card-block" [ngSwitch]="isLoggedIn()">
      <button (click)="formVisible=true" class="btn btn-primary
        float-right"*ngSwitchCase="true">Add review</button>
      <a routerLink="/login" class="btn btn-primary float-right"
        *ngSwitchDefault>Log in to add review</a>
        <h2 class="card-title">Customer reviews</h2>
```

ngSwitch 依
赖登录状态

默认状态

显示用户是
否已经登录

```
<div *ngIf="formVisible">
```

ngSwitch 指令用于检查用户是否已经登录，并且显示对应的操作。两种状态如图 12.4 所示。

图 12.4　按钮的两种状态，取决于用户是否已经登录

既然用户需要登录才能发布评论，那就不需要用户在评论表单中输入他们的姓名，因为现在可以从 JWT 中获取这些数据。因此，需要在 location-details.component.html 模板中删除一些代码。至于需要移除的元素，请参照代码清单 12.28。

代码清单 12.28　location-details.component.html 中需要移除的代码

```
<div class="form-group row">
  <label for="name" class="col-sm-2 col-form-label">Name</label>
  <div class="col-sm-10">
    <input [(ngModel)]="newReview.author" id="name" name="name"
      required="required" class="form-control">
  </div>
</div>
```

移除完这些表单字段后，需要从之前创建的 getUsername 函数中提取作者姓名。代码清单 12.29 以粗体突出显示了 location-details.component.ts 的 onReviewSubmit 函数中需要更改的部分。图 12.5 显示了添加评论的最终表单。

代码清单 12.29　在 location-details.component.ts 中移除姓名字段

```
public onReviewSubmit(): void {
  this.formError = '';
  this.newReview.author = this.getUsername();    ← 从组件获取
                                                    用户名
  if (this.formIsValid()) {
    this.loc8rDataService.addReviewByLocationId(this.location._id,
      this.newReview)
    .then((review: Review) => {
      console.log('Review saved', review);
      let reviews = this.location.reviews.slice(0);
```

```
            reviews.unshift(review);
            this.location.reviews = reviews;
            this.resetAndHideReviewForm();
        });
    } else {
        this.formError = 'All fields required, please try again';
    }
}
...
}
```

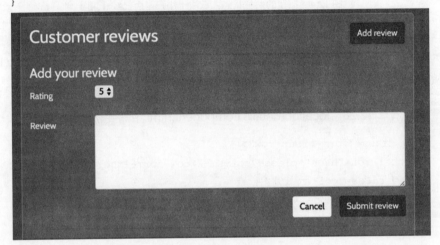

图 12.5　最终的没有姓名字段的评论添加表单

　　如果现在尝试去操作，仍然会遇到问题。如果检查一下 Web 浏览器的开发控制台，将看到 API 返回状态码为 401 的未经授权状态，因为没有使用 JWT 更新评论提交 API。

　　要实现这一点，需要访问本地存储中的 JWT，并在 Authorization 请求头中作为 Bearer token，参见代码清单 12.30。

代码清单 12.30　　添加 AuthenticationService 到 loc8r-data.service.ts

```
import { Injectable, Inject } from '@angular/core';
...
import { AuthResponse } from './authresponse';
import { BROWSER_STORAGE } from './storage';          ◄──────┐
                                                     导入 AuthenticationService
@Injectable({
  providedIn: 'root'
})
export class Loc8rDataService {
```

```
constructor(
  private http: HttpClient,
  @Inject(BROWSER_STORAGE) private storage: Storage  ◄────
) { }
```
将导入的服务
注入组件

最后，需要更新 **addReviewByLocationID** 函数，以便在向 API 的提交中包含
Authorization 头。代码清单 12.31 显示了这些更改。

代码清单 12.31　在 API 调用中添加 Authorization 头

```
public addReviewByLocationId(locationId: string, formData: Review):
  Promise<Review> {
  const url: string = `${this.apiBaseUrl}/locations/${locationId}/
    reviews`;
  const httpOptions = {   ◄────
    headers: new HttpHeaders({
      'Authorization': `Bearer ${this.storage.getItem('loc8r-token')}`
    })
  };
  return this.http
    .post(url, formData, httpOptions)   ◄────
    .toPromise()
    .then(response => response as Review)
    .catch(this.handleError);
}
```
为 HttpHeaders 创建
httpOptions 对象

在这里使用字
符串模板特性

向 API 调用添加
httpOptions 对象

通过这些更新，我们已经完成了身份认证部分。用户必须登录后才能添加评论，
并且通过身份认证系统后，可以为评论提供准确的用户名。

到目前为止，你应该对 MEAN 技术栈的能力和功能有了很好的了解，并且有能力
开始构建一些很酷的东西！

你现在拥有构建 REST API 的平台、服务器端的 Web 应用程序和基于浏览器的
单页面应用。可以创建数据库驱动的站点、API 和应用程序，然后将它们发布到线
上 URL。

当开始下一个项目时，请记住花些时间考虑最佳的架构和用户体验。花些时
间做好规划，会使开发工作更有效率和乐趣。在工作中，永远不要害怕重构和优
化代码。

12.4   本章小结

在本章，你掌握了：

- 如何使用本地存储管理浏览器中的用户会话。
- 如何在 Angular 中使用 JWT 数据。
- 如何通过 HTTP header 将 JWT 从 Angular 传递到 API。

安装 MEAN 技术栈

本章概览:

- 安装 Node 和 npm
- 全局安装 Express
- 安装 MongoDB
- 安装 Angular

在使用 MEAN 技术栈之前,我们首先需要安装一些软件。对于 Windows、macOS 以及主流 Linux 发行版(如 Ubuntu)的用户来说,安装过程非常简单。

Node 是 MEAN 技术栈的基础,并且其中包括 npm,而 npm 则作为包管理工具用来安装其他一些软件,因此我们首先安装 Node。

A.1　安装 Node 和 npm

对于不同的操作系统,安装 Node 和 npm 的方法也不同。建议尽可能从 Node 官方网站(https://nodejs.org/download)下载安装程序。这个网站是由 Node 核心团队维护的,所有新版本的安装程序都会第一时间发布。

Node 长期支持版

我们推荐安装长期支持版(LTS,Long Term Support)的 Node。LTS 版本的版本号遵循主版本为偶数的规则,如 Node 8 和 Node 10,这些都是 Node 的稳定版本,并且在 18 个月内,会得到持续的维护和非破坏性更新。本书中的示例是基于 Node 11 进行开发的，与 Node 11 最接近的 LTS 版本是 Node 10。在本书中，Node 10 和 Node 11 是完全兼容的，所以安装 Node 10 或 Node 11 都是可以的。

在 Windows 中安装 Node

Windows 用户可以从 Node 官方网站下载 Node 安装包。

在 macOS 中安装 Node

macOS 用户首选的安装方式同样是从 Node 官方网站下载 Node 安装包。另外一种选择，是使用 Homebrew 包管理工具安装 Node 和 npm。关于这种安装方式的具体细节，可以查看 Joynet 的 Node wiki(https://github.com/joyent/node/wiki/Installing-Node.js-via-package-manager)。

在 Linux 中安装 Node

在 Linux 中没有 Node 安装包可以供用户直接安装。但是，如果熟悉直接部署源代码的安装方式，那么可以直接下载 Node 的源代码进行安装。

此外，Linux 用户还可以通过包管理工具安装 Node。但需要注意的是，包管理工具中的 Node 并不总是最新版本，比如 Ubuntu 中的 APT(Advanced Packaging Tool)。Joynet 的 Node wiki(https://github.com/joyent/node/wiki/Installing-Node.js-via-package-manager) 详细介绍了各种包管理工具，包括 Ununtu 中的 APT，以及如何安装 Node。

检查已安装 Node 和 npm 的版本

Node 和 npm 安装完毕后，可以在终端执行下面两个命令以查看安装的版本：

```
$ node --version
$ npm --version
```

这两个命令将会输出本地安装的 Node 和 npm 的版本。本书安装的 Node 版本是 11.2.0、npm 版本是 6.4.1。

A.2 全局安装 Express

为了能够使用命令行动态创建新的 Express 应用程序，需要安装 Express 生成器。这项工作可以在命令行中由 npm 完成。在终端输入下面的命令：

```
$ npm install -g express-generator
```

上面的命令需要以管理员身份执行，否则在安装时会发生权限异常。在 Windows 中，右击命令行图标，在弹出的菜单中选择"以管理员身份运行"，之后在新打开的终端重新执行上面的安装命令。

在 macOS 和 Linux 中，在 npm 安装命令之前需要添加 sudo 命令；执行后，在终端会提示输入密码。

```
$ sudo npm install -g express-generator
```

安装完 Express 后，可以在终端检查 Express 的版本以验证是否安装成功，命令如下：

```
$ express --version
```

本书使用的 Express 版本为 4.16.4。

如果在安装过程中遇到问题，请访问 Express 网站(http://expressjs.com)以查阅相关文档。

A.3 安装 MongoDB

Windows、macOS 以及 Linux 都可以安装 MongoDB。有关以下所有安装操作的详细说明，请参阅 https://docs.mongodb.com/manual/administration/install-community 中的文档。

在 Windows 中安装 MongoDB

根据 Windows 系统的版本，可以直接从 https://docs.mongodb.org/manual/installation/ 下载对应版本的 MongoDB。

在 macOS 中安装 MongoDB

在 macOS 中安装 MongoDB 时，首选 Homebrew 包管理工具，此外，还可以选择手动安装 MongoDB。

在 Linux 中安装 MongoDB

所有主流的 Linux 发行版都有对应的 MongoDB 安装包，详情可以查看 https://docs.mongodb.com/manual/installation/。如果某些特殊的 Linux 版本没有符合的安装包，还可以选择手动使用源代码安装。

将 MongoDB 作为服务运行

安装好 MongoDB 后，我们需要以服务的方式运行 MongoDB，以便在重启时 MongoDB 能够自动恢复。这部分内容同样可以在 MongoDB 的安装文档中找到详细说明。

检查 MongoDB 的版本

安装 MongoDB 时会附带安装命令行工具 mongo shell，用来在命令行中操作 MongoDB。我们可以通过命令分别检查 MongoDB 和 mongo shell 的版本号。在终端执行下面的命令会输出 mongo shell 的版本号：

```
$ mongo --version
```

执行下面的命令会输出 MongoDB 的版本号：

```
$ mongod --version
```

本书使用的 MongoDB 和 mongo shell 的版本号都是 4.04。

A.4   安装 Angular

如果已经安装了 Node 和 npm，那么安装 Angular 是非常容易的。我们实际上只需要全局安装 Angular CLI 即可。在终端执行下面的命令：

```
$ npm install -g @angular/cli Currently, this command installs Angular
CLI version 7.0.6, which covers Angular 7.1.0.
```

附录**B**

安装其他技术栈

本章概览：

- 添加 Twitter Bootstrap 和自定义样式
- 使用 Font Awesome 获得一套现成的图标库
- 安装 Git
- 安装 Docker 并使用容器化部署
- 安装方便使用的命令行工具
- 注册 Heroku
- 安装 Heroku CLI

在开发 MEAN 应用程序的过程中，利用一些现成的工具和技术能够为开发工作提供便利和帮助，如前端样式布局、源代码版本控制和部署工具等。附录 B 涵盖本书用到的所有工具，以及这些工具如何安装和配置。因为版本的迁移和更新，一些工具的安装方式和配置可能会发生变化，不过不用担心，附录 B 将会具体指出所有这些工具的文档出处，这些文档中将会包括详细说明以及任何有关的内容。

Twitter Bootstrap

Bootstrap 并不需要安装，而是在应用程序中直接引用。这种方式与库文件的引用是一致的，只需要直接下载 Bootstrap 文件，解压后在应用程序中引用即可。

第一步，下载 Bootstrap。本书使用的是官方发布的 4.1 版本(在编写本书时，这是最新版本)，可以从 https://getbootstrap.com/ 下载。请注意不要下载源代码，而是下载"即用型代码包"。下载的 zip 代码包中包含两个文件夹：css 文件夹和 js 文件夹。

解压 zip 代码包后,分别将 css 文件夹和 js 文件夹中的指定文件复制到 Express 应用程序的 public 文件夹下。

- 复制 bootstrap.min.css 到 public/stylesheets 文件夹。
- 复制 bootstrap.min.js 到 public/js 文件夹。

图 B.1 显示了应用程序中 public 文件夹的内容。

图 B.1　添加 Bootstrap 文件后,public 文件夹的目录结构和内容

现在,应用程序可以使用 Bootstrap 的默认样式和外观了。但是,如果想让应用程序更加新颖和吸引人,那么可以添加主题或者一些自定义样式。

添加自定义样式

在本书中,我们为 Loc8r 应用程序创建了一些自定义样式。Loc8r 应用程序比较简单,因此只使用了 Bootstrap 4.1 的样式,而没有用到任何主题。

编辑 public/stylesheets 文件夹中的 sytle.css,在其中添加自定义样式。代码清单 B.1 展示了自定义样式,本书所有示例的自定义样式都包含在代码清单 B.1 中。

代码清单 B.1　为 Loc8r 添加自定义样式,使其外观与众不同

```
@import url("//fonts.googleapis.com/css?family=Lobster|Cabin:400,700");

h1, h2, h3, h4, h5, h6 {
  font-family: 'Lobster', cursive;
}

legend {
  font-family: 'Lobster', cursive;
}

.navbar {
  background-color: #ad1d28;
  border-color: #911821;
}

.navbar-light .navbar-brand {
```

```css
  font-family: 'Lobster', cursive;
  color: #fff;
}

.navbar-light .navbar-toggler {
  color: white;
  border-color: white;
}

.navbar-light .navbar-toggler-icon {
  background-image: url("data:image/svgxml;charset=utf8,%3Csvg
    viewBox='0 0 30 30'xmlns='http://www.w3.org/2000/svg'%3E%
    3Cpath stroke='white' stroke-width='2'stroke-linecap='round'
    stroke-miterlimit='10' d='M4 7h22M4 15h22M4 23h22'/%3E%3C/svg%3E")
}

.navbar-light .navbar-nav .nav-link,
.navbar-light .navbar-nav .nav-link:focus,
.navbar-light .navbar-nav .nav-link:hover {
color: white;
}

.card {
  background-color: #469ea8;
  padding: 1rem;
}

.card-primary {
  border-color: #a2ced3;
  margin-bottom: 0.5rem;
}

.banner {
  margin-top: 4em;
  border-bottom: 1px solid #469ea8;
  margin-bottom: 1.5em;
  padding-bottom: 0.5em;
}

.review-header {
  background-color: #31727a;
  padding-top: 0.5em;
```

```
    padding-bottom: 0.5em;
    margin-bottom: 0.5em;
}

.review {
    margin-right: -16px;
    margin-left: -16px;
    margin-bottom: 0.5em;
}

.badge-default, .btn-primary {
    background-color: #ad1d28;
    border-color: #911821;
}

h4 a, h4 a:hover {
    color: #fff;
}

h4 small {
    font-size: 60%;
    line-height: 200%;
    color: #aaa;
}

h1 small {
    color: #aaa;
}

.address {
    margin-bottom: 0.5rem;
}

.facilities span.badge {
    margin-right: 2px;
}

p {
    margin-bottom: 0.65rem;
}

a {
    color: rgba(255, 255, 255, 0.8)
```

```
}

  a:hover {
  color:#fff
}

body {
  font-family: "Cabin", Arial, sans-serif;
  color: #fff;
  background-color: #108a93;
}
```

如果不想手动输入上面这些样式，也可以从本书的 GitHub 仓库(https://github.com/cliveharber/gettingMean-2)中获得完整的代码，注意需要提前切换至 chapter-04 分支。

Font Awesome

Font Awesome 使用字体和 CSS 替代图片，为应用程序提供可缩放的图标。与 Bootstrap 一样，我们需要下载 Font Awesome 文件，并在应用程序中引用这些文件。

首先，打开 https://fontawesome.com/how-to-use/on-the-web/setup/hosting-font-awesome-yourself，单击下载按钮(在编写本书时，下载按钮是一个明显的蓝色按钮，但样式可能会发生变化)以下载 zip 压缩文件。zip 压缩文件中包含多个文件夹，其中最重要的是 css 文件夹和 webfonts 文件夹。

下载并解压后请按照下面的步骤进行操作：

(1) 将 webfonts 文件夹整体复制到应用程序的 public 文件夹中。

(2) 将 css 文件夹中的 all.min.css 文件复制到 public/stylesheets 文件夹中。

在添加 Bootstrap 和 Font Awesome 之后，应用程序的 public 文件夹中的内容如图 B.2 所示。

需要注意的是，webfonts 文件夹和 all.min.css 文件之间的相对位置以及它们各自的命名非常重要。在 CSS 文件中，我们使用相对路径../webfonts/引用字体文件，如果它们之间的相对位置不符合图 B.2，字体图标将不会生效。

如果不想手动执行上面的操作，可以直接从 GitHub 仓库中下载全部代码。

安装 Git

本书中所有示例的源代码都是由 Git 管理的，因此获得示例代码的最简单方法就是使用 Git。此外，Heroku 也要依赖 Git 才能执行部署过程，并将开发环境中的代码推送到线上环境。因此，我们首先需要安装 Git。

图 B.2 添加 Font Awesome 后，public 文件夹的目录结构和内容

在终端执行下面的命令以检查是否安装了 Git：

```
$ git --version
```

如果在终端输出了版本号，那么说明已经安装了 Git；否则，需要安装 Git。

对于 macOS 和 Windows 用户，如果是初次接触 Git，可以在 https://help.github.com/en/articles/set-up-git 上找到下载和安装 GitHub 桌面客户端的方法。

Git 网站(https://git-scm.com/downloads)为不想使用 GUI(Graphical User Interface，图形用户界面)的用户提供了只在命令行中运行的 Git 安装程序。

安装 Docker

如果仔细观察本书示例的 GitHub 代码仓库，就会发现 Docker 的配置文件。本书的所有示例都可以运行在 Docker 本地环境中。

为了运行 Docker 容器，需要在本地安装 Docker(Docker 桌面客户端)。对于 macOS 或 Windows 用户，可以访问 https://www.docker.com/products/docker-desktop，下载对应版本的安装程序。

安装完成后，接下来在容器中运行应用程序。首先从 GitHub 下载代码，之后进入代码文件夹并输入 make build 命令即可。每一个分支都有对应的 Docker 文件，可以用来运行这个分支的代码。make destroy 命令可以关闭运行中的容器。

当然，Docker 并不是运行应用程序的唯一选择，不使用 Docker 也没有问题。

安装方便使用的命令行工具

即使已经安装了 Git 的 GUI 工具，也可以同时使用 CLI 来操作 GIT，CLI 能够最大程度发挥 GIT 的作用。对于 Windows 用户，建议不要使用 Windows 自带的命令行工具，而是额外安装更加方便的 CLI 工具。下面列出了不同操作系统推荐使用的 CLI。

- macOS Mavericks 及更高版本：系统内置的终端。
- macOS Mavericks 之前版本(10.8.5 及更低版本)：iTerm。
- Windows：GitHub shell(安装 GitHub GUI 后会自动安装 GitHub shell)。
- Ubuntu：系统内置的终端。

如果考虑跨平台，推荐使用 Visual Code 编辑器，里面内置的命令行终端是不错的选择。当然，上面这些只是推荐，如果已经能够熟练使用其他命令行工具，那么只要保证这个命令行终端能运行 Git 就可以了。

设置 Heroku

在本书中，我们是在生产环境中使用 Heroku 运行 Loc8r 应用程序。Heroku 的基本功能是免费的，只要经过注册、安装 CLI 并在终端登录即可使用 Heroku。

注册 Heroku 账号

首先需要注册 Heroku 账号。对于本书中的所有示例，免费的 Heroku 账号就足够了。访问 https://www.heroku.com，按照指导注册账号。

安装 Heroku CLI

Heroku CLI 中包括了命令行工具和一个名为 Heroku Local 的工具。通过命令行工具可以管理 Heroku 部署的所有应用程序，而 Heroku Local 则会确保应用程序在本地环境与生产环境中的运行结果保持一致。macOS、Windows 和 Linux 用户可以访问 https://devcenter.heroku.com/articles/heroku-cli 以下载 Toolbelt，其中包含了 Heroku CLI。

在终端登录 Heroku 账号

在完成注册 Heroku 账号、安装 Heroku CLI 等步骤后，最后一步是在终端登录 Heroku 账号。执行下面的命令：

```
$ heroku login
```

终端会提示需要输入登录凭证。登录后，就可以使用 Heroku 了。

改造所有视图

本章概览:
- 除主页外,移除所有视图中的数据
- 将数据迁移至控制器

第4章介绍了如何为静态的可单击原型设置控制器和视图,并重点介绍了如何做以及为什么这样做。附录 C 则重点关注这么做带来的好处。

C.1 将数据从视图迁移到控制器

我们将会把数据从视图迁移到控制器,以便重新纳入 MVC 控制流。在第 4 章的示例中,Loc8r 应用程序的主页已经完成迁移工作,接下来执行其他页面的改造工作。首先从 Details 页面开始。

C.1.1 Details 页面

Details 页面是所有页面中内容最复杂的,展示的数据也是最多的。改造的第一步,就是设置控制器。

设置控制器

在 app_server/controllers 文件夹的 location.js 文件中定义 Details 页面的控制器 locationInfo。在对页面视图中的数据进行分析,并将全部数据抽象到一个 JavaScript 对象之后,locationInfo 控制器应当如代码清单 C.1 所示。

代码清单 C.1   locationInfo 控制器

```
const locationInfo = function(req, res){
  res.render('location-info', {
    title: 'Starcups',
    pageHeader: {title: 'Starcups'},
    sidebar: {
      context: 'is on Loc8r because it has accessible wifi and space to sit
        down with your laptop and get some work done.',
      callToAction: 'If you\'ve been and you like it - or if you don\'t -
        please leave a review to help other people just like you.'
    },
    location: {
      name: 'Starcups',
      address: '125 High Street, Reading, RG6 1PS',
      rating: 3,
      facilities: ['Hot drinks', 'Food', 'Premium wifi'],
      coords: {lat: 51.455041, lng: -0.9690884},
      openingTimes: [{
        days: 'Monday - Friday',
        opening: '7:00am',
        closing: '7:00pm',
        closed: false
      },{
        days: 'Saturday',
        opening: '8:00am',
        closing: '5:00pm',
        closed: false
      },{
        days: 'Sunday',
        closed: true
      }],
      reviews: [{
        author: 'Simon Holmes',
        rating: 5,
        timestamp: '16 July 2013',
        reviewText: 'What a great place. I can\'t say enough good things
          about it.'
      },{
        author: 'Charlie Chaplin',
```

用于谷歌地图
的经纬度坐标

保存营业时间的数组，
根据当天是周几，营业
时间也会有所不同

保存用户
评价的数组

```
        rating: 3,
        timestamp: '16 June 2013',
        reviewText: 'It was okay. Coffee wasn\'t great, but the wifi was
          fast.'
      }]
    }
  });
};
```

注意其中的经纬度坐标数据，可以从 https://www.where-am-i.net 获得当前位置的经纬度。获得当前位置的经纬度后，可以从 https://www.latlong.net/convert-address-to-lat-long.html 获得经纬度对应的具体地址数据。在页面中利用经纬度可以在谷歌地图中展示具体的位置，这是非常有用的功能，因此在数据设计阶段就应该将经纬度迁移到控制器中。

更新视图

Details页面是所有页面中最复杂的，其中包含大量的数据，因此配套的视图模板也是最大的。主页的视图模板中应用了大量诸如遍历数组、include、minxin等技巧。在Details页面模板中也可以使用这些技巧，此外，在模板中还有两处需要额外注意的地方。

首先，模板使用了 if-else 条件判断语句，除没有大括号外，与 JavaScript 的条件判断语句类似。其次，模板中使用了 JavaScript 的 replace 方法，将评论中的所有换行符都替换成了
标签。在文本中查找换行符\n 是由正则表达式实现的。代码清单 C.2 展示了 location-info.pug 视图模板的全部代码。

代码清单 C.2 app_server/views 文件夹中的 location-info.pug 视图模板

```
extends layout
include _includes/sharedHTMLfunctions     ◀── 引入 sharedHTMLfunctions
block content                                模板，sharedHTMLfunctions
  .row.banner                                模板中定义了 outputRating
    .col-12                                   mixin 方法
      h1= pageHeader.title
  .row
    .col-12.col-lg-9
      .row
        .col-12.col-md-6
          p.rating                           调用 outputRating mixin
            +outputRating(location.rating) ◀── 方法，参数是当前地点
          p 125 High Street, Reading, RG6 1PS  的评分
```

```
        .card.card-primary
         .card-block
           h2.card-title Opening hours
           each time in location.openingTimes
             p.card-text
               | #{time.days} :
               if time.closed
                 | closed
               else
                 | #{time.opening} - #{time.closing}
        .card.card-primary
         .card-block
           h2.card-title Facilities
           each facility in location.facilities
             span.badge.badge-warning
               i.fa.fa-check
               |  #{facility}
               |  
    .col-12.col-md-6.location-map
     .card.card-primary
       .card-block
         h2.card-title Location map
         img.img-fluid.rounded(src=`http://maps.googleapis.com/
           maps/api/staticmap?center=${location.coords.lat},
           ${location.coords.lng}&zoom=17&size=400x350&sensor=
           false&markers=${location.coords.lat},${location.coords.
           lng}&key={googleAPIKey}&scale=2`)
    .row
     .col-12
       .card.card-primary.review-card
         .card-block
           a.btn.btn-primary.float-right(href='/location/review/new')
             Add review
           h2.card-title Customer reviews
           each review in location.reviews
             .row.review
               .col-12.no-gutters.review-header
                 span.rating
                   +outputRating(review.rating)
                 span.reviewAuthor #{review.author}
```

遍历 openTimes 数组，使用 if-else 语句检查是否在营业

使用经纬度数据变量 lat 和 lng 创建谷歌地图的静态图片 URL，此处使用了 ES2015 的字符串模板。别忘记将谷歌地图 API Key 替换为你自己申请的 Key

遍历所有评价，再次调用 ouputRating mixin 方法，为每条评价生成评分

使用
标签
替换评价中的
换行符

```
        small.reviewTimestamp #{review.timestamp}
        .col-12
          p !{(review.reviewText).replace(/\n/g, '<br/>')}
    .col-12.col-lg-3
      p.lead #{location.name} #{sidebar.context}
      p= sidebar.callToAction
```

你可能会感到奇怪，为什么总是用
标签替换换行符？为什么不在保存数据的时候使用
标签替换换行符，这样只需要在保存数据时替换一次即可。这是因为本书的示例使用浏览器展示评价，HTML 仅仅是众多展示手段中的一种，将来有可能需要在原生的移动应用程序中展示评价。如果把源数据替换成
标签，就会造成 HTML 污染。因此，为了保证源数据干净，需要每次都使用
标签替换换行符。

C.1.2　Add Review(添加评论)页面

现阶段 Add Review 页面中的内容并不多，其中只有一条数据：页头中的标题。设置控制器相对来说比较简单。在 app_server/controllers 文件夹的 locations.js 文件中定义 addReview 控制器，如代码清单 C.3 所示。

代码清单 C.3　addReview 控制器

```
const addReview = function(req, res){
  res.render('location-review-form', {
    title: 'Review Starcups on Loc8r',
    pageHeader: { title: 'Review Starcups' }
  });
};
```

上面的代码简单明了，只需要更新控制器中 title 变量的文本即可。代码清单 C.4 中的代码来自 app_server/views 文件夹的 location-review-form.pug 文件，展示了如何在视图中使用 addReview 控制器。

代码清单 C.4　location-review-form.pug 模板

```
extends layout
block content
  .row.banner
    .col-12
      h1= pageHeader.title
  .row
```

```
.col-12.col-md-8
  form(action="/location", method="get", role="form")
    .form-group.row
      label.col-10.col-sm-2.col-form-label(for="name") Name
      .col-12.col-sm-10
        input#name.form-control(name="name")
    .form-group.row
      label.col-10.col-sm-2.col-form-label(for="rating") Rating
      .col-12.col-sm-2
        select#rating.form-control.input-sm(name="rating")
          option 5
          option 4
          option 3
          option 2
          option 1
    .form-group.row
      label.col-sm-2.col-form-label(for="review") Review
      .col-sm-10
        textarea#review.form-control(name="review", rows="5")
    button.btn.btn-primary.float-right Add my review
.col-12.col-md-4
```

上面的代码同样并不复杂，完成后我们继续处理 About 页面(关于页)。

C.1.3　About 页面

About 页面中的内容并不多，只有标题和一些文字内容，接下来将这些数据从视图迁移到控制器。需要注意的是，视图中的文字内容包含了
标签，在迁移到控制器时需要用\n 换行符替换
标签。代码清单 C.5 展示了 app_server/controllers/others.js 文件中的 about 控制器。

代码清单 C.5　about 控制器

```
const about = function(req, res){
  res.render('generic-text', {
    title: 'About Loc8r',
    content: 'Loc8r was created to help people find places to sit down
      and get a bit of work done.<br/><br/>Lorem ipsum dolor sit
      amet, consectetur adipiscing elit. Nunc sed lorem ac nisi digni
      ssim accumsan. Nullam sit amet interdum magna. Morbi quis
```

faucibus nisi. Vestibulum mollis purus quis eros adipiscing
tristique. Proin posuere semper tellus, id placerat augue dapibus
ornare. Aenean leo metus, tempus in nisl eget, accumsan interdum
dui. Pellentesque sollicitudin volutpat ullamcorper.'
　　});
};

除了替换 HTML 标签外，要做的其他工作十分简单。代码清单 C.6 展示了 app_server/views 文件夹中的 generic-text.pug 文件，其中定义了 About 页面的视图。把文本中的\n 换行符替换成 HTML 的
标签，这与添加评论组件中的处理方式是一样的。

代码清单 C.6　generic-text.pug 模板

```
extends layout
  .row.banner
    .col-12
      h1= title
  .row
    .col-12.col-lg-8
      p !{(content).replace(/\n/g, '<br/>')}
```

当渲染 HTML 时，使用
标签替换所有的换行符

上面的模板具备简单、小巧、可复用的特点。页面中任何展示文本的地方都可以使用上述模板。

将 Promise 转换为 Observable

在第 8 章，我们简单学习了 Promise 和 Observable，并在应用程序中使用了 Promise。将应用程序中的 Promise 转换为 Observable 的难度并不大。下面介绍一些这方面的基础知识，以便能够快速掌握转换的全部过程。通常，在 SPA 中采用 Observable 还是 Promise，取决于需要解决的问题。

查看 loc8r-data.service.ts 中的 getLocations 方法，参见代码清单 C.7。

代码清单 C.7　loc8r-data.service.ts

```
public getLocations(lat: number, lng: number): Promise<Location[]> {
  const maxDistance: number = 20000;
  const url: string =
    `${this.apiBaseUrl}/locations?lng=${lng}&lat=${lat}&maxDistance=$
{maxDistance}`;
  return this.http
```

```
    .get(url)
    .toPromise()                              ◄──────  将 Observable
    .then(response => response as Location[])          转换为 Promise
    .catch(this.handleError);
}
```

正如上面的代码所示，HttpClient 的 get 方法会返回一个 Observable，并被转换为 Promise。

为了让 get 方法返回一个 Observable，首先需要从 rxjs 中导入 Observable，之后直接返回 get 方法的调用结果即可，参见代码清单 C.8。

代码清单C.8　loc8r-data.service.ts中的getLocations方法会返回一个Observable

```
import { Observable } from 'rxjs'
...
public getLocations(lat: number, lng: number) : Observable<Location
  []> {
    const maxDistance: number = 20000;
    const url: string =
      `${this.apiBaseUrl}/locations?lng=${lng}&lat=${lat}&maxDistance=
${maxDistance}`;
    return this.http.get<Location[]>(url);   ◄──  返回一个 Observable，观
}                                                 察者将会接收到元素类
                                                  型为 Location 的数组
```

接下来，为了能够获得数据，需要创建订阅者来订阅返回结果(Observable)。获得数据的方法 getLocations 定义在 home-list 组件中，参见代码清单 C.9。

代码清单 C.9　home-list.component.ts 中的 getLocations 方法

```
private getLocations(position: any): void {
  this.message = 'Searching for nearby places';
  const lat: number = position.coords.latitude;
  const lng: number = position.coords.longitude;
  this.loc8rDataService
    .getLocations(lat, lng)
    .then(foundLocations => {               ◄──  使用 Promise 的 then
    this.message = foundLocations.length > 0 ? '' :    方法接收返回结果
      'No locations found';
    this.locations = foundLocations;
  });
}
```

现在修改上面的 getLocations 方法，使用 Observable 替换 Promise，参见代码清单 C.10。

代码清单 C.10　订阅 Observable

```
private getLocations(position: any): void {
  this.message = 'Searching for nearby places';
  const lat: number = position.coords.latitude;
  const lng: number = position.coords.longitude;
  this.loc8rDataService
    .getLocations(lat, lng)
    .subscribe(                ◄─────────────── Observable 订阅者
      (foundLocations: Location[]) => {
      this.message = foundLocations.length > 0 ? '' :
        'No locations found';
      this.locations = foundLocations;
    },
    error =>
this.handleError(error)  ◄─────────────── 错误处理程序
  );
```

如上所示，替换过程很简单。选择 Promise 还是 Observable 取决于在开发中遇到的实际情况。但是，作为参考，Observable 正在逐渐成为最佳实践。

再次介绍 JavaScript

本章概览：
- 编写 JavaScript 时应用最佳实践
- 有效使用 JSON 传递数据
- 分析如何使用回调和避免回调地狱
- 编写带有闭包、模式和类的模块化 JavaScript
- 采用函数式编程规则

JavaScript 是 MEAN 技术栈的基础部分，所以需要花一些时间仔细研究。我们需要掌握这些基础部分，因为使用 MEAN 开发是否成功取决于 JavaScript。JavaScript 是一种非常通用的语言(与众不同的是，JavaScript 运行在世界上的几乎每台计算机上)，似乎每个人都知道一些 JavaScript 知识，原因之一是 JavaScript 很容易入门，而且编写方式也很宽松。但遗憾的是，这种宽松和低门槛可能引发坏的习惯，导致意想不到的结果。

本附录的目的并不是从头开始讲解 JavaScript，因为你应该已经掌握了基础知识。如果一点儿都不了解 JavaScript，可能稍后会很挣扎并感到困难。同所有技术一样，JavaScript 也有学习曲线。另外，并非每个人都需要详细阅读本附录，尤其是经验丰富的 JavaScript 开发人员。即使很幸运，认为自己是经验丰富阵营的一员，在这里也仍然可能会发现新的内容，浏览一下附录 D 是值得的。

我们不会覆盖 TypeScript，第 8~12 章介绍已经足够详细。

在认真开始之前还有最后一件事。当你在互联网上寻找有关 JavaScript 的信息时，很可能会遇到 ES2015、ES2016、ES5、ES6、ES7 等名称。

ES5 是 JavaScript 最长时间的可用版本，直到 2015 年， JavaScript 规范开始用年份表示：ES2015、ES2016，等等。在本书中，我们一直很小心地确保命名准确。但互联网上的许多作者并没有那么关注命名，他们仍延续使用错误的命名模式。

就目前情况而言，大多数浏览器遵循 JavaScript 在 ES2015 规范中所做的一部分更改，有些浏览器还为后续版本的一些特性提供了支持。采用和实施新特性的速度有时比较慢，正如开发人员期望的那样，出现了 Babel 这样的转译工具供我们使用。借助 JavaScript 转译工具，可以广泛使用更现代的思想编写代码，并且可以将代码转换为旧浏览器能够理解的形式。它们提供了新旧版本以及不同语言之间的桥梁。TypeScript、CoffeeScript、Elm 和 ReasonML 都可以转译为 JavaScript。

D.1　每个人都了解 JavaScript，是吗

并非每个人都了解 JavaScript，但绝大多数开发人员会在某些时候以某种形式使用 JavaScript。作为测试，请查看代码清单 D.1，其中包含一段 JavaScript 代码，目的是将消息输出到控制台。如果理解这段代码，能准确判断输出的信息是什么，以及(更重要的)输出的内容为什么是它们，那么可能只需要简单浏览一下。

代码清单 D.1　带有故意 bug 的 JavaScript 示例

```javascript
const myName = {
  first: 'Simon',
  last: 'Holmes'
};
var age = 37,
country = 'UK';
console.log("1:", myName.first, myName.last);
const changeDetails = (function () {
  console.log("2:", age, country);
  var age = 35;
  country = 'United Kingdom';
  console.log("3:", age, country);
const reduceAge = function (step) {
  age = age - step;
  console.log("4: Age:", age);
};
const doAgeIncrease = function (step) {
  for (let i = 0; i <= step; i++) {
```

```
      window.age += 1;
    }
    console.log("5: Age:", window.age);
  },
  increaseAge = function (step) {
    const waitForIncrease = setTimeout(function () {
      doAgeIncrease(step);
    }, step * 200);
  };
  console.log("6:", myName.first, myName.last, age, country);
  return {
    reduceAge: reduceAge,
    increaseAge: increaseAge
  };
})();
changeDetails.increaseAge(5);
console.log("7:", age, country);
changeDetails.reduceAge(5);
console.log("8:", age, country);
```

如何思考得到的答案？代码清单 D.1 中故意设置了一些 bug，如果不小心的话，
JavaScript 会让你遇到它们。然而，所有这些代码在 JavaScript 中都是有效且合法的，
在运行时不会出现错误；如果愿意，可以在浏览器中运行测试一下这段代码。这些 bug
显示了得到不符合预期的结果是多么容易，如果不知道自己想要的是什么，将很难发
现这些 bug。

想知道这段代码的输出是什么吗？如果没有运行它们，可以在代码清单 D.2 中看
到结果。

代码清单 D.2   代码清单 D.1 的输出结果

```
1: Simon Holmes
2: undefined UK          ◄──  由于作用域冲突和变量名
                              重复，age 未定义
3: 35 United Kingdom

6: Simon Holmes 35 United Kingdom

7: 37 United Kingdom     ◄──
                              由于变量的作用域，country
                              没有改变，但 age 变了

4: Age: 30               ◄──
8: 37 United Kingdom          在调用时运行，而不是在定义时运
                              行；使用局部变量覆盖全局变量

5: Age: 43               ◄──
                              由于 setTimeout 而执行得更晚；由于
                              for 循环中的错误，age 是不正确的
```

此外，这段代码还显示了公有方法的私有闭包、变量作用域和副作用问题，预期中的变量未定义、函数和词法作用域混合、异步代码的执行效果以及在 for 循环中容易犯的错误。在阅读代码时有很多事情需要注意。

如果不确定其中的一些意味着什么，或者没有得到正确的输出结果，请阅读附录 D。

D.2　好习惯或坏习惯

JavaScript 是一门容易学习的语言。可以从互联网上抓取一些代码片段，并将它们放到 HTML 页面中，然后开始学习。学习起来容易的原因之一是在某些方面，JavaScript 并不像想象的那样严格。JavaScript 允许你做一些可能不建议的事情，这会导致你养成坏的习惯。我们将介绍这些坏习惯中的一部分，并向你展示如何将它们转变为好习惯。

变量、作用域和函数

首先查看永远紧密关联在一起的变量、作用域和函数。JavaScript 有三种类型的作用域：全局作用域、函数作用域(使用 var 关键字)和词法作用域(使用 let 或 const 关键字)。JavaScript 具有作用域的继承特性。如果在全局作用域内声明变量，那么在所有区域都能访问该变量；如果在函数内使用 var 声明变量，那么只有函数及其内部区域能访问该变量；如果在代码块中使用 let 或 const 声明变量，那么大括号以及代码块内的所有区域都能访问该变量，但与使用 var 声明的变量不同，不允许周围的其他函数模块访问该变量。

> **ES2015 和后续规范中的关键字 var**
>
> 现代的实践规范倾向于不使用 var 关键字。var 会有很多附带问题，如果使用其他编程语言，处理 var 作用域可能会感到困难，甚至会困住最有经验的开发人员。不过，我们仍将在这里讨论 var，因为许多 JavaScript 程序是使用 var 构建的。
>
> 在 ES2015 中，JavaScript 语言规范引入了 let 和 const 关键字，它们拥有词法(块)作用域。这些关键字与其他变量定义模式有很大的相似性。

使用作用域和作用域继承

在下面这个简单的示例中，作用域会被错误地使用，参见代码清单 D.3。

代码清单 D.3 作用域示例

```
const firstname = 'Simon';              ◀━━━━━━ 在全局作用域中声明变量
const addSurname = function () {
  const surname = 'Holmes';             ◀━━━━━━ 在词法作用域中声明变量
  console.log(firstname + ' ' + surname);  ◀━━━━ 输出 Simon Holmes
};
addSurname();
console.log(firstname + ' ' + surname);  ◀━━━ 抛出错误，因为 surname 变量未定义
```

上面这段代码会抛出错误，因为试图在全局作用域中使用 surname 变量，但这个变量是在函数 addSurname 的局部作用域中定义的。将作用域概念可视化的一种好方法是绘制一些嵌套的圆。在图 D.1 中，外圆表示全局作用域，中间的圆表示函数作用域，内圆表示词法作用域。可以看到，在全局作用域内可以访问变量 firstname，在函数 addSurname 的局部作用域内可以访问全局变量 firstname 和局部变量 surname。在这种情况下，词法作用域和函数作用域是重叠的。

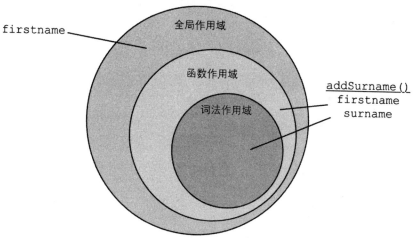

图 D.1 描述全局作用域、局部作用域和作用域继承的作用域圆

如果保持 surname 变量在局部作用域内的私有性，并且希望在全局作用域内输出全名，那么需要一种方法来将值推送到全局作用域。在作用域圆方面，图 D.2 所示的内容就是目标。需要一个新的变量 fullname，它在全局作用域和局部作用域内都可以使用。

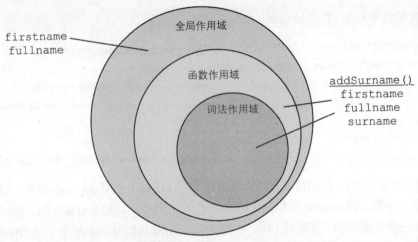

图 D.2 使用其他的全局变量返回局部作用域中的数据

从局部作用域推送到全局作用域: 错误方式

在局部作用域中针对全局作用域定义变量是一种糟糕的做法。在浏览器中，全局作用域是 window 对象，而在 Node.js 中是 global。现在继续使用浏览器运行示例，更新代码并使用 fullname 变量，代码清单 D.4 显示了会出现的情况。

代码清单 D.4 全局变量 fullname

```
const firstname = 'Simon';
const addSurname = function () {
  const surname = 'Holmes';
  window.fullname = firstname + ' ' + surname;   ← 全局变量 fullname 被定义到 window 对象中
  console.log(fullname);
};
addSurname();
console.log(fullname);   ← 全局作用域可以输出全名
```

这种方式允许在局部作用域中向全局作用域添加变量，但这并不完美。问题是双重的。第一个问题是，如果 addSurname 函数出现任何问题，并且没有定义 fullname 变量，那么当全局作用域尝试使用 fullname 变量时，就会抛出错误。第二个问题在代码量增大时会变得明显。假设有几十个函数向不同的作用域添加内容。应如何跟踪它们? 如何测试它们? 如何向别人解释发生了什么? 回答这些问题是相当困难的。

从局部作用域推送到全局作用域: 正确方式

如果在局部作用域中声明全局变量是一种错误方式，那么正确方式是什么? 按经验来说，应该是在变量所属的作用域中声明它。如果需要一个全局变量，那么应该在全局作用域中声明它，如代码清单 D.5 所示。

代码清单 D.5 声明全局变量

```
var firstname = 'Simon',
    fullname;
var addSurname = function () {
  var surname = 'Holmes';
  window.fullname = firstname + ' ' + surname;
  console.log(fullname);
};
addSurname();
console.log(fullname);
```

在全局作用域中声明变量，可以暂时不赋值

这里，很明显全局作用域包含 fullname 变量，这使得代码在后续易于阅读。

在局部作用域中引用全局变量

你可能已经注意到，在函数内部，代码仍然可以通过使用完全限定的 window.fullname 引用全局变量。从局部作用域引用全局变量时，最好这样做。同样，这种做法使代码后续更易于阅读和调试，因为可以更明确看到引用的是哪个变量，参见代码清单 D.6 所示。

代码清单 D.6 在局部作用域中使用全局变量

```
var firstname = 'Simon',
    fullname;
var addSurname = function () {
    var surname = 'Holmes';
    window.fullname = window.firstname + ' ' + surname;
    console.log(window.fullname);
};
addSurname();
console.log(fullname);
```

在局部作用域中使用全局变量时，始终使用完全限定的引用

在这种代码中可以添加更多的字符，可以很明确地看到引用的变量以及变量来自何处。

隐式的全局作用域

JavaScript 允许声明变量而不使用 var，这真的是一件坏事。更糟糕的是，如果声明一个变量而不使用 var，JavaScript 会在全局作用域中创建该变量，如代码清单 D.7 所示。

代码清单 D.7　不使用 var 声明变量

```
var firstname = 'Simon';
var addSurname = function () {
  surname = 'Holmes';
  fullname = firstname + ' ' + surname;
  console.log(fullname);
};
addSurname();
console.log(firstname + surname);
console.log(fullname);
```

surname 和 fullname 都被隐式地定义到全局作用域中

可以在全局作用域中使用它们

我们希望你能看到，这是一个令人感到困惑的坏习惯。解决方法是在变量所在的作用域中，始终使用 var 声明变量。

变量提升问题

你可能听说过，JavaScript 变量的声明应该始终在顶部。这是正确的，原因在于变量提升问题。由于变量提升，JavaScript 会在顶部声明所有变量，这可能导致一些意外的结果。

代码清单 D.8 显示了变量提升导致的结果。在 addSurname 函数中，你希望使用全局作用域中的 firstname 值，然后声明一个局部作用域变量并赋值。

代码清单 D.8　重复声明示例

```
var firstname = 'Simon';
var addSurname = function () {
  var surname = 'Holmes';
  var fullname = firstname + ' ' + surname;
  var firstname = 'David';
  console.log(fullname);
};
addSurname();
```

你希望在这里使用全局变量

实际输出的是 undefined Holmes

为什么输出错误？JavaScript 会将所有变量声明提升到所属作用域的顶部。你看到的是代码清单 D.8 中的代码，但 JavaScript 看到的是代码清单 D.9 中的代码。

代码清单 D.9　提升示例

```
var firstname = 'Simon';
var addSurname = function () {
```

```
    var firstname,
        surname,
        fullname;
    surname = 'Holmes';
    fullname = firstname + ' ' + surname;
    firstname = 'David';
    console.log(fullname);
};
addSurname();
```

JavaScript 会将所有
变量声明移到顶部

在使用前，没有进行赋
值，所以值是 undefined

当看到 JavaScript 正在做什么时，这个 bug 会变得明显。JavaScript 已经在作用域顶部声明了变量 firstname，但没有赋值，因此在第一次尝试使用 firstname 变量时，值为 undefined。

在编写代码时，应该记住这一点：JavaScript 看到的就应当就是你看到的。如果能从同一个角度看待事物，出现错误和意外问题的概率就会降低。

词法作用域

词法作用域有时也称为块作用域。在一组大括号间定义的变量，使用范围仅限于这组大括号内部。因此，词法作用域可以被限制成循环和流逻辑结构。

JavaScript 定义了两个关键字以支持词法作用域：let 和 const。为何是两个？因为两者的功能稍有不同。

let 有点儿像 var。let 设置了一个变量，可以在这个变量的作用域中对它进行更改。如前所述，与 var 的不同之处在于变量的作用域会受到限制，以这种方式声明的变量不会被提升，参见代码清单 D.10。由于没有被提升，编译器不会像 var 那样跟踪它们；编译器会将它们留在过程中的第一个位置，因此如果试图在定义之前引用它们，编译器会抛出引用错误。

代码清单 D.10 let 的使用场景

```
if (true) {
  let foo = 1;
  console.log(foo);
  foo = 2;
  console.log(foo);
  console.log(bar);
  let bar = 'something';
}
```

初始化声
明的变量

打印
值 1

重新定义值

打印值 2

尝试打印未定义
的值(引用错误)

变量定义
没有被提升

const 与 let 的注意事项相同。与 let 的不同之处在于，以这种方式声明的变量不允许再通过重新赋值或声明进行更改；它们被声明成不可变的。const 还能够防止重新定义外部作用域变量。假设有一个在全局作用域中定义的变量(使用 var)，并试图在封闭的作用域中用 const 定义另一个名称相同的变量，编译器将抛出错误，返回的错误类型取决于尝试执行的操作，参见代码清单 D.11。

代码清单 D.11 使用 const

```
var bar = 'defined';        ◄──────── 初始化声明的变量
if (true) {
  const foo = 1;            ◄──────── 初始化声明的变量 foo
  console.log(foo);         ◄──────── 打印值 1
foo = 2;                    ◄──────── 尝试重新定义 foo(错误)
const bar = 'something else';  ◄──────── 尝试重复声明变量 bar
}
```

由于使用 let 和 const 声明变量所能提供的清晰性，使它们成为现在声明变量的首选方法。不用再担心出现变量提升问题，变量的行为方式也更加传统，熟悉其他主流语言的编程人员更乐于接受这种方式。

函数是变量

在前面的代码片段中，你可能注意到 addSurname 函数被声明为变量。同样，这是最佳实践方式。首先，这是 JavaScript 的处理方式。其次，这明确了函数处于哪个作用域。

可以用这种格式声明函数：

```
function addSurname() {}
```

如下是 JavaScript 的理解：

```
const addSurname = function() {}
```

因此，最好将函数定义为变量。

限制使用全局作用域

我们已经讨论了很多关于全局作用域的使用问题，但实际上，应该尽量限制使用全局变量。目标应该是尽可能保持全局作用域的清洁，这会随着应用程序规模的增长而变得愈发重要。你很可能会添加各种第三方库和模块。如果这些库和模块在全局作用域中使用相同的变量名，应用程序将崩溃。

一些人可能相信全局变量并不是"邪恶"的，但使用它们时必须小心。当真正需要全局变量时，好的方式是在全局作用域中创建一个容器对象，并将所有内容放到该容器对象中。下面对正在进行的命名示例执行此操作，在全局作用域中通过创建 nameSetup 对象来观察变更后的样子，并使用 nameSetup 保存所有内容，参见代码清单 D.12。

代码清单 D.12　使用 const 定义全局函数

```
const nameSetup = {            ◀── 声明一个对象
  firstname : 'Simon',              作为全局变量
  fullname : '',
  addSurname : function () {            在函数内部使用局部
    const surname = 'Holmes';    ◀──   变量仍是被允许的
    nameSetup.fullname = nameSetup.firstname + ' ' + surname;
    console.log(nameSetup.fullname);
  }
};
                                        始终使用完全限定的
nameSetup.addSurname();                 引用来访问对象的值
console.log(nameSetup.fullname);
```

当以这样的方式编写代码时，所有的变量都将作为对象属性维护在一起，从而保持全局空间的整洁。这样做可以最大限度降低全局变量出现冲突的风险。在声明之后可以向对象添加更多属性，甚至添加新的函数。将这些添加到前面的代码中，可以得到代码清单 D.13。

代码清单 D.13　添加对象属性

```
                                           在全局对象中定
nameSetup.addInitial = function (initial) {  ◀── 义一个新的函数
nameSetup.fullname = nameSetup.fullname.replace(" ",
  " " + initial + " ");
};
nameSetup.addInitial('D');            ◀──   调用函数并
console.log(nameSetup.fullname);    ◀──      发送参数
                                     输出
                                     Simon D Holmes
```

以这种方式工作可以让你更好地控制 JavaScript，并降低代码带来令人不快的可能性。记住在合适的作用域中和正确的时间声明变量，并尽可能将它们按对象分组。

D.3　箭头函数

到目前为止，我们一直避免讨论 JavaScript 的 this 变量。this 是个相当大的话题，

它可能是很多混淆出现的根源。简单来说，this 值的变化取决于使用的上下文。对于在 Object 上下文外定义的函数，严格模式下 this 指的是函数定义的执行上下文；如果不是在严格模式下，那么默认为当前的执行上下文，因此 this 会随着使用而改变。

此外，如果使用原型函数 call 或 apply，那么可以将 this 绑定到不同的执行上下文。

如果函数被定义为对象的方法，那么 this 指的是对象的上下文。当在事件处理程序中使用时，this 指的是触发事件的 DOM 对象。

箭头函数表达式(或箭头函数)在创建时通过不定义 this 变量来避免混淆，就像使用 function 关键字一样。其他与上下文相关的也不允许使用，这是迄今为止最重要的。相反，将 this 绑定到周围的词法上下文，这使得箭头函数成为非方法函数的理想选择，如事件处理程序、回调和全局函数。

代码清单 D.14 提供了箭头函数的常见形式和一些变化。

代码清单 D.14   箭头函数的常见形式和一些变化

最常见的形式：参数在圆括号中，
函数体在大括号中

对于单个表达式，大括号可以省略，得到隐
性的 return 等价于 => { return 表达式 }

```
(param, param2, ..., paramN) => { <function body> }
(param, param2, ..., paramN) => expression

singleParam => { <function body> }
singleParam => expression

() => { <function body> }
```

如果只有一个参数，
可以省掉圆括号

如果只有一个参数和一个表达
式，可以省掉圆括号和大括号，
不要忘记隐性的 return

箭头函数提供了一种更简单、更清晰的语法，从而简化成更短、体积更小、更具表现力的函数，尤其是结合使用了解构赋值特性。有关 this 的更多信息，请参阅 https://developer.mozilla.org/en-us/docs/web/JavaScript/reference/operators/this；有关箭头函数的更多信息，请参阅 https://developer.mozilla.org/en-us/docs/web/JavaScript/reference/functions/Arrow_functions。

D.4   解构函数

与某些函数式编程语言中使用的模式匹配概念有些差异，解构允许将数组的值和对象属性拆解成不同的变量。如果将对象传递到函数中，解构函数意味着可以显式地声明参数对象中想要使用的属性。

要想使用解构函数，可在赋值运算符(=)的左侧放置方括号来解构数组，或使用大括号解构对象；然后，为所需的值添加变量名。对于数组，变量会根据索引顺序得到赋值。对于对象，可以使用对象中的键名，但严格意义上这不是必需的。

代码清单 D.15 详细说明了如何解构数组。

代码清单 D.15　解构数组

```
let fst, snd, rest;
const data = ['first', 'second', 'third', 'fourth', 'fifth'];

[fst, snd, ...rest] = data;
[, fst, snd] = data;
const shortArr = [1];
[fst, snd = 10] = shortArr;

let a = 3, b = 4;
[a, b] = [b, a];
```

忽略第一个值，将 second 和 third 分别赋值给 fst 和 snd，不关心其他任何内容

如果赋值返回 undefined，可以为解构函数中的变量指定默认值。这里，snd 的默认值是 10

变量交换；a 变为 4，b 变为 3

使用 rest 运算符(...)将 first 赋值给 fst，将 second 赋值给 snd，将其余值赋值给 rest

解构对象时需要更加小心；需要知道对象有哪些属性，以便进行拆解。使用示例请参照代码清单 D.16。

代码清单 D.16　解构对象

```
const obj = {a: 10, b: 100, c: 1000};

const {a, c} = obj;

const {a: ten, c: hundred} = obj;
const {a, d = 50} = obj;

const shape = {type: 'square', sides: {width: 10, height: 10}};

const areaOfSquare = ({side: {width}}) => width * width;

areaOfSquare(shape);
```

从对象中拆解属性 a 和 c

拆解 a 和 c，并分别赋值为 10 和 100

执行函数，打印 100

在箭头函数中解构提供的对象，获取 width 的值并在函数中使用

具有嵌套解构的新对象

拆解 a，如果 d 不在提供的对象中，将默认值赋值给 d

解构是一种只能应用于赋值的操作，通常会用于函数的返回值和正则表达式匹配，

也可以应用于函数的参数清单和 for...of 迭代器。可以从 https://developer.mozilla.org/en-us/docs/web/JavaScript/reference/operators/destructing_assignment 获得更多示例和信息。

我们在 Loc8r 代码库的多个地方使用了这种技术，用于减少函数或回调中需要使用的数据量。

D.5　逻辑流程和循环

现在，我们将快速了解 if 语句和 for 循环的最佳实践方式。我们假设你已经在某种程度上熟悉这些元素。

条件语句：使用 if

JavaScript 中的 if 语句很有用。如果 if 块中只有一个表达式，那么不必用大括号 {}将它括起来。表达式甚至可以跟在 else 后面。代码清单 D.17 中的代码是有效的 JavaScript。

代码清单 D.17　没有大括号的 if 语句(糟糕的实践方式)

```
const firstname = 'Simon';
let surname, fullname;
if (firstname === 'Simon')
  surname = 'Holmes';          ◀──────┐  糟糕的实践方式！
else if (firstname === 'Sally')       │  不能省略 if 块的{}
  surname = 'Panayiotou';      ◀──────┘
fullname = `${firstname} ${surname}`;
console.log(fullname);
```

虽然在 JavaScript 中可以这样做，但我们不推荐！这样做依赖于代码布局的可读性，这并不理想。更重要的是，如果在 if 块中添加一些额外的行，会发生什么？参阅代码清单 D.18，尝试一下，以了解在逻辑上会如何变化。

代码清单 D.18　演示没有大括号的问题

```
const firstname = 'Simon', initial = '';
let surname, fullname;
if (firstname === 'Simon')
  surname = 'Holmes';
else if (firstname === 'Sally')
  initial = 'J';          ◀────────── 添加行到 if 块
```

```
surname = 'Panayiotou';
fullname = `${firstname} ${initial} ${surname}`;
console.log(fullname);                    ←——————— 输出的是 Simon Panayiotou
```

这里出错的原因是 if 块没有大括号，只有第一个表达式被认为是 if 块的一部分，后面的所有内容都在 if 块的外面。所以在这里，如果 firstname 是 Sally，initial 的值会变成 J，但 surname 始终是 Panayiotou。

代码清单 D.19 显示了正确的编写方法。

代码清单 D.19 if 的正确格式

```
const firstname = 'Simon';
let surname, fullname, initial = '';
if (firstname === 'Simon') {              ←——
  surname = 'Holmes';                          |
} else if (firstname === 'Sally') {       ←——  好的实践方式! 始终
  initial = 'J';                               使用{}定义 if 块
  surname = 'Panayiotou';
}     ←——
fullname = `${firstname} ${initial} ${surname}`;
console.log(fullname);
```

通过让代码变得更加规范，你能够看到 JavaScript 编译器看到的内容，降低出现意外错误的风险。这是一个很好的目标，你应当使代码尽可能明确，不留下任何出现混淆的可能。这种实践方式既有助于提高代码质量，也有助于在一年后完成其他工作回来时对代码的理解。

要使用多少个=符号

在以上这些代码片段中，你可能注意到在每个 if 语句中，===用于检查是否匹配。这不仅是最佳实践方式，也是一种很好的习惯。

===(一致的)运算符比==(相等的)更严格。===仅当两个被操作对象属于同一类型(如数字、字符串和布尔值)时才认为正向匹配；而==会尝试执行强制类型转换，查看值是否相似但类型不同，这可能会导致出现一些有趣和意外的结果。

下面的代码片段列举了一些容易让你混淆的有趣案例：

```
let number = '';
number == 0; // True
number === 0; // False
number = 1;
number == '1'; // True
```

```
number === '1'; // False
```

在某些情况下，这看起来可能很有用，但最好进行明确、具体的说明，以避免自己认为的正向匹配内容不是 JavaScript 理解的正向匹配内容。如果代码不关心 number 是字符串还是数字，那么可以匹配其中的某种类型：

```
number === 0 || number === '';
```

关键是始终使用精确的运算符===。不等于运算符也是如此，应该始终使用精确的!==而不是模糊的!=。

运行循环：使用 for 循环

项目集合中最常见的循环方法是 for 循环。JavaScript 可以很好地处理这类任务，但是你应该了解 for 循环的一些陷阱和最佳实践方式。

首先，和 if 语句一样，如果只有一个表达式，JavaScript 允许省略块的大括号{}。我们希望你现在已经知道这是一种糟糕的实践方式，就像 if 语句一样。代码清单 D.20 显示了一些可能无法生成预期结果但却有效的 JavaScript。

代码清单 D.20　没有大括号的 for 循环(糟糕的实践方式)

```
for (let i = 0; i < 3; i++)
  console.log(i);
  console.log(i * 5);
// Output in the console
// 0
// 1
// 2
// Uncaught Reference Error: i is not defined
```

第二条语句在 for 循环之外，所以只触发了一次；for 循环中定义了 i，所以代码会出错

从编写和布局方式看，你可能希望在 for 循环的每次迭代中都执行 console.log()语句。为了清晰起见，代码应该如代码清单 D.21 所示。

代码清单 D.21　给 for 循环添加大括号

```
for (let i = 0; i < 3; i++) {
  console.log(i);
}
console.log(i*5);
```

我们一直在讨论这个问题，目的是确保代码看起来和 JavaScript 的编译方式相同，这对你是有帮助的！记住这件事和声明变量的最佳实践方式，不应该在 for 循环的条件语句中看到 let。按照最佳实践方式更新前面的代码，参见代码清单 D.22。

代码清单 D.22　提取变量声明

```
let i;
for (i = 0; i < 3; i++) {
  console.log(i);
}
console.log(i*5);
```

变量应该声明在
for 语句的外面

由于应该在作用域的顶部声明变量，因此变量的声明可能与在循环中第一次使用之间有很多行代码。JavaScript 编译器会在顶部定义变量，这是变量应该在的位置。

for 循环的常见用途是迭代数组的内容，因此，接下来我们将介绍一些需要注意的最佳实践方式和问题。

用于数组的 for 循环

与数组一起使用 for 循环的关键，是记住数组的 0 索引：数组的第一个对象位于位置 0。造成的影响是数组中最后一项的位置比长度小 1。这听起来比实际情况要复杂。可按如下方式分解简单的数组：

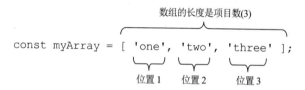

数组的长度是项目数(3)

```
const myArray = [ 'one', 'two', 'three' ];
```

位置1　　位置2　　位置3

在代码清单 D.23 中，你将看到声明并循环数组的典型代码。

代码清单 D.23　更多的 for 循环

```
let i;
const myArray = ["one","two","three"];
for (i = 0; i < myArray.length; i++) {
  console.log(myArray[i]);
}
```

从 0 开始计数，当计数
小于长度时循环通过

这段代码能正常工作，可以在数组中正确地完成循环，从位置 0 开始，一直循环到最终位置 2。有些人可能不喜欢在代码中使用 i++ 实现自动增加功能，因为这会使代码的可读性变差。就个人而言，我们认为 for 循环是这条规则的例外，事实上相对于在循环中手动添加增量，i++ 使代码的可读性变得更好。

可以做一件事来提升这段代码的性能。在每次循环时，JavaScript 都会检查 myArray 的长度。如果 JavaScript 检查的是变量，那么这个过程可以更快，因此更好的做法是声明一个存储数组长度的变量。可以在代码清单 D.24 中看到这个解决方案的实际应用。

代码清单 D.24　for 循环的备选方案：声明变量

```
let i, arrayLength;                              和其他变量一起
const myArray = ["one","two","three"];           声明 arrayLength
for (i = 0, arrayLength = myArray.length; i < arrayLength; i++) {
  console.log(myArray[i]);                        设置循环时，将数组长
}                                                 度赋值给 arrayLength
```

现在，新的变量 arrayLength 提供了数组在循环启动时的长度。脚本只需要检查一次数组的长度，而不是每次循环时都去检查。

D.6　了解 JSON

JavaScript Object Notation(JSON)是一种基于 JavaScript 的数据交换方式。JSON 比 XML 小得多，更灵活且更易于阅读。JSON 基于 JavaScript 对象的结构，但与语言无关，可以在各种编程语言之间传输数据。

我们在本书的示例代码中使用了对象，因为 JSON 是基于 JavaScript 对象的，所以我们在这里简要地讨论它们。

JavaScript 对象字面量

在 JavaScript 中，除了最简单的数据类型(如字符串、数字、布尔值、null 和 undefined)之外，其他都是对象，包括数组和函数。对象字面量是大多数人认为的 JavaScript 对象；它们通常用于存储数据，也可以包含函数。

查看 JavaScript 对象的内容

JavaScript 对象是键值对的集合，键是对象的属性。每个键都必须有值。

键的规则很简单：

- 键必须是字符串。
- 如果字符串是 JavaScript 保留字或非法的 JavaScript 名称，那么必须用双引号将它括起来。

值可以是任意的 JavaScript 数据类型，包括函数、数组和嵌套对象。代码清单 D.25 显示了基于这些规则的有效 JavaScript 对象字面量。

代码清单 D.25　JavaScript 对象字面量示例

```
const nameSetup = {
  firstname: 'Simon',              一个简单的键值对
  fullname: '',
```

```
  age: 37,
  married: true,
  "clean-shaven": null,        ◄────────────┐  由双引号包裹
                                                的复杂键名
  addSurname: function () {     ◄──────── 一个函数
    const surname = 'Holmes';
    this.fullname = `${this.firstname} ${surname}`;  ◄──
  },                                                     函数中的 this 由于
                                                         function 关键字而
  children: [    ◄────────┐  将数组设置为                  指向外层的对象；
    {                        对象中的值                    如果此处是箭头
      firstname: 'Erica'                                函数，那么 this 指
    },                                                   向全局作用域
    {
      firstname: 'Isobel'
    }
  ]
};
```

在这里，对象中的所有键都是字符串，值是各种类型的混合，包括字符串、数字、布尔值、null、函数和数组。

访问对象字面量的属性

访问属性的首选方法是使用点运算符(.)，例如

```
nameSetup.firstname
nameSetup.fullname
```

这些示例可用于获取或设置属性的值。如果试图获取某个不存在的属性，JavaScript 会返回 undefined。如果尝试设置不存在的属性，JavaScript 会创建并添加该属性到对象中。

当键名是保留字或非法的 JavaScript 名称时，不能使用点运算符。要想访问这些属性，需要用方括号[]将键名字符串括起来：

```
nameSetup["clean-shaven"]
nameSetup["var"]
```

同样，这种引用也可用于获取或设置值。

接下来，我们将了解 JSON 与对象字面量如何相关。

与 JSON 的区别

JSON 基于 JavaScript 对象字面量，但由于被设计成独立于语言，因此它们之间有两个重要区别：

- 所有键名和字符串必须用双引号括起来。
- 不支持函数数据类型。

出现这两种差异很大程度上是因为不知道该如何编译它们。其他编程语言无法处理 JavaScript 函数，保留字的集合和命名约束也可能会有所不同。如果所有键名都使用字符串类型，就能够绕过这些问题。

JSON 中允许的数据类型

虽然不能在 JSON 中使用函数，但 JSON 本身是数据交换格式，所以这不是一件坏事。可以使用的数据类型有：

- 字符串
- 数字
- 对象
- 数组
- 布尔
- null 值

查看上述清单，并与代码清单 D.25 中的 JavaScript 对象进行比较。如果移除函数属性，就能够将它转换为 JSON 格式。

格式化 JSON 数据

与 JavaScript 对象不同，我们不需要将数据赋值给变量，也不需要尾随的分号。将所有键名和字符串用双引号括起来，必须是双引号，可以生成代码清单 D.26。

代码清单 D.26 正确格式化 JSON 数据的示例

```
{
  "firstname": "Simon",          ◄──── 可以在 JSON
                                       中使用字符串
  "fullname": "",            ◄──── 空字符串
  "age": 37,       ◄──── 数字
  "married": true,      ◄──── 布尔值
  "has-own-hair": null,      ◄──── null
  "children": [
    {
      "firstname": "Erica"
    },                              其他 JSON 对
    {                               象的数组
      "firstname": "Isobel"
    }
  ]
}
```

上述代码片段中显示了一些有效的 JSON。这些数据可以在应用程序和编程语言之间进行交换，不会出现问题。人们也很容易阅读和理解它们。

发送包含双引号的字符串

JSON指定所有字符串都必须用双引号括起来。如果字符串内部包含双引号，该怎么办？编译器遇到的第一个双引号将被视为字符串的结束分隔符，因此当下一项不是有效的JSON时，很可能会抛出错误。

在下面的示例中，字符串中有两个双引号，这不是有效的 JSON，将引发错误：

```
"line": "So she said "Hello Simon""
```

解决方法是使用反斜杠(\)转义嵌套的双引号，这将产生以下结果：

```
"line": "So she said \"Hello Simon\""
```

这个转义字符会告诉 JSON 编译器后面的字符不应该被视为代码部分，而是值，需要忽略。

减小 JSON 以便在网络中传输

代码清单 D.26 中的间距和缩进单纯是为了辅助人们阅读，编程语言不需要它们。在发送代码之前移除不必要的空格，可以减少传输的信息量。

下面的代码片段是代码清单 D.26 的最小化版本，它更符合你所希望的在应用程序之间交换数据的格式：

```
{"firstname":"Simon","fullname":"","age":37,"married":true,"has-own
hair":null,"children":[{"firstname":"Erica"},{"firstname":"Isobel"}]}
```

与代码清单 D.26 中的内容完全相同，但体量更小。

为什么 JSON 这么好

JSON 作为一种数据交换格式流行开来的时间，比 Node 的开发还早。随着浏览器运行复杂 JavaScript 的能力的增强，JSON 开始蓬勃发展。拥有一种(几乎)原生支持的数据格式非常有用，这使得前端开发人员的工作更加轻松。

以前数据交换格式的首选是 XML。与 JSON 相比，XML 的可读性较差，格式更为严格，在网络中传输时体量要大得多。正如你在 JSON 示例中看到的，在语法上 JSON 没有浪费多少空间。JSON 使用能够精确保存和构造数据所需的最少字符数。

对于 MEAN 技术栈，JSON 是技术栈分层中传递数据的理想格式。MongoDB 将数据存储为二进制 JSON(BSON)。Node 和 Express 原生支持编译 JSON，也可以将 JSON 推送到 Angular，后者也原生支持使用 JSON。MEAN 技术栈的每个部分，包括数据库，都使用相同的数据格式,因此不必担心数据转换。

D.7 格式化实践

对于代码的布局,我们在本书的示例代码中使用了一些个人偏好。其中一些实践方式是必要的,是最佳实践方式;另一些则是为了提高代码的可读性。如果有不同的偏好,只要保证代码正确,都没有问题;重要的是保持一致。

关注格式化的主要原因是:

- 确保 JavaScript 语法正确。
- 确保代码在缩减后能够正常运行。
- 提高代码对自己或团队中他人的可读性。

代码缩进

代码缩进的真正唯一原因是为了便于人们阅读。JavaScript 编译器对此并不关心,并且乐于运行没有任何缩进或换行的代码。

缩进的最佳实践方式是使用空格而不是 Tab 制表符,因为目前关于 Tab 制表符仍然没有什么标准。选择使用多少个空格取决于自己,人们更喜欢两个空格。我们发现使用一个空格会使代码难以阅读,因为每行的差异并不是很大。四个空格会使代码变得太宽(在我们看来也是如此)。在寻找缩进带来的可读性收益时,我们希望任何时候在屏幕上看到的代码量能够最大化,需要在这两者之间寻找平衡。

函数和代码块的大括号位置

最好的做法是将代码块的左括号放在启动代码块的语句的末尾。到目前为止,所有的代码片段都是以这种方式编写的。代码清单 D.27 显示了放置大括号的正确方式和错误方式。

代码清单 D.27 大括号的放置位置

```
const firstname = 'Simon';
let surname;
if (firstname === 'Simon') {
  surname = 'Holmes';
  console.log(`${firstname} ${surname}`);
}
if (firstname === 'Simon')
```

正确方式:左括号和语句位于同一行

```
{
  surname = 'Holmes';
  console.log(`${firstname} ${surname}`);
}
```

错误方式：左括号自己占一行

考虑在代码片段中使用 return 语句：

```
return
{ name : 'name'
};
```

如果将左括号放在另一行，JavaScript 会认为 return 命令后遗漏了分号，并自动添加分号。JavaScript 理解成的代码如下：

```
return; { name:'name' };
```

由于在 return 语句后插入了分号，因此会忽略后续代码。

JavaScript 会自动插入分号，而不会返回预期的对象；JavaScript 返回的是 undefined。

正确使用分号

JavaScript 使用分号表示语句的结束。JavaScript 试图将分号设置成可选的，在运行时如果认为有必要，会自己注入分号来帮助你，这根本不是一件好事。

当使用分号分隔语句时，应该以 JavaScript 编译器看到的代码内容为目标，不要出现不确定性。我们将分号作为必选的，如果没有分号，会导致现在的代码出现问题。

大多数代码行的末尾都有分号，但不是全部。代码清单 D.28 中的所有语句都应该以分号结尾。

代码清单 D.28 使用分号的示例

```
const firstname = 'Simon';
let surname;
surname = 'Holmes';
console.log(`${firstname} ${surname}`);
const addSurname = function () {};
alert('Hello');
const nameSetup = { firstname : 'Simon', fullname : ''};
```

在大多数语句的末尾使用分号

但是代码块不应该以分号结尾。我们讨论的是与 if、switch、for、while、try、catch 和 function(当不赋值给变量时)相关的代码块。代码清单 D.29 显示了一些示例。

代码清单 D.29　使用不带分号的代码块

```
if (firstname === 'Simon') {
  …
}
function addSurname () {
  …
}
for (let i = 0; i < 3; i++) {
  …
}
```

代码块的末
尾没有分号

不是说大括号后面"不能使用分号"。在将函数或对象赋给变量时,大括号的末尾
是有分号的,参见代码清单 D.30。

代码清单 D.30　赋值块中分号的放置位置

```
const addSurname = function () {
…
};
const nameSetup = {
firstname : 'Simon'
};
```

赋值给变量时,
大括号后的分号

把分号放在代码块的后面可能需要一段适应时间,但这值得努力去做。

在变量清单中使用逗号

在作用域的顶部定义很长的变量清单时,最常见的方式是在每行维护一个变量名。
这种做法使你很容易看到设置的变量。使用逗号分隔变量的经典位置是行的末尾,参
见代码清单 D.31。

代码清单 D.31　行末位置的逗号

```
let firstname = 'Simon',
  surname,
  initial = '',
  fullname;
```

在每行的末尾使用逗号,从而
与下一个变量的声明分隔开

也可在每行的行首位置添加逗号,参见代码清单 D.32。

代码清单 D.32 行首位置的逗号

```
let firstname = 'Simon'
, surname
, initial = ''          在每行的开头使用逗号,从而
, fullname;             与下一个变量的声明隔开
```

这段 JavaScript 是完全有效的,当缩小到一行时,读取的代码与第一个代码片段完全相同。

这两种方式都有支持和反对的理由。如何选择取决于个人喜好。

不要害怕空格

在大括号之间添加一些空格有助于提高代码的可读性,并且不会带来任何问题。同样,到目前为止,你已经在所有代码片段中看到了这种方式。还可以在许多 JavaScript 操作符之间添加或移除空格。查看代码清单 D.33,显示的代码内容相同,其中有包含空格和不包含空格两种方式。

代码清单 D.33 空格示例

```
const firstname = 'Simon';
let surname;
if (firstname === 'Simon') {        为提高可读性而使用空格的
  surname = 'Holmes';               JavaScript 代码片段
  console.log(`${firstname} ${surname}`);
}
const firstname='Simon';
let surname;
if(firstname==='Simon'){            移除(不包括缩进)空格
  surname='Holmes';                 后的相同代码片段
  console.log(firstname+" "+surname);
}
```

人们使用空格作为单词的定界符来辅助阅读,并且我们阅读代码的方式没有什么不同。JavaScript 编译器不会注意到这些空格,如果担心增加浏览器代码文件的大小,可以在发布到线上之前做最小化处理。

编写优秀 JavaScript 的辅助工具

两个名为 JSHint 和 ESLint 的在线代码质量检查程序,可以用于检查代码的质量和一致性。更好的是,大多数 IDE 和优秀的文本编辑器都有关于它们其中之一的插件或扩展,这样就可以在代码运行时进行质量检查。这些工具可用于发现偶尔丢失的分

号或错误位置的逗号。

关于这两个工具，ESLint 更倾向于 ES2015 代码规范；而 TypeScript 有自己的代码检查工具 TSLint，Angular 会默认安装。

D.8 字符串格式

ES2015 引入了另一种格式化字符串插入方式的方法，类似于字符串插值，可以在许多不同的语言中找到。JavaScript 将这种格式称为模板字面量。

模板字面量用反引号表示，以前通常使用单引号或双引号定义字符串。如果想要执行插值操作，那么插入字符串中的元素(变量或函数调用结果)需要用$包裹。代码清单 D.34 显示了模板字面量的工作原理。

代码清单 D.34 使用模板字面量

```
const value = 10;
const square = x => x * x;
console.log(`Squaring the number ${value} gives a result of      模板字
  ${square(value)}`);                                              面量

// Squaring the number 10 gives a result of 100      插值的
                                                      结果
```

D.9 理解回调

JavaScript 编程的下一个方面是回调。一开始，回调看起来通常是混乱或复杂的，但是如果仔细观察一下，就会发现它们相当简单。

回调通常用于在某个事件发生后执行一段代码。无论是被单击的链接，数据被写入数据库，还是另一段完成执行的代码，都不重要，因为这个事件可以是几乎任何事情。通常，回调本身是匿名函数(函数在声明时没有名字)，作为参数直接传递给接收的函数。这些现在看起来有些像专业术语，但不用担心，我们很快就会看到示例代码。

使用 setTimeout 推迟执行代码

大多数情况下，在发生某些事情之后，会使用回调运行代码。为了熟悉这个概念，可以使用内置在 JavaScript 中的函数 setTimeout。简而言之,在经历声明的毫秒数之后,setTimeout 函数会执行回调。基本结构如下：

存储定时
器的变量

超时后要执
行的函数

```
const myTimer = setTimeout(callback, delay);
```

超时的时限(毫秒)

取消定时器

如果已经声明 setTimeout 并赋值给某个变量，那么可以使用该变量清除并阻止定时器的执行，前提是定时器尚未完成。可以使用 clearTimeout 函数，工作原理如下：

```
const waitForIt = setTimeout(function () {
  console.log("My name is Simon Holmes");
}, 2000);
clearTimeout(waitForIt);
```

上述代码片段不会输出任何内容，因为 WaitForIt 定时器在完成之前已经被清除。

首先，声明 setTimeout 并赋值给变量，以便可以再次访问并取消定时器(如果需要的话)。如前所述，回调通常是匿名函数。如果想在两秒后将名字记录到 JavaScript 控制台，可以使用代码清单 D.35。

代码清单 D.35　获取定时器的引用

```
const waitForIt = setTimeout(function () {
  console.log("My name is Simon");
}, 2000);
```

提示：
回调是异步的。在需要时运行它们，不一定要按照代码中出现的顺序执行。

记住这种异步特性，你希望下面的代码片段输出什么？

```
console.log("Hello, what's your name?");
const waitForIt = setTimeout(function () {
  console.log("My name is Simon");
}, 2000);
console.log("Nice to meet you Simon");
```

如果从上到下阅读上述代码，那么 console.log 语句似乎是合乎逻辑的。但是，setTimeout 回调是异步的，不会阻塞代码进程，因此最终会出现以下情况：

```
Hello, what's your name?
Nice to meet you Simon
My name is Simon
```

作为一段对话，上述结果显然不正确。在代码中，拥有正确的流程是必要的；否则，应用程序很快就会崩溃。

这种异步方式是使用 Node 的基础，所以我们将更深入地加以研究。

异步代码

在查看更多的代码之前，回忆第 1 章所做的银行柜员类比。图 D.3 显示了银行柜员将所有耗时任务都委托给他人完成，从而能够处理多个请求。

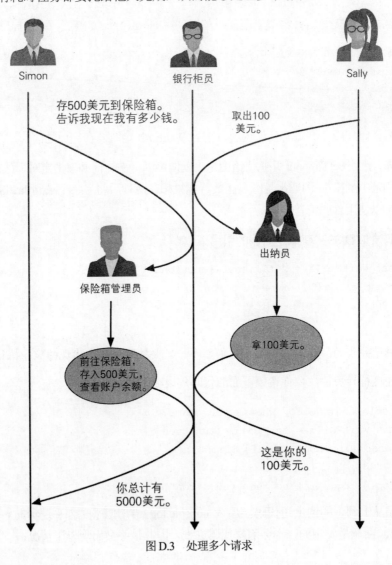

图D.3　处理多个请求

银行柜员能够回应 Sally 的请求，因为他将 Simon 的请求转交给了保险箱管理员。

柜员对保险箱管理员如何去做他要做的事以及需要多长时间来完成不感兴趣。这种方式是异步的。

可以在 JavaScript 中使用 setTimeout 函数模拟这种异步方式。只需要使用一些 console.log()语句来演示银行柜员的行为，以及一些表示委托任务的定时器。可以在代码清单 D.36 中看到这种方式，其中假设 Simon 的请求需要 3 秒(3000 毫秒)，Sally 的请求需要 1 秒。

代码清单 D.36 异步流

```
console.log("Taking Simon's request");          ❶接收第一个请求
const requestA = setTimeout(function () {
console.log("Simon: money's in the safe, you have $5000");
}, 3000);
console.log("Taking Sally's request");          ❷接收第二个请求
const requestB = setTimeout(function () {
console.log("Sally: Here's your $100");
}, 1000);
console.log("Free to take another request");    ❸准备好接收另一个请求
// ** console.log responses, in order **
// Taking Simon's request
// Taking Sally's request
// Free to take another request
                                                1 秒后出现
// Sally: Here's your $100                      Sally 的响应
                                                                  再过 2 秒后出现
// Simon: money's in the safe, you have $5000                     Simon 的响应
```

上述代码包含三个不同的块：接收第一个请求并发送出去的❶，接收第二个请求并发送出去的❷，以及准备接收另一个请求的❸。如果这段代码是同步的，就像在 PHP 或.NET 中看到的那样，那么需要花费 3 秒时间处理 Simon 的请求，之后才能接收 Sally 的请求。

如果使用异步方式，代码不必等待其中一个请求完成后再去接收另一个请求。可以在浏览器中运行上述代码片段，查看工作原理。既可以放到 HTML 页面中运行，也可以直接在 JavaScript 控制台中输入并执行。

Simon 的请求是第一个，需要一段时间才能完成，所以没有立即响应。当有人处理 Simon 的请求时，Sally 的请求被接收了。当 Sally 的请求得到处理时，银行柜员又可以接收其他请求。由于 Sally 的请求花费时间更少，她首先得到了响应，而 Simon 则需要等待更长的时间才能得到响应。Sally 和 Simon 都没有被对方的请求阻塞。

现在，可通过查看 setTimeout 函数内部发生的事情，进一步了解这一点。

运行回调函数

这里我们不会展示 setTimeout 函数的源代码，而是使用回调实现一个模板函数。声明一个名为 setTimeout 的新函数，该函数接收参数 callback 和 delay。名字并不重要，它们可以是你想要的任意值。代码清单 D.37 演示了这个函数(请注意，无法在 JavaScript 控制台中运行此函数)。

代码清单 D.37　setTimeout 模板

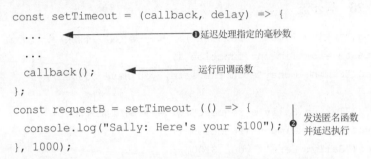

```
const setTimeout = (callback, delay) => {
    ...              ◀────────────────── ❶延迟处理指定的毫秒数
    ...
    callback();      ◀──────────── 运行回调函数
};
const requestB = setTimeout (() => {
    console.log("Sally: Here's your $100");   ❷ 发送匿名函数
                                                 并延迟执行
}, 1000);
```

callback 参数应该是一个函数，可以在 setTimeout 函数❶的特定点调用该函数。在本例中，向它传递一个简单的匿名函数❷，该函数向控制台日志写入消息。当 setTimeout 函数认为时间合适时，它会调用回调，并将消息记录到控制台。这并不难，对吗？

如果 JavaScript 是你接触到的第一种编程语言，那你可能不会对此感到迷茫，但对于使用不同编程语言的人来说，传递匿名函数有些奇怪。但是，以这种方式完成操作的能力正是 JavaScript 的一大优势。

通常，无论是 setTimeout 函数、jQuery 的 ready 方法还是 Node 的 createServer 函数，都不需要查看运行回调的函数的内部。这些函数的文档会告诉你，它们希望的参数是什么，可以返回的参数又是什么。

为何 setTimeout 函数是不寻常的

setTimeout 函数是不寻常的，因为指定了延迟时间，在延迟时间之后会触发回调。在更典型的用例中，函数本身会决定何时触发回调。在 jQuery 的 ready 方法中，jQuery 已经加载完 DOM；在 Node 的 save 操作中，数据已经保存到数据库并返回确认信息。

回调作用域

以这种方式传递匿名函数时需要记住的一点是，回调不会继承传递进来的函数作用域。回调函数没有声明在目标函数中，只是在其中被调用。回调函数会继承定义时所处的作用域。

图 D.4 描述了作用域圆。在这里，可以看到回调在全局作用域中有自己的局部作用域，这就是 requestB 的定义位置。如果回调只需要访问继承的作用域，那么这一切都很好，但是如果希望回调更聪明些呢？如果在回调中想使用来自异步函数的数据，该怎么办？

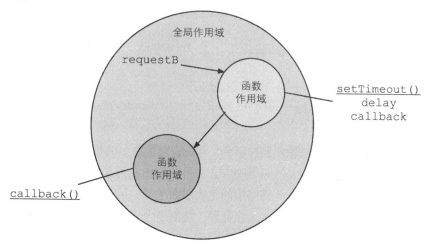

图 D.4 回调拥有自己的局部作用域

目前，这个回调示例有硬编码的美元金额，但如果希望这个值是动态的(比如是变量)，该怎么办呢？假设这个值是在 setTimeout 函数中设置的，那么如何将它放入回调？可以把它保存到全局作用域中，但如你所知，这样做并不好。需要将该值作为参数传递到回调中。修改后的作用域圆类似于图 D.5。

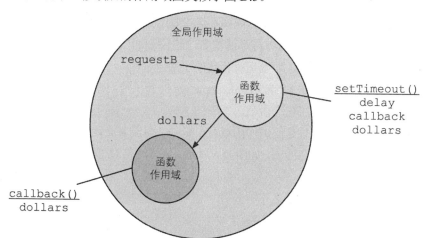

图 D.5 设置一个变量并将它传递给回调

对代码进行相同的修改，参见代码清单 D.38。

代码清单 D.38　使用数据传递的 setTimeout 函数

```
const setTimeout = (callback, delay) => {         在函数作用域
  const dollars = 100;                            中声明变量
  ...                                             将变量作为参
  callback(dollars);                              数传递给回调
};
const requestB = setTimeout((dollars) => {        接收变量作为回调
  console.log("Sally: Here's your $" + dollars);  中的参数并使用
}, 1000);
```

这个代码片段会将消息输出到控制台，与你在前面看到的相同。现在最大的区别是 dollars 变量被设置在 setTimeout 函数中，并作为参数传递给回调。

理解这种方式很重要，因为网络中的绝大多数 Node 示例代码都使用这种方式进行异步回调。但这种方式存在一些潜在问题，特别是当代码库变大、变复杂时。过度依赖于传递匿名回调会使代码难以阅读和跟踪，特别是当发现有多个嵌套回调时。另外，还会使运行测试变得困难，因为无法按名称调用这些函数中的任意一个；它们都是匿名的。在本书中我们不介绍单元测试，但简而言之，我们希望每段代码都可以单独测试，并具有可重复、可预期的结果。

让我们来看一种通过命名回调实现代码可测试、可预期的方法。

命名回调

命名回调与内联回调不同。命名回调不会将要运行的代码直接放入回调，而是将代码放入定义的函数。然后，可以传递函数名，而不是将代码作为匿名函数直接传递。不是直接传递代码，而是传递对要运行代码的引用。

继续之前的示例，添加一个名为 onCompletion 的新函数，该函数将作为回调函数。图 D.6 在作用域圆中显示了这个函数。

与前面的示例相似，只是回调作用域有了名称。与匿名回调一样，可以在不使用任何参数的情况下调用命名回调，如图 D.6 所示。代码清单 D.39 展示了如何声明和调用命名回调。

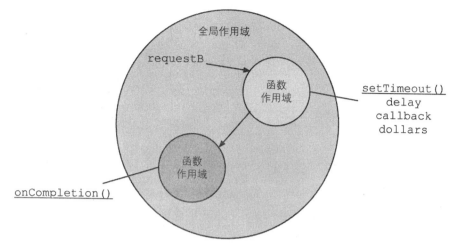

图 D.6　当使用命名回调时作用域的变化

代码清单 D.39　命名回调

```
const setTimeout = (callback, delay) => {
  const dollars = 100;
  ...
  callback();
};
const onCompletion = () => {
  console.log("Sally: Here's your $100");
};
  const requestB = setTimeout(
  onCompletion,
1000
);
```

❶ 在不同的作用域
中声明命名函数

❷ 将函数名作
为回调发送

命名函数❶现在以实体的形式存在，并且创建了自己的作用域。请注意，不再有匿名函数，但函数❷的名称将作为引用进行传递。

传递变量

代码清单 D.39 再次在 console.log 中使用硬编码的美元值。与匿名回调一样，将变量从一个作用域传递到另一个作用域非常简单。可以将需要的参数传递到命名函数中。图 D.7 在作用域圆中显示了这些。

需要将变量 dollars 从 setTimeout 传递给 onCompletion 回调函数。正如代码清单 D.40 所示，可以在不更改请求中任何内容的情况下完成这些。

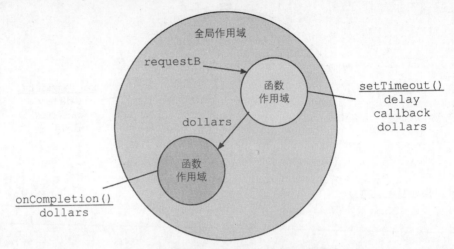

图 D.7　将需要的参数传递到新的函数作用域

代码清单 D.40　传递变量的 setTimeout

```
const setTimeout = function (callback, delay) {
  const dollars = 100;
  ...
  callback(dollars);          将 dollars 变量作为
                              参数发送到回调
};
const onCompletion = function (dollars) {        命名函数接收
  console.log("Sally: Here's your $" + dollars);  并使用该参数
};
const requestB = setTimeout(
  onCompletion,              发送回调时不
  1000                       做任何更改
);
```

在这里，setTimeout 函数将 dollars 变量作为参数发送给 onCompletion 函数。通常无法控制发送到回调的参数，因为诸如 setTimeout 的异步函数是按这种方式提供的。但通常我们希望在回调中使用来自其他作用域的变量，而不是异步函数提供的变量。接下来，我们将研究如何将你想要的参数发送给回调。

使用来自不同作用域的变量

假设希望输出中的 name 作为参数传递。更新后的函数如下所示：

```
const onCompletion = function (dollars, name) {
  console.log(name + ": Here's your $" + dollars);
};
```

　　问题是 setTimeout 函数只向回调传递参数 dollars。可以通过再次使用匿名函数作为回调来解决这个问题，记住继承的是定义时的作用域。不要在全局作用域中显示这个函数，而是将请求包装到接收单个参数 name 的新函数 getMoney 中，参见代码清单 D.41。

代码清单 D.41　setTimeout 函数中的变量作用域

```
const getMoney = function (name) {          ← 匿名函数只接收
  const requestB = setTimeout(function (dollars) {   dollars 参数
    onCompletion(dollars, name);   ← 命名回调接收匿名函数中的 dollars
  }, 1000);                          和 getMoney 作用域中的 name
};
getMoney('Simon');
```

上述代码的作用类似于图 D.8 所示的作用域圆。

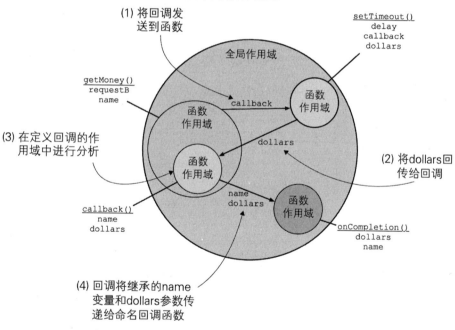

图 D.8　从不同作用域向命名回调函数发送变量的过程

代码清单 D.42 将所有代码放到了一起。

代码清单 D.42　完整的 setTimeout 示例

```
const setTimeout = (callback, delay) => {
  const dollars = 100;
```

```
...
  callback (dollars);        ◄──── 向 setTimeout
};                                  函数发送回调
const onCompletion = (dollars, name) => {
  console.log(name + ": Here's your $" + dollars);
};
const getMoney = (name) => {
  const requestB = setTimeout((dollars) => {   ◄──── 调用回调函数,
                                                       发送 dollars 变量
    onCompletion(dollars, name);   ◄──── 调用传递 dollars 和 name
  }, 1000);                                 参数的命名函数
};
getMoney('Simon');
```

简单归纳下思路,通过从匿名回调内部调用命名函数,能够从父作用域(本例中的 getMoney 函数)捕获所需的全部内容,并显式传递给命名函数(onCompletion)。

在实际运行中分析流

如果希望看到实际运行中的流,可以添加 debugger 语句,在浏览器中运行并单步执行函数,查看在何处以及何时设置了哪些变量和值。总而言之,代码如下:

```
const mySetTimeout = function (callback, delay) {
  const dollars = 100;
  callback(dollars);
};
const onCompletion = function (dollars, name) {
  console.log(name + ": Here's your $" + dollars);
};
const getMoney = function (name) {
  debugger;
  const requestB = mySetTimeout(function (dollars) {
  onCompletion(dollars,name);
  }, 1000);
};
getMoney('Simon');
```

请注意,在添加 debugger 语句时,需要更改 setTimeout 函数的名称,从而不破坏原生函数。

请记住,通常无法访问调用回调函数的内部代码,并且回调通常会使用一组固定的参数(或没有参数的 setTimeout 函数)进行调用。任何需要的额外内容都必须添加到匿名回调中。

更易于阅读和测试

以这种方式定义命名函数可以使函数的作用域和代码易于阅读。有了这样一个小而简单的示例，你可能认为将代码移到自己的函数中时，流程变得更难理解，对此你很可能有一些异议。但是当代码变得复杂，并且在多个嵌套回调中有多行代码时，你一定会看到这样做带来的益处。

另一个优点是你能够很容易地看到 onCompletion 函数应该做什么，期望和需要处理的参数是什么以及函数将变得更容易测试。现在可以说，当 onCompletion 函数传递 dollars 值和 name 时，会向控制台输出一条消息，包括 dollars 值和 name。

既然你已经对回调的定义和使用有了很好的了解，现在通过查看 Node 来了解为何回调如此有用。

Node 中的回调

在浏览器中，许多事件都基于用户交互，等待的事件往往超出代码可以控制的范围。在服务器端，等待外部事件发生的概念和浏览器端相似。区别在于事件更多地集中发生在服务器上，或者实际发生在不同的服务器上。在浏览器中，代码等待诸如鼠标单击或表单提交等事件，而服务器端代码等待诸如从文件系统读取文件或将数据保存到数据库等事件。

最大的区别在于，在浏览器中，事件通常是由单个用户发起的，等待响应的只有用户。在服务器端，通常由中枢代码启动事件并等待响应。正如第 1 章中所讨论的，Node 中只运行着一个线程，因此如果中枢代码必须停下来等待响应，那么站点的所有访问者都会被阻塞，这可不是一件好事！这就是回调很重要的原因，因为 Node 可以使用回调将等待委托给其他进程，使其成为异步的。

Node 中的回调示例

在 Node 中使用回调与在浏览器中使用回调没有什么不同。如果需要保存一些数据，当然不希望由 Node 主进程执行该操作，因为不希望银行柜员与保险箱管理员一起等待响应。希望通过使用回调实现成异步处理方式。所有的 Node 数据库驱动程序都提供此功能。在本书中我们将详细介绍如何创建和保存数据。现在，我们先使用一个简单的示例。代码清单 D.43 显示了如何使用 mySafe 对象的 save 函数异步保存数据，当数据库完成并返回响应时会将确认信息输出到控制台。

代码清单 D.43　基本的 Node 回调

```
mySafe.save(
  function (err, savedData) {
    console.log(`Data saved: ${savedData}`);
  }
);
```

在这里，save 函数需要一个回调函数，该回调函数可以接收两个参数：错误对象 err，以及保存后从数据库返回的数据 savedData。回调中的功能通常要比这个示例多一些，但基本构造都很简单。

逐个执行回调

你希望使用回调，但是如果想在回调完成后执行另一个异步操作，该怎么办？回到银行这个类比示例中，假设希望存款到保险箱后，获得 Simon 所有账户的余额。直到所有的事情都完成，期间 Simon 不需要知道这会涉及多少步骤和多少人，银行柜员也不需要知道。可以创建如图 D.9 所示的流。

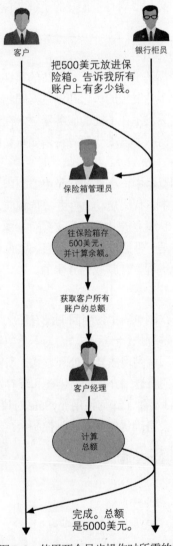

图 D.9　使用两个异步操作时所需的流

显然，这需要两个操作，对数据库进行另一个异步调用。根据已经讨论过的内容，你应该知道不能将调用放在 save 方法的后面，如代码清单 D.44 所示。

代码清单 D.44 Node 回调问题

```
mySafe.save(
  function (err, savedData) {
    console.log(`Data saved: ${savedData}`);
  }
);
myAccounts.findTotal(        ◀── 第二个函数将在 save 函数
  function (err, accountsData) {   完成前执行，因此返回的
    console.log(`Your total: ${accountsData}`);   accountsData 可能不准确
  }
);
// ** console.log responses, in probable order **
// Your total: 4500
// Data saved: {dataObject}
```

这无法正常工作，因为 mAccounts.findTotal 函数会立即被执行，而不是在 mySafe.save 函数完成后执行。因为可能不会考虑要添加到保险箱的值，所以返回值可能不准确。需要确保在第一个操作完成后，再执行第二个操作。解决方案很简单：在第一个回调的内部调用第二个函数，这个过程被称为嵌套回调。

嵌套回调可以用于逐个执行异步函数。将第二个函数放在第一个函数的回调中，如代码清单 D.45 所示。

代码清单 D.45 嵌套回调

```
mySafe.save(
  function (err, savedData) {
    console.log(`Data saved: ${savedData}`);   将第二个异步操作嵌
    myAccounts.findTotal(        ◀──    套在第一个回调中
      function (err, accountsData) {
        console.log(`Your total: ${accountsData.total}`);
      }
    );
  }
);
// ** console.log responses, in order **
// Data saved: {dataObject}
// Your total: 5000
```

现在可以确保 myAccounts.findtotal 函数会在适当的时间被执行，这意味着可以预测响应。

这种能力很重要。Node 本质上是异步的，可以从一个请求跳到另一个请求，从一个站点访问者跳到另一个访问者。但有时候，需要按顺序执行操作。使用原生 JavaScript 的嵌套回调，是解决此类问题的一种很好方法。

嵌套回调的缺点是比较复杂。可以看到，单个嵌套层级已经使代码有些难以阅读，并且需要努力思考更多。当代码变得复杂，且最终出现多个层级的嵌套回调时，问题会成倍增加。这个问题太严重了，以至于被称为回调地狱(callback hell)。回调地狱是一些人认为 Node(和 JavaScript)特别难以学习和维护的原因，他们将此作为反对使用该技术的论据。客观地说，许多在线示例的代码确实会遇到这个问题，这不利于我们反驳这种观点。在开发 Node 时，也会很容易陷入回调地狱，但如果以正确方式开始开发，就能够很容易避免。

我们已经讨论过回调地狱的解决方案：使用命名回调。接下来，将展示如何使用命名回调帮助你解决此问题。

使用命名回调避免回调地狱

命名回调可以帮你避免嵌套的回调地狱，因为可以通过它将每个步骤分隔成不同的代码片段和功能。人们倾向于使用这种类型的代码，因为更容易阅读和理解它们。

为了使用命名回调，需要获取回调函数的内容并将它声明为单独的函数。之前的嵌套回调示例有两个回调，因此需要两个新函数：一个用于 mySafe.save 操作完成时，另一个用于 myAccounts.findTotal 操作完成时。如果将这些函数分别命名为 onSave 和 onFindTotal，就可以创建代码清单 D.46 所示的代码。

代码清单 D.46   重构回调代码

```
mySafe.save(
  function (err, savedData) {          通过 mySafe.save 操作
    onSave(err, savedData);     ◄      调用第一个命名函数
  }
);
const onSave = function (err, savedData) {
  console.log(`Data saved: ${savedData}`);    在第一个命名回调的内
  myAccounts.findTotal(            ◄          启动第二个异步操作
    function (err, accountsData) {
      onFindTotal(err, accountsData);  ◄
    }                                          调用第二个
  );                                           命名函数
```

```
};
const onFindTotal = function (err, accountsData) {
console.log(`Your total: ${accountsData.total}`);
};
```

每个功能都被分离成单独的函数，从而更容易单独查看并理解每部分在做什么。可以看到预期的参数以及输出的是什么。实际上，输出可能比简单的 console.log()语句要复杂，但你已经了解了这些。还可以相对容易地跟踪流程，查看每个函数的作用域。

通过使用命名回调，可以降低 Node 在感知方面的复杂度，并使代码更易于阅读和维护。另一个重要的优点是单个函数更适合做单元测试。每个部分都定义了输入和输出，都有可预期、可重复的行为特征。

D.10 Promise 和 async/await

Promise 就像一份契约：它声明了当一个长期执行的操作完成后，将有一个可使用的值。本质上，Promise 代表异步操作的结果。当值确定后，Promise 将执行给定的代码，或处理在未收到预期值时所有相关的错误。

Promise 是 JavaScript 规范的一等公民，它有三种状态。

- Pending：Promise 的初始状态。
- Fulfilled：异步操作做出成功响应。
- Rejected：异步操作做出失败响应。

Promise

当一个 Promise 做出成功或失败响应时，它的值将不能再被改变；变为不可变状态。

为了设置一个 Promise，需要创建一个函数，该函数应该接收两个回调函数：一个在成功时执行，另一个在失败时执行。当执行 Promise 时，这些回调会被触发。然后，回调将在成功时转移到 then 函数中执行，或在异常时转移到 catch 函数中执行，参见代码清单 D.47。

代码清单 D.47　设置/使用 Promise

```
const promise = new Promise((resolve, reject) => {
  // set up long running, possibly asynchronous operation,
  // like an API query
  if (/* successfully resolved */) {
    resolve({data response});
```

创建一个 Promise，传入预期的回调函数

成功后，调用 resolve 函数，可以选择向前传递数据

```
    } else {
      reject();    ◄──────────  失败时,调用 reject 函数,可以
    }                            选择向前传递数据或错误对象
  });

  promise
    .then((data) => {/* execute this on success */})
    .then(() => {/ * chained next function, and so on */})  ◄──
    .catch((err) => {/* handle error */});  ◄──
```

调用 then 函数;执行需要的操作,可以选择将值传到下一个 then 函数

捕获错误。如果错误位于 then 函数链的末尾,就捕获抛出的所有错误

链中的下一个 then 函数,可以根据需要决定链中 then 函数的数量

我们在 Loc8r 应用程序中使用的 Promise 并不复杂。Promise API 提供了一些静态函数,如果试图执行多个 Promise,这些函数会有所帮助。

Promise.all 函数接收可迭代的多个 Promise,当数组中的所有元素都完成或失败时,会返回一个 Promise,参见代码清单 D.48。resolve 回调接收一个响应数组:由多个对象组成的 Promise 有序集合。如果某个 Promise 执行失败,reject 回调能够接收单个值。

代码清单 D.48　Promise.all 函数

```
const promise1 = new Promise((resolve, reject) => resolve() );
const promise2 = new Promise((resolve, reject) => resolve() );
const promise3 = new Promise((resolve, reject) => reject() );
const promise4 = new Promise((resolve, reject) => resolved() );

Promise.all([
  promise1,
  promise2,
  promise3,
  promise4
])
.then(([]) => {/* process success data iterable */})  ◄──
.catch(err => console.log(err));  ◄──
```

promise3 失败,因此在本例中忽略它

promise3 在这里结束调用 reject 函数,尽管所有的 Promise 都被执行了

Promise.race 接收可迭代的多个 Promise,但 Promise.race 的输出与 Promise.all 不同。Promise.race 会执行提供的所有 Promise,并且返回收到的第一个响应值,而无论状态是成功还是失败,参见代码清单 D.49。

代码清单 D.49　Promise.race 函数

```
const promise1 = new Promise((resolve, reject) =>
```

```
    setTimeout(resolve, 1000, 'first') );
const promise2 = new Promise((resolve, reject) =>
    setTimeout(reject, 200, 'second') );

Promise.race([promise1, promise2])
    .then(value => console.log(value))
    .catch(err => console.log(err));
```

这里的预期响应是 second，因为 promise2 的失败回调发生在 promise1 的成功回调之前

　　Promise 依赖拥有异步特性的回调，在嵌套多层时，这可能会陷入混乱。在深度嵌套的回调结构中查找自己，通常被称为回调地狱。Promise 提供了一种使异步更清晰的结构，从而在一定程度上缓解了这个问题。

async/await

　　Promise 有缺点。很难以同步的方式使用它们，通常在获得好的东西之前，必须查阅一堆模板代码。

　　async/await 函数可以用于简化以同步方式使用 Promise。await 表达式仅在异步函数中有效；如果在异步函数之外使用，代码将抛出语法错误。声明 async 函数时，会返回 AsyncFunction 对象。该对象会通过 JavaScript 循环异步操作，并返回隐式的 Promise 作为结果。async 语法给人的印象是，与同步函数的使用方式和代码结构非常相似。

> **await**
>
> 　　await 表达式会使异步函数的执行暂停并等待，直到传递的 Promise 成功响应。然后函数继续执行。需要指出的一点是：await 与 Promise 不同。当 await 通过暂停执行导致代码变成同步执行时，不能使用 Promise.then 这样的链式结构。

　　代码清单 D.50 展示了 async/await 的用法。

代码清单 D.50　async/await

```
function resolvePromiseAfter2s () {
  return new Promise(resolve => setTimeout(() =>
    resolve('done in 2s'), 2000));
}

const resolveAnonPromise1s = () => new Promise(resolve =>
  setTimeout(() => resolve('done in 1s'), 1000));

async function asyncCall () {
  const result1 = await resolvePromiseAfter2s();
```

定义 async 函数

暂停执行 2 秒，等待 Promise 成功响应

result1 输出
done in 2s

```
    console.log(result1);
    const result2 = await resolveAnonPromise1s();
    console.log(result2);
}
asyncCall();
```

暂停执行 1 秒，等待
Promise 成功响应

result2 输出
done in 1s

调用 async 函数，
总共暂停执行 3 秒

可以从 https://developer.mozilla.org/en-US/docs/Web/JavaScript/Reference/Statements/async_function 找到更多关于 async/await 的信息。

D.11 编写模块化 JavaScript

有句名言：

用 JavaScript 编写大型应用程序的秘诀是不要编写大型应用程序，而是编写多个可以互相通信的小型应用程序。

这句话在很多方面都有意义。许多应用程序会共享一些功能，如用户登录和管理、注释、评论等。在编写的应用程序中封装一个特性，并在另一个应用程序中引用它，对你来说操作越容易，效率就越高。

这是模块化 JavaScript 的由来。不必将 JavaScript 应用程序放在永不完结的单个文件中，那样会导致函数、逻辑和全局变量无处不在。可以在独立封闭的模块中封装一些功能特性。

闭包

本质上闭包允许在函数完成并返回后，仍可以访问在函数中声明的变量。闭包提供了一种避免将变量推入全局作用域的方法，另外还会对变量及变量值提供一定程度的保护。

代码清单 D.51 演示了如何向函数发送值，然后再将值取回。

代码清单 D.51 闭包示例

```
const user = {};
const setAge = function (myAge) {
  return {
    getAge: function () {
      return myAge;
    }
  };
```

返回一个能返回
参数的函数

```
};
user.age = setAge(30);                      调用函数，将返回值
                                            赋给 user 的 age 属性
console.log(user.age);
console.log(user.age.getAge());             使用 getAge()函数
                                            获取值，输出 30
输出 Object {getAge: function}
```

getAge 函数可作为 setAge 函数的方法返回。getAge 函数可以访问创建自己的作用域。因此，getAge 函数和单独的 setAge 函数都可以访问参数 myAge。正如你在前面看到的，当一个函数被创建时，也会创建自己的作用域。只有函数自身才能访问这个作用域。

myAge 不是只被共享一次的变量。可以再次调用 setAge 函数，创建第二个新的函数作用域来设置(并获取)第二个用户的年龄。可以运行代码清单 D.52，创建第二个用户并设置不同的年龄。

代码清单 D.52　继续之前的闭包示例

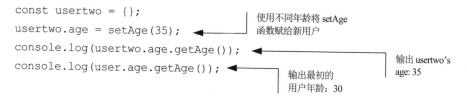

```
const usertwo = {};
usertwo.age = setAge(35);                   使用不同年龄将 setAge
                                            函数赋给新用户
console.log(usertwo.age.getAge());                           输出 usertwo's
console.log(user.age.getAge());              输出最初的         age: 35
                                            用户年龄: 30
```

每个用户都有不同的年龄，不知道且不受对方年龄的影响。闭包保护值不受外部干扰。重要的一点是，返回的方法能够访问创建它的那个作用域。

闭包是很好的开始，而且已经发展出更有用的模式，例如下面要介绍的模块模式。

模块模式

模块模式对闭包概念做了扩展，通常会将代码、函数和功能的集合封装到模块中。背后的思想是，模块是自包含的，只使用显式传递过来的数据，并且只显示直接提供的数据。

立即调用的函数表达式

模块模式使用所谓的 IIFE(Immediately Invoked Function Expression，立即调用的函数表达式)。在本书中，直到现在，我们一直使用的都是函数声明，以创建可以在后面代码中调用的函数。IIFE 会创建函数表达式并立即调用，通常会返回一些值和/或方法。

IIFE 的语法是将函数封装在括号里，并使用另一对括号立即进行调用：

```
const myFunc = (function ()              ❶ 将 IIFE 赋给变量
  return {
```

```
    myString: "a string"
  };
})();
console.log(myFunc.myString);
```

❷ 访问作为变量属性的返回方法

这种用法虽然典型，但却不是唯一的方式。将 IIFE 赋值给变量❶。执行此操作时，函数返回的方法将成为变量❷的属性。

这是通过 IIFE 实现的。与基本的闭包一样，模块模式会将返回的函数和变量作为赋值变量的属性。与基本的闭包不同的是，模块模式不必人为启动；模块一旦定义完，就立即调用自己。

代码清单 D.53 显示了一个小巧但可用的模块模式示例。

代码清单 D.53　模块模式示例

```
const user = {firstname: "Simon"};
const userAge = (function () {
  let myAge;
  return {
    setAge: function (initAge) {
      myAge = initAge;
    },
    getAge: function () {
      return myAge;
    }
  };
})();
userAge.setAge(30);
user.age = userAge.getAge();
console.log(user.age);
```

将模块赋给变量

定义模块作用域中的变量

定义要返回的方法，该方法可以接收参数并修改模块中的变量

定义要返回的方法，该方法可以访问模块中的变量

调用模块中的 setAge 和 getAge 函数

输出 30

在本例中，myAge 变量存在于模块作用域中，从不直接暴露给外部。只能通过暴露方法定义的方式与 myAge 变量交互。在代码清单 D.53 中，虽然调用了 setAge 和 getAge 函数，但 age 属性仍然可以直接修改。可以将 happyBirthday 函数添加到 userAge 模块，该模块会将 myAge 的值加 1 并返回新值，参见代码清单 D.54。

代码清单 D.54　将 happyBirthday 函数添加到 userAge 模块

```
const user = {firstname: "Simon"};
const userAge = (function () {
  let myAge;
```

```
return {
  setAge: function (initAge) {
    myAge = initAge;
  },
  getAge: function () {
    return myAge;
  },
  happyBirthday: function () {
    myAge += 1;                    将 myAge 的值加 1
    return myAge;                  并返回新值
  }
};
})();
userAge.setAge(30);
user.age = userAge.getAge();
console.log(user.age);
                                          调用新的函数并
user.age = userAge.happyBirthday();  ◄──  给 user.age 赋值
console.log(user.age);  ◄───┐
user.age = userAge.getAge();  │   输出 31
console.log(user.age);  ◄────┘
```

新的 happyBirthday 函数将 myAge 的值加 1 并返回新值。结果是可行的，因为 myAge 变量和返回的 happyBirthday 函数一样存在于模块函数的作用域中，而且 myAge 的新值将继续存在于模块作用域中。

显示模块模式

我们在模块模式中看到的与模块显示模式是比较接近的。模块显示模式本质上是一些关于模块模式的语法糖。目的是更清晰地区分对外暴露的内容和私有内容。

从 return 语句中提取声明

以上述方式提供 return 语句是一种风格约定，在和他人后续返回阅读代码时，这种约定有助于代码的理解。当使用这种方式时，return 语句只会包含返回的函数清单，并不包含任何实际代码。尽管在同一个模块中，但代码需要声明在函数中 return 语句的上方，参见代码清单 D.55。

代码清单 D.55　模块显示模式的简短示例

```
const userAge = (function () {
  let myAge;
```

```
const setAge = function (initAge) {
  myAge = initAge;
};
return {
  setAge
};
})();
```

将 setAge 函数移到 return 语句之外

return 语句现在引用 setAge 函数，不包含任何代码

在这个小的示例中，你可能看不到这种方式带来的好处。但很快你将看到一个较大的示例，在那里你能找到一部分答案，当运行包含数百行代码的模块时，你将看到实实在在的好处。在作用域顶部汇集所有的变量，被使用的那些变量会更加明显，因此需要去掉 return 语句中的代码，这有益于一眼就能看到模块对外暴露了哪些函数。如果返回了十几个函数，并且每一个函数都有十几行或更多行代码，那么在代码屏幕上，不滚动很可能将无法看到完整的 return 语句。

在 return 语句中，最重要的是要寻找对外暴露了哪些方法。在 return 语句的上下文中，你可能对每个方法的内部流程不感兴趣。像这样分离代码是有意义的，能让你拥有很棒、可维护、易理解的代码。

模块显示模式的完整示例

接下来，我们将使用 userAge 模块查看模块显示模式的完整示例，参见代码清单 D.56。

代码清单 D.56　模块显示模式的完整示例

```
const user = {};
const userAge = (function() {
  let myAge;
  const setAge = function (initAge) {
    myAge = initAge;
  };
  const getAge = function() {
    return myAge;
  };
  const addYear = function() {
    myAge += 1;
  };
  const happyBirthday = function() {
    addYear();
    return myAge;
```

❶ 强调一下，myAge 从未直接暴露到模块外部

❷ 未对外暴露的私有函数

❸ 对外暴露可以调用的公共函数

```
  };
  return {

    setAge,                    ❹ return 语句其实是对
    getAge,                      外暴露函数的引用
    happyBirthday
  };
})();
userAge.setAge(30);
user.age = userAge.getAge();
user.age = userAge.happyBirthday();
```

上述代码演示了一些有趣的事情。首先，注意变量 myAge ❶永远不会暴露在模块之外。变量的值是通过各种方法返回的，但变量本身对于模块来说仍然是私有的。

除了私有变量之外，还可以在代码中使用 addYear❷之类的私有函数。私有函数可以很容易地被公共方法❸调用。

现在的 return 语句❹保持良好且简单，是模块对外暴露方法的简要引用。

严格来说，只需要保证函数在 return 语句的上方，模块中的函数顺序并不重要。return 语句下方的任何代码都不会被执行。在编写大型模块时，你可能会发现将相关函数分组十分容易。如果适合目前的工作，还可以创建嵌套模块，甚至创建单独的模块，通过暴露公共方法给第一个模块，它们就能够相互通信。

回忆本节开头的名言：

用 JavaScript 编写大型应用程序的秘诀是不要编写大型应用程序，而是编写多个可以互相通信的小型应用程序。

这不仅适用于大型应用程序，也适用于模块和函数。如果能让模块和函数保持小型化，就能在以很棒的方式编写代码。

D.12　类

ES2015 引入的类语法是对 JavaScript 模块化的扩展。类是 JavaScript 原型继承模型的语法糖，如果拥有面向对象编程(OOP)经验，那么它们的工作方式与你期望的类一样。

不过，请注意，至少在 ES2017 之前，JavaScript 类具有 public 属性、public 方法和 static 方法。private 和 protected 也已经被添加到草案中，但仍未通过。它们确实具

有使用 extends 关键字的继承层次结构，但没有接口。访问父级函数时需要使用 super 函数，而初始化类需要使用构造函数。

下面我们将介绍基础的语法知识，参见代码清单 D.57。

代码清单 D.57　类语法示例

```
// Parent class
class Rectangle {
  width = 0;
  height = 0;

  constructor (width, height) {
    this.width = width;
    this.height = height;
  }

  get area() {
    return this.determineArea();
  }

  determineArea () {
    return this.width * this.height;
  }
  }

// Child class of Rectangle
class Square extends Rectangle {
  constructor (side) {
    super(side, side);
  }
}
const square = new Square(10);
console.log(`Square area: ${square.area()}`);
// prints Square area: 100;
```

本书主要介绍如何在 Angular 中使用 TypeScript 类完成组件的构建。

D.13　函数式编程概念

作为概念，函数式编程比面向对象编程出现得更早。长期以来，学术界一直不推崇这种编程方式，因为在某些语言中使用它会导致学习难度加大，人为提高门槛。当只想从站点用户那里获取信息并推送到数据库时，谁愿意花费时间去学习那些晦涩的概念以及让人更困惑的语法？

然而，最近所有主流的面向对象语言都已经引入并集成函数式编程概念，因为这些概念为数据提供了保障，减少了认知负荷，而且可以做功能组合。

可以应用于JavaScript工作的概念包括不可变性、纯粹性、声明式编程和组合函数。

根据所使用语言版本的不同，这些特性可能有，也可能没有。我们将逐一介绍这些概念。

不可变性

虽然不可变性不是在语言级别上强制要求的,但是通过一些前向规划和严格规范,可以简单有效地实现不可变性。请注意，可以从 npm 包获得帮助，例如 Facebook 的 immutable.js(https://github.com/facebook/immutable-js)。

关键是正在操作的数据/状态不会发生变化。突变是一种原位操作，可能是难以跟踪错误的根源。

将这个概念应用于 JavaScript 意味着状态不会改变，可以复制、转换并赋值给可选变量。也可以被应用于数据和对象的集合；尽管在使用中需要更严格，但结果应该是相同的。

对于简单的标量类型变量，应用不可变性会更简单：通过 const 声明它它们。这样，JavaScript 执行上下文将不能覆盖变量，当尝试覆盖变量时，代码会抛出异常。我们之前讨论过这个话题。

对于对象类型(Array、Object、Map 和 Set)，使用 const 声明没有多大帮助。原因在于 const 创建了对正在创建对象的引用。因为只是引用，所以对象中的数据可以更改。这就是需要严格规范的原因。不要使用 for 循环这样的结构直接操作集合，而是使用类型提供的迭代器；它们是原型方法，在浏览器和 Node.js 中都可使用；一些示例参见代码清单 D.58。也有一些诸如 Lodash.js 和 Ramda.js 的辅助库，可以提供需要的但原生不支持的功能。

代码清单 D.58　使用不可变性概念的示例

使用 map 函数迭代集合中的 name，并赋值给新的变量

使用 filter 函数从集合中移除那些不符合给定条件的项

将包含四个名字的简单集合赋值给 const 变量

```
const names = ['s holmes', 'c harber', 'l skywalker', 'h solo'];
const uppercasedNames = names.map(name => name.toUpperCase());
const shortNames = names.filter(name => name.length < 10);
```

```
const values = [1, 2, 3, 4, 5, 6, 7, 8, 9];
const total = values.reduce((value, acc) => acc + value, 0);
const product = values.reduceRight((value, acc) => value * acc, 1);
```

通过将这些值相加，
对它们进行汇总

从右边开始叠加，
提供清单中所有
值的乘积

一个新的
整数数组

纯粹性

纯函数是指不会产生副作用且不使用未提供数据的函数。与函数的返回值不同，副作用是指对函数外部程序状态的更改。典型的副作用包括更改全局变量的值、发送文本到屏幕和输出信息。其中一些副作用是不必要和有害的，但有些是不可避免和必要的。作为 JavaScript 编程人员，我们应该尽量减少副作用。使用这种方式，程序状态会是可预测的，如果出现错误，可以很容易找到原因。

函数应该只对提供的数据进行操作。外部数据，例如全局 window 的状态，不应该被更改，除非是必要的，即使是这样，也应该通过专门的函数和可控的方式完成更改。依赖全局状态是一种坏的习惯，应该对此进行研究和优化。

纯函数是可预测的，而且常常表现出一种称为幂等性的特性：给定一组输入时，函数的预期输出应该总是相同的。

例如，对于如下将两个数字相加的简单函数：

```
const sum = (a, b) => a + b;
```

如果为这样的函数提供 1 和 2，那么始终希望返回的值是 3。

如果还依赖于在函数外部维护的值，例如 const sumWithGlobal = (a, b) => a + b + window.c，并且值(window.c)通常为 0，但有时为 1，或者可能是字符串之类的随机值，该怎么办？将 1 和 2 作为函数参数提供时，你希望得到什么？无法保证结果是 3；也可能是 4，或是完全不同的值，甚至是预期之外的值。

这个示例很简单，但如果涉及数千行代码呢？如你所见，这会使问题变得复杂。尽量保持函数纯净，能够预测输出，会使每个人的工作更容易。

声明式编程

通过声明式编程，可以说明希望实现的逻辑，但将执行细节留给计算机。从本质上讲，只要计划实现了就行，而不需要关心是如何实现的。

在这种风格的 JavaScript 中，代码应该支持以下内容：

- 替代 for 循环的数组迭代器
- 递归
- 偏函数和组合函数

- 替代 if 语句以确保返回值的三元运算符
- 避免改变状态和数据以及副作用

我们强调"应该",是因为受内部堆栈的限制。此外,偏函数和组合函数只是在代码中构建的,原生 JavaScript 不支持它们。代码清单 D.59 展示了一些声明式编程示例。

代码清单 D.59 声明式编程示例

```
const compose = (...fns) => fns.reduce((f, g) => (...args) =>
  f(g(...args)));                    ◀──── 创建 compose
const url = '...';                         函数
const parse = item => JSON.parse(item);
const fetchDataFromApi = url => data => fetch(url, data);
const convertData = item => item.toLowerCase();
const convert = (...data) => data.map(item => convertData(item));

const items = [...dataList];       ◀────────── 创建项目清单

const getProcessableList = compose(
  parse,
  fetchDataFromApi(url),
  convert            ┐ 将函数组合
);                   ┘ 在一起                    ┌ 通过传入数据
const list = getProcessableList(items);  ◀──────┘ 来执行组合函数
```

在这段代码中,重要的部分是 getProcessableList 操作。其他所有元素都是所需的模板。关键是,只声明了目的,并没有涉及如何去实现。

偏函数和组合函数

纯函数能够提供可预测的结果。如果能预测结果,就可以用创新的方式组装函数。较小的函数可以成为较大函数的一部分,而不必关心中间结果。为了帮助你理解组合函数,我们先讨论偏函数。

偏函数意味着函数的参数比需要的少,每次都会返回一个新的函数,从而推迟执行的完成,直到所有的参数都可用。

遗憾的是,原生 JavaScript 不支持偏函数,但是可以通过使用语法模拟这个特性。代码清单 D.60 显示了如何操作。

代码清单 D.60 偏函数示例

```
const simpleSum (x, y) => x + y;
const curriedSum x => y => x + y;    ◀──────── 等价的偏函数
```

```
const simpleResult = simpleSum(2, 3);
```
所有参数被集中在
一起，并同时应用

```
const curriedResult = curriedSum(2)(3);
```
需要调用
多个函数

```
const intermediary = curriedSum(2);
const finalCurried = intermediary(3);
```
应用最后一个必要的
参数，返回预期值 5

在这里，intermediary 调用将 2 应
用于参数 x，返回需要使用另一个
参数来创建结果的函数(y=>2+y)

你要做的只是通过应用单个参数返回新函数的方式，重构多参数函数。

有了这些知识，就可以开始学习组合函数了。组合函数将多个函数组合在一起，以创建复杂的流。该技术能使代码避免使用循环结构，而循环结构的代码读起来类似于指令流。相反，可通过组合简单的描述性函数，抽象处理复杂操作。

要想正常工作，函数必须小而纯粹，没有副作用。用于组合的函数需要输入和输出相匹配，因此使用偏函数会很有帮助，但这些并不是强制性的。输入和输出相匹配意味着接收整数的函数不应该由接收字符串的函数组成。尽管在 JavaScript 中，由于语言能够隐式地进行类型转换，不匹配的输入在技术上是可以接受的，但这可能是很难跟踪的错误根源。

代码清单 D.61 使用了代码清单 D.60 中的 curriedSum 函数。

代码清单 D.61　简单的组合函数

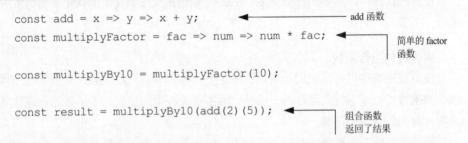

```
const add = x => y => x + y;
const multiplyFactor = fac => num => num * fac;

const multiplyBy10 = multiplyFactor(10);

const result = multiplyBy10(add(2)(5));
```
add 函数

简单的 factor
函数

组合函数
返回了结果

有些库提供了一个名为 compose 的函数，允许以更优雅的方式处理合成，这个函数并不难，自己手动构建即可。

代码清单 D.62　compose 函数

```
const compose = (g, f) => x => g(f(x));
```
简单的 compose 函数

```
const composedCompute = compose(
multiplyBy10,
```
使用组合函数

```
add(2)
);

const result = composedCompute(5); ←————— 获得结果
```

组合是一种工具，可以使代码更清晰、更容易理解。

D.14　最后的想法

JavaScript 是一种宽松的语言，这使学习变得容易，但也容易养成坏的习惯。你必须说清楚代码具体应该做什么，并且应该尝试以 JavaScript 编译器看到的方式编写代码。

理解 JavaScript 的关键是理解作用域：全局作用域、函数作用域和词法作用域。JavaScript 中没有其他类型的作用域。应该尽可能避免使用全局作用域，当必须使用时，请尝试以一种干净且可控的方式进行。作用域继承会从全局作用域向下层叠，如果不小心，代码将很难维护。

JSON 源于 JavaScript，但不是 JavaScript；JSON 是一种独立于语言的数据交换格式。JSON 不包含 JavaScript 代码，你可以很愉快地在 PHP 服务器和.NET 服务器之间传递 JSON；不需要通过 JavaScript 编译 JSON。

回调对于成功运行 Node 应用程序至关重要，因为回调，中心进程可以有效地委托可能阻碍其运行的任务。换句话说，回调使你能够在异步环境中有序地执行同步操作。但回调也存在问题。你很容易进入回调地狱，如果有多个嵌套回调和重叠的继承作用域，代码将难以阅读、测试、调试和维护。幸运的是，可以使用命名回调解决所有这些问题，只要记住命名回调不会像内联匿名回调那样继承作用域即可。

闭包和模块模式提供了在项目之间编写独立和可复用代码的方法。闭包使你能够在自己独立的作用域中定义一组函数和变量，可以通过公开的方法返回并与这些函数和变量交互。这导致模块显示模式的出现，该模式是由约定驱动的，用于划出私有和公共属性之间的具体界限。模块非常适合编写独立的代码片段，这些代码可以与其他代码很好地交互，而且不会因任何作用域冲突而出现问题。

最新的 JavaScript 规范增加了类语法，更加强调函数式编程，这些进一步充实了你的工具箱，为想要使用的代码提供了方便。

这里没有介绍 JavaScript 规范的其他附加内容：rest 操作符、扩展运算符和生成器，等等。现在正是使用 JavaScript 语言的令人激动人心的时刻。